U0286748

面向新工科的电工电子信息基础课程系列教材
教育部高等学校电工电子基础课程教学指导分委员会推荐教材

EDA技术与Verilog HDL

王金明 编著

清華大学出版社
北 京

内容简介

本书根据EDA课程教学要求，以提高数字设计能力为目标，系统阐述FPGA设计开发的相关知识，主要内容包括EDA技术概述、FPGA/CPLD器件结构、Verilog硬件描述语言及设计案例等。全书以Vivado、ModelSim软件为工具，以Verilog-1995和Verilog-2001标准为依据，以可综合的设计为重点，以EGO1"口袋实验板"作为目标板，通过诸多精选设计案例，系统阐述数字系统设计方法与设计思想，由浅入深地介绍Verilog工程开发的手段与技能。本书着眼于实用，紧密联系教学科研实际，实例丰富。全书深入浅出，概念清晰。

本书可作为电子、通信、微电子、信息、电路与系统、通信与信息系统及测控技术与仪器等专业本科生和研究生的教学用书，也可供从事电路设计和系统开发的工程技术人员阅读参考。

图书在版编目(CIP)数据

EDA技术与Verilog HDL/王金明编著. —北京：清华大学出版社，2021.3(2024.1重印)
面向新工科的电工电子信息基础课程系列教材
ISBN 978-7-302-57432-3

Ⅰ. ①E… Ⅱ. ①王… Ⅲ. ①电子电路－电路设计－计算机辅助设计－高等学校－教材 ②VHDL语言－程序设计－高等学校－教材 Ⅳ. ①TN702.2 ②TP312

中国版本图书馆CIP数据核字(2021)第019670号

责任编辑：文 怡
封面设计：王昭红
责任校对：李建庄
责任印制：丛怀宇

出版发行：清华大学出版社
网 址：https://www.tup.com.cn，https://www.wqxuetang.com
地 址：北京清华大学学研大厦A座 **邮 编**：100084
社 总 机：010-83470000 **邮 购**：010-62786544
投稿与读者服务：010-62776969，c-service@tup.tsinghua.edu.cn
质量反馈：010-62772015，zhiliang@tup.tsinghua.edu.cn
课件下载：https://www.tup.com.cn，010-83470236

印 装 者：三河市铭诚印务有限公司
经 销：全国新华书店
开 本：185mm×260mm **印 张**：26.75 **字 数**：615千字
版 次：2021年4月第1版 **印 次**：2024年1月第3次印刷
印 数：3001～3800
定 价：69.00元

产品编号：089168-01

前言

EDA 技术是电子信息类专业的一门重要的专业基础课程，在教学、科研及大学生电子设计竞赛等活动中起着非常重要的作用，成为电子信息类本科生和研究生必须掌握的基本技能。随着教改的深入，对 EDA 课程教学的要求也不断提高，必须对教学内容不断更新和优化，与时俱进，以与 EDA 技术的快速发展相适应。

当前的 EDA 技术课程的教学与实践呈现出如下一些特点：首先是很多相关联课程的教学都或多或少地融入了 EDA 技术，比如数字逻辑电路、计算机组成原理、计算机接口技术、数字通信技术、嵌入式系统等课程的教学和实践，均会不同程度地采用 EDA 及 FPGA 设计技术。因此，EDA 技术成为上述课程的基础，怎样打牢基础以及如何与上述课程在教学内容上进行区分和衔接成为相关教师需要思考的问题；其次是开放式、自主式学习已成为 EDA 教学的主流，EDA 教学的资源越来越丰富，网络上相关的慕课和教学视频越来越多，学生的学习不仅限于课堂，在此背景下，“口袋实验板”适应了教学的需要，受到越来越多师生的欢迎。FPGA“口袋实验板”便携易用，资源丰富，学生可随时随地进行设计与验证，非常有利于学生自主学习能力和创新实践能力的培养。

本书以 Vivado 工具作为主要设计平台，以 Xilinx 的 FPGA 芯片作为目标器件，以 Verilog 作为设计语言，选取 EGO1“口袋实验板”作为目标开发板，结合大量精选设计案例，系统讲解 EDA 设计有关知识，适合课堂教学，也便于学生自主学习，并随时随地进行设计和验证。本书的定位是作为 EDA 技术、FPGA 开发或数字系统设计方面的教材，在编写的过程中，遵循了重视基础、面向应用的原则，力图在有限的篇幅内，将 EDA 技术与 FPGA 设计相关的知识简明扼要、深入浅出地进行阐述，贴近教学实践。

全书共 11 章。第 1 章为 EDA 技术概述；第 2 章介绍 FPGA/CPLD 器件的结构与配置；第 3 章介绍 Vivado 集成开发工具的使用方法；第 4、5 章系统介绍 Verilog 的语法、语句；第 6 章讨论 Verilog 设计的层次与风格；第 7 章是有关有限状态机的内容；第 8 章列举 Verilog 控制常用 I/O 外设的案例；第 9 章讨论设计优化的问题；第 10 章是较为复杂数字逻辑系统的设计举例；第 11 章是 Verilog 仿真的内容，并介绍用 ModelSim SE 进行功能、时序仿真的过程；此外在附录中对 EGO1 开发板做了介绍。

感谢依元素科技有限公司工程师团队的大力支持，感谢美国威斯康星大学麦迪逊分校的 Yu Hen Hu 教授在作者访学期间在教学上给予的无私帮助；参加本书编写的还有

前言

朱莉莉、王婧菡、王兰岭等，在此一并表示诚挚的感谢。

由于 FPGA 芯片和 EDA 软件的不断更新换代，同时因编著者时间和精力所限，书中不免存在疏漏与错误之处，希望读者和同行给予批评指正。

作　者

2021 年 1 月

目录

目录

目录

目录

目录

第1章 EDA技术概述

我们已经进入数字化和信息化的时代，其特点是各种数字产品的广泛应用。现代数字产品在性能提高、复杂度增大的同时，更新换代的步伐也越来越快，实现这种进步的因素在于设计技术和芯片制造技术的进步。

芯片制造技术以微细加工技术为代表，目前已进展到深亚微米阶段，可以在几平方厘米的芯片上集成数以亿计的晶体管。20世纪60年代，摩尔曾经对半导体集成技术的发展做出预言：大约每18个月，芯片的集成度提高1倍，性能提升1倍，几十年来，集成电路的发展与这个预言非常吻合，因此他的预言被称为摩尔定律(Moore's Law)。数字器件经历了从SSI、MSI、LSI到VLSI，直到现在的SoC(System on Chip，片上系统)，我们已经能够把一个完整的电子系统集成在一个芯片上。还有一种器件的出现极大改变了数字系统的设计方式，这就是可编程逻辑器件(Programmable Logic Device，PLD)。PLD是20世纪70年代后期发展起来的一种器件，它经历了可编程逻辑阵列(Programmable Logic Array，PLA)、通用阵列逻辑(Generic Array Logic，GAL)等简单形式，到现场可编程门阵列(Field Programmable Gate Array，FPGA)和复杂可编程逻辑器件(Complex Programmable Logic Device，CPLD)等高级形式的发展，它的广泛使用不仅简化了电路设计、提高了设计的灵活性，而且给数字系统的整个设计和应用都带来了深刻的改变。

数字设计的方法也发生了深刻的变化，从计算机辅助设计(Computer Aided Design，CAD)、计算机辅助工程(Computer Aided Engineering，CAE)到电子设计自动化(Electronic Design Automation，EDA)，设计的自动化程度越来越高，设计的复杂性也越来越大。

EDA技术成为现代电子设计的有力工具，没有EDA技术的支持，要完成超大规模集成电路的设计和制造是不可想象的；反过来，生产制造技术的进步又不断对EDA技术提出新要求，促使其不断向前发展。

1.1 EDA技术及其发展

EDA技术成为现代数字系统设计中一种普遍的工具，对设计者而言，熟练掌握EDA技术可极大提高工作效率，收到事半功倍的效果。

EDA技术没有一个精确的定义，我们可以这样来认识，所谓的EDA技术就是以计算机为工具，设计者基于EDA软件平台，采用原理图或者硬件描述语言(HDL)完成设计输入，然后由计算机自动完成逻辑综合、优化、布局布线，直至对于目标芯片(FPGA/CPLD)的适配和编程下载等工作(甚至是完成ASIC专用集成电路掩膜设计)，上述辅助进行电子设计的软件工具及技术统称为EDA。EDA技术的发展以计算机科学、微电子技术的发展为基础，融合了应用电子技术、人工智能(Artificial Intelligence，AI)，以及计算机图形学、拓扑学、计算数学等众多学科的最新成果。EDA技术经历了由简单到复杂、由初级到高级不断发展进步的阶段。20世纪70年代，人们就已经开始基于计算机开发出一些软件工具帮助设计者完成电路系统的设计任务，以代替传统的手工设计方法，随着计算机软件和硬件技术水平的提高，EDA 技术也在不断进步，大致经历了下面三个发展阶段。

1. CAD 阶段

CAD 阶段是 EDA 技术发展的早期阶段(时间大致为 20 世纪 70 年代—80 年代初)。在这个阶段，一方面，计算机的功能还比较有限，个人计算机还没有普及；另一方面，电子设计软件的功能也较弱。人们主要是借助计算机对所设计电路的性能进行一些模拟和预测；另外，就是完成 PCB 的布局布线，简单版图的绘制等工作。

2. CAE 阶段

集成电路规模的扩大，电子系统设计的逐步复杂，使得电子 CAD 的工具逐步完善和发展，尤其是人们在设计方法学、设计工具集成化方面取得了长足的进步，EDA 技术就进入 CAE 阶段(时间大致为 20 世纪 80 年代初—90 年代初)。在这个阶段，各种单点设计工具、各种设计单元库逐渐完备，并且开始将许多单点工具集成在一起使用，大大提高了工作效率。

3. EDA 阶段

20 世纪 90 年代以来，微电子工艺有了显著的发展，工艺水平达到深亚微米级，在一个芯片上可以集成数目上千万乃至上亿的晶体管，芯片的工作速度达到吉比特每秒(Gb/s)级，这样就对电子设计的工具提出了更高的要求，也促使设计工具提高性能。

EDA 技术已成为电子设计的普遍工具，无论是设计芯片还是设计各种电子电路，没有 EDA 工具的支持都是难以完成的。EDA 技术的使用贯穿电子系统开发的各个层级，如寄存器传输级(RTL)、门级和版图级；也贯穿电子系统开发的各个领域，从低频到高频电路、从线性到非线性电路、从模拟电路到数字电路、从 PCB 到 FPGA 领域等。EDA 技术的功能和范畴如图 1.1 所示。

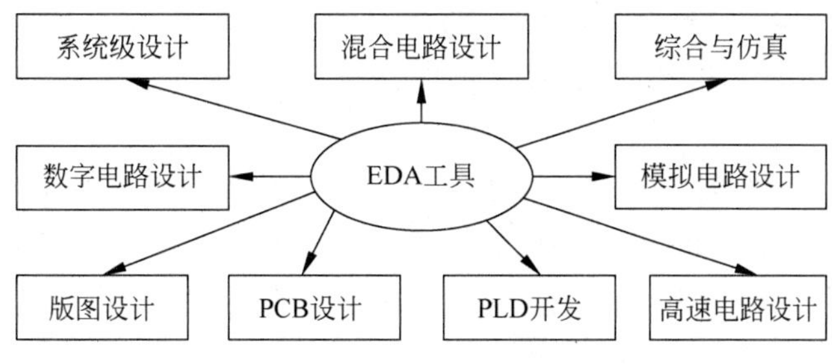

图 1.1 EDA 技术的功能和范畴

1) EDA 技术的发展

进入 21 世纪后，EDA 技术得到了更快的发展，开始步入一个新的时期，突出表现在以下几方面。

(1) 电子设计各领域全方位融入 EDA 技术，除日益成熟的数字技术外，可编程模拟器件的设计技术也有了很大的进步。EDA 技术使得电子领域各学科的界限更加模糊，相互包容和渗透，如模拟与数字、软件与硬件、系统与器件、ASIC 与 FPGA、行为与结构等，软硬件协同设计技术也成为 EDA 技术的一个发展方向。

(2) IP 核(Intellectual Property Core，知识产权核)在电子设计领域得到更广泛的应用，进一步缩短了设计周期，提高了设计效率。基于 IP 核的 SoC 设计技术趋向成熟，电子设计成果的可重用性得到提高。

(3) 嵌入式微处理器软核的出现、更大规模的 FPGA/CPLD 器件的不断推出，使得 SoPC(System on Programmable Chip，可编程片上系统)步入实用化阶段，在一片 FPGA 芯片中实现一个完备的系统成为可能。

(4) 用 FPGA(Field Programmable Gate Array，现场可编程门阵列)器件实现完全硬件的 DSP(数字信号处理)成为可能，用纯数字逻辑进行 DSP 模块的设计，为高速数字信号处理算法提供了实现途径。

(5) 在设计和仿真两方面支持标准硬件描述语言的 EDA 软件不断推出，系统级、行为验证级硬件描述语言(如 System C)的出现使得复杂电子系统的设计和验证更加高效。在一些大型的系统设计中，设计验证工作艰巨，这些高效的 EDA 工具的出现，减少了开发人员的工作量。

2) EDA 技术和 EDA 工具的特点

EDA 除了上述发展，现代 EDA 技术和 EDA 工具还呈现出以下一些共同特点。

(1) 硬件描述语言标准化程度提高。

硬件描述语言(Hardware Description Language，HDL)不断进化，其标准化程度越来越高，便于设计的复用、交流、保存和修改，也便于组织大规模、模块化的设计。标准化程度最高的硬件描述语言是 Verilog HDL 和 VHDL，它们已成为 IEEE 标准，并且有新的版本获得通过，比如 Verilog 有 Verilog-1995 和 Verilog-2001 等版本，其功能不断完善。

(2) EDA 工具的开放性和标准化程度不断提高。

现代 EDA 工具普遍采用标准化和开放性的框架结构，可以接纳其他厂商的 EDA 工具一起进行设计工作。这样可实现各种 EDA 工具间的优化组合，并集成在一个易于管理的统一环境之中，实现资源共享，有效提高设计者的工作效率，有利于大规模、有组织的设计开发工作。

EDA 工具已经能够接受使用功能级或 RTL(Register Transfer Level，寄存器传输)级的 HDL 进行逻辑综合和优化。为了更好地支持自顶向下的设计方法，EDA 工具需要在更高的层级进行综合和优化，并进一步提高智能化程度，提高设计的优化程度。

(3) EDA 工具的库(Library)不断完备。

EDA 工具要具有更强大的设计能力和更高的设计效率，必须配有丰富的库，如元器件符号库、元器件模型库、工艺参数库、标准单元库、可复用的宏功能模块库、IP 核库等。在电路设计的各个阶段，EDA 系统需要不同层次、不同种类的元器件库的支持。例如，原理图输入时需要原理图符号库、宏模块库；逻辑仿真时需要逻辑单元的功能模型库；模拟电路仿真时需要模拟器件的模型库；版图生成时需要适应不同工艺的版图库；等等。各种模型库的规模和功能是衡量 EDA 工具优劣的一个重要标志。

从过去发展的过程看，EDA 技术一直滞后于制造工艺的发展，它在制造技术的驱动下不断进步；从长远看，EDA 技术将随着微电子技术、计算机技术的不断发展而发展。"工欲善其事，必先利其器"，EDA 工具已成为现代电子设计的利器，它也在诸多因素的推动下不断提升自身性能。

1.2 Top-down 设计与 IP 核复用

数字系统的设计方法发生了深刻的变化。传统的数字系统采用搭积木式的方式设计，由一些固定功能的器件加上一定的外围电路构成模块，由这些模块进一步形成各种功能电路，进而构成系统。构成系统的积木块是各种标准芯片，如 74/54 系列(TTL)、4000/4500 系列(CMOS)芯片等，这些芯片的功能是固定的，用户只能根据需要从这些标准器件中选择，并按照推荐的电路搭成系统，因此设计的灵活性低，设计电路所需的芯片种类多且数量大。

PLD 器件和 EDA 技术的出现，改变了这种传统的设计思路，使人们可以立足于 PLD 芯片来实现各种功能，新的设计方法使设计者可自己定义器件的内部逻辑，将原来由电路板完成的工作放至芯片的设计中完成，这样增加了设计的自由度，提高了效率，而且引脚定义的灵活性减轻了原理图和印制电路板设计的工作量和难度，同时缩小了系统体积，降低了功耗，提高了可靠性。

在基于 EDA 技术的设计中，通常有两种设计思路：一种是自顶向下(Top-down)的设计思路；另一种是自底向上(Bottom-up)的设计思路。

1.2.1 Top-down 设计

Top-down 设计，即自顶向下的设计。这种设计方法首先从系统设计入手，在顶层进行功能的划分；在功能级进行仿真、纠错，并用硬件描述语言进行行为描述，然后用综合工具将设计转换为门级电路网表，其对应的物理实现可以是 PLD 器件或专用集成电路(ASIC)。设计的仿真和调试可以在高层级完成，这一方面有利于早期发现设计上的缺陷，避免设计时间的浪费，另一方面也有助于提前规划模拟仿真工作，在设计阶段就考虑仿真，提高了设计的一次成功率。

在 Top-down 设计中，将设计分成几个不同的层次：系统级、功能级、门级和开关级等，按照自上而下的顺序，在不同的层次上对系统进行描述与仿真。图 1.2 是这种设计方式的示意图。如图 1.2 所示，在 Top-down 的设计过程中，需要 EDA 工具的支持，有些步骤 EDA 工具可以自动完成，如综合等，有些步骤 EDA 工具为用户提供辅助。Top-down 设计必须经过"设计—验证—修改设计—再验证"的过程，不断反复，直至得到自己想要的结果，并且在速度、功耗、可靠性方面达到较为合理的平衡。

图 1.3 是用 Top-down 设计方式设计 CPU 的示意图。首先在顶层划分，将整个

CPU划分为ALU、PC、RAM等模块，再对每个模块分别描述，然后通过EDA工具将整个设计综合为网表并实现它。在设计过程中，需要不断仿真和迭代，直至完成设计目标。

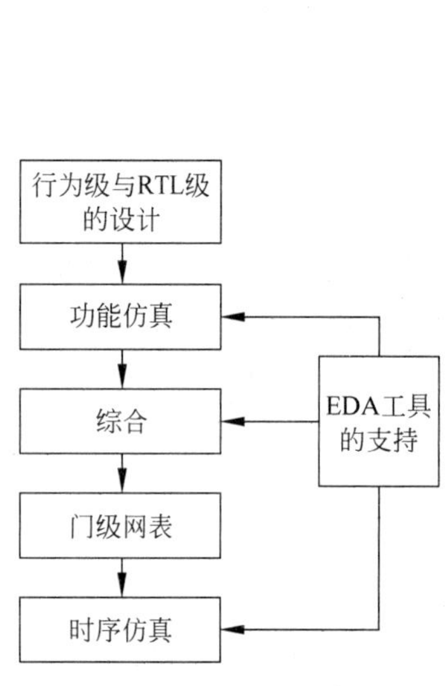

图1.2　Top-down设计方式

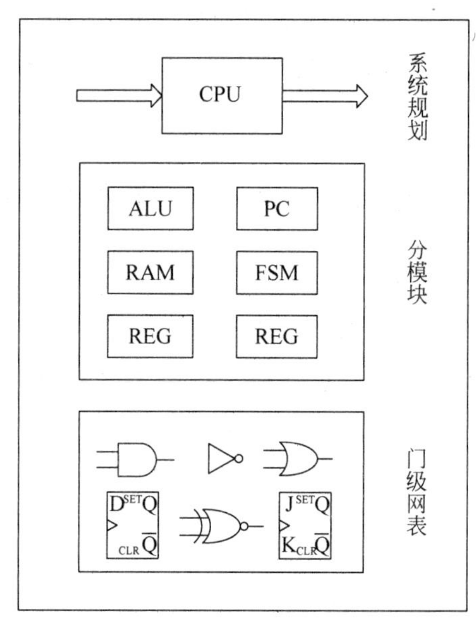

图1.3　CPU的Top-down设计方式示意图

1.2.2　Bottom-up设计

Bottom-up设计，即自底向上的设计，这是一种传统的设计思路，一般是设计者选择标准集成电路，或者将门电路、加法器、计数器等模块做成基本单元库，调用这些单元，逐级向上组合，直到设计出满足自己需要的系统。这样的设计方法就如同一砖一瓦建造金字塔，设计者往往更多地关注细节，而对整个系统缺乏规划，当设计出现问题需要修改时，就会陷入麻烦，甚至前功尽弃，不得不从头再来。

Top-down设计符合人们逻辑思维的习惯，便于对复杂的系统进行合理划分与不断优化，因此成为主流的设计思路；不过，Top-down设计也并非是绝对的，在设计过程中，有时也需要用到自底向上的方法，两者相辅相成。在数字系统设计中，应以Top-down设计为主，以Bottom-up设计为辅。

1.2.3　IP复用技术与SoC

1. IP复用技术

电子系统的设计越向高层发展，基于IP复用(IP Reuse)的设计技术越显示出优越性。IP(Intellectual Property)原来的含义是指知识产权、著作权等，在IC设计领域，可将其理解为实现某种功能的设计，IP核(IP模块)则是指完成某种功能的设计模块。

IP 核分为软核、固核和硬核三种类型。

(1) 软核。软核指的是 RTL 模型，表现为 RTL 代码(Verilog 或 VHDL)。软核只经过功能仿真，其优点是灵活性高、可移植性强，用户可以对软核的功能加以裁剪以符合特定的应用，也可以对软核的参数进行重新载入。

(2) 固核。固核指经过了综合(布局布线)的带有平面规划信息的网表，通常以 RTL 代码和对应具体工艺网表的混合形式提供。和软核相比，固核的设计灵活性稍差，但在可靠性方面有较大提高。

(3) 硬核。硬核指经过验证的设计版图，其经过前端和后端验证，并针对特定的设计工艺，用户不能对其进行修改。

软核使用灵活，但其可预测性差，延时不一定能达到要求；硬核可靠性高，能确保性能，如速度、功耗等，能很快地投入使用。

基于 IP 核的设计能节省开发时间、缩短开发周期、避免重复劳动，因此基于 IP 复用的设计技术得到广泛应用，但也还存在一些问题，如 IP 版权的保护、IP 的保密、IP 间的集成等。

2. SoC

SoC(System on Chip，片上系统)又称为芯片系统、系统芯片，是指把系统集成在一个芯片上，这在便携设备中用得较多，尤其是手机芯片。手机 SoC 上集成了 CPU、GPU(Graphics Processing Unit，图形处理器)、RAM、Modem(调制解调器)、DSP(数字信号处理)、CODEC(编解码器)等部件，集成度很高，是 SoC 的典型代表。

微电子工艺的进步为 SoC 的实现提供了硬件基础，EDA 软件则为 SoC 的实现提供了工具。EDA 工具正在向着高层化发展，如果把电子设计看作设计者根据设计规则用软件搭接已有的不同模块，那么早期的设计是基于晶体管的设计(Transistor Based Design)。在这一阶段，设计者最关心的是怎样减小芯片的面积，所以又称为面积驱动的设计(Area Driving Design，ADD)。随着设计方法的改进，出现了基于门级模块的设计(Gate Based Design)。在这一阶段，设计者在考虑芯片面积的同时，更多关注门级模块之间的延时，所以这种设计又称为延时驱动的设计(Time Driving Design，TDD)。20 世纪 90 年代以来，芯片的集成度进一步提高，SoC 的出现，使得以 IP 复用为基础的设计逐渐流行，这种设计方法称为基于模块的设计(Block Based Design，BBD)方法。在应用 BBD 方法进行设计的过程中，逐渐产生的一个问题是，在开发完一个产品后，怎么能尽快开发出其系列产品。这样就产生了新的概念——PBD。PBD 是基于平台的设计(Platform Based Design)方法，它是一种基于 IP 的、面向特定应用领域的 SoC 设计环境，可以在更短的时间内设计出满足需要的电路。PBD 的实现依赖如下关键技术的突破：高层次系统级的设计工具，软硬件协同设计技术等。图 1.4 是上述设计方法演变的示意图。

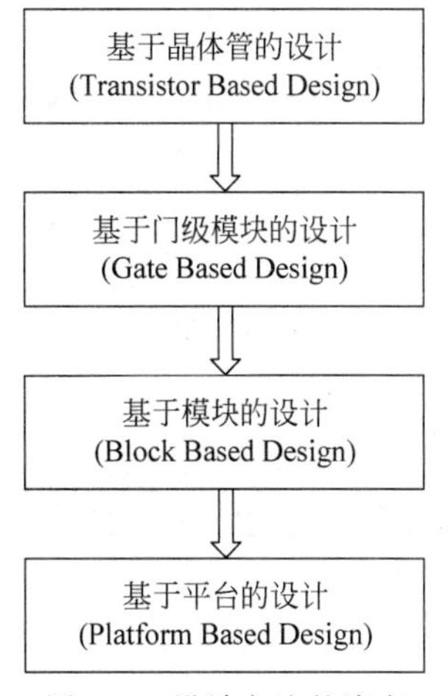

图 1.4 设计方法的演变

1.3 EDA设计的流程

数字系统的实现可选两种方案：一种是用可编程逻辑器件（PLD）实现，另一种是用专用集成电路（ASIC）实现，这两种方案各有优缺点。

PLD（FPGA/CPLD）是半定制类的器件，器件内已集成各种逻辑资源，只需对器件内的资源编程连接就能实现诸多功能，且可以反复修改，直到满足设计需求，灵活性高，成本低且风险小。

专用集成电路（Application Specific Integrated Circuit，ASIC）用全定制方式（版图级）实现设计，也称为掩膜（Mask）ASIC。ASIC实现方式能达到功耗更低、面积更省的目的，它需设计版图（CIF、GDS Ⅱ格式）并交厂家（Foundry）流片，实现成本高，设计周期长，适用于性能要求高、批量大的应用场景。一般的设计用FPGA/CPLD实现即可，对于成熟的设计，可考虑用ASIC替换PLD，以获得最优的性价比。

基于FPGA/CPLD器件的数字设计流程如图1.5所示，包括设计输入、综合、布局布线、仿真、编程与配置等步骤。

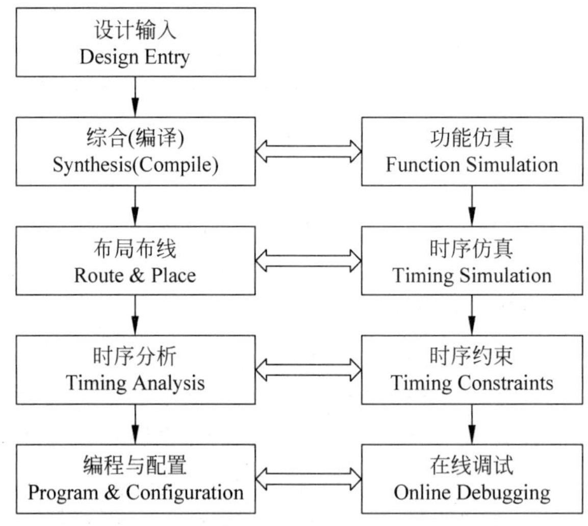

图1.5　基于FPGA/CPLD器件的EDA设计流程

1.3.1 设计输入

设计输入（Design Entry）是将设计者设计的电路以开发软件要求的某种形式表达出来，并输入到相应软件中的过程。设计输入最常用的方式是原理图输入和HDL文本输入。

(1) 原理图输入：原理图（Schematic）是图形化的表达方式，使用元件符号和连线描述设计。其特点是适合描述连接关系和接口关系，表达直观，尤其对表现层次结构、模块化结构更为方便，但它要求设计工具提供必要的元件库或宏模块库，设计的可重用性、可移植性也弱一些。

(2) HDL 文本输入：硬件描述语言(HDL)是一种用文本形式描述、设计电路的语言。硬件描述语言的发展至今不过 20 多年的历史，已成功应用于数字开发的各个阶段：设计、综合、仿真和验证等。到 20 世纪 80 年代，已出现数十种硬件描述语言，进入 20 世纪 80 年代后期，硬件描述语言向着标准化、集成化的方向发展。最终，VHDL 和 Verilog HDL 适应了这种发展趋势，先后成为 IEEE 标准，在设计领域成为事实上的通用硬件描述语言。VHDL 和 Verilog HDL 各有优点，可用来进行算法级(Algorithm Level)、寄存器传输级(RTL)、门级(Gate Level)等各种层次的逻辑设计，也可以进行仿真验证、时序分析等。HDL 语言因其标准化而易于将设计移植到不同平台。

1.3.2 综合

综合(Synthesis)是一个很重要的步骤，指的是将较高级抽象层次的设计描述自动转化为较低层次描述的过程。综合在有的工具中也被称为编译(Compile)，综合有下面几种形式：

- 将算法表示、行为描述转换到寄存器传输级(RTL)，即从行为描述到结构描述。
- 将 RTL 级描述转换到逻辑门级(包括触发器)，称为逻辑综合。
- 将逻辑门表示转换到版图表示，或转换到 PLD 器件的配置网表表示；根据版图信息能够进行 ASIC 生产，有了配置网表可完成基于 PLD 器件的系统实现。

综合器(Synthesizer)就是自动实现上述转换的软件工具。或者说，综合器是将原理图或 HDL 语言表达、描述的电路，编译成由与或阵列、RAM、触发器、寄存器等逻辑单元组成的电路结构网表的工具。

软件程序编译器和硬件综合器有着本质的区别，图 1.6 所示是表现两者区别的示意图，软件程序编译器将 C 语言或汇编语言等编写的程序编译为 0、1 代码流，而硬件综合器则将用硬件描述语言编写的程序代码转化为具体的电路网表结构。

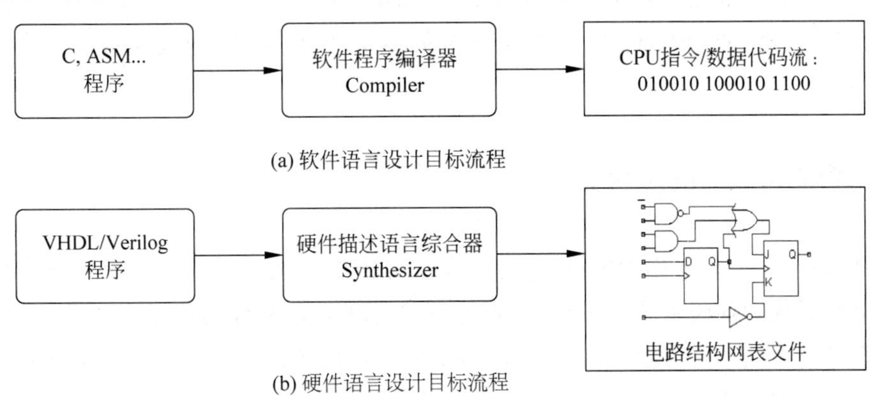

图 1.6 软件程序编译器和硬件综合器的比较

1.3.3 布局布线

布局布线(Place & Route),又称为适配(Fitting),可理解为将综合生成的电路逻辑网表映射到具体的目标器件中予以实现,并产生最终的可下载文件的过程。布局布线将综合后的网表文件针对某一具体的目标器件进行逻辑映射,把整个设计分为多个适合器件内部逻辑资源实现的逻辑小块,并根据用户的设定在速度和面积之间做出选择或折中;布局是将已分割的逻辑小块放到器件内部逻辑资源的具体位置,并使它们易于连线;布线则是利用器件的布线资源完成各功能块和反馈信号之间的连接。

布局布线完成后产生如下一些重要的文件。

(1) 芯片资源耗用情况报告。

(2) 面向其他 EDA 工具的输出文件,如 EDIF 文件等。

(3) 产生延时网表文件,以便进行时序分析和时序仿真。

(4) 器件编程文件:如用于 CPLD 编程的 JEDEC、POF 等格式的文件;用于 FPGA 配置的 SOF、JAM、BIT 等格式的文件。

布局布线与芯片的物理结构直接相关,因此,一般选择芯片制造商提供的开发工具进行此项工作。

1.3.4 时序分析与时序约束

时序分析(Timing Analysis),或者称为静态时序分析(Static Timing Analysis,STA),是指分析设计中所有的时序路径(Timing Path),计算每条时序路径的延时,检查每一条时序路径尤其是关键路径(Critical Path)是否满足时序要求,并给出时序分析和报告结果,只要该路径的时序裕量(Slack)为正,就表示该路径能满足时序要求。

时序分析前一般先要时序约束(Timing Constraint),以提供设计目标和参考数值。

静态时序分析的主要目的在于保证系统的稳定性、可靠性,并提高系统工作频率和数据处理能力。

1.3.5 功能仿真与时序仿真

仿真(Simulation)也称为模拟,是对所设计电路的功能的验证。用户可以在设计过程中对整个系统和各模块进行仿真,即在计算机上用软件验证功能是否正确、各部分的时序配合是否准确。有问题可以随时修改,避免了逻辑错误。高级的仿真软件还可以对整个系统设计的性能进行估计。规模越大的设计,越需要进行仿真。

仿真包括功能仿真(Function Simulation)和时序仿真(Timing Simulation)。不考虑

信号延时等因素的仿真称为功能仿真，又称前仿真；时序仿真又称后仿真，它是在选择具体器件并完成布局布线后进行的包含延时的仿真，其仿真结果能比较精确地模拟未来芯片的实际性能。由于不同器件的内部延时不一样，不同的布局、布线方案也给延时造成很大的影响，因此时序仿真是非常有必要的，如果仿真结果达不到设计要求，就需要修改源代码或选择不同速度等级的器件，直至满足设计要求。

注意：上面的时序分析和时序仿真是两个不同的概念，时序分析是静态的，又称为静态时序分析，不需要编写测试向量，但需编写时序约束，主要分析设计中所有可能的信号路径并确定其是否满足时序要求；时序仿真是动态的，需要编写测试向量（Test Bench 脚本）。

1.3.6 编程与配置

把适配后生成的编程文件装入 PLD 器件中的过程称为下载。通常将对基于 E^2PROM 工艺的非易失结构 CPLD 器件的下载称为编程（Program），而将基于 SRAM 工艺结构的 FPGA 器件的下载称为配置（Configuration）。编程需要满足一定的条件，如编程电压、编程时序和编程算法等。下载完成后便可进行在线调试（Online Debugging），若发现问题，则需要重复上面的流程。

1.4 常用的 EDA 工具软件

EDA 工具软件有两种分类方法：一种是按公司类别进行分类；另一种是按照软件的功能进行划分。按公司类别分，大体有两类：一类是专业 EDA 软件公司开发的工具，也称为第三方 EDA 软件工具（Third-Party Tools），较著名的专业 EDA 公司有 Mentor Graphics、Synopsys、Cadence Design Systems，它们的软件工具被广泛使用；另外一类是 FPGA/CPLD 生产厂家为销售其芯片而开发的 EDA 工具，较著名的有 Intel、Xilinx、Lattice 等。前者独立于半导体器件厂商，其推出的 EDA 软件针对用户的某一种需求设计开发而成，一般价格较高；后者针对自己器件的工艺特点做出优化设计，提高资源利用率、降低功耗、改善性能，功能更全面。在实际中可以把这两种工具结合起来使用。

1. 集成的 FPGA/CPLD 开发工具

集成的 FPGA/CPLD 开发工具是由 FPGA/CPLD 生产厂家提供的，这些工具可以完成从设计输入、逻辑综合、仿真到适配下载等全部工作。常用的集成开发工具见表 1.1，这些开发工具可将一些专业的第三方软件集成在一起，方便用户在设计过程中选择其完成某些设计任务。

表 1.1　常用的集成 FPGA/CPLD 开发工具

软　件	说　明
ISE	ISE 是 Xilinx 的 FPGA/CPLD 集成开发软件，提供从设计输入到综合、布线、仿真、下载的全套解决方案，并提供与其他 EDA 工具的接口
VIVADO	Vivado 设计套件是 Xilinx 公司 2012 年发布的新的集成设计环境。包括高度集成的设计环境和新一代从系统到 IC 级的工具，均建立在共享的可扩展数据模型和通用调试环境基础上。Vivado 是基于 AMBA AXI4 互连规范、IP-XACT IP 封装元数据、工具命令语言（TCL）、Synopsys 系统约束（SDC）及其他有助于根据客户需求量身定制设计流程并符合业界标准的开放式环境，支持多达 1 亿个等效 ASIC 门的设计
XILINX VITIS	Xilinx 是 2019 年 10 月发布的统一软件平台，进一步模糊了软硬件开发的边界，为云端、边缘和混合计算提供了统一的开发环境
MAX+PLUS® II	MAX＋Plus Ⅱ 是 Altera 的集成开发软件，使用广泛，支持 Verilog HDL、VHDL 和 AHDL，MAX＋Plus Ⅱ 发展到 10.2 版本后，已不再推出新版本
QUARTUS® II	Quartus Ⅱ 是 Altera 继 MAX＋Plus Ⅱ 后的第 2 代开发工具
Quartus Prime Design Software	从 Quartus Ⅱ 15.1 开始，Quartus Ⅱ 更名为 Quartus Prime。Quartus Prime 已发布的最新版本是 19.0，Quartus Prime 集成了新的 Spectra-Q 综合工具，支持数百万 LE 单元的 FPGA 器件的综合；集成了新的前端语言解析器，扩展了对 VHDL-2008 和 SystemVerilog-2005 的支持
ispLEVER CLASSIC	ispLEVER Classic 是 Lattice 的 FPGA 设计环境，支持 FPGA 器件的整个设计过程，从概念设计到 JEDEC 或位流编程文件输出
LATTICE DIAMOND	Diamond 软件也是 Lattice 的开发工具，支持 FPGA 从设计输入到位流文件下载的整个流程。支持 Windows 7、Windows 8 等操作系统

2. 设计输入工具

输入工具主要是帮助用户完成原理图和 HDL 文本的编辑和输入工作。好的输入工具支持多种输入方式，包括原理图、HDL 文本、波形图、状态机、真值表等。例如，HDL Designer Series 是 Mentor Graphics 公司的设计输入工具，包含于 FPGA Advantage 软件中，可以接收 HDL 文本、原理图、状态图、表格等多种设计输入形式，并将其转换为 HDL 文本表达方式，功能很强。输入工具可帮助用户提高输入效率，多数人习惯使用集成开发软件或者综合/仿真工具中自带的原理图和文本编辑器，也可以直接使用普通文本编辑器，如 Notepad＋＋等。

3. 逻辑综合器(Synthesizer)

逻辑综合是将设计者在 EDA 平台上编辑输入的 HDL 文本、原理图或状态图描述，依据给定的硬件结构和约束控制条件进行编译、优化和转换，最终获得门级电路甚至更底层的电路描述网表文件的过程。

逻辑综合工具能够自动完成上述过程，产生优化的电路结构网表，输出.edf 文件，导入 FPGA/CPLD 厂家的软件进行适配和布局布线。专业的逻辑综合软件通常比 FPGA/CPLD 厂家的集成开发软件自带的逻辑综合功能更好一些，能得到更优的结果。

著名的用于 FPGA/CPLD 设计的 HDL 综合工具有 Synopsys 的 Synplify、Synplify Pro 和 Synplify Premier；Mentor Graphics 的 Precision Synthesis 和 Leonardo Spectrum。表 1.2 对这些综合器的性能做了介绍。

表 1.2 常用的 HDL 综合工具

软　　件	说　　明
Synplicity	Synplify、Synplify Pro 和 Synplify Premier 是 Synopsys 的 VHDL/Verilog HDL 综合软件。Synplify Premier 功能最强，内部集成 Identify RTL 调试仪，能快速查错；与 VCS 仿真器集成并支持 DesignWare IP 时序性能分析；支持 Verilog、SystemVerilog、VHDL、VHDL-2008 和混合语言编程；支持单机或多机综合
Precision Synthesis	Precision Synthesis 是 Mentor Graphics 的综合工具，集成了支持最小面积、功耗以及最佳性能等多项设计目标的优化策略的逻辑综合算法，支持 VHDL、Verilog-2001 以及 System Verilog 等语言
LEONARDO spectrum	Leonardo Spectrum 也是 Mentor Graphics 的综合软件，并作为 FPGA Advantage 软件的一个组成部分，Leonardo Spectrum 可同时用于 FPGA/CPLD 和 ASIC 设计两类目标

4. 仿真器

仿真工具提供了对设计进行模拟仿真的手段，包括布线以前的功能仿真(前仿真)和布线以后包含延时的时序仿真(后仿真)。在一些复杂的设计中，仿真比设计本身还要艰巨，因此有人认为仿真是 EDA 的精髓所在，仿真器的仿真速度、仿真的准确性、易用性等成为衡量仿真器性能的重要指标。

仿真器按对设计语言的处理方式分为两类：编译型仿真器和解释型仿真器。编译型仿真器的仿真速度快，但需要预处理，因此不能即时修改；解释型仿真器的仿真速度要慢一些，但可以随时修改仿真环境和仿真条件。按处理的 HDL 类型，仿真器可分为 Verilog HDL 仿真器、VHDL 仿真器和混合仿真器，混合仿真器能够同时处理 Verilog HDL 和 VHDL。

常用的 HDL 仿真软件如表 1.3 所示。

表 1.3 常用的 HDL 仿真软件

软件	说明
M ModelSim/QuestaSim	ModelSim 是 Mentor 的子公司 Model Technology 的一个出色的 VHDL/Verilog HDL 混合仿真软件，它属于编译型仿真器，仿真速度快 QuestaSim 其实就是 ModelSim 的扩展版，增加了 System Verilog 仿真的功能
ALDEC Active HDL/Riviera-PRO	Active HDL 是 Aldec 的 VHDL/Verilog HDL 仿真软件，简单易用，提供超过 120 种 EDA 软件接口 Riviera-PRO 是 Aldec 更为高端的 VHDL/Verilog HDL 仿真软件，支持 VHDL、Verilog、EDIF、System Verilog、SystemC 等语言
cādence NC-Verilog/NC-VHDL/NC-Sim	这几个软件都是 Cadence 公司的 VHDL/Verilog HDL 仿真工具，其中 NC-Verilog 的前身是著名的 Verilog 仿真软件 Verilog-XL，用于对 Verilog 程序进行仿真；NC-VHDL 用于 VHDL 仿真；而 NC-Sim 则能够对 VHDL/Verilog HDL 进行混合仿真
synopsys VCS/Scirocco	VCS 是 Synopsys 公司的编译型 Verilog HDL 仿真器，支持 OVI 标准的 Verilog 语言、PLI 和 SDF；Scirocco 是 Synopsys 的 VHDL 仿真器

ModelSim 能够提供 Verilog HDL/VHDL 混合仿真；NC-Verilog 和 VCS 是基于编译技术的仿真软件，能够胜任行为级、RTL 和门级各种层次的仿真，速度快。

5. 芯片版图设计软件

提供 IC 版图设计工具的著名公司有 Synopsys、Cadence、Mentor。Synopsys 的优势在于其逻辑综合工具，而 Mentor 和 Cadence 则能够在设计的各个层次提供全套的开发工具。在晶体管级或基本门级提供图形输入工具的有 Cadence 的 Composer、Viewlogic 公司的 Viewdraw 等。专用于 IC 的综合工具有 Synopsys 的 Design Compiler(DC)和 Behavial Compiler,Cadence 的 Synergy 等。SPICE 是著名的模拟电路仿真工具，SPICE 最早产生于美国伯克利大学，历经数十年的发展，随着晶体管线宽的不断缩小，SPICE 也引入了更多的参数和更复杂的晶体管模型，使其在采用亚微米和深亚微米工艺的今天依旧是模拟电路仿真的重要工具之一。此外，还有其他一些 IC 版图工具，如自动布局布线(Auto Plane & Route)工具、版图输入工具、物理验证(Physical Validate)和参数提取(LVS)工具等。半导体集成技术还在不断发展，相应的 IC 设计工具也不断地更新换代，以提供对 IC 设计的全方位支持。

6. 其他 EDA 工具

除了上面介绍的 EDA 软件，一些公司还推出了一些开发套件和专用的开发工具，这些专用的 EDA 开发套件和开发工具如表 1.4 所示。

表 1.4 专用的 EDA 开发套件和开发工具

软 件	说 明
FPGA Advantage	Mentor 公司的 VHDL/Verilog HDL 完整开发系统，可以完成适配和编程以外的所有工作，包括三套软件：HDL Designer Series(输入及项目管理)、Leonardo Spectrum(逻辑综合)和 ModelSim(模拟仿真)
Vivado HLS	Vivado HLS 支持直接使用 C、C++以及 SystemC 语言对 Xilinx 的 FPGA 器件进行编程，并转换为 RTL 模型，通过高层次综合生成 HDL 的 IP 核，从而加速 IP 创建
System Generator	Xilinx 的 DSP 开发工具，实现 ISE 与 MATLAB 的接口，能有效地完成数字信号处理的仿真和最终 FPGA 实现
DSP Builder	Altera 的开发工具，支持在 MATLAB 和 Simulink 中进行 DSP 算法设计，然后自动将算法设计转换为 HDL 文件，实现 DSP 工具(MATLAB)到 EDA 工具(Quartus Ⅱ)的无缝连接
SOPC Builder Qsys Platform Designer	从 Quartus Ⅱ 10 开始，SOPC Builder 已被 Qsys 代替，Qsys 是 SOPC Builder 的升级版，用于系统级的 IP 集成，能将不同 IP 模块以及 Nios Ⅱ 核整合在一起，提高 FPGA 设计效率；从 Quartus Prime 17.1 版开始，Qsys 更名为 Platform Designer，内容与名字更为统一

1.5 EDA 技术的发展趋势

1. 高性能的 EDA 工具将得到进一步发展

随着市场需求的增长，集成工艺水平及计算机自动设计技术的不断提高，单片系统或系统集成芯片成为 IC 设计的主流，这一发展趋势表现在以下几方面。

(1) 超大规模集成电路技术水平的不断提高，超深亚微米(VDSM)工艺已走向成熟，在一个芯片上完成系统级的集成已成为现实。

(2) 由于工艺线宽的不断减小，在半导体材料上的许多寄生效应已经不能简单地被忽略，这就对 EDA 工具提出了更高的要求。同时，也使得 IC 生产线的投资更为巨大，可编程逻辑器件开始进入传统的 ASIC 市场。

(3) 市场对电子产品提出更高的要求，如必须降低电子系统的成本，减小系统的体积、功耗等，从而对系统的集成度不断提出更高的要求。同时，设计效率也成为一个产品能否成功的关键因素，促使 EDA 工具更重视 IP 核的集成。

(4) 高性能的 EDA 工具将得到长足的发展，其自动化和智能化程度将不断提升；另一方面，计算机技术的提高也为复杂的 SoC 设计提供了物质基础。

现在的硬件描述语言只提供行为级或功能级的描述，尚无法完成系统级的抽象描述，目前已开发出更趋于电路行为级设计的硬件描述语言，如 SystemC、System Verilog

等；还出现了一些系统级混合仿真工具，可在同一开发平台上完成高级语言（如 C/C++ 等）与标准硬件描述语言（Verilog HDL、VHDL）的混合仿真。

2. EDA 技术将促使 ASIC 和 FPGA 逐步走向融合

随着系统开发对 EDA 技术的目标器件各种性能指标要求的提高，ASIC 和 FPGA 将更大程度地相互融合。这是因为，虽然标准逻辑 ASIC 芯片尺寸小、功能强、耗电省，但设计复杂，并且有批量生产要求；可编程逻辑器件的开发费用低，能现场编程，但体积大、功耗大。因此，FPGA 和 ASIC 正在走到一起，两者之间正在诞生一种“杂交”产品，互相融合，取长补短，以满足成本和上市速度的要求。例如，将可编程逻辑器件嵌入标准单元。

3. EDA 技术的应用领域将更为广泛

从目前的 EDA 技术来看，其特点是使用普及、应用面广、工具多样。ASIC 和 PLD 器件正在向超高速、高密度、低功耗、低电压方向发展，EDA 技术水平将不断进步，设计工具将不断趋于完善。

习题 1

1.1 现代 EDA 技术的特点有哪些？
1.2 什么是 Top-down 设计方式？
1.3 数字系统的实现方式有哪些？各有什么优缺点？
1.4 什么是 IP 复用技术？IP 核对 EDA 技术的应用和发展有什么意义？
1.5 用硬件描述语言设计数字电路的优势是什么？
1.6 基于 FPGA/CPLD 的数字系统设计流程包括哪些步骤？
1.7 什么是综合？常用的综合工具有哪些？
1.8 功能仿真与时序仿真有什么区别？
1.9 FPGA 与 ASIC 在概念上有什么区别？

第2章 FPGA/CPLD

可编程逻辑器件(Programmable Logic Device,PLD)是20世纪70年代发展起来的一种新型器件,它的应用不仅简化了电路设计、降低了开发成本、提高了系统可靠性,而且给数字系统的设计方式带来了深刻的改变。PLD在结构、容量、速度和灵活性方面不断提升性能,其发展的动力来自实际需求和芯片制造商间的竞争。

2.1 PLD概述

PLD的工艺和结构经历了一个不断发展变革的过程。

2.1.1 PLD的发展历程

PLD的雏形是20世纪70年代中期出现的可编程逻辑阵列(Programmable Logic Array,PLA)。PLA在结构上由可编程的与阵列和可编程的或阵列构成,阵列规模小,编程烦琐。后来出现了可编程阵列逻辑(Programmable Array Logic,PAL)。PAL由可编程的与阵列和固定的或阵列组成,采用熔丝编程工艺,它的设计较PLA灵活、快速,因而成为第一个得到普遍应用的PLD。

20世纪80年代初,美国的Lattice公司发明了通用阵列逻辑(Generic Array Logic,GAL)。GAL器件采用输出逻辑宏单元(OLMC)的结构和E^2PROM(EEPROM)工艺,具有可编程、可擦除、可长期保持数据的优点,使用方便,所以GAL得到了更为广泛的应用。

之后,PLD进入快速发展时期,向着大规模、高速度、低功耗的方向发展。20世纪80年代中期,Altera公司推出了一种新型的可擦除、可编程的逻辑器件(Erasable Programmable Logic Device,EPLD)。EPLD采用CMOS和UVEPROM工艺制成,集成度更高、设计更灵活,但它的内部连线功能弱一些。

1985年,美国Xilinx公司推出了现场可编程门阵列(Field Programmable Gate Array,FPGA),这是一种采用单元型结构的新型PLD。它采用CMOS、SRAM工艺制作,在结构上和阵列型PLD不同,它的内部由许多独立的可编程逻辑单元构成,各逻辑单元之间可以灵活地相互连接,具有密度高、速度快、编程灵活、可重新配置等优点,FPGA成为当前主流的PLD之一。

CPLD(Complex Programmable Logic Device),即复杂可编程逻辑器件,是从EPLD改进而来的,采用E^2PROM工艺制作。同EPLD相比,CPLD增加了内部连线,对逻辑宏单元和I/O单元也有重大改进,它的性能好,使用方便。尤其是在Lattice公司提出在系统编程(In System Programmable,ISP)技术后,相继出现了一系列具备ISP功能的CPLD,CPLD是当前另一主流的PLD。

PLD仍处在不断发展变革中。由于PLD在其发展过程中出现了很多种类,不同公司生产的PLD,其工艺与结构也各不相同,因此产生了不同的分类标准,以对众多的PLD进行划分。

2.1.2 PLD的分类

1. 按集成度分类

集成度是PLD的一项重要指标，如果从集成密度上分，PLD可分为低密度PLD(LDPLD)和高密度PLD(HDPLD)，其中低密度PLD也可称为简单PLD(SPLD)。历史上，GAL22V10是简单PLD和高密度PLD的分水岭，一般按照GAL22V10芯片的容量区分SPLD和HDPLD。GAL22V10的集成度为500～750门。如果按照这个标准，PROM、PLA、PAL和GAL属于简单PLD，而CPLD和FPGA则属于高密度PLD，如表2.1所示。

表2.1 PLD按集成度分类

简单PLD(SPLD)	高密度PLD(HDPLD)	简单PLD(SPLD)	高密度PLD(HDPLD)
PROM	CPLD	PAL	
PLA	FPGA	GAL	

1) 简单的可编程逻辑器件(SPLD)

SPLD包括PROM、PLA、PAL和GAL四类器件。

(1) PROM(Programmable Read-Only Memory，可编程只读存储器)。PROM采用熔丝工艺编程，只能写一次，不可以擦除或重写。随着技术的发展和应用上的需求，出现了一些可多次擦除使用的存储器件，如EPROM(可擦可编程只读存储器)和E^2PROM(电擦除可编程只读存储器)。PROM具有成本低、编程容易的特点，适于存储数据、函数和表格。

(2) PLA。PLA现在基本已经被淘汰。

(3) PAL。GAL可以完全代替PAL器件。

(4) GAL。由于GAL器件简单、便宜，使用也方便，因此在一些成本低、保密要求低、电路简单的场合仍有应用价值。

以上四类SPLD都是基于"与或"阵列结构的，但其内部结构有明显区别，主要表现在与阵列、或阵列是否可编程，输出电路是否含有存储元件(如触发器)，以及是否可以灵活配置(可组态)方面，具体的区别如表2.2所示。

表2.2 四类SPLD的区别

器　件	与阵列	或阵列	输出电路
PROM	固定	可编程	固定
PLA	可编程	可编程	固定
PAL	可编程	固定	固定
GAL	可编程	固定	可组态

2) 高密度可编程逻辑器件(HDPLD)

HDPLD主要包括CPLD和FPGA两类器件，这两类器件也是当前PLD的主流。

2. 按编程特点分类

PLD按照可以编程的次数分为如下两类。

(1) 一次性编程器件(One Time Programmable,OTP)。

(2) 可多次编程器件。

OTP类器件的特点是只允许对器件编程一次,不能修改;而可多次编程器件则允许对器件多次编程,适合在科研开发中使用。

3. 按不同的编程元件和编程工艺划分

PLD的可编程特性是通过器件的可编程元件来实现的,按照不同的编程元件和编程工艺划分,PLD可分为以下几类。

(1) 采用熔丝(Fuse)编程元件的器件。早期的PROM器件采用此类编程结构,编程过程就是根据设计的熔丝图文件来烧断对应的熔丝以达到编程的目的。

(2) 采用反熔丝(Antifuse)编程元件的器件。反熔丝是对熔丝技术的改进,在编程处通过击穿漏层使得两点之间获得导通,与熔丝烧断获得开路正好相反。

(3) 采用紫外线擦除、电编程方式的器件,如EPROM。

(4) E^2PROM型,即采用电擦除、电编程方式的器件,目前多数的CPLD采用此类编程方式,它是对EPROM编程方式的改进,用电擦除取代紫外线擦除,提高了使用的方便性。

(5) 闪速存储器(Flash)型。

(6) 采用静态存储器(SRAM)结构的器件,即采用SRAM查找表结构的器件,大多数的FPGA采用此类结构。

一般将采用前5类编程工艺结构的器件称为非易失类器件,这类器件在编程后,配置数据将一直保持在器件内,直至被擦除或重写;而采用第6类编程工艺的器件则称为易失类器件,这类器件在每次掉电后配置数据会丢失,因而每次上电都需要重新进行配置。

采用熔丝或反熔丝编程工艺的器件只能写一次,所以属于OTP类器件,其他种类的器件都可以反复多次编程。Actel、Quicklogic的部分产品采用反熔丝工艺,这种PLD是不能重复擦写的,所以用于开发会比较麻烦,费用也比较高。反熔丝技术也有许多优点:布线能力强、系统速度快、功耗低,同时抗辐射能力强、耐高低温、可加密,所以适合在军事、航空航天等一些有特殊要求的领域运用。

4. 按结构特点分类

按照不同的内部结构可以将PLD分为如下两类。

1) 基于乘积项(Product-Term)结构的PLD

乘积项结构的PLD的主要结构是与或阵列,此类器件都包含一个或多个与或阵列,低密度的PLD(包括PROM、PLA、PAL和GAL)、EPLD及一些CPLD(如Xilinx的

XC9500 系列等)都是基于与或阵列的,这类器件多采用 E^2PROM 或 Flash 工艺制作,配置数据掉电后不会丢失。

2) 基于查找表(Look Up Table,LUT)结构的 PLD

查找表的原理类似于 ROM,其物理结构基于静态存储器(SRAM)和数据选择器(MUX),通过查表方式实现函数功能。函数值存放在 SRAM 中,SRAM 的地址线即输入变量,不同的输入通过 MUX 找到对应的函数值并输出。查找表结构的功能强、速度快,N 个输入的查找表可以实现任意 N 个输入变量的组合逻辑函数。

绝大多数的 FPGA 器件都基于 SRAM 查找表结构实现,如 Xilinx 的 Artix-7 器件等,此类器件的特点是集成度高、逻辑功能强,但器件的配置数据易失,需外挂非易失配置器件存储配置数据,才能构成可独立运行的系统。

2.2 PLD 的基本原理与结构

PLD 是一类实现逻辑功能的通用器件,它可以根据用户的需要构成不同功能的逻辑电路。PLD 内部主要由各种逻辑功能部件(如逻辑门、触发器等)和可编程开关构成,如图 2.1 所示,这些逻辑部件通过可编程开关按照用户的需要连接起来,即可完成特定的功能。

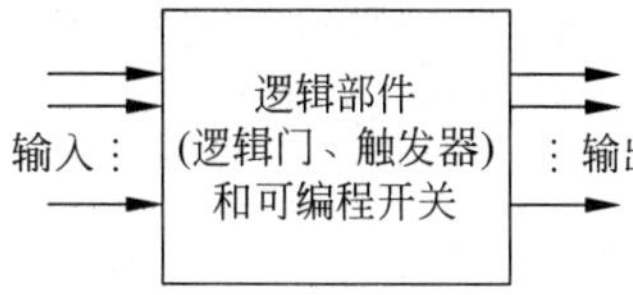

输入 ⋮
逻辑部件
(逻辑门、触发器)
和可编程开关
⋮ 输出

图 2.1 逻辑部件和可编程开关构成 PLD

2.2.1 PLD 的基本结构

任何组合逻辑函数均可转换为"与或"表达式,用"与门—或门"二级电路实现,而任何时序电路又都可以由组合电路加上存储元件(触发器)构成。因此,从原理上说,与或阵列加上触发器的结构就可以实现任意的数字逻辑电路。PLD 就是采用这样的结构,再加上可以灵活配置的互连线,从而实现任意的逻辑功能。

图 2.2 所示为 PLD 的基本结构图,它由输入缓冲电路、与阵列、或阵列和输出缓冲电路四部分组成。"与阵列"和"或阵列"是主体,主要用来实现各种逻辑函数和逻辑功能;输入缓冲电路用于产生输入信号的原变量和反变量,并增强输入信号的驱动能力;输出缓冲电路主要用来对将要输出的信号进行处理,既能输出纯组合逻辑信号,也能输出时序逻辑信号,输出缓冲电路中一般有三态门、寄存器等单元,甚至是宏单元,用户可以根据需要灵活配置成各种输出方式。

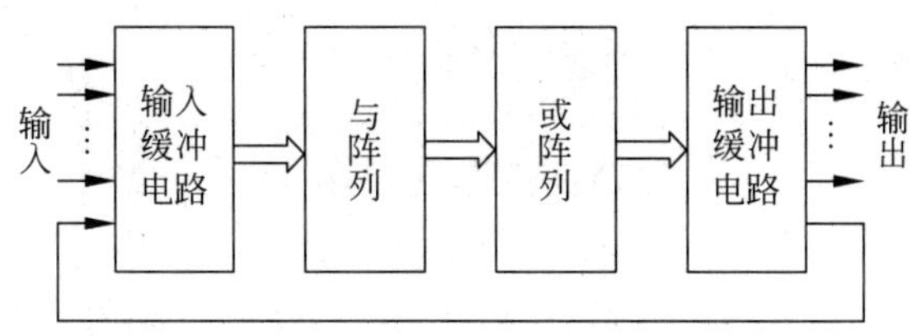

图 2.2 PLD 的基本结构

图 2.2 所示为基于与或阵列的 PLD 的基本结构。这种结构的缺点是器件的规模不容易做得很大。随着器件规模的增大，设计人员又开发出另外一种可编程逻辑结构，即查找表结构，目前绝大多数的 FPGA 器件都采用查找表结构。查找表的原理类似于 ROM，其物理结构是 SRAM，N 个输入项的逻辑函数可以由一个 2^N 位容量的 SRAM 来实现，函数值存放在 SRAM 中，SRAM 的地址线起输入线的作用，地址即输入变量值，SRAM 的输出为逻辑函数值，由连线开关实现与其他功能块的连接。查找表结构将在 2.5 节进一步介绍。

2.2.2 PLD 电路的表示方法

首先回顾一下常用的数字逻辑电路符号，表 2.3 中是与门、或门、非门、异或门的逻辑电路符号，有两种表示方式：一种是国际电工委员会（International Electrotechnical Commission，IEC）在 IEC617-12 标准文档中推荐使用的符号，国内标准为 GB4728.12—1985（简称新国标），称为矩形符号（Rectangular-shape symbols）；另一种称为特定外形符号（Distinctive-shape symbols），是美国 MIL-STD-806B 标准文档中推荐使用的逻辑门符号。这两种符号也都被 IEEE（Institute of Electrical and Electronics Engineers，电气与电子工程师协会）和 ANSI（American National Standards Institute，美国国家标准学会）采纳为标准符号（ANSI/IEEE Std 91a—1991，ANSI/IEEE Std 91—1984）[4]。显然在大规模 PLD 器件中，特定外形符号更适于表示其内部逻辑结构，因此本书主要采用此符号来表示电路。

表 2.3　与门、或门、非门、异或门的逻辑电路符号

	与　门	或　门	非　门	异 或 门
矩形符号	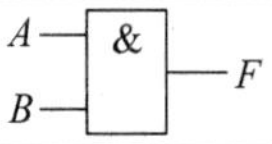 A, B —[&]— F	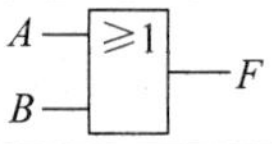 A, B —[≥1]— F	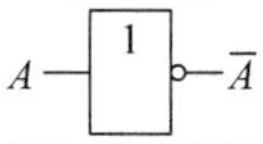 A —[1]○— $\overline{A}$	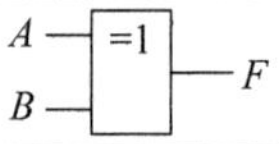 A, B —[=1]— F
特定外形符号	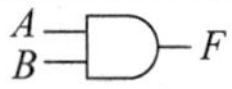 A, B — F	 A, B — F	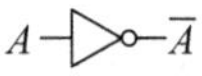 A — $\overline{A}$	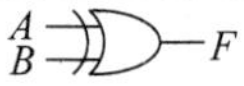 A, B — F

对于 PLD，为能直观表示 PLD 的内部结构并便于识读，广泛采用下面的逻辑表示方法。

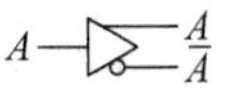

1. PLD 缓冲电路的表示

A — A, $\overline{A}$

图 2.3　PLD 的输入缓冲电路

PLD 的输入缓冲器和输出缓冲器都采用互补的结构，其表示方法如图 2.3 所示。

2. PLD 与门、或门表示

图 2.4 是 PLD 与阵列的表示符号，图中表示的乘积项为 $P=A \cdot B \cdot C$；图 2.5 是 PLD 或阵列的表示符号，图中表示的逻辑关系为 $F=P_1+P_2+P_3$。

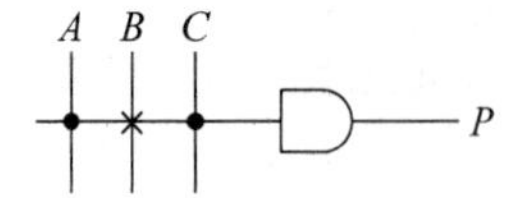

图 2.4　PLD 与阵列的表示符号

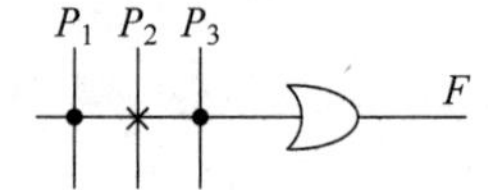

图 2.5　PLD 或阵列的表示符号

3. PLD连接的表示

图2.6是PLD中阵列交叉点三种连接关系的表示法。图2.6(a)中的"·"表示固定连接,是厂家在生产芯片时连接好的,不可改变。图2.6(b)中的"×"表示可编程连接,表示该点既可以连接,也可以断开,在熔丝编程工艺的PLD(如PAL)中,接通对应于熔丝未熔断,断开对应于熔丝熔断。图2.6(c)的未连接有两种可能:一是该点在出厂时就是断开的;二是该点是可编程连接,但熔丝熔断。

4. 逻辑阵列的表示

在图2.7表示的阵列中,与阵列是固定的,或阵列是可编程的,与阵列的输入变量为A_2、A_1和A_0,输出变量为F_1和F_0,其表示的逻辑关系为$F_1=A_2A_1\overline{A}_0$,$F_0=\overline{A}_2\overline{A}_1A_0+A_2A_1A_0$。

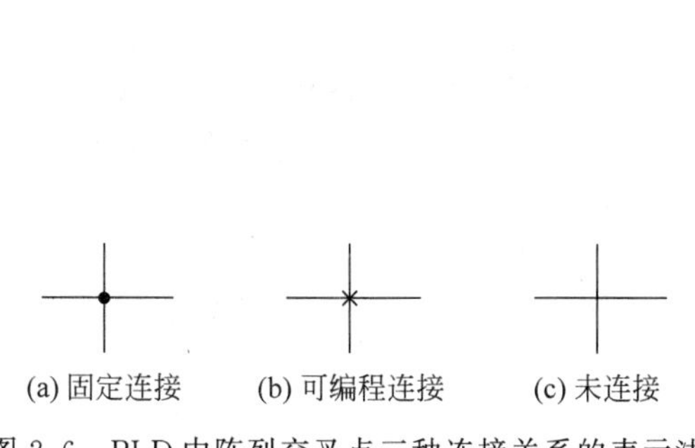

图2.6 PLD中阵列交叉点三种连接关系的表示法

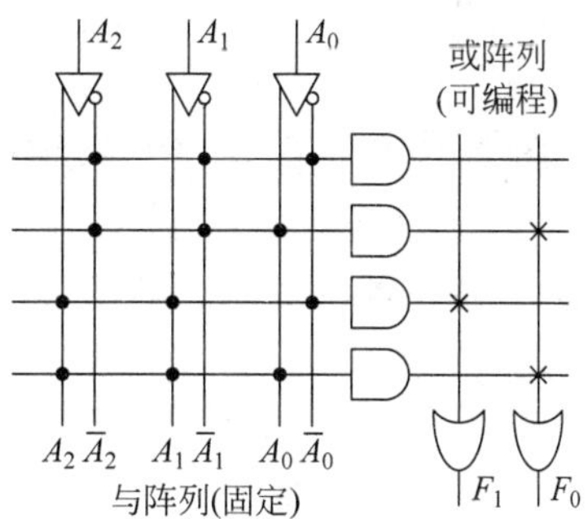

图2.7 简单阵列图

2.3 低密度PLD的原理与结构

SPLD包括PROM、PLA、PAL和GAL四类器件。SPLD器件中最基本的结构是"与或"阵列,通过编程改变"与阵列"和"或阵列"的内部连接,就可以实现不同的逻辑功能。

1. PROM

PROM开始是作为只读存储器出现的,最早的PROM是用熔丝编程的,在20世纪70年代就开始使用了。从存储器的角度来看,PROM存储器结构可表示成图2.8所示的形式,由地址译码器和存储单元阵列构成,地址译码器用于完成PROM存储阵列行的选择。从可编程逻辑器件的角度看,可以发现,地址译码器可被看成一个与阵列,其连接是固定的;存储阵列可被看成一个或阵列,其连接关系是可编程的。这样,可将PROM的内部结构用与或阵列的形式表示出来,如图2.9所示是PROM的与或阵列结构表示形式,图中所示的PROM有3个输入端、8个乘积项、3个输出端。图中的"·"表示固定连接点；“×”表示可编程连接点。

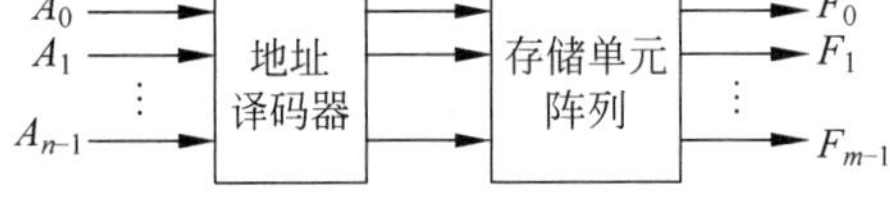

图 2.8　PROM 存储器结构

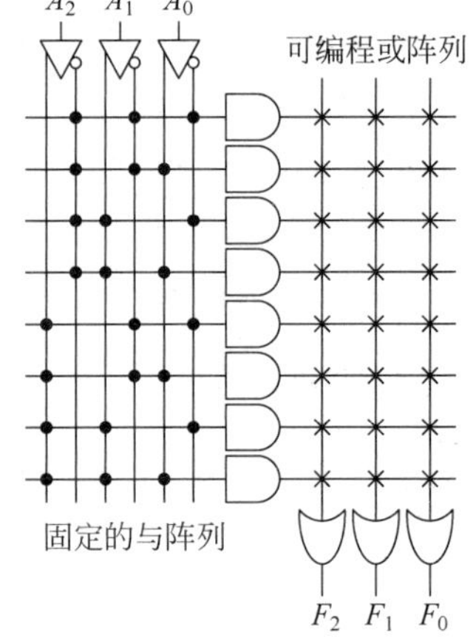

图 2.9　PROM 的与或阵列结构表示形式

图 2.10 所示是用 PROM 结构实现半加器逻辑功能的示意图。其中，图 2.10(a)表示的是 2 输入的 PROM 阵列结构；图 2.10(b)是用该 PROM 结构实现半加器的电路连接图，其输出逻辑为 $F_0=A_0\overline{A}_1+\overline{A}_0A_1$，$F_1=A_0A_1$。

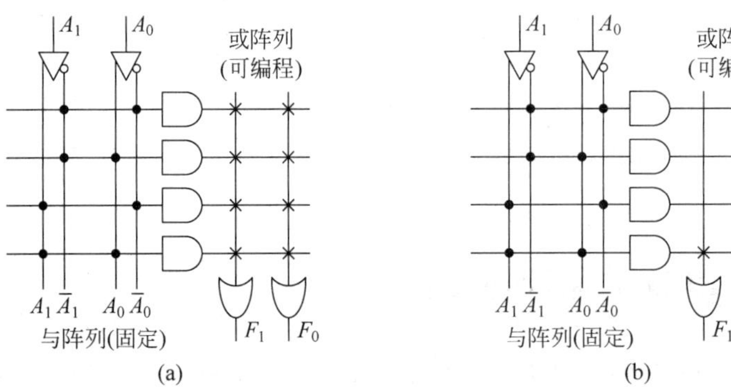

图 2.10　用 PROM 结构实现半加器逻辑功能

2. PLA

PLA 在结构上由可编程的与阵列和可编程的或阵列构成，如图 2.11 所示。图 2.11 中所示的 PLA 只有 4 个乘积项，实际中的 PLA 规模要大一些，典型的结构是 16 个输入，32 个乘积项，8 个输出。PLA 的与阵列、或阵列都可以编程。这种结构的优点是芯片的利用率高，节省芯片面积；缺点是对开发软件的要求高，优化算法复杂；此外，器件的运行速度低。因此，PLA 只在小规模逻

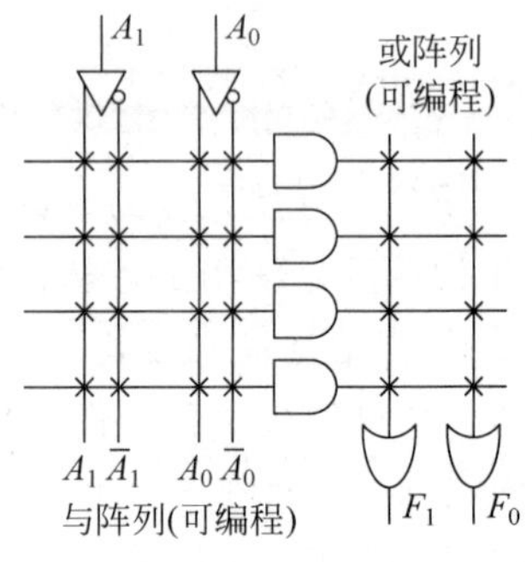

图 2.11　PLA 逻辑阵列结构图

辑芯片上得到应用,目前 PLA 在实际中已经被淘汰。

3. PAL

PAL 在结构上对 PLA 进行了改进。PAL 的与阵列是可编程的,或阵列是固定的,这样的结构使得送到或门的乘积项的数目是固定的,大大简化了设计算法。图 2.12 所示的是两个输入变量的 PAL 阵列结构。由于 PAL 的或阵列是固定的,因此图 2.12 所示的 PAL 阵列结构也可以用图 2.13 来表示。如果逻辑函数有多个乘积项,PAL 通过输出反馈和互连的方式解决,即允许输出端再反馈到下一个与阵列。图 2.14 是 PAL22V10 器件的内部结构图。从图 2.14 中可以看到 PAL 的输出反馈,此外还可看出,PAL22V10 器件在输出端还加入了宏单元结构,宏单元中包含触发器,用于实现时序逻辑功能。

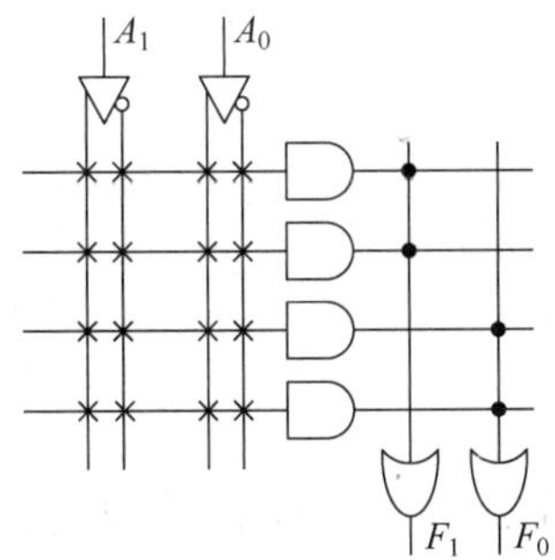

图 2.12 两个输入变量的 PAL 阵列

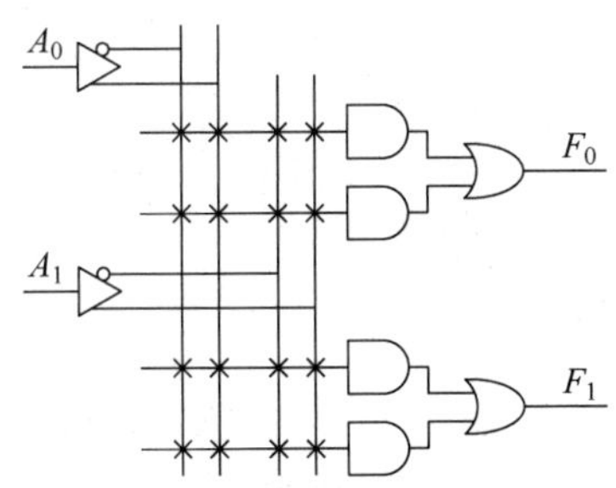

图 2.13 PAL 阵列的常用表示

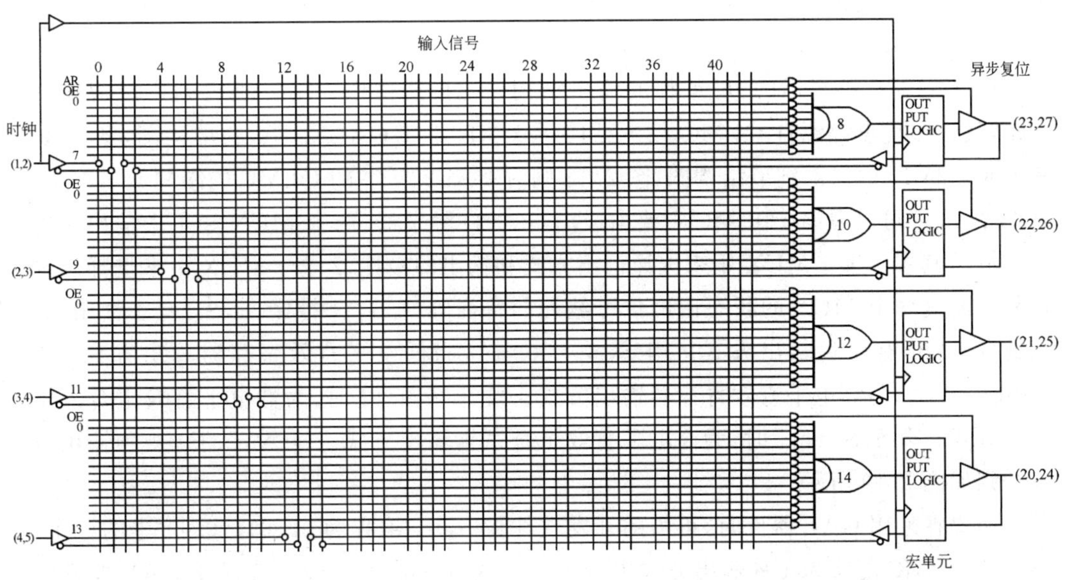

图 2.14 PAL22V10 器件的内部结构

图 2.15 展示了 PAL22V10 输出宏单元的结构。来自与或阵列的输入信号连至宏单元内的异或门,异或门的另一输入端可编程设置为 0 或者 1,因此该异或门可以用来为或门的输出求补;异或门的输出连接到 D 触发器,2 选 1 多路器允许将触发器旁路;无论是触发器的输出还是三态缓冲器的输出都可以连接到与阵列。如果三态缓冲器输出为高阻态,那么与之相连的 I/O 引脚可以用作输入。

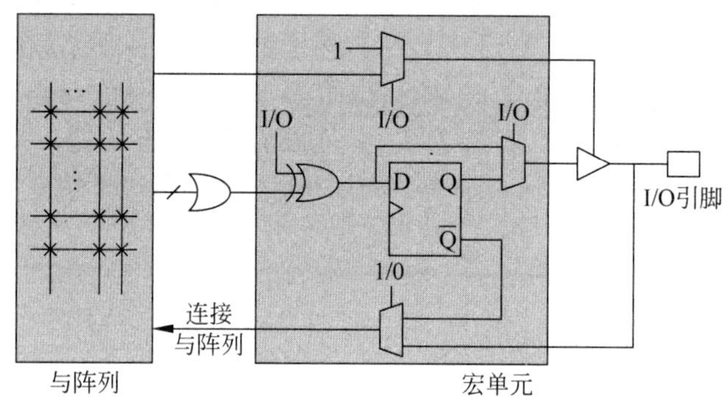

图 2.15　PAL22V10 内部的一个输出宏单元

4. GAL

1985 年,Lattice 公司在 PAL 的基础上设计出了 GAL 器件。GAL 器件首次在 PLD 上采用 E^2PROM 工艺,使得 GAL 器件具有电可擦除重复编程的特点,解决了熔丝工艺不能重复编程的问题。GAL 器件在与或阵列上沿用 PAL 的结构,即与阵列可编程、或阵列固定,但在输出结构上做了较大改进,设计了独特的输出逻辑宏单元(Output Logic Macro Cell,OLMC)。

OLMC 是一种灵活的、可编程的输出结构,GAL 器件作为第一种得到广泛应用的 PLD,其许多优点都源自 OLMC。图 2.16 是 GAL 器件 GAL22V10 的结构图,图 2.17 是 GAL22V10 的局部细节结构图,图 2.18 则对 GAL22V10 的 OLMC 的结构做了展示。从图 2.18 中可以看出:OLMC 主要由或门、1 个 D 触发器、两个 MUX 和 1 个输出缓冲器构成。其中 4 选 1 MUX 用来选择输出方式和输出的极性,2 选 1 MUX 用来选择反馈信号。而这两个 MUX 的状态由两位可编程的特征码 S_1S_0 来控制,S_1S_0 有 4 种组态,因此,OLMC 有 4 种输出方式。当 $S_1S_0=00$ 时,为低电平有效寄存器输出方式;当 $S_1S_0=01$ 时,为高电平有效寄存器输出方式;当 $S_1S_0=10$ 时,为低电平有效组合逻辑输出方式;当 $S_1S_0=11$ 时,为高电平有效组合逻辑输出方式。OLMC 的这 4 种输出方式分别如图 2.19 所示。

用户在使用 GAL 器件时,可借助开发软件将 S_1S_0 编程为 00、01、10、11 中的一个,便可将 OLMC 配置为 4 种输出方式中的一种。这种多输出结构的选择使 GAL 器件能适应不同数字系统的需要,具有比其他 SPLD 更高的灵活性和通用性。

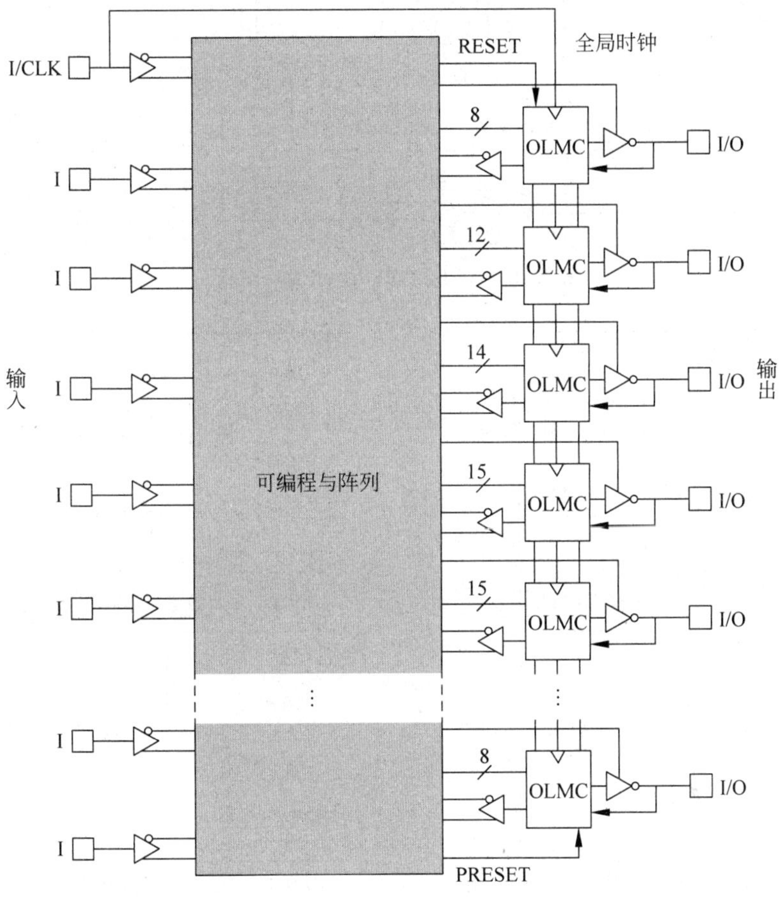

图 2.16　GAL 器件 GAL22V10 的结构

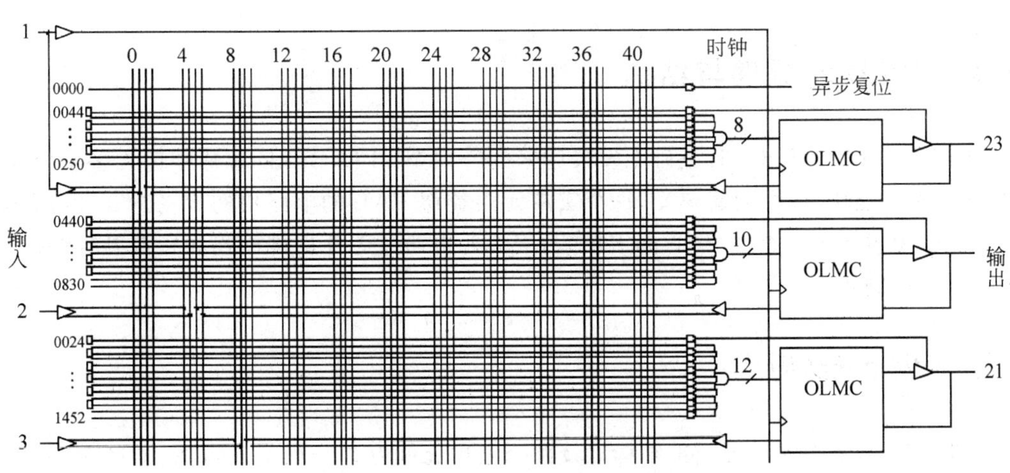

图 2.17　GAL22V10 的局部细节结构

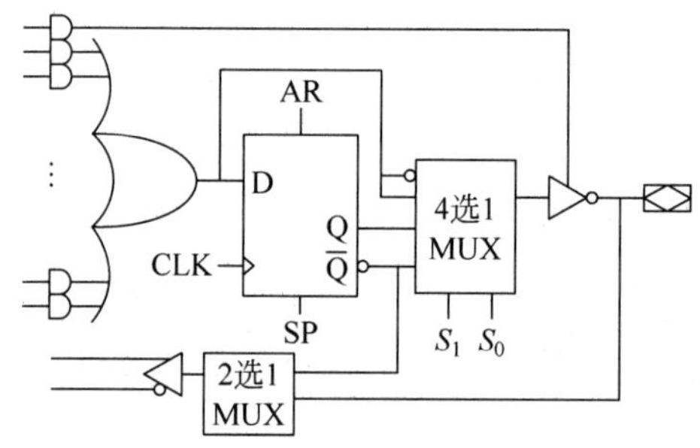

图 2.18　GAL22V10 的 OLMC 结构

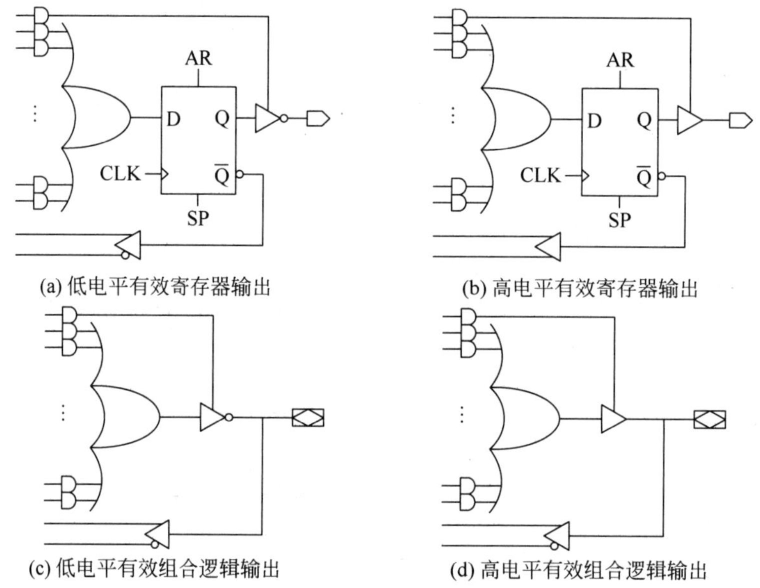

(a) 低电平有效寄存器输出　(b) 高电平有效寄存器输出

(c) 低电平有效组合逻辑输出　(d) 高电平有效组合逻辑输出

图 2.19　OLMC 的 4 种输出方式

2.4　CPLD 的原理与结构

CPLD 是在 PAL、GAL 基础上发展起来的阵列型 PLD，CPLD 芯片中包含多个电路块，称为宏功能块，或称为宏单元，每个宏单元由类似 PAL 的电路块构成。图 2.20 所示的 CPLD 中包含 6 个类似 PAL 的宏单元，宏单元再通过芯片内部的连线资源互连，并连接到 I/O 控制块。

2.4.1　宏单元结构

图 2.21 所示是宏单元内部结构以及两个宏单元间互连结构的示意图，即图 2.20 的细节展示图。从图 2.21 中可以看到每个宏单元是由类似 PAL 结构的电路构成的，包括可编程的与阵列、固定的或阵列。或门的输出连接至异或门的一个输入端，由于异或门

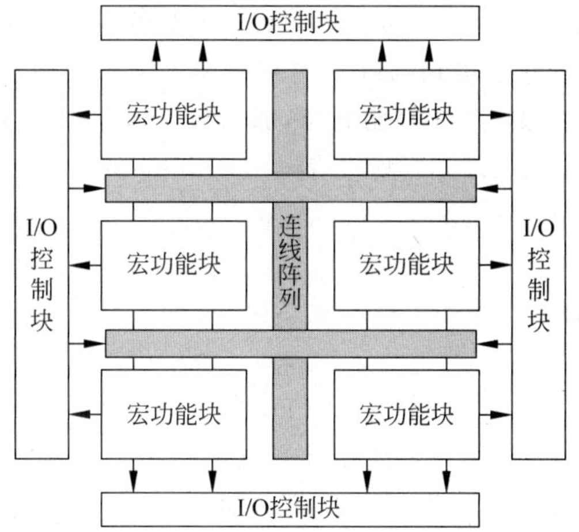

图 2.20 CPLD 器件的内部结构

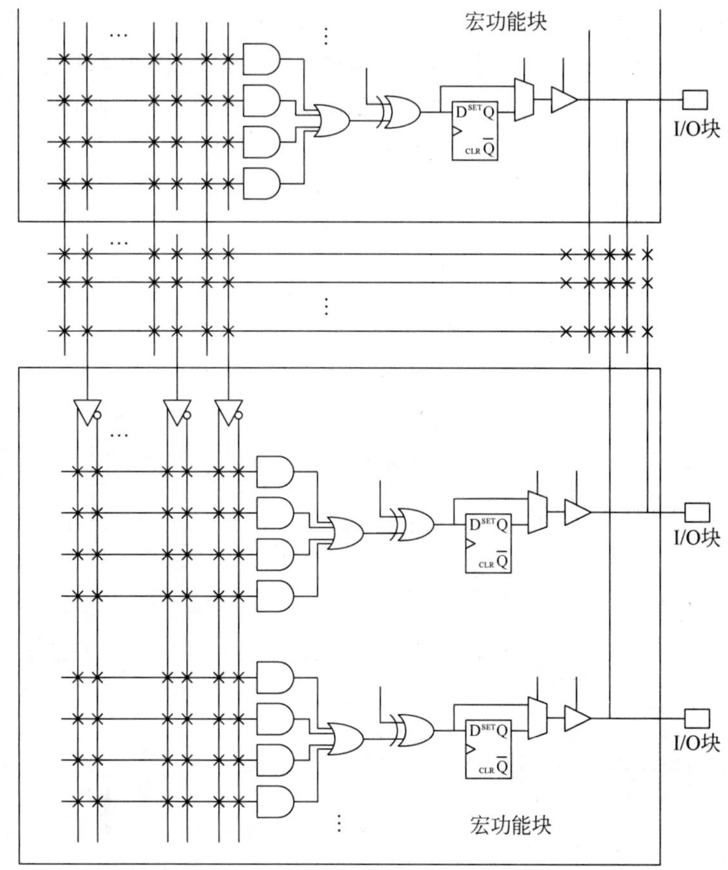

图 2.21 宏单元内部结构和两个宏单元间互连结构的示意图

的另一个输入可以用编程的方式设置为 0 或者 1,所以该异或门可以用来为或门的输出求补。异或门的输出连接到 D 触发器的输入端,2 选 1 多路选择器可以将触发器旁路,也可以将三态缓冲器使能或者连接到与阵列的乘积项。三态缓冲器的输出还可以反馈到与阵列。如果三态缓冲器输出处于高阻状态,那么与之相连的 I/O 引脚可以用作输入。

一些 CPLD 采用了与图 2.21 类似的结构,如 Xilinx 的 XC9500 系列和 Lattice 的一些产品。

2.4.2 CPLD 的结构

XC9500 系列器件是 Xilinx 的早期 CPLD,采用 0.35μm Flash 快闪存储工艺制作。XC9500 系列器件内有 36～288 个宏单元,宏单元的结构如图 2.22 所示,来自与阵列的 5 个直接乘积项用作原始的数据输入(到 OR 或 XOR 门)来实现组合功能,也可用作时钟、复位/置位和输出使能的控制输入。乘积项分配器的功能与每个宏单元如何利用 5 个直接项的选择有关。每个宏单元可以单独配置成组合或寄存逻辑功能,每个宏单元内包含一个寄存器,可根据需要配置成 D 或 T 触发器;也可以被旁路,从而使宏单元只作为组合逻辑使用。每个寄存器均支持非同步的复位和置位。在加电期间,所有的用户寄存器都被初始化为用户定义的预加载状态(默认值为 0)。所有的全局控制信号,包括时钟、复位/置位和输出使能信号,对每个单独的宏单元都是有效的。

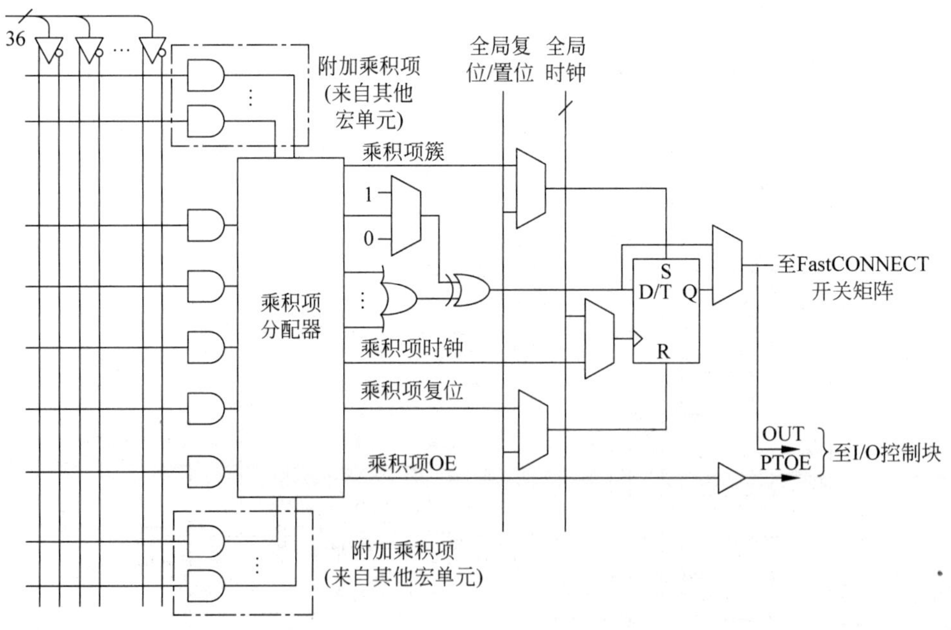

图 2.22 XC9500 器件的宏单元结构

乘积项分配器控制 5 个直接乘积项的分配。比如,图 2.23 所示的是在一个宏单元逻辑中使用 5 个直接乘积项。乘积项分配器也可以重新分配来自其他宏单元的乘积项,在图 2.24 中，一个宏单元使用 18 个乘积项，另一个宏单元只使用两个乘积项。

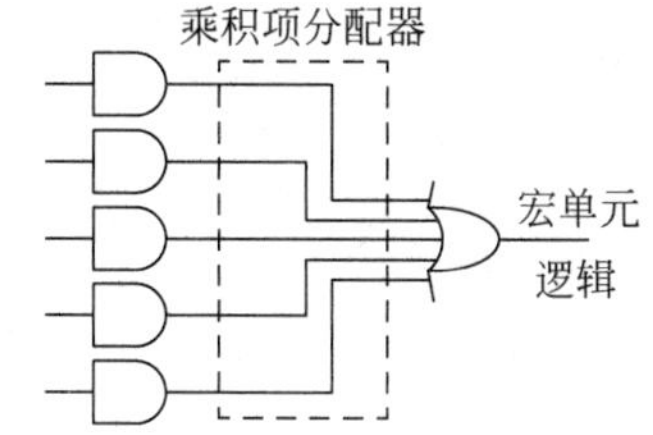

图 2.23 使用 5 个直接乘积项的宏单元

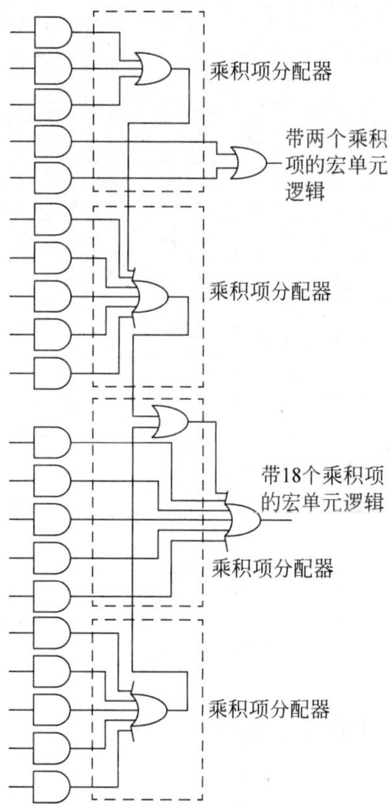

图 2.24 几个宏单元间的乘积项分配

由以上几种典型 CPLD 的结构可以看出，CPLD 是在 PAL、GAL 的基础上发展起来的阵列型的 PLD，CPLD 芯片中的主要结构是宏单元（或称为宏功能块），每个宏单元由类似 PAL 结构的电路块构成，多数 CPLD 都采用了与图 2.21 类似的宏单元结构，同时不同的器件在结构细节上也不尽相同。

图 2.25 是 Lattice 一个早期 CPLD ispLSI 1032 器件的 GLB 结构。GLB 即万能逻辑块，用于实现各种逻辑功能，它基于与或阵列结构，能够实现各种复杂的逻辑函数。从图 2.25 中可以看出，GLB 由可编程的与阵列、乘积项共享阵列、可配置寄存器等结构构成。乘积项共享阵列所起的作用是允许 GLB 的 4 个输出共享来自与阵列的 20 个乘积项，相当于与或阵列中的或阵列，但在结构上进行了改进。GLB 结构是由 GAL 器件优化而来的，能够配置为多种工作方式。乘积项共享阵列使 GLB 能够实现 7 个以上乘积项的逻辑函数，通过共享阵列，还可以将或门的输出分配给 GLB 的 4 个输出中的任意一个，从而增加连接的自由度。

CPLD 是在小规模 PLD 的基础上发展而来的，在结构上以与或阵列为主，后来，人们又从 ROM 工作原理、地址信号与输出数据间的关系以及 ASIC 的门阵列法中得到启发，构造出另外一种可编程逻辑结构，即查找表。

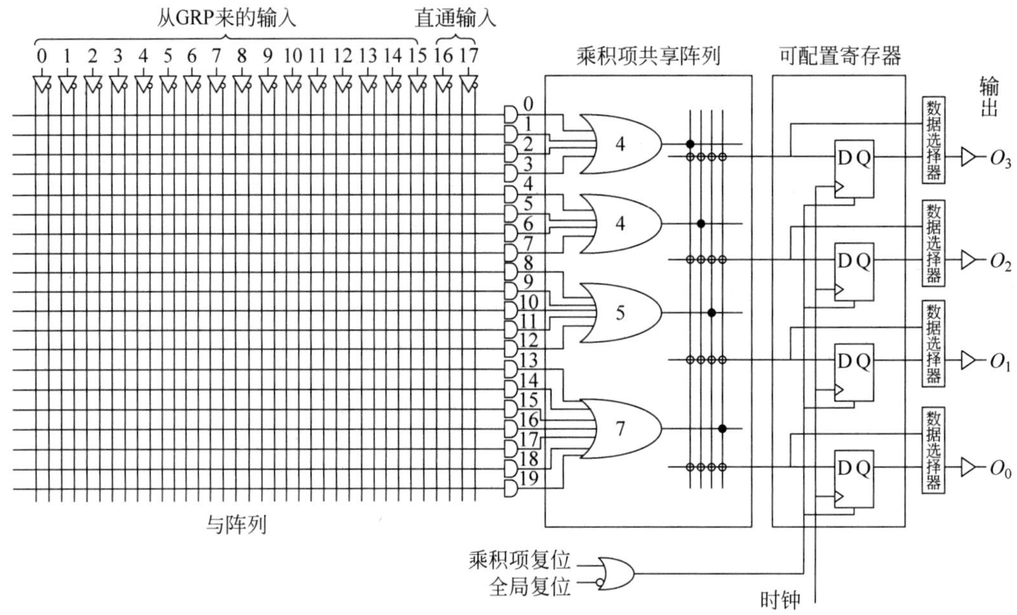

图 2.25　ispLSI 1032 器件的 GLB 结构

2.5　FPGA 的原理与结构

2.5.1　查找表结构

大部分 FPGA 器件采用查找表结构。从理论上讲，只要能够增加输入信号线和扩大存储器容量，用查找表就可以实现任意输入变量的逻辑函数。但在实际应用中，查找表的规模受技术和成本因素的限制。每增加一个输入变量，查找表 SRAM 的容量就要扩大一倍，SRAM 的容量与输入变量数 N 的关系是 2^N 倍。8 个输入变量的查找表需要 256b 容量的 SRAM，而 16 个输入变量的查找表则需要 64Kb 容量的 SRAM，这个规模已经不能忍受了。实际中，FPGA 器件的查找表的输入变量一般不超过 5 个，多于 5 个输入变量的逻辑函数可由多个查找表组合或级联实现。

图 2.26 是用 2 输入查找表实现表 2.4 所示的 2 输入或门功能的示意图，2 输入查找表中有 4 个存储单元，用来存储真值表中的 4 个值，输入变量 A、B 作为查找表中 3 个多路选择器的地址选择端，根据变量 A、B 值的组合从 4 个存储单元中选择一个作为查找表的输出，即实现了或门的逻辑功能。

假如要用 3 输入的查找表实现一个 3 人表决电路，3 人表决电路的真值表见表 2.5，用 3 输入的查找表实现该真值表的电路如图 2.27 所示。3 输入查找表中有 8 个存储单元，分别用来存储真值表中的 8 个函数值，输入变量 A、B、C 作为查找表中 7 个多路选择器的地址选择端，根据 A、B、C 的值从 8 个存储单元中选择一个作为查找表的输出，即实现了 3 人表决电路的功能。

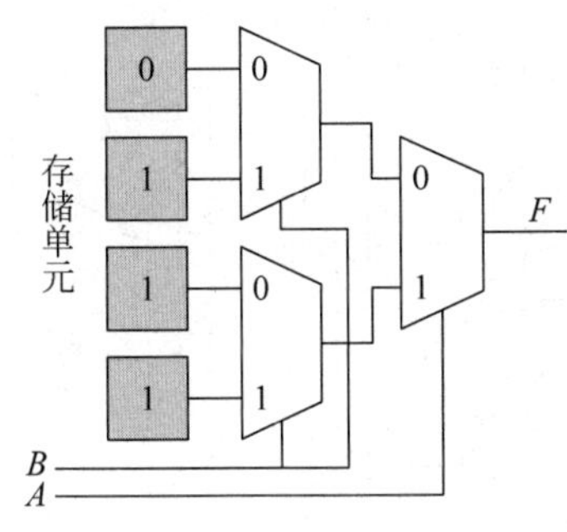

图 2.26　用 2 输入查找表实现或门功能

表 2.4　2 输入或门真值表

A　B	F
0　0	0
0　1	1
1　0	1
1　1	1

表 2.5　3 人表决电路的真值表

A　B　C	F
0　0　0	0
0　0　1	0
0　1　0	0
0　1　1	1
1　0　0	0
1　0　1	1
1　1　0	1
1　1　1	1

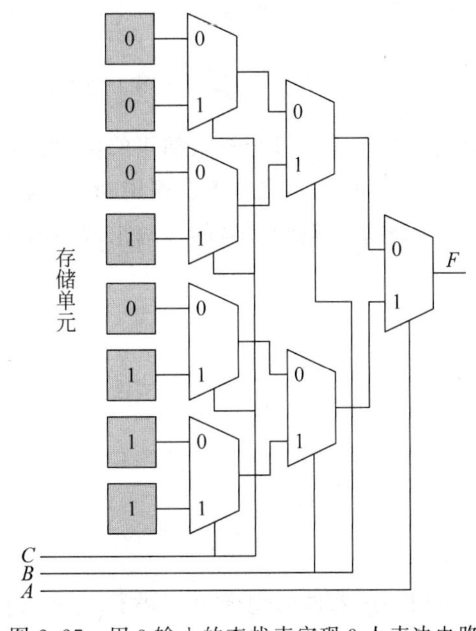

图 2.27　用 3 输入的查找表实现 3 人表决电路

综上所述，一个 N 输入查找表可以实现 N 个输入变量的任何逻辑功能。如图 2.28 所示的 4 输入查找表，能够实现任意的输入变量为 4 个或少于 4 个的逻辑函数。需要指出的是，一个 N 输入查找表对应 N 个输入变量构成的真值表，需要用 2^N 位容量的 SRAM 存储单元。显然，N 不可能很大，否则查找表的利用率很低。实际应用中 FPGA 器件的查找表的输入变量数一般是 4 个或 5 个，最多 6 个，所以存储单元的个数一般是 16 个、32 个或 64 个。更多输入变量的逻辑函数可以用多个查找表级联来实现。

在 FPGA 的逻辑块中，除了包含查找表，一般还包含触发器，如图 2.29 所示。加入

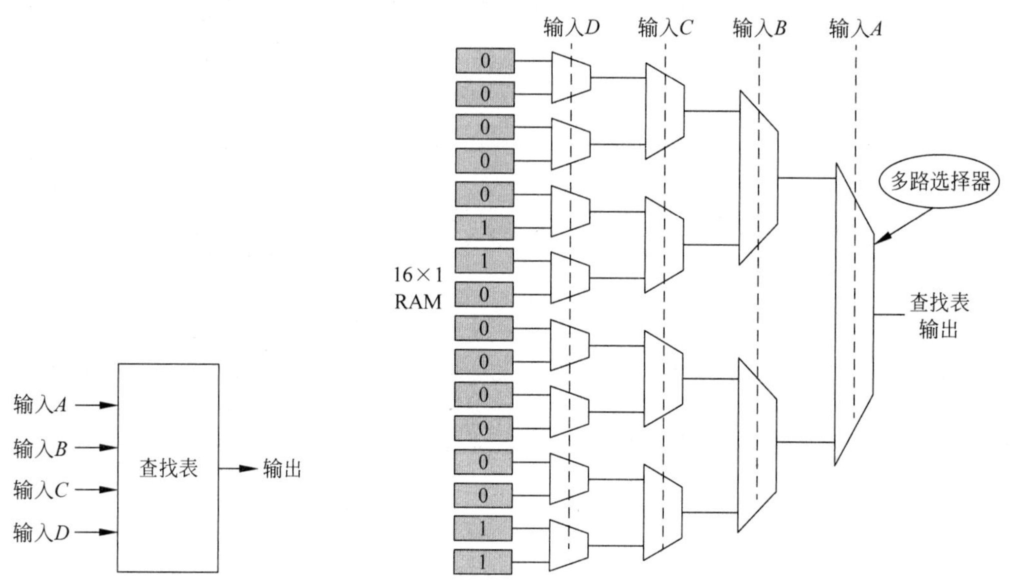

图 2.28　4 输入查找表及内部结构图

触发器的作用是将查找表输出的值保存起来，用以实现时序逻辑电路。当然也可以将触发器旁路掉，以实现纯组合逻辑功能。在图 2.29 所示的电路中，2 选 1 数据选择器的作用就是用于旁路触发器的。输出端一般还加一个三态缓冲器，以使输出更灵活。

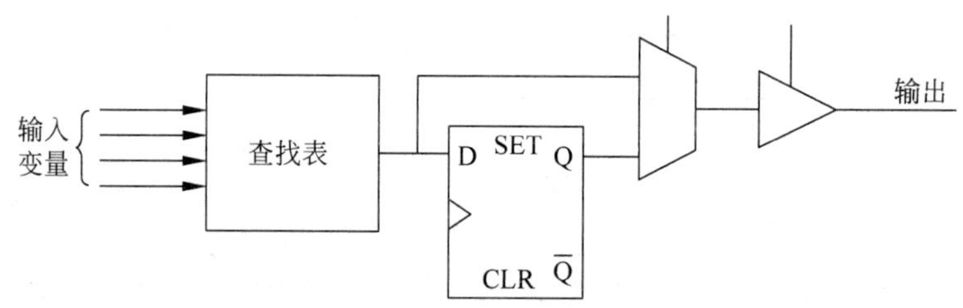

图 2.29　FPGA 的逻辑块结构示意图(查找表加触发器)

FPGA 器件的规模可以做得非常大，其内部主要由大量纵横排列的逻辑块(Logic Block，LB)构成，每个逻辑块采用类似图 2.29 所示的结构构成，大量这样的逻辑块通过内部连线和开关就可以实现非常复杂的逻辑功能。图 2.30 所示是 FPGA 器件的内部结构示意图，很多 FPGA 器件的结构都可以用该图来表示，如 Xilinx 的 XC4000、Spartan 等器件。

2.5.2　FPGA 的结构

首先以 XC4000 为例说明 FPGA 器件的结构。XC4000 器件属于中等规模的 FPGA 器件，芯片的规模从 XC4013 到 XC40250，分别对应 2 万～25 万个等效逻辑门，XC4000

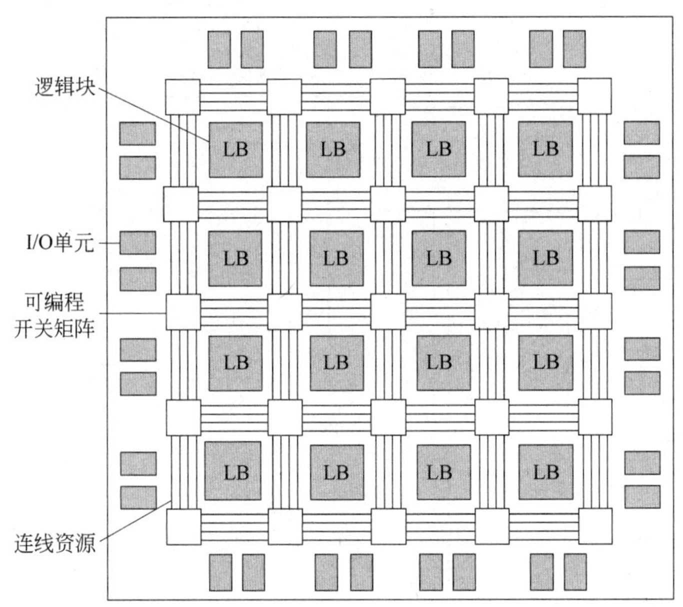

图 2.30 FPGA 器件的内部结构示意图

器件的基本逻辑块称为可配置逻辑块(Configurable Logic Block,CLB)。器件内部主要由三部分组成：可配置逻辑块(CLB)、输入/输出模块(I/O Block,IOB)和布线通道(Routing Channel)。大量的 CLB 在器件中排列为阵列状,CLB 之间为布线通道,IOB 分布在器件的周围。XC4000 器件的内部结构与图 2.30 所示的 FPGA 器件的内部结构类似。

XC4000 芯片的 CLB 可以通过垂直的和水平的路径通道相互连接。图 2.31 是 XC4000 器件的 CLB 结构图。从图 2.31 中可以看出,CLB 由函数发生器、数据选择器、触发器和信号转换电路等部分组成。每个 CLB 包含三个查找表：G、F 和 H。其中,G 和 F 都是 4 输入查找表；H 为 3 输入查找表。两个 4 输入查找表能实现任意两个 4 输入变量的逻辑函数,每个查找表的输出可存入触发器；3 输入的查找表可以连接两个 4 输入的查找表,这样允许实现 5 变量或更多变量的逻辑函数。

将 G、F、H 三个查找表组合配置,一个 CLB 可以完成任意两个独立 4 变量或一个 5 变量逻辑函数,或任意一个 4 变量函数加上一个 5 变量函数,甚至 9 变量逻辑函数。图 2.32 所示为用 XC4000 器件的查找表实现不同输入变量函数。

CLB 也可以配置成加法器模块。在这种模式中,CLB 中的每个 4 输入查找表能同时实现一个全加器的求和与进位两个函数。另外,不用来实现逻辑函数时,这个 CLB 还可以用作存储器模块。每个 4 输入的查找表可作为 16×1 的存储器块,两个 4 输入的查找表可以组合起来作为 32×1 的存储器块。多个 CLB 可组合成更大的存储器块。

每个 CLB 中包含两个 D 触发器,具有异步置位/复位端和时钟输入端,可用来实现寄存器逻辑。CLB 中还包含数据选择器(4 选 1、2 选 1 等),用来选择触发器的输入信号、时钟有效边沿和输出信号等。

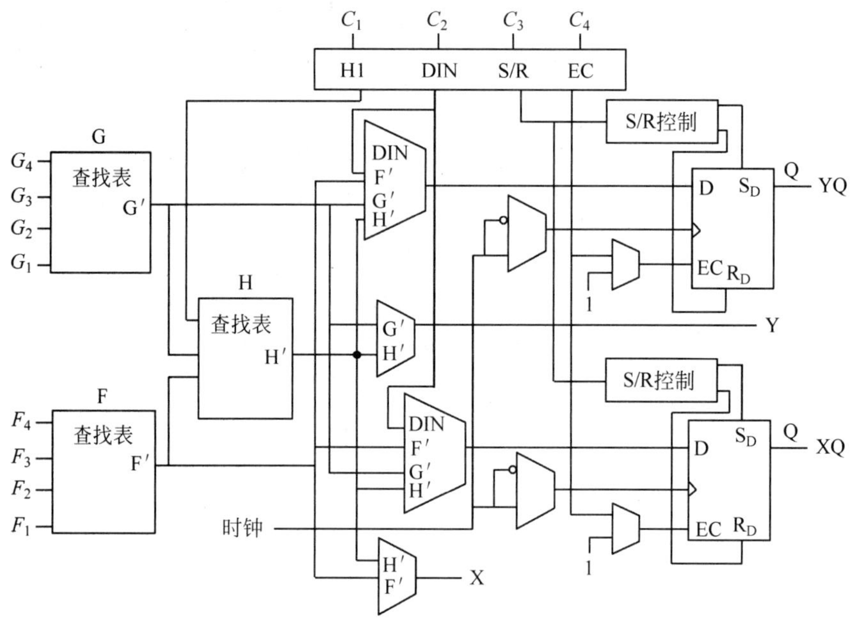

图 2.31　XC4000 器件的 CLB 结构图

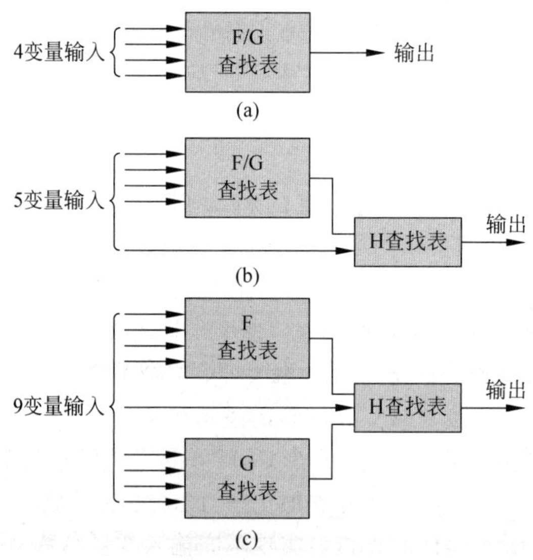

图 2.32　用 XC4000 器件的查找表实现不同输入变量函数的示意图

CLB 的输入和输出可与 CLB 周围的互连资源相连，如图 2.33 所示。

布线通道用来提供高速可靠的内部连线，将 CLB 之间、CLB 和 IOB 之间连接起来，构成复杂的逻辑。布线通道由许多金属线段构成。图 2.33 所示为 XC4000 器件内部的布线通道结构。从图 2.33 中可以看出，XC4000 器件的布线通道主要由单长线和双长线构成。单长线(Single-Length Line)是贯穿于 CLB 之间的 8 条垂直和水平金属线段，CLB 的输入和输出端与相邻的单长线相连(见图 2.33 之左下)，通过可编程开关矩阵

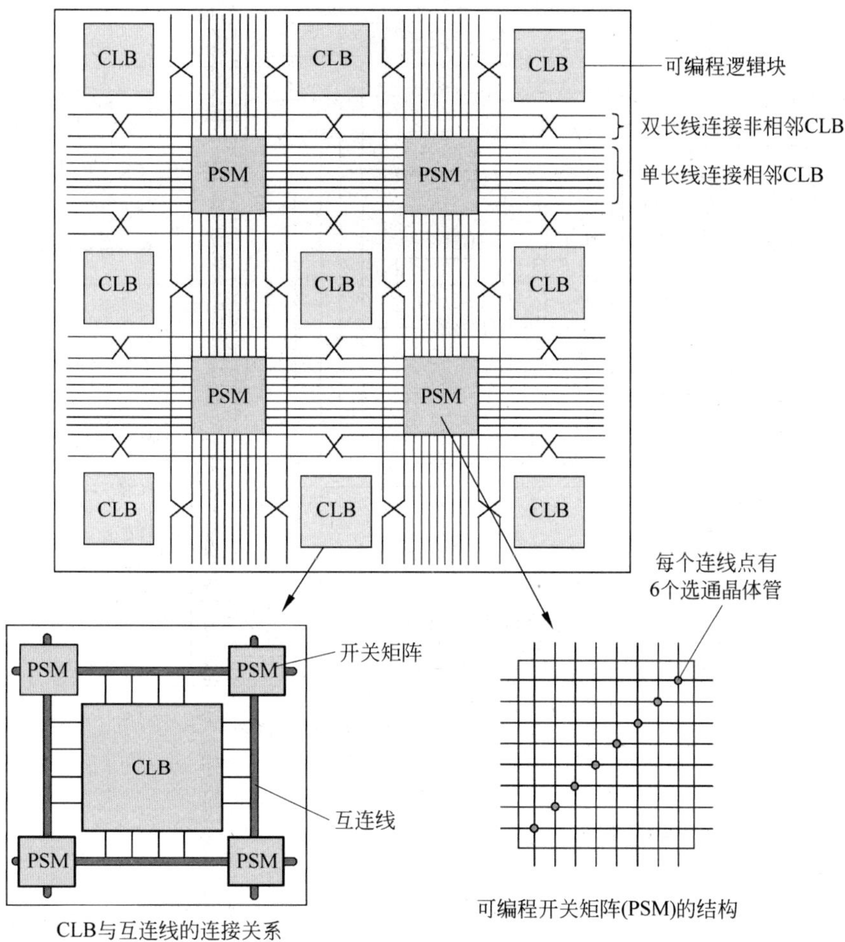

图 2.33 XC4000 器件的内部布线通道

(PSM)相互连接；双长线(Double-Length Line)用于将两个不相邻的 CLB 连接起来，双长线的长度是单长线的 2 倍，它要经过两个 CLB 之后，才能与 PSM 相连。

单长线和双长线提供了 CLB 之间快速而灵活的互连，但是，传输信号每经过一个可编程开关矩阵(PSM)，就增加一次延时。因此，器件内部的延时与器件的结构和布线有关，延时是不确定的，也是不可预测的。

图 2.34 所示是 Spartan 器件的 CLB 逻辑图。从图 2.34 中可以看出，CLB 中包含三个用作函数发生器的查找表、两个触发器和两组数据选择器(见图中的虚线框 A 和 B)。其中，两个 4 输入的查找表(F-LUT 和 G-LUT)可实现 4 输入($F_1 \sim F_4$ 或 $G_1 \sim G_4$)的任何布尔函数。由于采用的是查找表方式，因此传播延时与实现的逻辑功能无关；第三个 3 输入查找表(H-LUT)能实现任意 3 输入的布尔函数，其中两个输入受可编程数据选择器控制，可以来自 F-LUT、G-LUT 或 CLB 的输入端(SR 和 DIN)。第三个输入固定来自 CLB 的输入端 H_1。因此 CLB 可实现最高达 9 个变量的函数。CLB 中的三个查找表还可组合实现任意 5 输入的布尔函数。

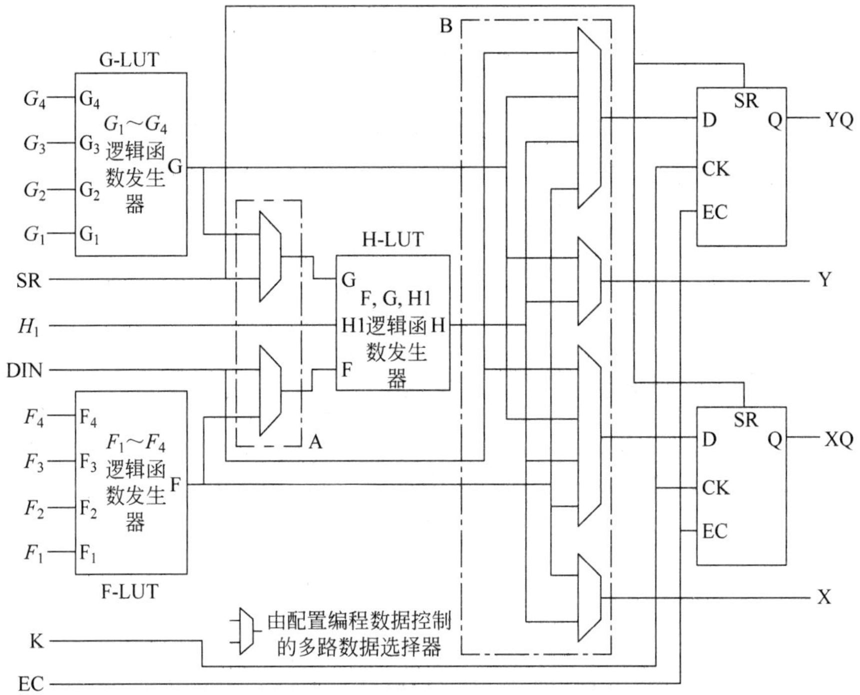

图 2.34 Spartan 器件的 CLB 逻辑图

2.5.3 Artix-7 系列 FPGA

Artix-7 器件属于 Xilinx 7 系列中的一员，面向成本敏感型应用，基于 28nm 低功耗(HPL)工艺制程。与 Spartan-6 器件相比，Artix-7 逻辑密度提升 2 倍，Block RAM 容量增加 2.5 倍，DSP Slice 个数扩大 5.7 倍，适合应用于便携医疗设备、军用无线电和小型无线基础设施等场景。

Artix-7 还具备下述特点：拥有 13 000～200 000 个可配置 CLB；6.6Gb/s 全双工收发器；单/双差分 I/O 标准，速度达 1.25Gb/s；DSP48E1 Slice，信号处理能力更强；集成 1066Mb/s DDR3 存储器；集成式先进模拟混合信号(AMS)技术，Artix-7 内部集成了双 12 位、1MSPS、17 通道 A/D 转换器，用以实现简单的模/数转换，便于构成 SoC。

Artix-7 器件结构如图 2.35 所示，主要由 CLB、块状 RAM(BRAM)、FIFO、DSP 模块、锁相环(PLL)、IOB 以及行列连线等部件构成。

CLB 可被视为基本的逻辑单元，Artix-7 的 CLB 结构如图 2.36 所示，每个 CLB 包含两个 Slices，这两个 Slices 并不直接互连，而是连接至开关矩阵，以与 FPGA 的其他资源相连接。Slice 中有进位链，进位链以列为单位，从一个 Slice 连接到其上面和下面的 Slice。

Slice 包含如下 4 种部件。

(1) 查找表：一个 Slice 中包含 4 个 6 输入的查找表。

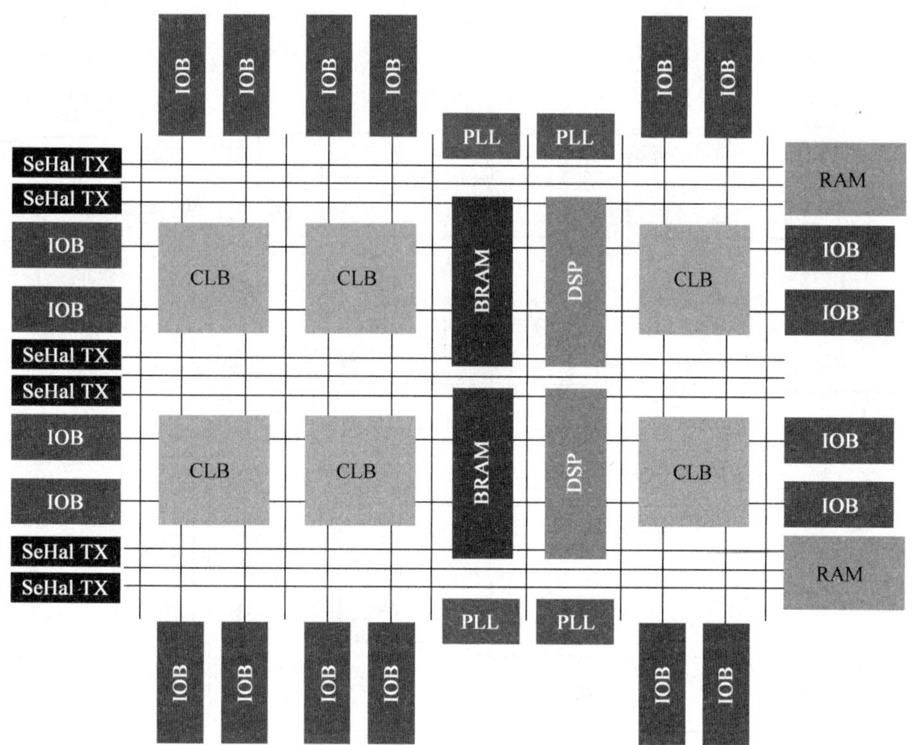

图 2.35 Artix-7 器件结构

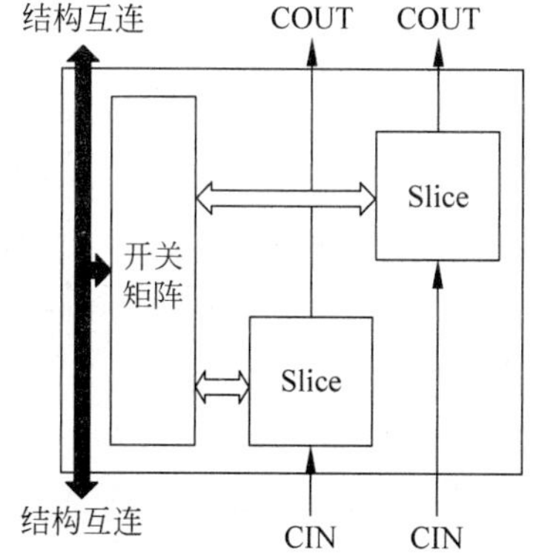

图 2.36 Artix-7 的 CLB 结构

(2) 触发器/锁存器：一个 Slice 中包含 8 个触发器。每 4 个触发器为一组，可配置成 D 触发器或锁存器。

(3) 数据选择器：其位宽为 1，数量多。

(4) 进位链：它与本列的上、下 Slice 的进位逻辑相连，实现进位操作。

图 2.37 所示是 Artix-7 的 Slice 结构图，可从图中看到上述 4 种部件。

Slice 有两种，一种称为 SliceL；另一种称为 SliceM。CLB 或者由两个 SliceL 构成，

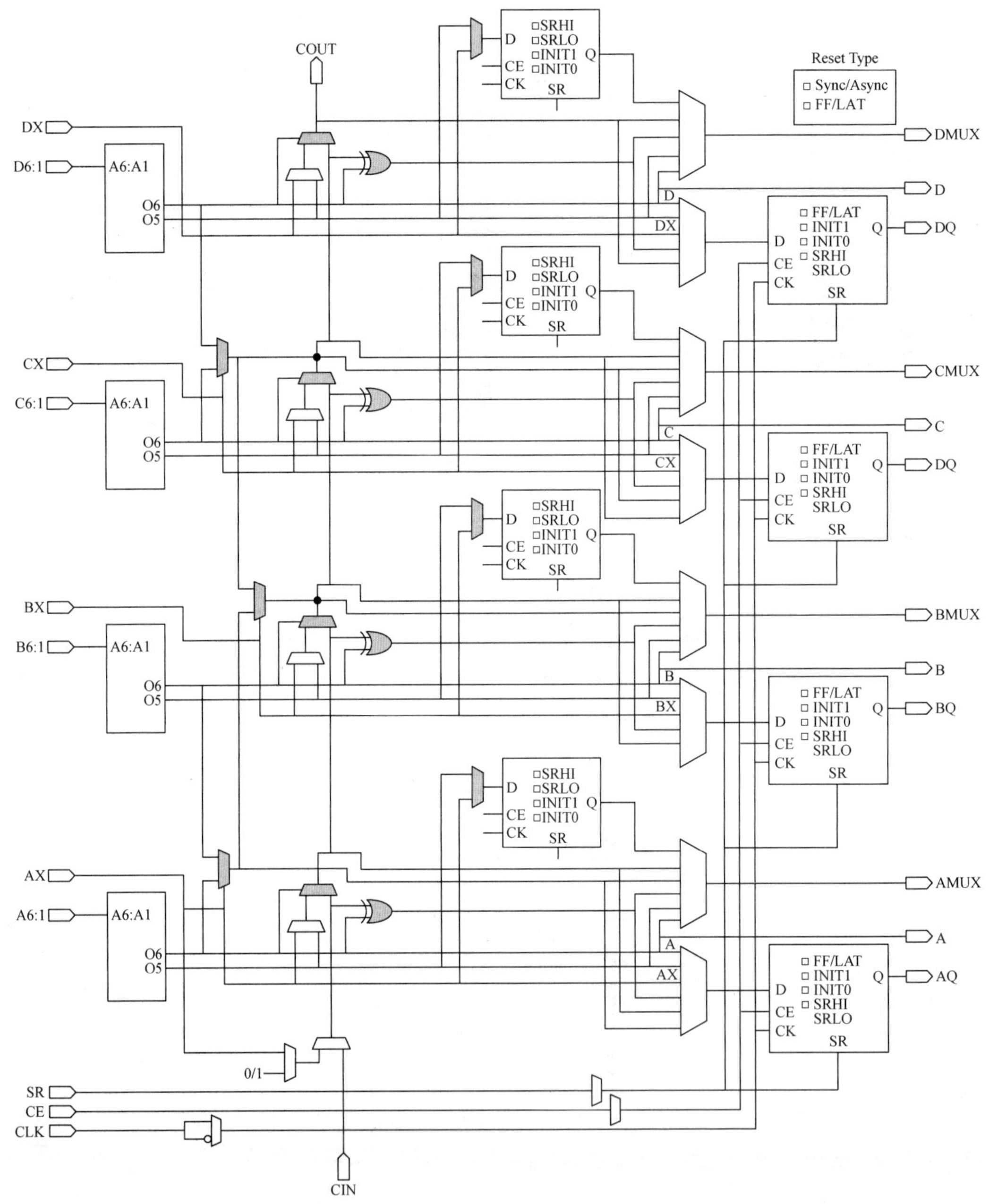

图 2.37　Artix-7 的 Slice 结构

或者由一个 SliceL 和一个 SliceM 构成。SliceM 除了基本功能，还可以配置成分布式 RAM(Distributed RAM)和移位寄存器(SRL)。

Slice 中包含 4 个 6 输入查找表，每个查找表结构如图 2.38 所示，由两个 5 输入的查找表和一个 2 选 1 MUX 构成，可以实现任意两个 5 输入变量的布尔函数或者一个 6 输入变量的布尔函数。

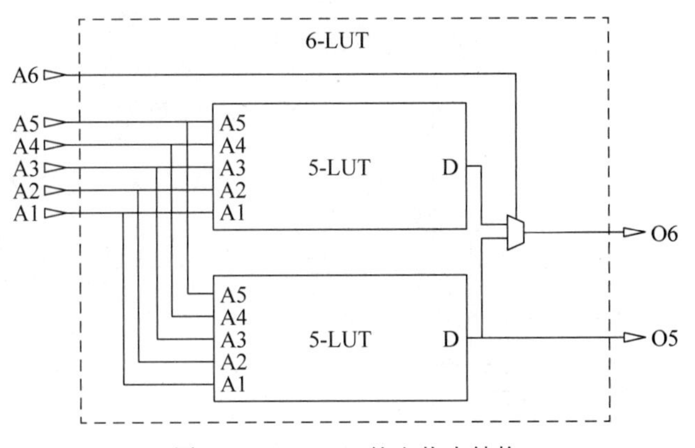

图 2.38 Artix-7 的查找表结构

此外,查找表还有一个特殊应用,即可配置成可变长度的移位寄存器(SRL),5 输入的查找表可变成 32 位的 SRL,6 输入查找表可变成 64 位的 SRL。

2.6 FPGA/CPLD 的编程元件

FPGA/CPLD 可采用不同的编程工艺和编程元件,这些可编程元件常用来存储逻辑配置数据或作为电子开关。常用的可编程元件有下面 4 种类型:

- 熔丝(Fuse)型开关。
- 反熔丝(Antifuse)型开关。
- 浮栅编程元件(EPROM、E^2PROM 和 Flash)。
- 基于 SRAM 的编程元件。

其中,前三类为非易失性元件,编程后配置数据一直保持在器件上; SRAM 类为易失性元件,每次掉电后配置数据会丢失,再次上电时需重新导入配置数据。熔丝型开关和反熔丝型开关元件只能写一次,属于 OTP 类器件; 浮栅编程元件和 SRAM 编程元件则可以多次重复编程。反熔丝型开关元件一般用在对可靠性要求较高的军事、航空航天产品器件上,而浮栅编程元件一般用在民用、消费类产品中。

1. 熔丝型开关

熔丝型开关是最早的可编程元件,它由可以用电流熔断的熔丝组成。使用熔丝编程技术的可编程逻辑器件,如 PROM、EPLD 等,一般在需要编程的互连节点上设置相应的熔丝开关,在编程时,根据设计的熔丝图文件,欲保持连接的节点保留熔丝,欲去除连接的节点烧掉熔丝,其原理如图 2.39 所示。

熔丝型开关烧断后不能恢复,只可编程一次,而且熔丝开关很难测试其可靠性。在器件编程时,即使发生数量非常小的错误,也会导致器件功能的不正确。为了保证熔丝熔化时产生的金属物质不影响器件的其他部分,要留出较大的保护空间,因此熔丝占用的芯片面积较大。

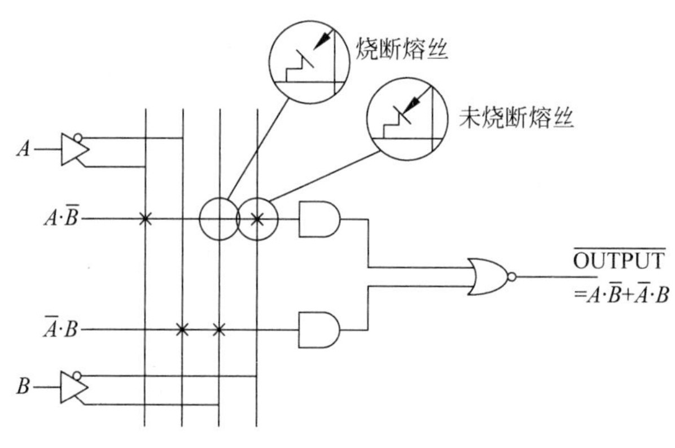

图 2.39　熔丝型开关

2. 反熔丝结构

熔丝型开关要求的编程电流大，占用的芯片面积大。为了克服熔丝型开关的缺点，出现了反熔丝编程技术。反熔丝技术主要通过击穿介质来达到连通的目的。反熔丝元件在未编程时处于开路状态，编程时，在其两端加上编程电压，反熔丝就会由高阻抗变为低阻抗，从而实现两个极之间的连通，且在编程电压撤除后保持导通状态。

图 2.40 所示是反熔丝的结构，在未编程时，反熔丝是连接两个金属连线的非晶硅，其电阻值大于 1000MΩ。在反熔丝上加 10～11V 的编程电压后，将绝缘的非晶硅转化为导电的多晶硅，从而在两金属层之间形成永久性的连接，称为通孔（via），连接电阻的阻值通常低于 50Ω。

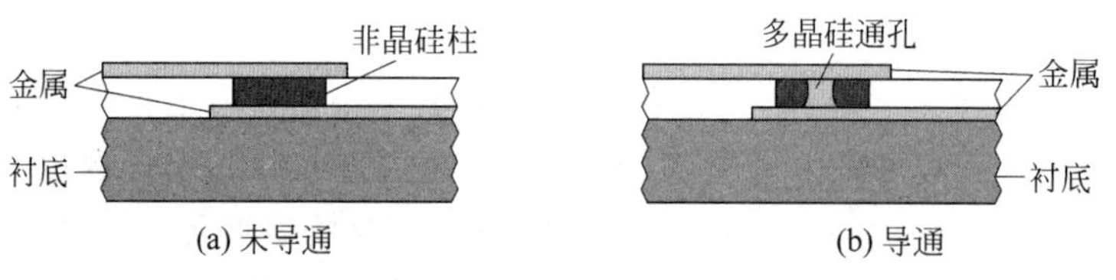

图 2.40　反熔丝结构

反熔丝在硅片上只占一个通孔的面积，占用的硅片面积小，适于作为集成度很高的 PLD 的编程元件。Actel、Cypress 的部分 PLD 采用了反熔丝工艺结构。

3. 浮栅编程元件

浮栅编程技术包括紫外线擦除、电编程的 EPROM、电擦除电编程的 E^2PROM 及 Flash 闪速存储器，这三种存储器都是用浮栅存储电荷的方法来保存编程数据的，因此断电时存储的数据不会丢失。

1）EPROM

EPROM 的存储内容不仅可以根据需要来编制，而且当需要更新存储内容时，还可以将原存储内容抹去，再写入新的内容。EPROM 的基本结构是一个浮栅管，浮栅管相当于一个电子开关，当浮栅中没有注入电子时，浮栅管导通；当浮栅中注入电子后，浮栅管截止。

图 2.41 所示是一种以浮栅雪崩注入型 MOS 管为存储单元的 EPROM，图 2.41(a)和(b)分别是其结构和电路符号。它与普通的 NMOS 管相似，但有 G_1 和 G_2 两个栅极，G_1 栅无引出线，被包围在二氧化硅(SiO_2)中，称为浮栅。G_2 为控制栅，有引出线。若在漏极和源极间加上几十伏的电压脉冲，在沟道中产生足够强的电场，造成雪崩，令电子跃入浮栅中，从而使浮栅 G_1 带上负电荷。由于浮栅周围都是绝缘 SiO_2 层，泄漏电流极小，所以一旦电子注入 G_1 栅，就能长期保存。当 G_1 栅有电子积累时，该 MOS 管的开启电压变得很高，即使 G_2 栅为高电平，该管仍不能导通，相当于存储了 0；反之，G_1 栅无电子积累时，MOS 管的开启电压较低，当 G_2 栅为高电平时，该管可导通，相当于存储了 1。EPROM 出厂时为全 1 状态，用户可根据需要写 0，写 0 时，在漏极加二十几伏的正脉冲。

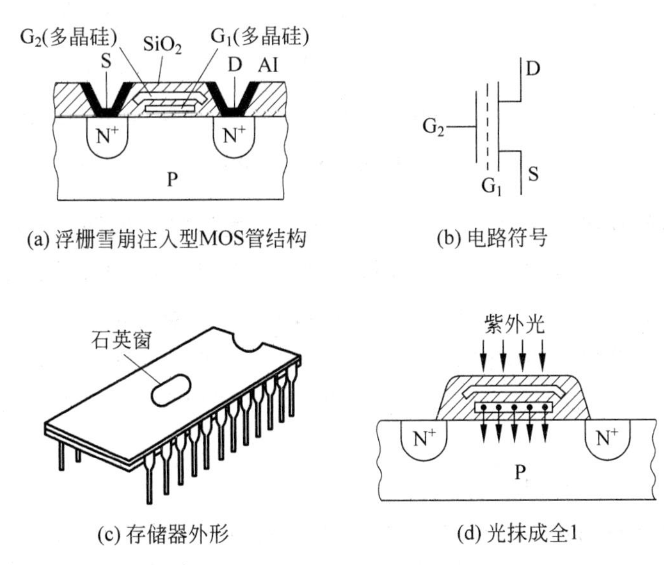

(a) 浮栅雪崩注入型MOS管结构　(b) 电路符号

(c) 存储器外形　(d) 光抹成全1

图 2.41　EPROM

从外形上看，EPROM 器件的上方都有一个石英窗口，如图 2.41(c)所示。当用光子能量较高的紫外光照射浮栅时，G_1 中的电子获得了足够的能量，穿过氧化层回到衬底中，如图 2.41(d)所示。这样可使浮栅上的电子消失，达到抹去存储信息的目的，相当于存储器又存了全 1。这种采用光擦除的方法在实用中不够方便，因此 EPROM 早已被电擦除的 E^2PROM 工艺所取代。

2) E^2PROM

E^2PROM 是电擦除电编程的元件。E^2PROM 晶体管也是基于浮栅技术的。图 2.42(a)所示为 E^2PROM 晶体管的结构。这是一个具有两个栅极的 NMOS 管，其中 G_2 是普通栅，有引出线；G_1 是控制栅，是一个浮栅，被包围在 SiO_2 中，无引出线；在 G_1 栅和漏极间有一小面积的氧化层，其厚度极小，可产生隧道效应。当 G_2 栅加正电压 P_1(典型值为 12V)时，通过隧道效应，电子由衬底注入 G_1 浮栅，相当于存储了 1，利用此方法可将存储器抹成全 1 状态。

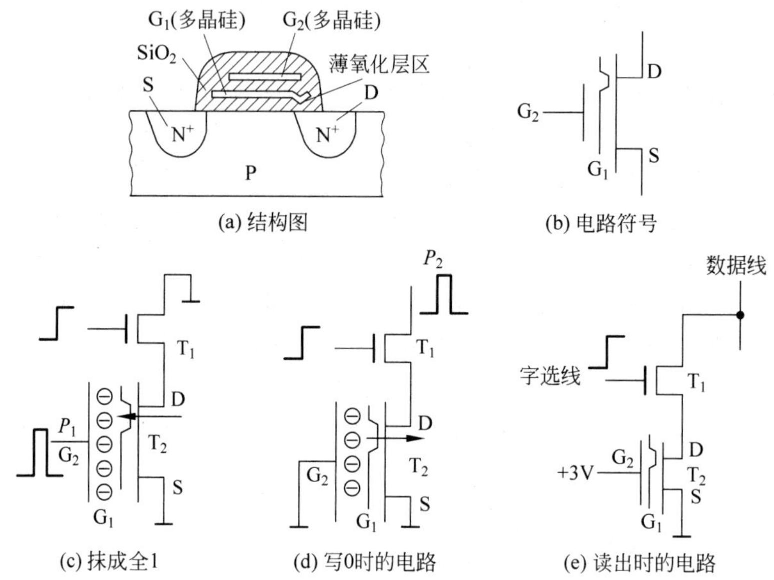

图 2.42 E^2PROM 的存储单元

E^2PROM 器件在出厂时存储内容为全 1 状态。使用时可根据需要把某些存储单元写 0,写 0 电路如图 2.42(d)所示,此时漏极 D 加正电压 P_2,G_2 栅接地,浮栅上电子通过隧道返回衬底,相当于写 0。一旦 E^2PROM 被编程(写 0 或写 1),它将永远保持编程后的状态。E^2PROM 读出时的电路如图 2.42(e)所示,此时 G_2 栅加 3V 的电压,若 G_1 栅有电子积累,则 T_2 管不能导通,相当于存 1;若 G_1 栅无电子积累,则 T_2 管导通,相当于存 0。

3) 闪速存储器(Flash Memory)

闪速存储器(简称闪存)是一种新型可编程工艺,它把 EPROM 的高密度、低成本与 E^2PROM 的电擦除性能结合在一起,同时又具有快速擦除(因其擦除速度快,因此被称为闪存)的功能,性能优越。闪速存储器与 EPROM 和 E^2PROM 一样,属于浮栅编程器件,其单元也是由带两个栅极的 MOS 管组成。其中,一个栅极称为控制栅;另一个栅极称为浮栅,其处于绝缘 SiO_2 的包围之中。

最早采用浮栅技术的存储元件都要求使用两种电压,即 5V 工作电压和 12～21V 的编程电压,现在已趋于单电源供电,由器件内部的升压电路提供编程和擦除电压。现在多数浮栅可编程器件工作电压为 5V 和 3.3V,也有部分芯片为 2.5V。另外,EPROM、E^2PROM 和闪速存储器都属于可重复擦除的非易失元件,在现有的工艺水平上,E^2PROM 和 Flash 编程元件的擦写寿命已达 10 万次。

4. SRAM 编程元件

SRAM(Static RAM)是指静态存储器,大多数 FPGA 采用 SRAM 存储配置数据。图 2.43 所示为 SRAM 基本单元结构图。从图 2.43 中可以看出,一个 SRAM 单元由两个 CMOS 反相器和一个用来控制读/写的 MOS 传输开关构成，其中每个 CMOS 反相器包含两个晶体管（一个下拉 N 沟道晶体管和一个上拉 P 沟道晶体管）。因此，一个 SRAM 基本单元是由 5 个或 6 个晶体管组成的。

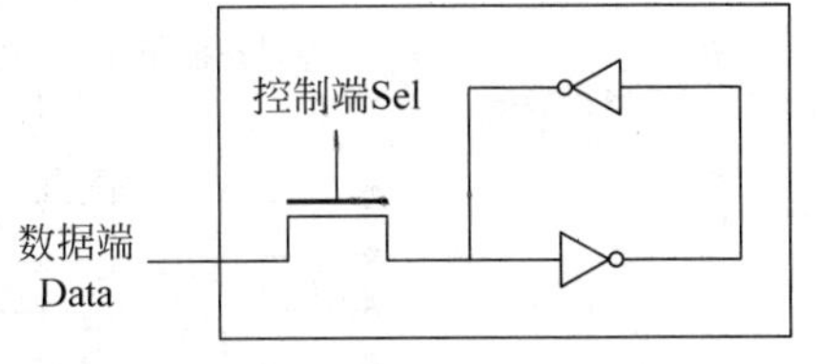

图 2.43 SRAM 基本单元结构图

在将数据存入 SRAM 单元时，控制端 Sel 被设置为 1，准备存储的数据放在数据端 Data 上，当经过一定时间后，Sel 端变为 0，这样，存储的数据就会一直保留在由两个非门构成的反馈回路中。在一般情况下，作为反馈的那个非门应由弱驱动的晶体管做成，以便它的输出可以被数据端新输入的数据改写。

每个 SRAM 单元由 5 个或 6 个晶体管组成，从每个单元消耗的硅片面积来说，SRAM 结构并不节省，但 SRAM 结构的优点也是很突出的：编程迅速，静态功耗低，抗干扰能力强。采用 SRAM 编程结构的 FPGA 器件中大量 SRAM 单元按点阵分布，在配置时写入，而在回读时读出。在一般情况下，控制读/写的 MOS 传输开关处于断开状态，不影响单元的稳定性，而且功耗极低。需要指出的是，由于 SRAM 是易失元件，FPGA 每次上电必须重新加载配置数据。

2.7 边界扫描测试技术

随着器件变得越来越复杂，对器件的测试也变得越来越困难。ASIC 电路生产批量小，功能千变万化，很难用一种固定的测试策略和测试方法来验证其功能。此外，表面贴装技术（SMT）和电路板制造技术的进步，使得电路板变小变密，这样一来，传统的测试方法难以实现。

为了解决超大规模集成电路（VLSI）的测试问题，自 1986 年开始，IC 领域的专家成立了联合测试行动组（Joint Test Action Group，JTAG），并制定出了 IEEE 1149.1 边界扫描测试（Boundary Scan Test，BST）技术规范。边界扫描测试技术提供了有效测试高密度引线器件的能力。现在的 FPGA 器件普遍支持 JTAG 技术规范，便于对 IC 芯片进行测试，甚至还可以通过这个接口对其进行编程。

图 2.44 是 JTAG 边界扫描测试结构示意图。由图 2.44 可见，这种测试方法提供了一个串行扫描路径，它能捕获器件核心逻辑的内容，也可以测试遵守 JTAG 规范的器件之间的引脚连接情况，而且可以在器件正常工作时捕获功能数据。测试数据从左边的一个边界扫描单元串行移入，捕获的数据从右边的一个边界扫描单元串行移出，然后同标准数据进行比较，就能够知道芯片性能的好坏了。

在 JTAG BST 模式中，共使用 5 个引脚来测试芯片，分别为 TCK、TMS、TDI、TDO 和 TRST。其中，TRST（Test Reset Input）引脚用来对 TAP Controller 进行复位（初始化），该信号在 IEEE 1149.1 标准中是可选的，并不是强制要求的，因为通过 TMS 也可以对 TAP Controller 进行复位（初始化）。其他 4 个引脚 TCK、TMS、TDI、TDO 在 IEEE 1149.1 标准中则是强制要求的，是必需的。JTAG 5 个引脚的功能如表 2.6 所示。

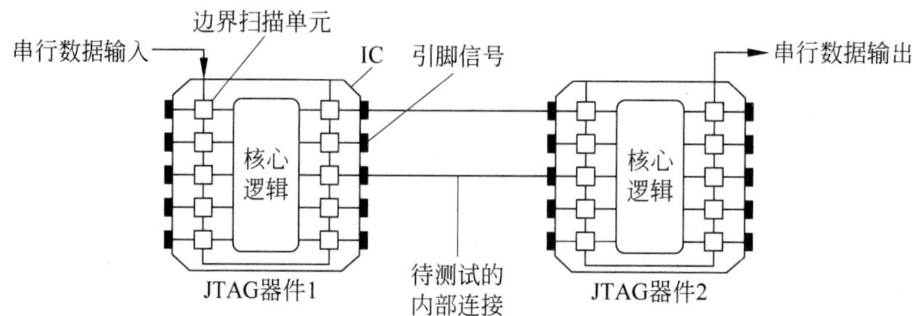

图 2.44　JTAG 边界扫描测试结构

表 2.6　JTAG 引脚功能

引　脚	名　　称	功　　能
TDI	测试数据输入	指令和测试数据的串行输入引脚,数据在 TCK 的上升沿时刻移入
TDO	测试数据输出	指令和测试数据的串行输出引脚,数据在 TCK 的下降沿时刻移出;如果没有数据移出器件,此引脚处于高阻态
TMS	测试模式选择	选择 JTAG 指令模式的串行输入引脚,在正常工作状态下 TMS 应是高电平
TCK	测试时钟输入	时钟引脚
TRST	测试电路复位	低电平有效,用于初始化或异步复位边界扫描电路

TCK(Test ClocK input):TCK 为 TAP 的操作提供一个独立的、基本的时钟信号,TAP 的所有操作都是通过这个时钟信号来驱动的。

TMS(Test Mode Selection input):TMS 信号用来控制 TAP 状态机的转换。通过 TMS 信号,可以控制 TAP 在不同的状态间相互转换。TMS 信号在 TCK 的上升沿有效。

TDI(Test Data Input):TDI 是数据输入的接口。所有要输入到特定寄存器的数据都是通过 TDI 接口一位一位串行输入的(由 TCK 驱动)。

TDO(Test Data Output):TDO 是数据输出的接口。所有要从特定寄存器中输出的数据都是通过 TDO 接口一位一位串行输出的(由 TCK 驱动)。

标准的边界扫描框图如图 2.45 所示。JTAG 边界扫描测试由测试访问端口(Test Access Port,TAP)控制器管理。该 TAP 控制器驱动 3 个寄存器:一个 3 位的指令寄存器用来引导扫描测试数据流;一个 1 位的旁路数据寄存器用来提供旁路通路(不进行测试时);一个大型的测试数据寄存器(或称为边界扫描寄存器)位于器件的周边。边界扫描寄存器(见图 2.46)是一个大型的串行移位寄存器,它使用 TDI 引脚作为输入,使用 TDO 引脚作为输出,从图 2.46 中可以看出测试数据是如何沿着器件的周边进行串行移位的。边界扫描寄存器由一些 3 位的周边单元组成,它们可以是 I/O 单元(IOE)、专用输入,也可以是一些专用的配置引脚。用户可使用边界扫描寄存器测试外部引脚的连接,或是在器件运行时捕获内部数据。

JTAG 边界扫描测试技术提供了一种合理而有效的方法,用以对高密度、引脚密集

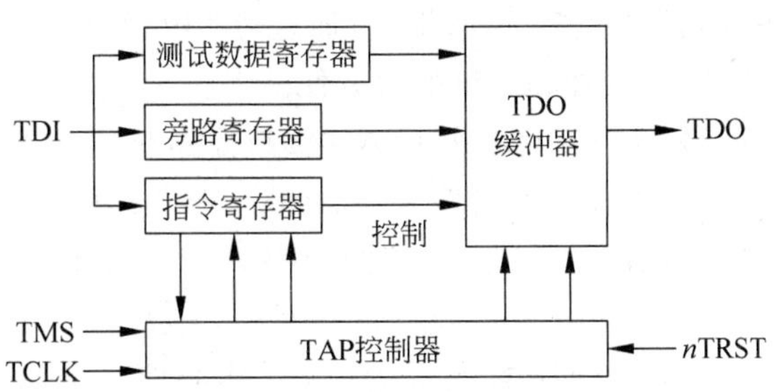

图 2.45 标准的边界扫描框图

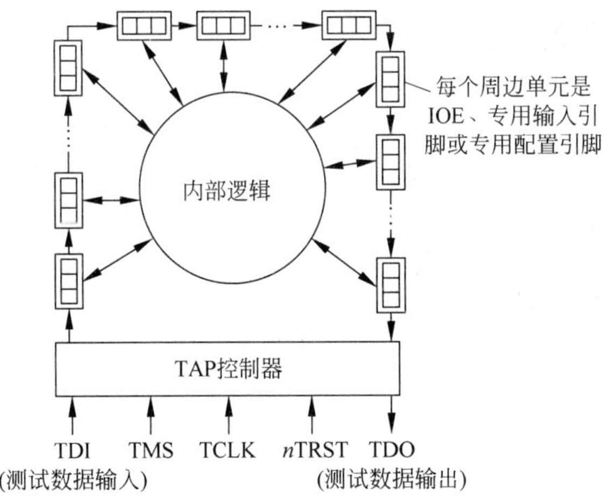

图 2.46 边界扫描寄存器

的器件进行测试。目前生产的几乎所有高密度数字器件(CPU、DSP、ARM、FPGA 等)都具备标准的 JTAG 接口。同时,除了在系统测试,JTAG 接口也被赋予了更多的功能,如编程下载、在线调试等。JTAG 接口还常用于实现 ISP 在线编程功能,对器件进行编程。同时还可通过 JTAG 接口对芯片进行在线调试,有的 EDA 软件支持嵌入式逻辑分析仪,可通过 JTAG 接口在 FPGA 芯片中植入逻辑分析功能,从而使开发者能在系统实时调试硬件,一些嵌入式软核也是通过 JTAG 接口进行调试的。

2.8 FPGA/CPLD 的编程与配置

2.8.1 在系统可编程

FPGA/CPLD 器件都支持在系统可编程功能。所谓"在系统可编程"(In System Programmable,ISP),指的是对器件、电路板或整个电子系统的逻辑功能可随时进行修改或重构的能力。这种重构或修改可以发生在产品设计、生产过程的任意环节,甚至是在交付用户后,在有的文献中也称为在线可重配置(In Circuit Reconfigurable,ICR)。

在系统可编程技术使器件的编程变得容易,允许用户先制板后编程,在调试过程中发现问题,可在基本不改动硬件电路的前提下,通过对 FPGA/CPLD 的修改设计和重新配置实现逻辑功能的改动,使设计和调试变得方便。

在系统编程多采用 JTAG 接口实现,JTAG 接口原本是作为边界扫描测试用的(其标准为 IEEE 1149.1),同时将其作为编程接口,可减少对芯片引脚的占用,由此在 IEEE 1149.1 边界扫描测试接口规范的基础上产生了 IEEE 1532 编程标准,以对 JTAG 编程进行标准化。

下面以 Xilinx 的 Artix-7 器件的配置为例,具体介绍 FPGA/CPLD 的编程配置方式。

2.8.2 Artix-7 器件的配置

Artix-7 器件的配置模式(Configuration Mode)主要有以下几种(7 系列器件,如 Spartan-7、Kintex-7 和 Virtex-7,配置与此类同)。

- 主动串行模式;
- 主动 SPI 模式;
- 主动 BPI 模式;
- 主动并行模式;
- JTAG 模式;
- 被动并行模式;
- 被动串行模式。

所谓的主动,即 FPGA 器件主导配置过程,FPGA 器件处于主动地位,配置时钟 CCLK 由 FPGA 提供;所谓的被动,即由外部主机(Host)控制配置过程,FPGA 器件处于从属地位,配置时钟 CCLK 由外部控制器提供。表 2.7 说明了这 7 种配置模式,模式的切换由 FPGA 的 3 个配置引脚 M2、M1、M0 控制。

表 2.7　7 系列 FPGA 配置模式

配置模式	M[2:0]	配置线宽	说　明
主动串行(Master Serial)	000	x1	FPGA 向外部的非易失性串行数据存储器或者控制器发出 CCLK 时钟信号,配置数据以串行方式载入 FPGA
主动 SPI(Master SPI)	001	x1,x2,x4	主动串行,用串行配置器件进行配置
主动 BPI(Master BPI)	010	x8,x16	多用于对 FPGA 上电配置速度有较高要求的场合
主动并行(Master SelectMAP)	100	x8,x16	主动并行模式
JTAG	101	x1	用下载电缆通过 JTAG 接口完成
被动并行(Slave SelectMAP)	110	x8,x16,x32	被动并行异步,使用并行异步微处理器接口进行配置
被动串行(Slave Serial)	111	x1	由外部的处理器提供 CCLK 时钟和串行数据

多数 FPGA 开发板采用 JTAG+主动 SPI 的配置方式，这样既具备 JTAG 配置的方便性，同时可用 SPI 方式把程序烧到 Flash 配置芯片中，将配置文件固化到开发板上，达到脱机运行的目的。也有的开发板采用 JTAG+主动 BPI 配置模式，多用于对 FPGA 上电配置速度有较高要求的场合。

下面对几种配置模式做进一步的说明，尤其着重介绍常用的 JTAG 和主动 SPI 配置方式。

1. 被动串行配置模式

被动串行配置模式的配置电路如图 2.47 所示。在该模式下，由外部的处理器提供 CCLK 时钟和串行数据。

2. 被动并行配置模式

被动并行配置模式的配置电路如图 2.48 所示。在该模式下，外部处理器提供配置时钟和并行的配置数据。该模式相对于串行方式来说，配置速度快，但电路稍复杂。

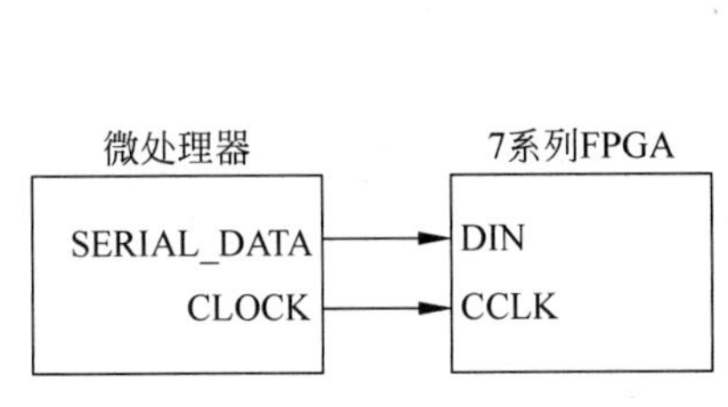

图 2.47 被动串行配置模式

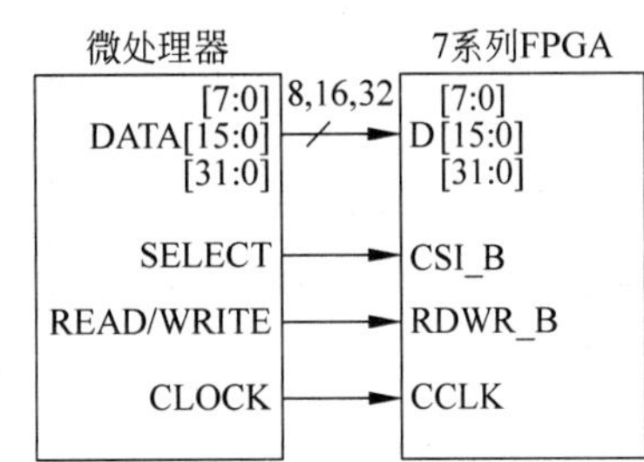

图 2.48 被动并行配置模式

3. JTAG 配置模式

JTAG 配置模式是最基本和最常用的配置模式，JTAG 配置模式具有比其他配置模式更高的优先级。该模式属于工程调试模式，可在线配置和调试 FPGA，最简单的实现方式是使用 Xilinx 官方提供的专用 JTAG 调试下载器。

4. 主动 SPI 配置模式

主动 SPI 配置模式使用广泛。该模式通过外挂 SPI Flash 存储器实现。通常，该模式和 JTAG 模式一起设计，可以用 JTAG 模式在线调试，代码调试无误后，再用 SPI 模式把配置数据烧写至 SPI 芯片中，将其固化到开发板上，之后 FPGA 上电后会自动载入 SPI 存储器中的配置数据，达到脱机运行的目的。JTAG+主动 SPI 配置模式的详细配置电路如图 2.49 所示。图 2.49 中的 PROGRAM_B 引脚低电平有效，为低时，配置信息被清空，重新进行配置过程。

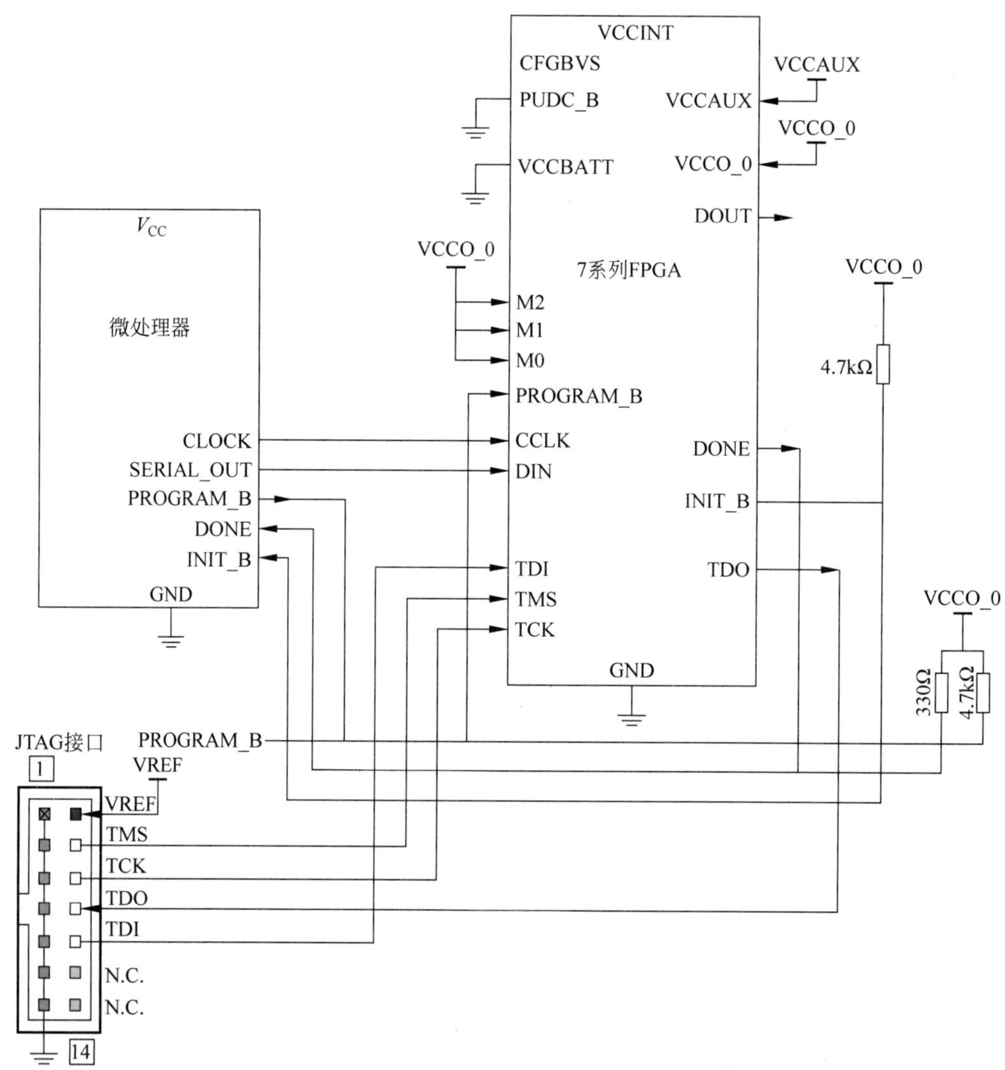

图 2.49 JTAG+主动 SPI 配置模式

Xilinx 的编程配置文件包括 5 种，如表 2.8 所示，其中 mcs、bin 和 hex 文件为固化文件，可直接烧写至 FPGA 的外挂 Flash 存储器中。

表 2.8 Xilinx 的编程配置文件

配置文件	说 明
.bit	比特流(Bit Stream)二进制配置数据，包含头文件信息，通过 JTAG 模式编程电缆下载
.rbt	比特流文件的 ASCII 等效文件，包含字符头文件
.bin	二进制配置文件，不包含头文件信息，适合微处理器配置或第三方编程器
.mcs	工业标准 PROM 数据文件，包含地址和校验信息
.hex	ASCII PROM 文件格式，仅包含配置数据，适用于微处理器配置

2.9 Xilinx 的 FPGA 器件

FPGA/CPLD 的生产商主要有 Xilinx、Intel(Altera 已被 Intel 收购)和 Lattice，本节主要介绍 Xilinx 的 FPGA 器件系列。

Xilinx 公司成立于 1984 年，Xilinx 被认为是 FPGA 器件的发明者，其共同创始人之一的 Ross Freeman 因其专利(专利号 4870302)：由可配置逻辑单元和可配置互连构成的可配置电路(Configurable electrical circuit having configurable logic elements and configurable interconnects)而被视为 FPGA 器件的发明者。2009 年，Freeman 入选美国国家发明家名人堂(National Inventors Hall of Fame)。

Xilinx 当前的 FPGA 按照制造工艺分为 45nm、28nm、20nm 和 16nm 四种工艺，如表 2.9 所示，45nm 主要是 Spartan-6 器件，面向低成本应用；28nm 主要是 7 系列，包括 Spartan-7、Artix-7、Kintex-7、Virtex-7；20nm 工艺面向 UltraScale 架构，有 Kintex 和 Virtex 系列；16nm 工艺主要是 UltraScale+ 架构，分为 Kintex 和 Virtex 两个系列。

表 2.9 Xilinx 的 FPGA 器件(按工艺划分)

	45nm	28nm	20nm	16nm
器件系列	Spartan-6	Spartan-7 Artix-7 Kintex-7 Virtex-7	Kintex UltraScale Virtex UltraScale	Kintex UltraScale+ Virtex UltraScale+

从应用的角度来分，如表 2.10 所示，可以把 Xilinx 的 FPGA 分成如下类别。

表 2.10 Xilinx 的 FPGA 器件

	成本优化型产品组合	7 系列	UltraScale 架构	UltraScale+架构
器件系列	Spartan-6 Spartan-7 Artix-7 Zynq-7000	Spartan-7 Artix-7 Kintex-7 Virtex-7	Kintex UltraScale Virtex UltraScale	Kintex UltraScale+ Virtex UltraScale+

(1) 成本优化型产品组合(Cost-Optimized Portfolio Product)：面向低成本应用，主要包括 Spartan-6、Spartan-7、Artix-7、Zynq-7000 系列。

(2) 7 系列：包括 Spartan-7、Artix-7、Kintex-7 和 Virtex-7。7 系列 FPGA 均采用统一架构，工艺上都是 28nm 工艺制程。

其中，Spartan-7 面向低功耗设计，其内部包含 MicroBlaze 软处理器，运行速率超过 200 DMIPS，支持 800Mb/s DDR3，集成 ADC；Artix-7 增加了 PCIe 接口，增加了吉比特收发器，逻辑密度更大，其内部包含 MicroBlaze 软处理器，支持 1066Mb/s 的 DDR3；Kintex-7 的 DSP Slice 升级为 DSP48 Slice，GTP 升级为 GTX，速率也更快；Virtex-7 增

强了 PCIe 功能，增强了 GTP 功能，Virtex-7 侧重于高性能应用，容量大，性能满足各类高端应用。

7 系列 FPGA 器件的大致性能如表 2.11 所示。

表 2.11　7 系列 FPGA 器件

性能指标	Spartan-7	Artix-7	Kintex-7	Virtex-7
最大逻辑单元/Kb	102	215	478	1955
最大存储器/Mb	4.2	13	34	68
最大 DSP Slice	160	740	1920	3600
最大收发器速度/Gb/s	—	6.6	12.5	28.05
最大 I/O 引脚	400	14.500	500	1200

(3) UltraScale 架构：UltraScale 采用先进的 ASIC 架构优化的 All Programmable 架构，该架构能从 20nm 平面 FET 结构扩展至 16nm 鳍式 FET(Fin FET)工艺，同时还能从单芯片扩展到 3D 芯片。UltraScale 架构的突破包括：针对宽总线进行优化的海量数据流，可支持太比特(Tb)级吞吐量；内置高速存储器，级联后可消除 DSP 和包处理中的瓶颈；增强型 DSP Slice 包含 27×18 乘法器和双加法器，可提高定点和 IEEE 754 标准浮点算法的性能与效率；类似于 ASIC 的多区域时钟，提供具备超低时钟歪斜和高性能扩展能力的时钟网络；海量 I/O 和存储器带宽，用多个 ASIC 级 100Gb/s 以太网和 PCIe IP 核优化，可支持新一代存储器接口并降低时延；电源管理可对各种功能元件进行宽范围的静态与动态电源门控，实现低功耗；支持 DDR4，支持 2666Mb/s 的大容量存储器接口；UltraRAM 提供大容量片上存储器；通过与 Vivado 工具协同优化消除布线拥塞问题，可实现 90%以上的器件利用率。

2.10　FPGA/CPLD 的发展趋势

FPGA/CPLD 器件在 40 年的时间中取得了巨大成功，在性能、成本、功耗、容量和编程能力方面不断提升。在未来的发展中，将呈现以下几方面的趋势。

(1) 向高密度、高速度、宽频带、高保密方向进一步发展。14nm 制作工艺目前已用于 FPGA/CPLD 器件，FPGA 在性能、容量方面取得的进步非常显著。在高速收发器方面，FPGA 也已取得了显著进步，可以解决视频、音频及数据处理的 I/O 带宽问题，这正是 FPGA 优于其他解决方案之处。

(2) 向低电压、低功耗、低成本、低价格的方向发展。功耗已成为电子设计开发中最重要的考虑因素之一，影响着最终产品的体积、重量和效率。

FPGA/CPLD 器件的内核电压呈不断降低的趋势，经历了 5V→3.3V→2.5V→1.8V→1.2V→1.0V 的演变，未来会更低。工作电压的降低使得芯片的功耗显著减少，使 FPGA/CPLD 器件适用于便携、低功耗应用场合，如移动通信设备、个人数字助理等。

(3) 向 IP 软/硬核复用、系统集成的方向发展。FPGA 平台已经广泛嵌入 RAM/ROM、

FIFO 等存储器模块，以及 DSP 模块、硬件乘法器等，可实现快速的乘累加操作；同时，越来越多的 FPGA 集成了硬核 CPU 子系统（ARM/MIPS/ MCU），以及其他软核和硬核 IP，向系统集成的方向快速发展。

（4）向模数混合可编程方向发展。迄今为止，PLD 开发和应用的大部分工作都集中在数字逻辑电路上，模拟电路及数模混合电路的可编程技术在未来将得到进一步发展，例如 Altera 已在 MAX 10 FPGA 中集成模拟模块、ADC 及温度传感器，这样的芯片将来会更多。

（5）FPGA/CPLD 器件将在物联网、人工智能、云计算等领域大显身手。处理器＋FPGA 的创新架构将极大提升数据处理的效能，并降低功耗。

习题 2

2.1　PLA 和 PAL 在结构上有什么区别？

2.2　说明 GAL 的 OLMC 有什么特点，它如何实现可编程组合电路和时序电路？

2.3　简述基于乘积项的可编程逻辑器件的结构特点。

2.4　基于查找表的可编程逻辑结构的原理是什么？

2.5　基于乘积项和基于查找表的结构各有什么优点？

2.6　CPLD 和 FPGA 在结构上有什么明显的区别？各有什么特点？

2.7　FPGA 器件中的存储器块有何作用？

2.8　边界扫描技术有什么优点？

2.9　JTAG 接口有哪些功能？

第3章 Vivado使用指南

Vivado 设计套件是 Xilinx 公司于 2012 年发布的集成设计环境，是一个基于 AMBA AXI4 互联规范、IP-XACT IP 封装元数据、工具命令语言(TCL)、Synopsys 系统约束(SDC)符合业界标准的开放式环境，能够支持多达 1 亿个等效 ASIC 门的设计。

基于 Vivado 的 FPGA 设计开发流程如图 3.1 所示，主要包括以下步骤。

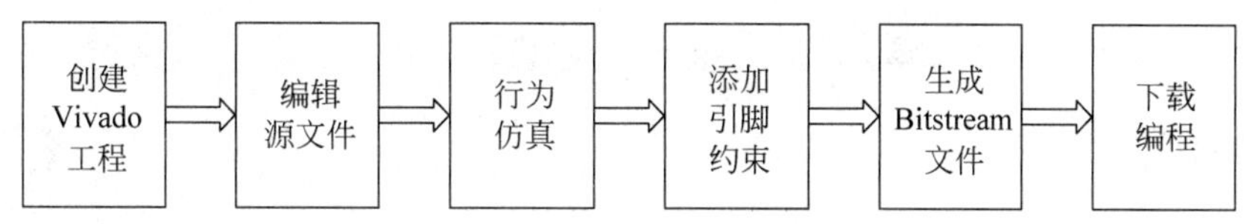

图 3.1　Vivado 设计的流程

(1) 创建工程。

(2) 编辑源设计文件，包括 HDL 文本、IP 核、模块文件、网表输入等方式。

(3) 行为仿真(Behavioral Simulation)，在别的软件中也被称为功能仿真、前仿真，即不包含延时信息的仿真；Vivado 自带仿真器，也可以选择采用第三方仿真工具 ModelSim 等工具进行仿真。

(4) 添加引脚约束。

① 综合(Synthesis)：根据设定的编译策略，对工程进行综合，生成网表文件。

② 引脚约束：通过 I/O Planing 或者直接编辑.xdc 文件添加引脚约束信息。

③ 实现(Implimentation)：指针对某一具体的目标器件经布局布线(Place & Route)，或者称为适配(Fitting)，产生延时信息文件、报告文件(.rpt)，以供时序分析、时序仿真使用。

(5) 生成 Bitstream 文件，产生.bit 和.bin 等编程文件。

(6) 将生成的 Bitstream 文件下载至 FPGA 芯片。

设计步骤的次序并非一成不变，可根据个人习惯及实际情况进行调整和修改；同时，在设计过程中，如果出现错误(Error)，需改正错误或调整电路后重复相应的步骤；如果出现严重警告信息(Critical Warning)，也需引起注意，要不断调整和优化，直至达成设计目标。

3.1　Vivado 流水灯设计

本节以使用 Verilog 语言设计流水灯为例，介绍在 Vivado 环境下运行 Verilog 程序的流程，包括源程序的编写、编译、仿真及下载。本例基于 Vivado 18.2 版本，其他不同版本的 Vivado 使用方法与此类似。

3.1.1　流水灯设计输入

1. 创建新工程

首先建立一个工作目录，本例的工作目录为 D:/exam。

(1) 双击启动 Vivado 2018.2，出现如图 3.2 所示的 Vivado 启动界面，单击 Quick Start 栏中的 Create Project(或者选择菜单 File→New Project...命令)，启动工程向导，创建一个新工程。

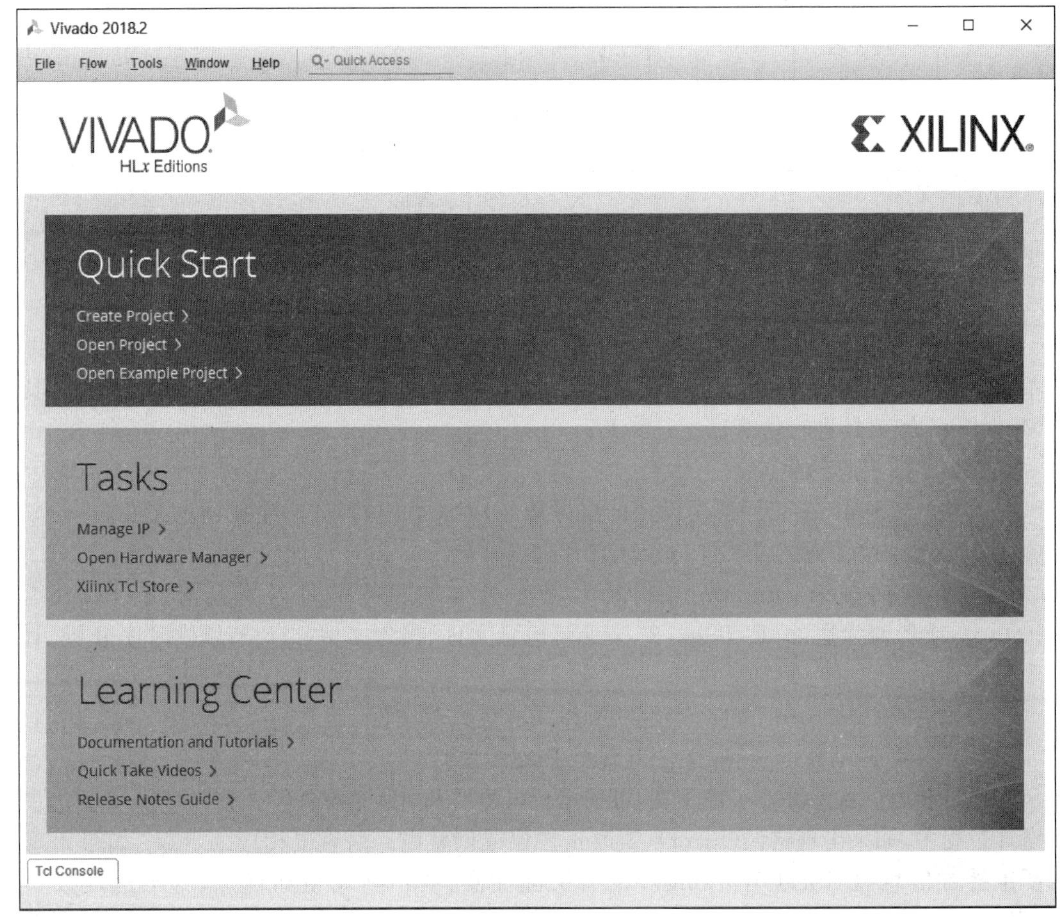

图 3.2　Vivado 启动界面

(2) 在工程向导(如图 3.3 所示)界面中单击 Next 按钮。

(3) 在图 3.4 所示的界面中命名工程名和存储路径，此处项目命名为 led，其存放位置为 D:/exam，勾选 Create project subdirectory 复选框，可为此工程在指定路径下建立独立的文件夹，最终整个项目存在 D:/exam/led 文件夹中。设置完成后，单击 Next 按钮。

注意：工程名称和存储路径中不能出现中文和空格，建议工程名称以字母、数字、下画线来组成。

(4) 选择项目类型(如图 3.5 所示)界面，选择 RTL Project 类型，单击 Next 按钮。

注意：如果在图 3.5 中勾选 Do not specify sources at this time 复选框，则跳过后面的(5)和(6)，表示当前工程无须添加源文件和约束文件。

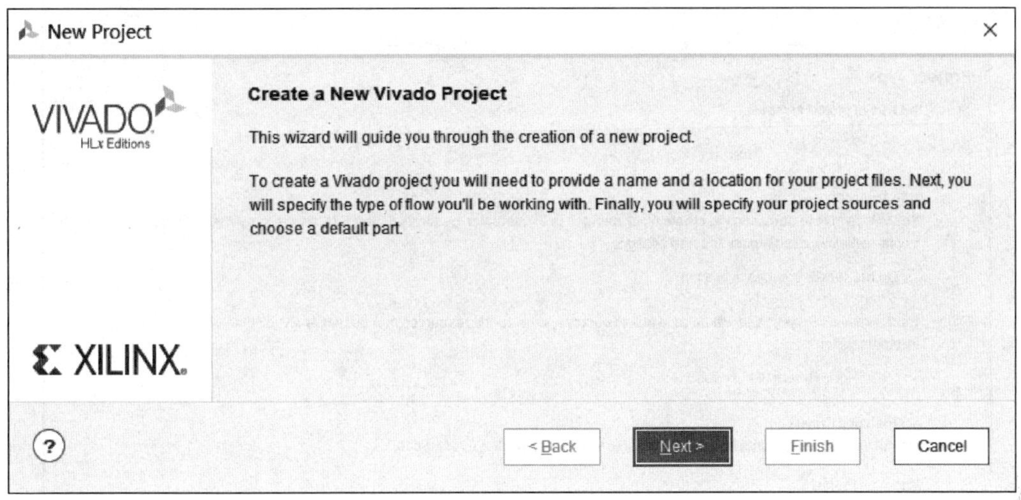

图 3.3　启动工程向导

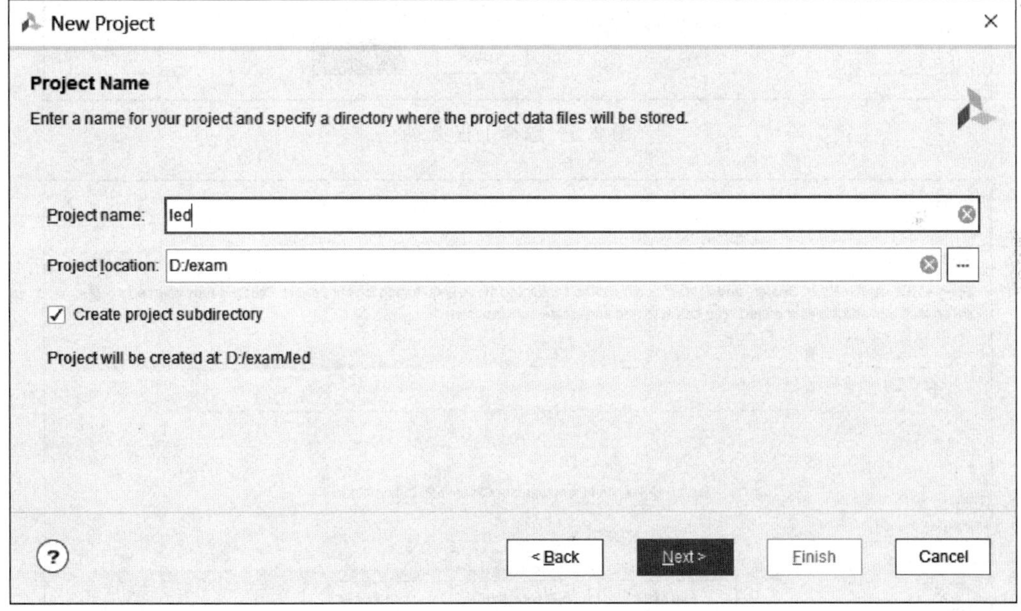

图 3.4　工程名称、路径设定界面

(5) 在图 3.6 所示的 Add Sources 界面中添加源文件并选择设计语言，其中 Target language 和 Simulator language 均选择 Verilog，单击 Next 按钮。

(6) 不添加约束文件，所以在 Add Constraints 界面直接单击 Next 按钮。

(7) 在图 3.7 所示的器件选择界面中，根据使用的 FPGA 开发板，选择相应的 FPGA 目标器件。本例中，以 Xilinx EGO1 为目标板，故 FPGA 选择 xc7a35tcsg324-1，即 Family 选择 Artix-7，封装形式(Package)为 csg324，单击 Next 按钮。

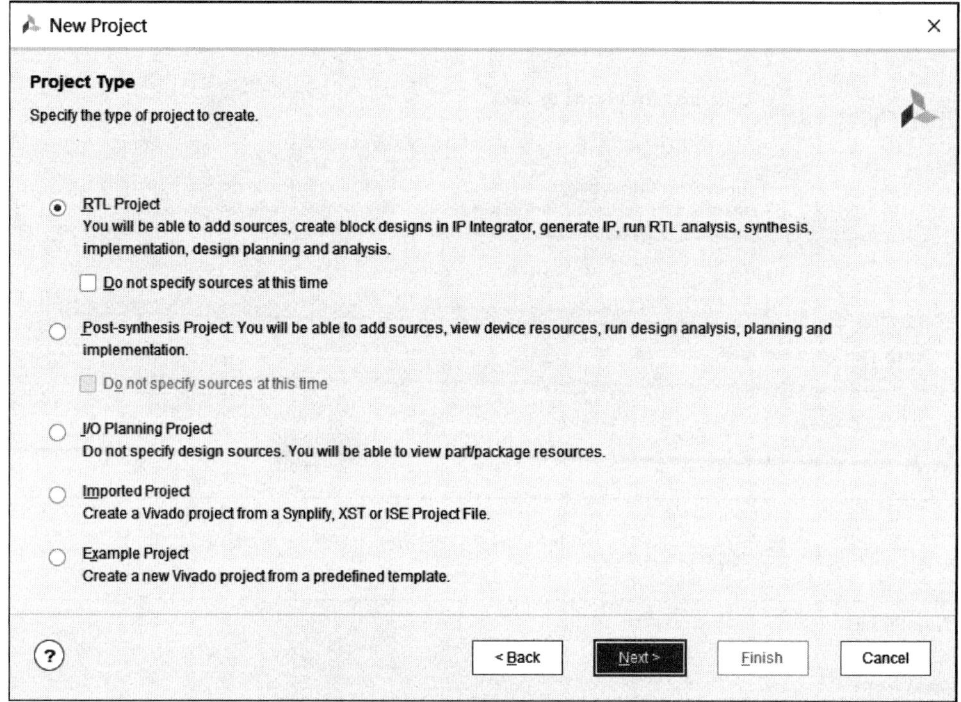

图 3.5　选择工程类型

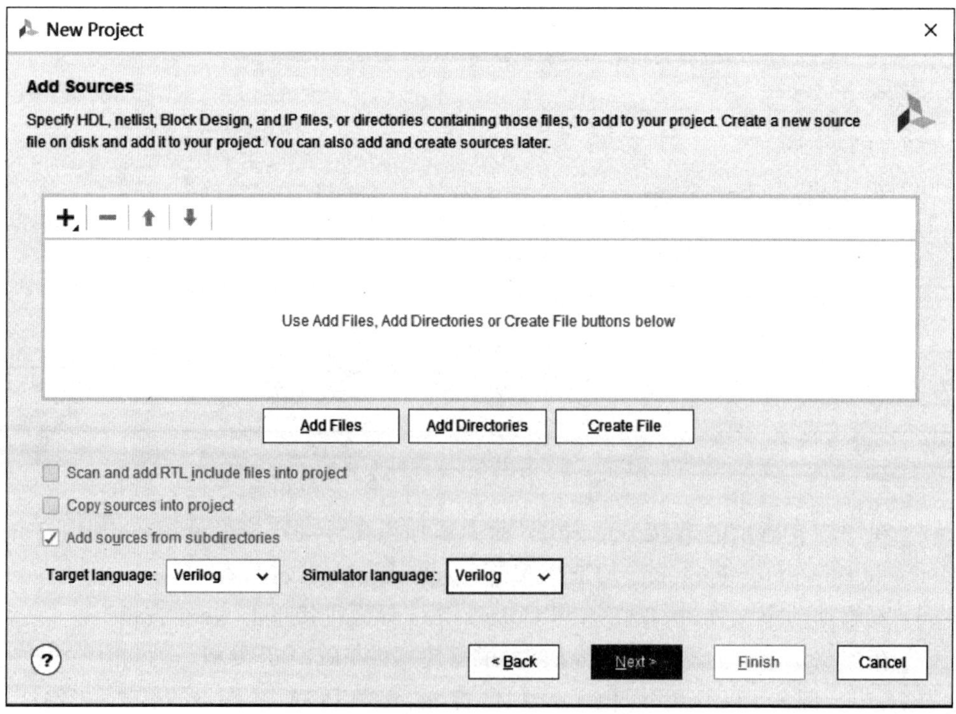

图 3.6　添加源文件并选择设计语言

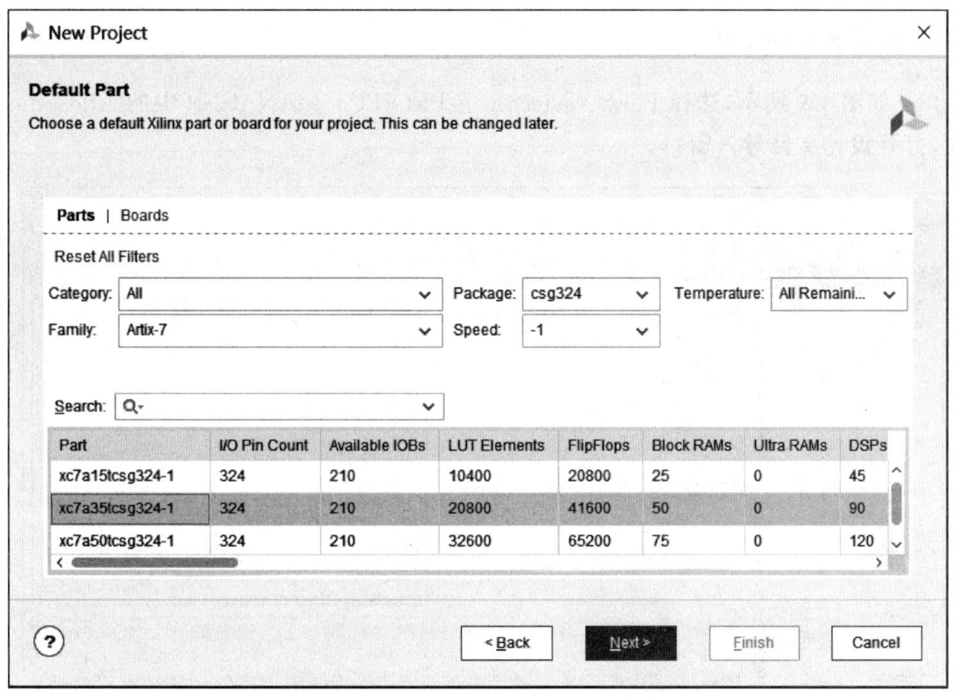

图 3.7　器件选择界面

(8) 最终出现图 3.8 所示的界面,对工程信息进行汇总,确认相关信息正确与否,包括工程类别、源文件、所用的 FPGA 器件等。如果没有问题,则单击 Finish 按钮完成工程的创建;如果有问题,则返回前面界面进行修改。

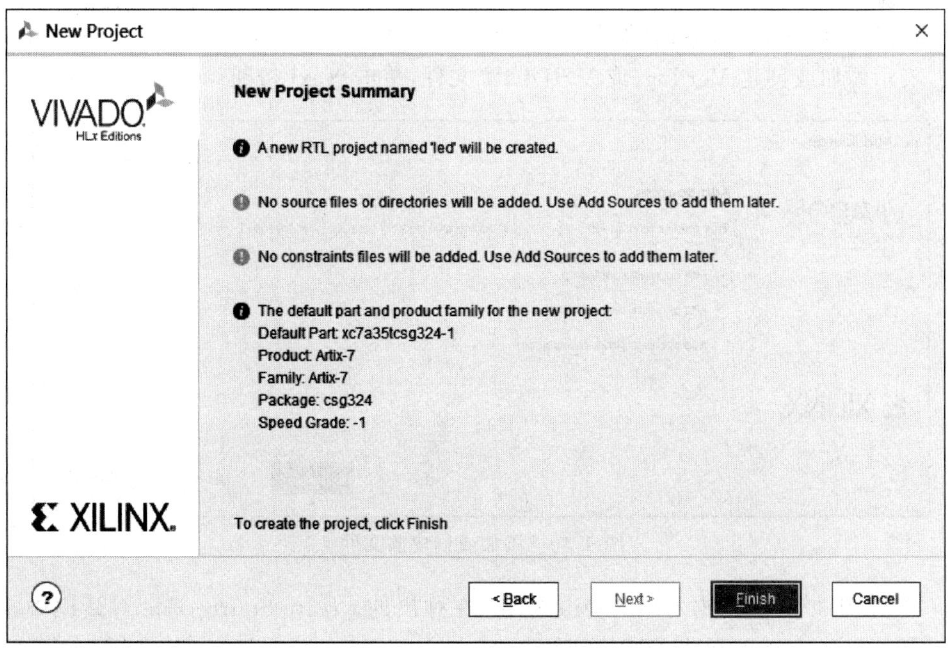

图 3.8　工程信息汇总

2. 输入源设计文件

(1) 如图 3.9 所示,选择 Flow Navigator 下 PROJECT MANAGER 中的 Add Sources 选项,打开设计文件导入窗口。

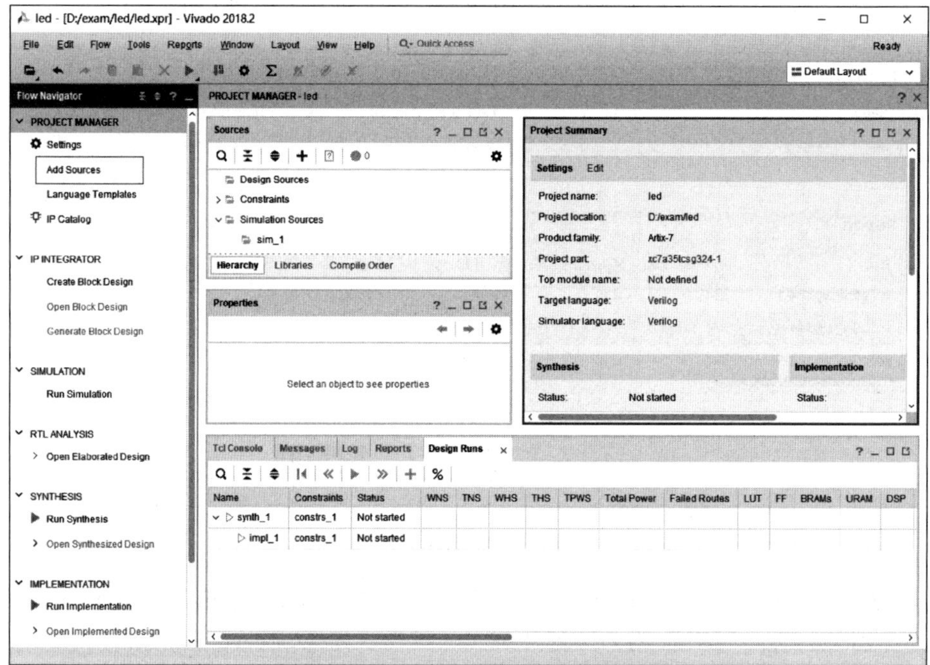

图 3.9 工程管理窗口

(2) 在 Add Sources 界面(如图 3.10 所示)中选中 Add or create design sources 单选按钮,表示添加或创建 Verilog(或 VHDL)源文件,单击 Next 按钮。

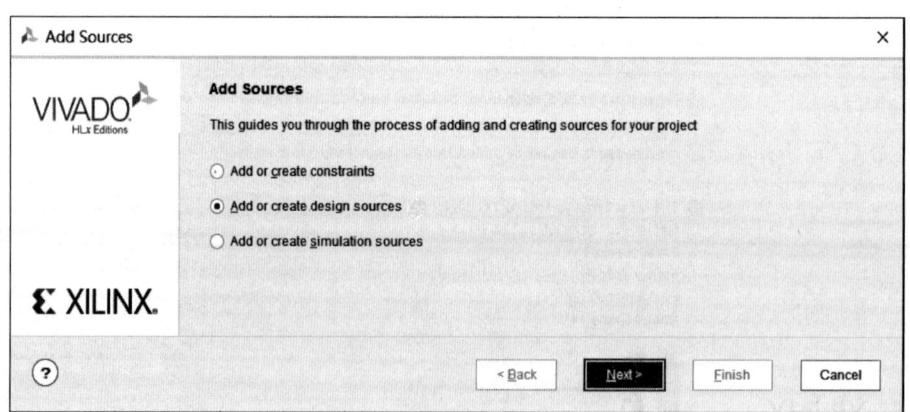

图 3.10 添加或创建源文件

(3) 在图 3.11 中单击 Create File 按钮,在弹出的 Create Source File 对话框中输入 File name 为 flow_led,单击 OK 按钮。

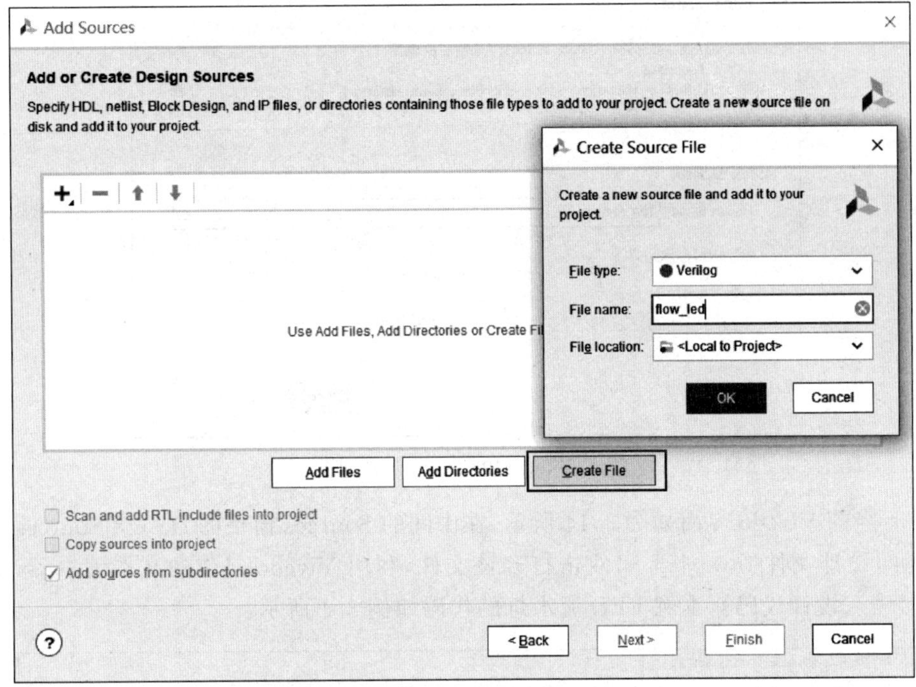

图 3.11　创建源文件

注意：文件名中不可出现中文和空格；如果有现成的.v 或.VHD 文件，可单击 Add Files 或者 Add Directories 按钮进行添加。

(4) 单击图 3.12 中的 Finish 按钮，完成源文件的创建。

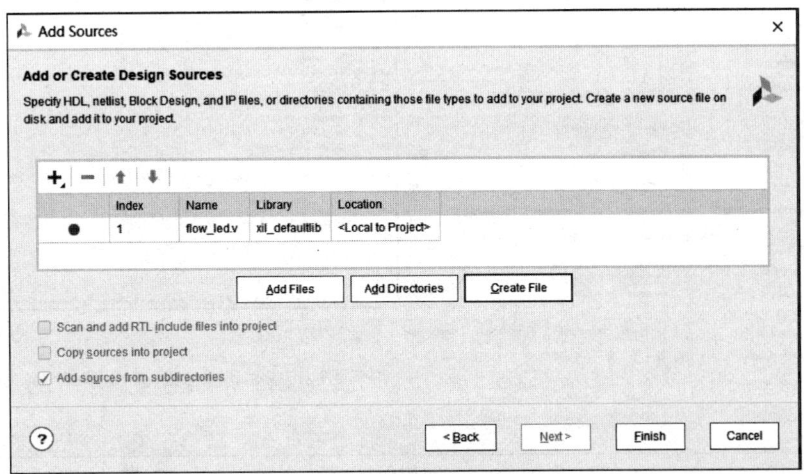

图 3.12　完成源文件创建

(5) 在弹出的 Define Module 对话框中填写模块名称，此处模块命名为 flow_led，如图 3.13 所示。还可以在 I/O Port Definitions 栏中填写模块的端口并设置端口方向，如果端口为总线型，勾选 Bus 选项，并通过 MSB 和 LSB 确定总线宽度。完成后单击 OK 按钮。

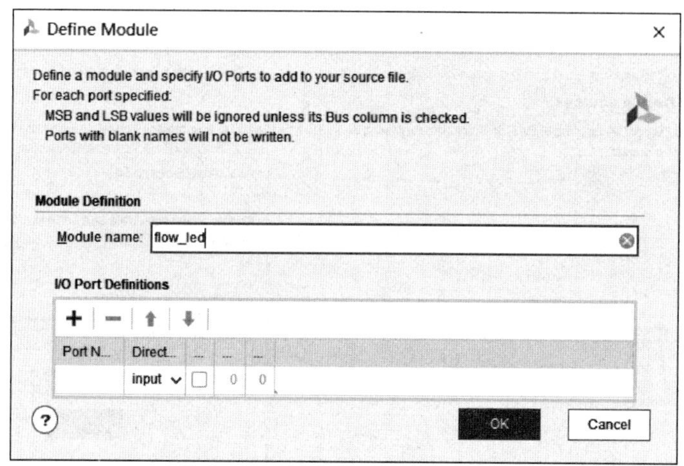

图 3.13　Define Module 对话框

(6) 当前 Vivado 界面如图 3.14 所示，在中间的 Sources 窗格的 Design Sources 中出现新建的设计文件 flow_led.v，双击打开该文件，利用 Vivado 自带的文本编辑器(Text Editor)输入设计代码。本例 LED 流水灯的代码如例 3.1 所示。

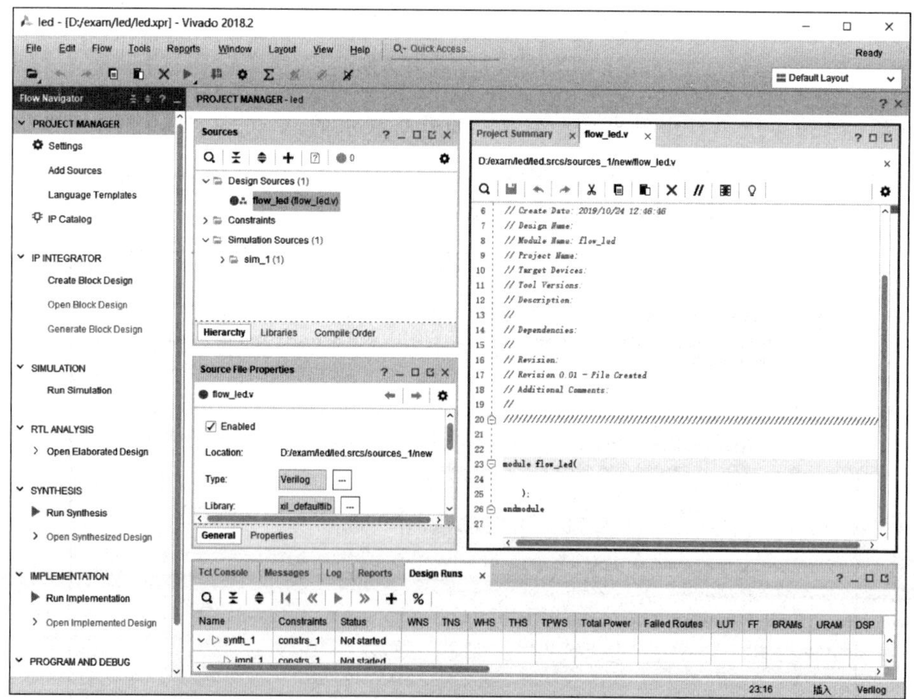

图 3.14　Verilog 代码编辑窗口

【例 3.1】　8 位流水灯源代码。

```
module flow_led(clk,clr,led);
  input clk,clr;
```

```
    output reg [7:0] led;
    reg [28:0] counter;

  always @(posedge clk)
  begin
  if(!clr) begin counter <= 0;led <= 8'h01; end
     else
     if( counter < 50000000)           //2Hz
        counter <= counter + 1;
     else
        begin
            counter <= 0;
            led <= {led[6:0],led[7]};
        end
    end
  endmodule
```

3.1.2 行为仿真

至此，已完成源文件输入，此时可对源文件进行行为(功能)仿真，以测试其功能。

(1) 创建激励测试文件，在 Sources 中右击选择 Add Sources，在出现的 Add Sources 界面中(见图 3.10)选择第三项 Add or create simulation sources 单选按钮，单击 Next 按钮。

(2) 在如图 3.15 所示的界面中单击 Create File 按钮，创建一个仿真激励文件，在弹出的 Create Source File 对话框中输入激励文件名称为 tb_led，文件类型为 Verilog，单击 OK 按钮，确认添加完成后单击 Finish 按钮。

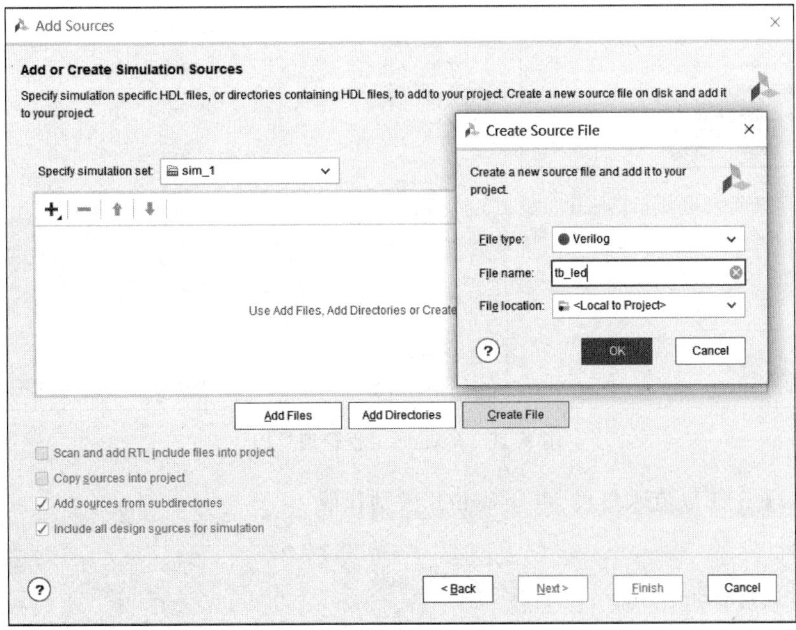

图 3.15 创建仿真激励文件

(3) 在如图 3.16 所示的仿真模块定义界面中填写仿真模块的名字为 tb_led,因为是激励文件不需要对外端口,所以 I/O Port Definitions 部分无须填写,单击 OK 按钮。

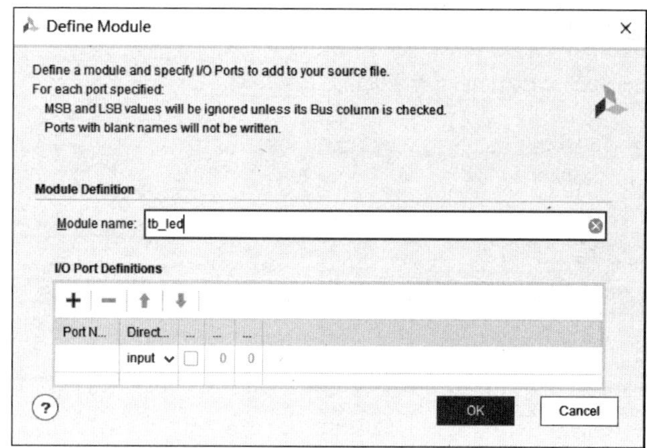

图 3.16 仿真模块定义界面

(4) Vivado 界面如图 3.17 所示,在 Sources 窗格的 Simulation Sources 中出现新建的仿真文件 tb_led.v,双击打开该文件,利用 Vivado 的文本编辑器输入激励代码。本例 LED 流水灯的 Test Bench 激励代码如例 3.2 所示。

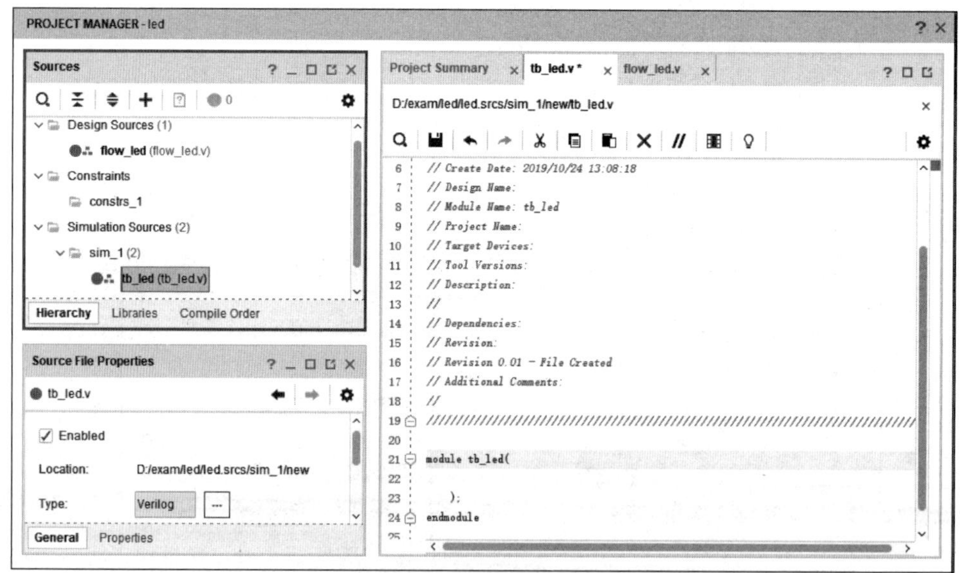

图 3.17 Vivado 工程管理界面

【例 3.2】 LED 流水灯的 Test Bench 激励代码。

```
`timescale 1ns/1ns
module tb_led( );
parameter DELY = 20;
```

```
reg clk;
reg clr;
wire [7:0] led;
flow_led i1(
    .clk (clk),
    .clr (clr),
    .led (led));
initial begin
clk = 1'b0; clr = 1'b0;
#(DELY * 2) clr = 1'b1;
end
always
begin
#(DELY/2)  clk = ~clk;
end
endmodule
```

(5) 在 Flow Navigator 中选择 SIMULATION 下的 Run Simulation 选项，并选择 Run Behavioral Simulation，启动仿真界面，如图 3.18 所示。

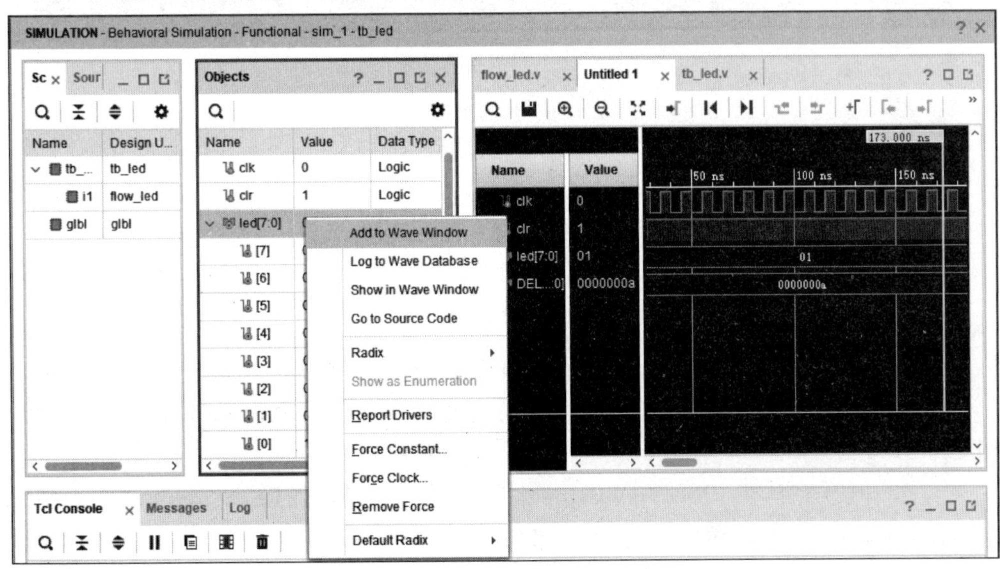

图 3.18　仿真界面

端口信号自动出现在波形图中，此外，可通过左侧 Scope 一栏中的目录结构定位到想要查看的 Module 内部寄存器，在 Objects 对应的信号名称上右击选择 Add To Wave Window，将信号加入波形图中查看。

(6) 可通过仿真工具条来对仿真进行设置和操作。仿真工具条如图 3.19 所示，包括复位波形(即清空现有波形)、运行仿真、运行特定时长的仿真、仿真时长设置、仿真时长单位、单步运行、暂停等操作。本例中仿真时长设置为 500ms。

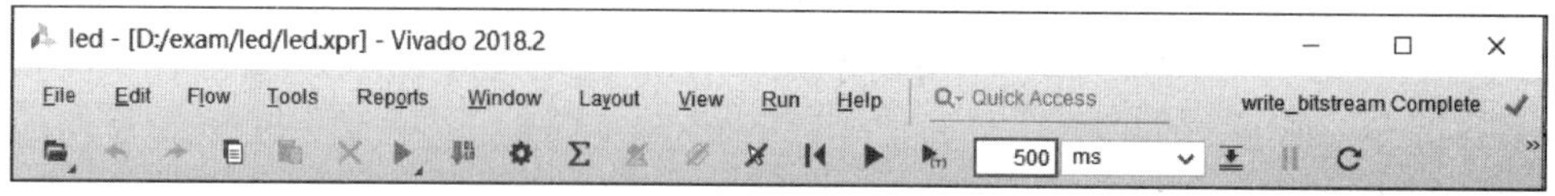

图 3.19　仿真工具条

(7) 最终得到的仿真波形如图 3.20 所示，检查此波形是否与预想的功能一致，以验证源设计文件的正确性。

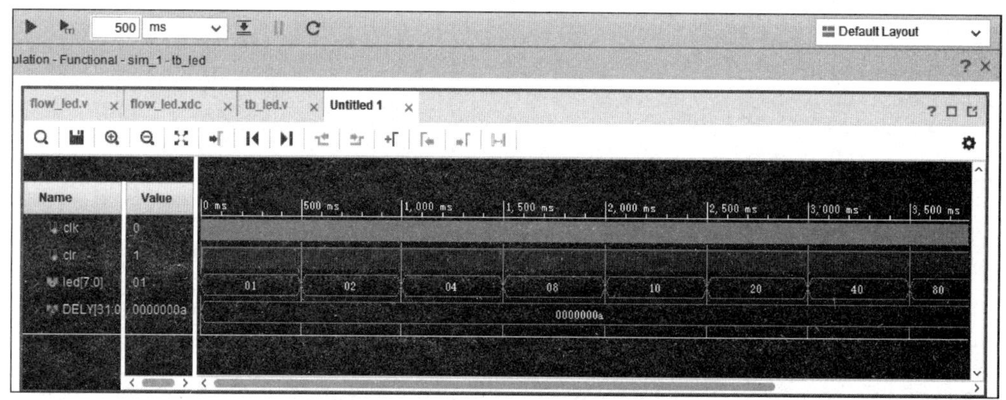

图 3.20　行为仿真波形图

3.1.3　综合与引脚的约束

1. 综合编译

(1) 如图 3.21 所示，在 Flow Navigator 中选择 SYNTHESIS 下的 Run Synthesis 选项，对当前工程进行综合，弹出 Launch Runs 对话框，在 Options 中选中 Launch runs on local host 单选按钮，在 Number of jobs 下拉列表中选择最大值，以缩短编译时间，此处选择 8。

(2) 编译成功后，在 Flow Navigator 中选择 Synthesis 下的 Schematic 选项，可以查看综合后的电路图。本例的综合后的电路如图 3.22 所示。

2. 添加引脚约束文件

有两种方法可以添加引脚约束，第一种是利用 Vivado 中的 I/O Planning 功能(需先对工程进行综合，在综合后选择打开 Open Synthesis Design，然后在右下方的选项卡中切换到 I/O Ports 栏，在对应的信号后输入对应的 FPGA 引脚号)；第二种是直接新建 XDC 约束文件。本例采用方法二。XDC(Xilinx Design Constraints)是 Vivado 采用的约束文件格式，它是在业界广泛采用的 SDC(Synopsys Design Constraints)格式的基础上，加入 Xilinx 自身的一些物理约束来实现的。

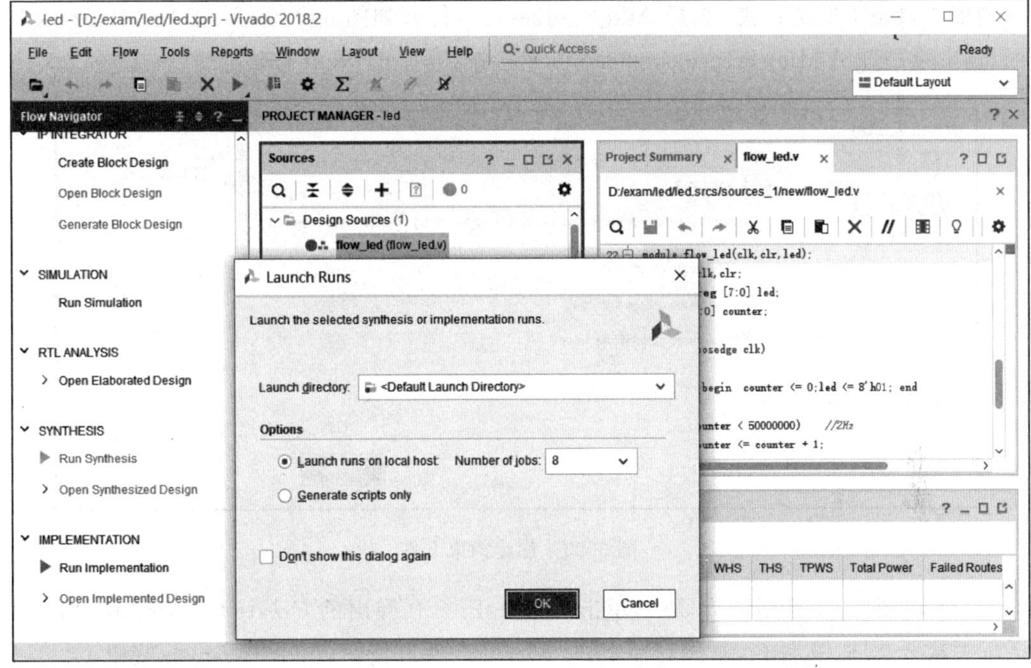

图 3.21　Synthesis 综合编译

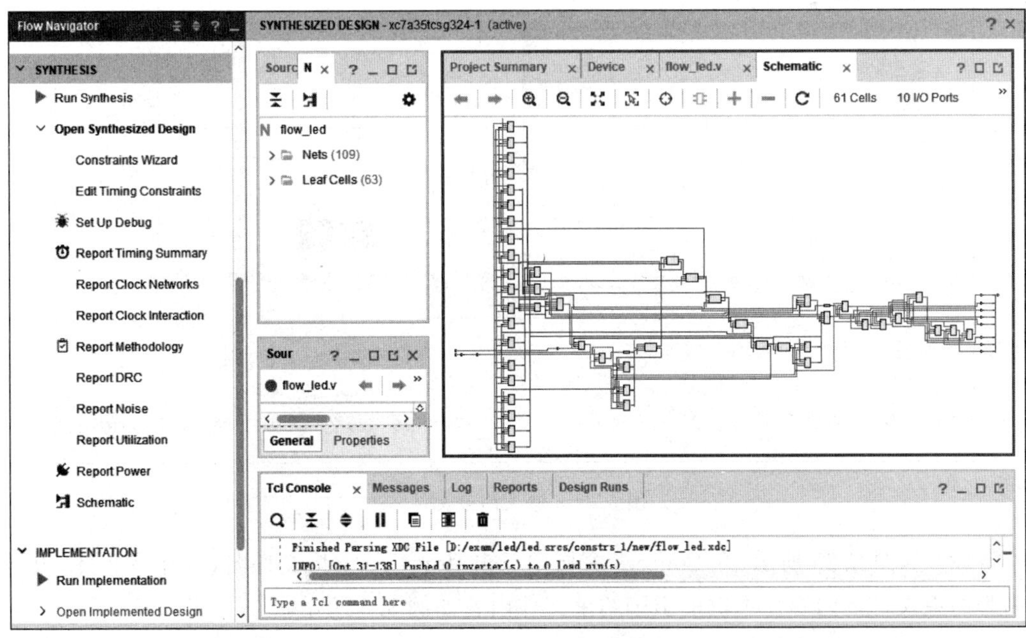

图 3.22　综合后的电路图

(1) 在 Flow Navigator 中选择 PROJECT MANAGER 下的 Add Sources 选项(或右击约束子目录下的文件夹,选择 Add Sourses…),打开如图 3.23 所示的 Add Sources 界面,选中第一项 Add or create constraints 单选按钮,单击 Next 按钮。

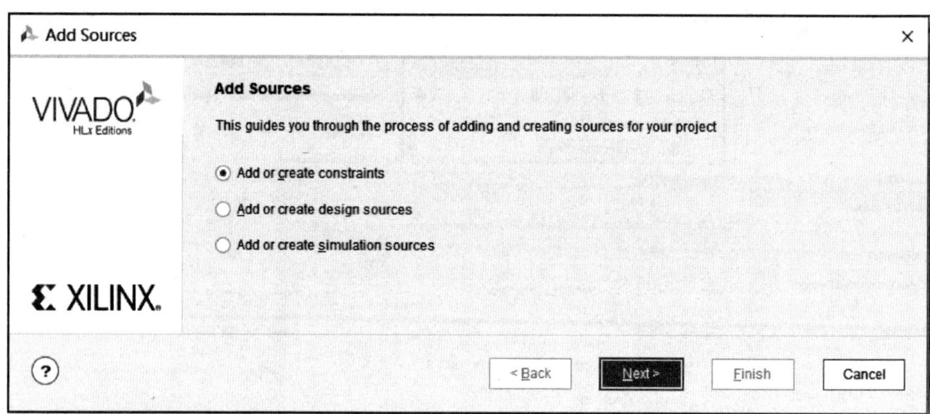

图 3.23　创建约束文件

(2) 在图 3.24 所示的界面中,单击 Create File,在弹出的 Create Constraints File 对话框中输入 XDC 文件名,本例填写 flow_led,单击 OK 按钮,再单击 Finish 按钮。

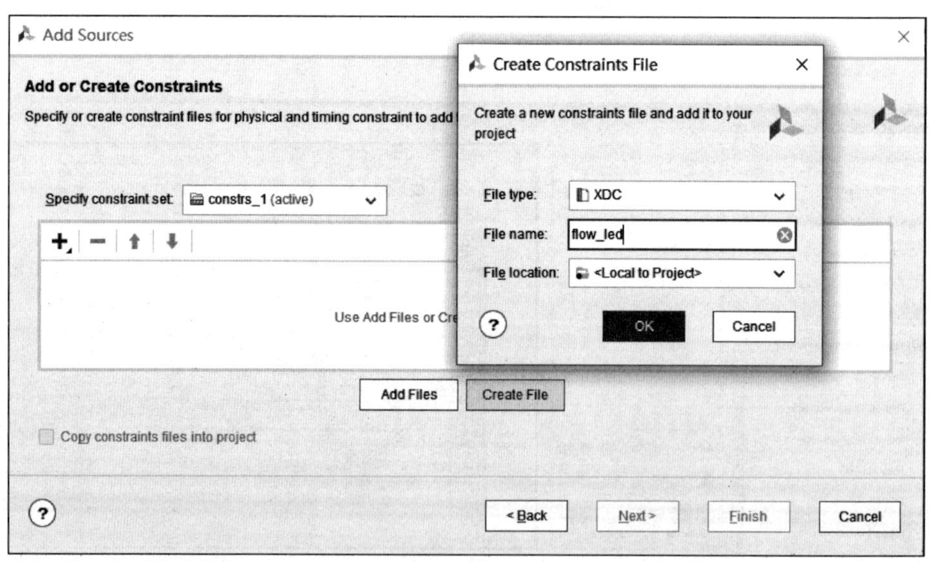

图 3.24　输入约束文件名

(3) 如图 3.25 所示,在 Sources 窗格中双击 flow_led. xdc 文件名,打开该文件,填写引脚约束文件的内容。本例的引脚约束文件内容如例 3.3 所示。

注意:具体的 FPGA 约束引脚号和 I/O 电平标准,应参考目标板卡的用户手册或原理图。

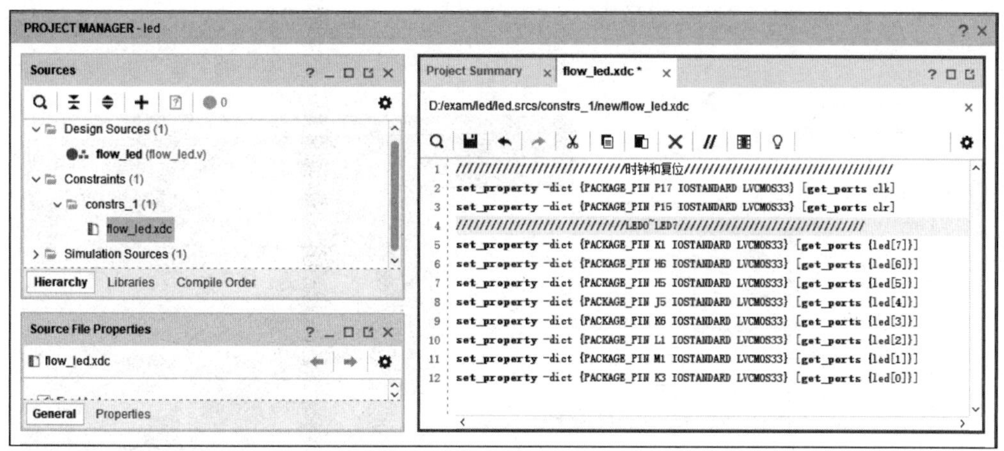

图 3.25 编辑引脚约束文件

【例 3.3】 LED 流水灯的.XDC 引脚约束文件。

```
#//////////////////////////////时钟和复位//////////////////////////////////
set_property -dict {PACKAGE_PIN P17 IOSTANDARD LVCMOS33} [get_ports clk]
set_property -dict {PACKAGE_PIN P15 IOSTANDARD LVCMOS33} [get_ports clr]
#//////////////////////////////LED0～LED7/////////////////////////////////
set_property -dict {PACKAGE_PIN K1 IOSTANDARD LVCMOS33} [get_ports {led[7]}]
set_property -dict {PACKAGE_PIN H6 IOSTANDARD LVCMOS33} [get_ports {led[6]}]
set_property -dict {PACKAGE_PIN H5 IOSTANDARD LVCMOS33} [get_ports {led[5]}]
set_property -dict {PACKAGE_PIN J5 IOSTANDARD LVCMOS33} [get_ports {led[4]}]
set_property -dict {PACKAGE_PIN K6 IOSTANDARD LVCMOS33} [get_ports {led[3]}]
set_property -dict {PACKAGE_PIN L1 IOSTANDARD LVCMOS33} [get_ports {led[2]}]
set_property -dict {PACKAGE_PIN M1 IOSTANDARD LVCMOS33} [get_ports {led[1]}]
set_property -dict {PACKAGE_PIN K3 IOSTANDARD LVCMOS33} [get_ports {led[0]}]
```

3.1.4 生成比特流文件并下载

(1) 如图 3.26 所示，在 Flow Navigator 中选择 PROGRAM AND DEBUG 下的 Generate Bitstream 选项，工程会自动完成综合、实现比特流文件的生成过程。完成后，选中 Open Hardware Manager 单选按钮，进入硬件编程管理界面。

(2) 进入如图 3.27 所示的 HARDWARE MANAGER 对话框，将目标板通过 USB 连接至计算机，打开电源开关，单击图 3.27 中的 Open target，选择 Auto Connect 选项，使软件连接到目标板。

(3) 软件和目标板连接成功后，软件界面如图 3.28 所示。

在目标芯片上右击，选择 Program device，在弹出的 Program Device 对话框中，Bitstream file 一栏已经自动加载本工程生成的比特流文件 flow_led.bit，单击 Program 按钮对 FPGA 芯片进行编程下载。

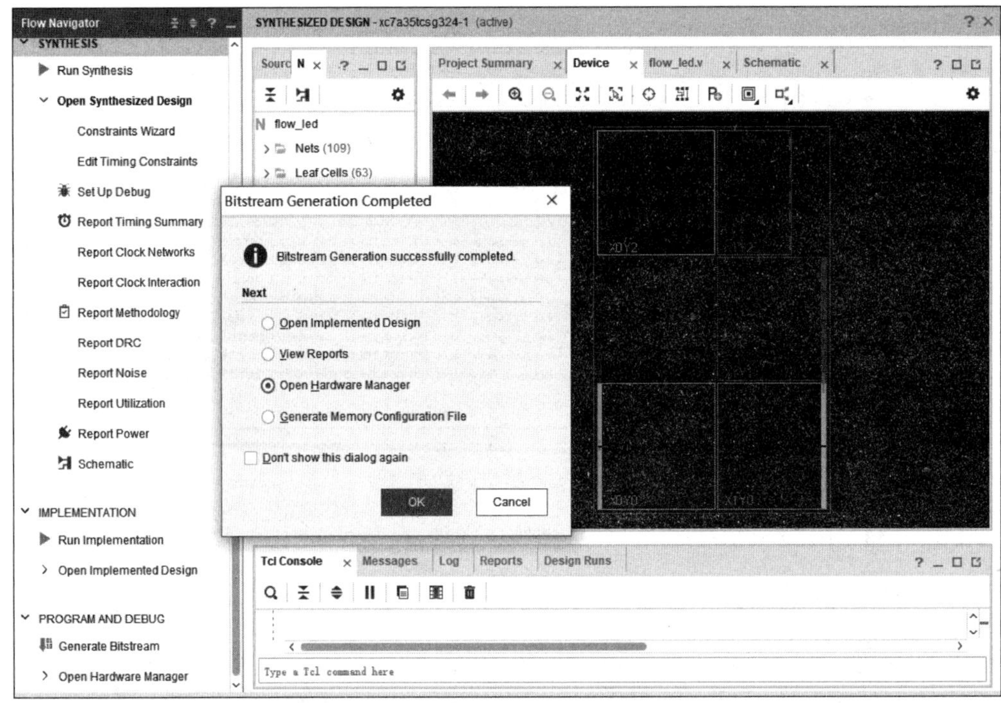

图 3.26 生成比特流文件

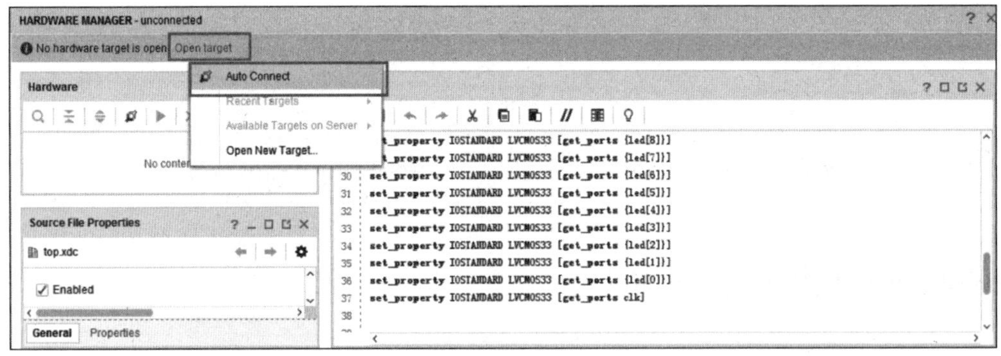

图 3.27 连接到目标板

(4) 下载完成后，在目标板上观察实际运行效果。

3.1.5 将配置数据烧写至 Flash 中

如果将程序烧写到 Flash(ROM)中，则程序会固化到板卡中，可脱机独立运行且掉电不丢失。

(1) 生成烧录至 Flash 中的.bin 文件，选择菜单 Tools 中的 Settings 命令，在弹出的 Settings 对话框(如图 3.29 所示)中选择 Bitstream，在右面勾选-bin_file，单击 OK 按钮。

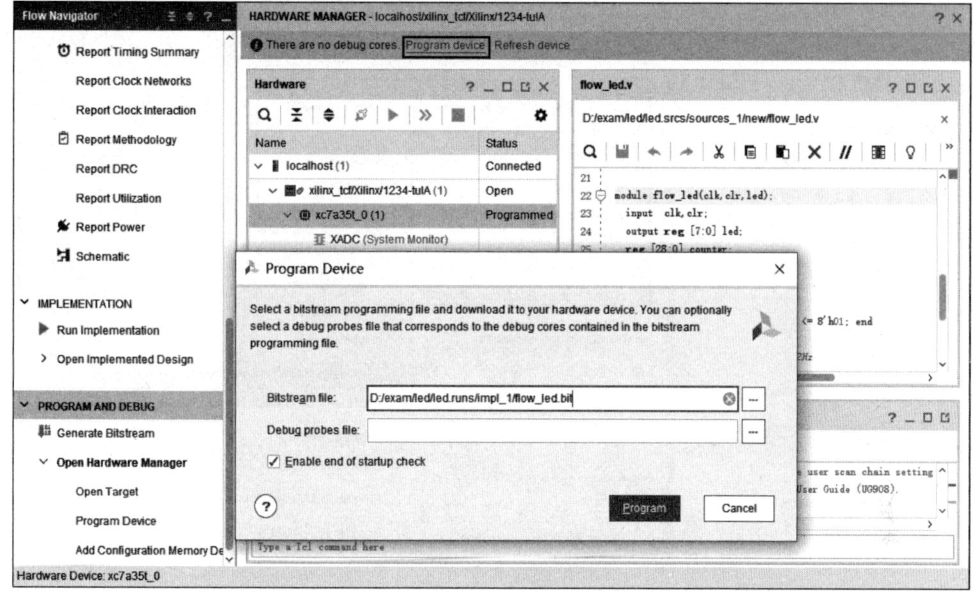

图 3.28 芯片编程下载

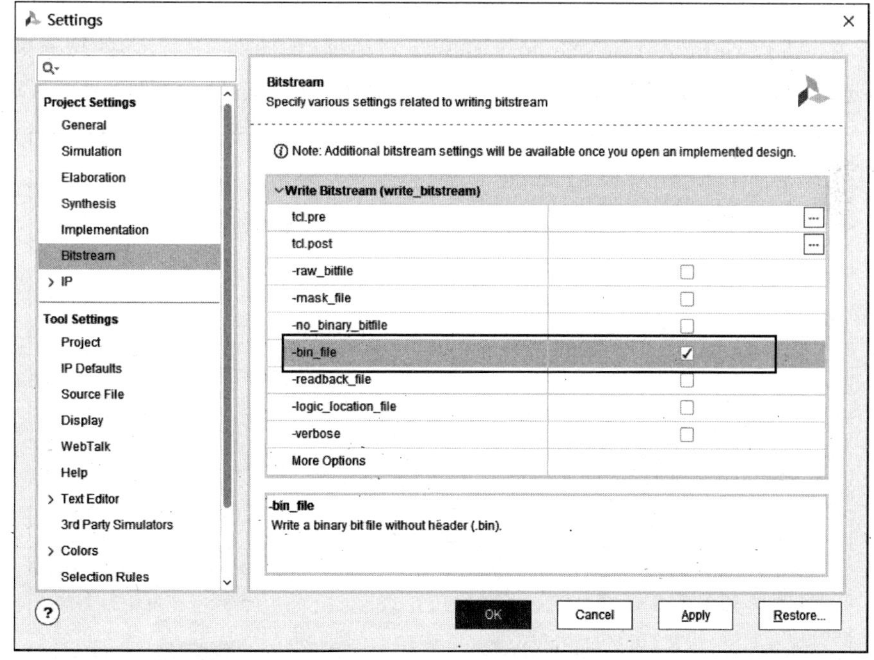

图 3.29 勾选_bin_file

(2) 在 Flow Navigator 中选择 PROGRAM AND DEBUG 下的 Generate Bitstream 选项(见图 3.26),启动编译并自动生成.bit 文件和用于固化的.bin 文件。

(3) 将目标板连接至计算机,打开电源,进入 HARDWARE MANAGER 对话框,如图 3.30 所示,选中芯片 xc7a35t,右击选择 Add Configuration Memory Device。

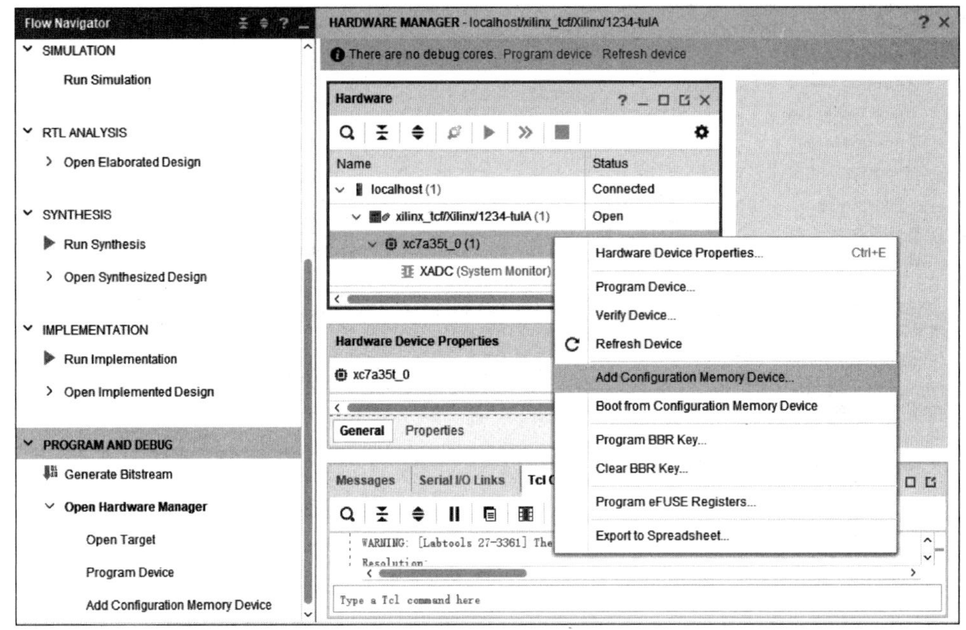

图 3.30　添加 Flash 芯片

(4) 在 Add Configuration Memory Device 对话框(如图 3.31 所示)的搜索框中输入 n25q64,选择 n25q64-3.3v(根据所用的目标板,选择相应的 Flash 芯片型号),单击 OK 按钮。

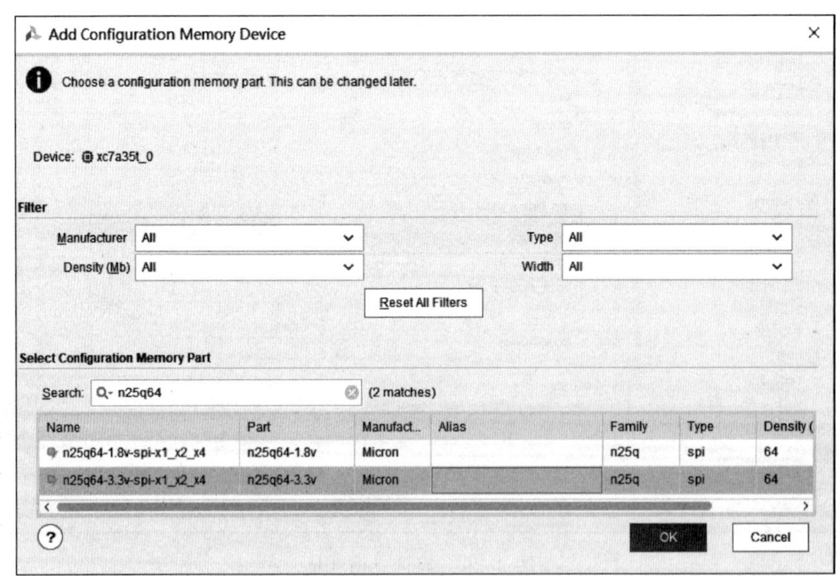

图 3.31　选择 Flash 芯片型号

(5) 在 HARDWARE MANAGER 对话框中(如图 3.32 所示),选中 Flash 芯片 n25q64-3.3v,右击选择 Program Configuration Memory Device,弹出如图 3.33 所示的对话框,确认配置文件为 flow_led.bin,单击 OK 按钮,完成对 Flash 芯片的编程。

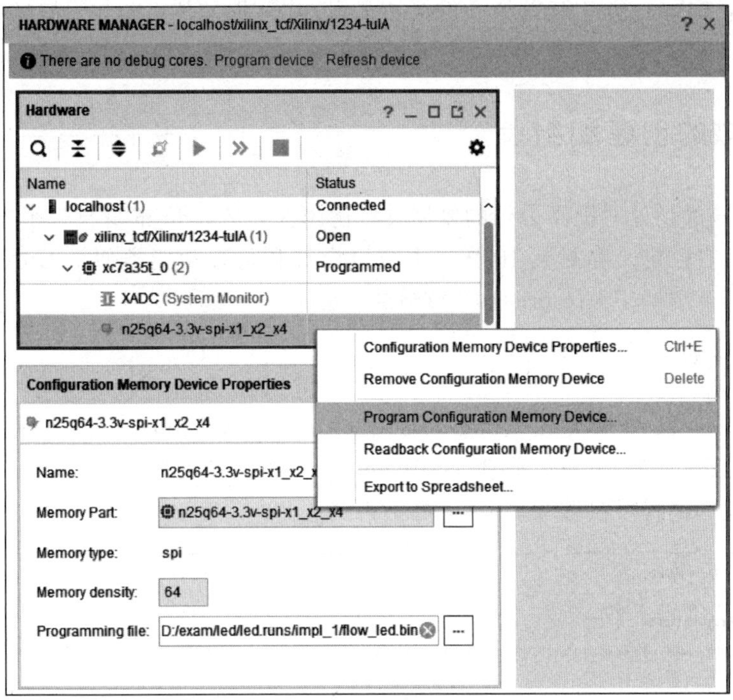

图 3.32 选中 Flash 芯片

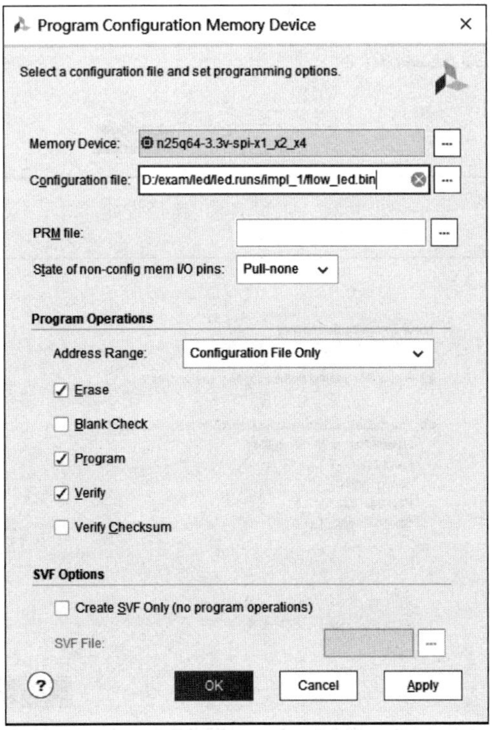

图 3.33 对 Flash 芯片编程

（6）编程完成后，将开发板断电再重新上电，开发板会从 Flash 中启动，观察开发板的实际运行效果。

3.2 IP 核的创建和封装

基于 IP 核的设计对提高设计的复用具有优越性。Vivado 本身自带了丰富的 IP 核，还允许设计者自己定义和封装 IP 核。本节以设计和封装功能类似 74LS161 和 74LS00 的 IP 核为例，介绍基于 Vivado 的 IP 核封装流程。

1. 创建工程

启动 Vivado 2018.2，单击 Quick Start 栏中的 Create Project，启动工程向导，创建一个新工程，将其命名为 ip_161，存于 D:/exam/ip_161 文件夹中，如图 3.34 和图 3.35 所示。工程创建的过程可参考 3.1 节，此处不再赘述。

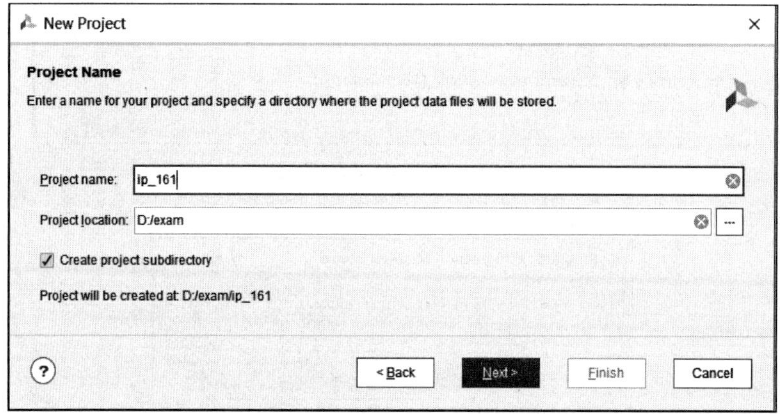

图 3.34　工程名称、路径设定

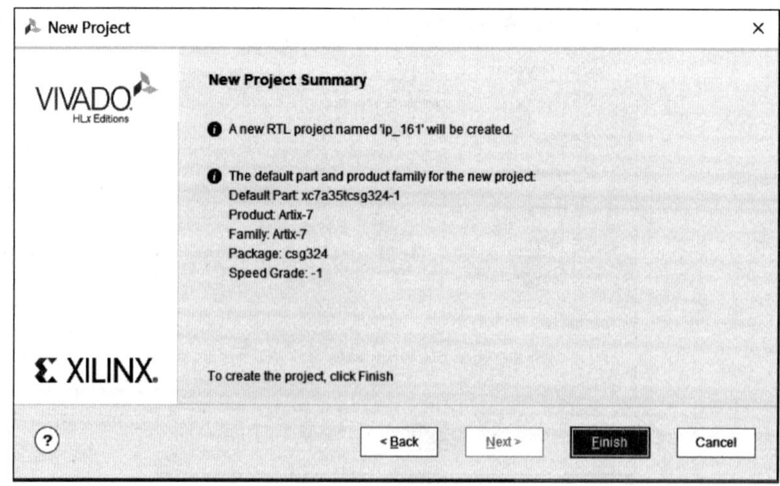

图 3.35　工程信息汇总

2. 输入源设计文件

在 Flow Navigator 中选择 PROJECT MANAGER 下的 Add Sources 选项，在弹出的界面中选中 Add or Create Design Sources 单选按钮（参见图 3.10），创建一个名为 ls161.v 的源文件，其代码如例 3.4 所示，输入源文件后的 Vivado 界面如图 3.36 所示。

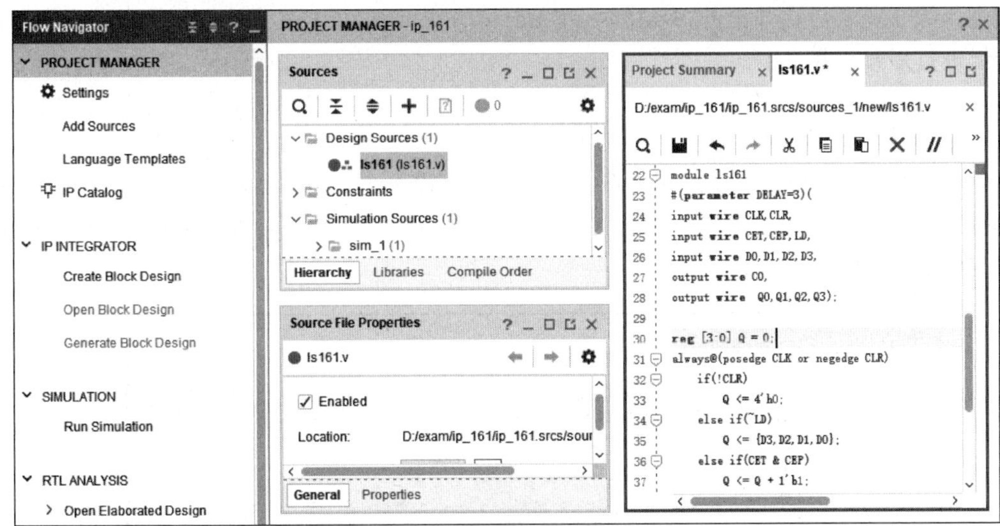

图 3.36　输入源设计文件

【例 3.4】 ls161 核的源代码。

```
module ls161
#(parameter DELAY = 3)(
        input wire CLK,CLR,
        input wire CET,CEP,LD,
        input wire D0,D1,D2,D3,
        output wire CO,
        output wire  Q0,Q1,Q2,Q3);

reg [3:0] Q = 0;
always@(posedge CLK or negedge CLR)
   if(!CLR)
      Q <= 4'h0;
   else if(~LD)
      Q <= {D3,D2,D1,D0};
   else if(CET & CEP)
      Q <= Q + 1'b1;
   else Q <= Q;

assign #DELAY Q0 = Q[0];
assign #DELAY Q1 = Q[1];
assign #DELAY Q2 = Q[2];
```

```
assign #DELAY Q3 = Q[3];
assign CO = ((Q == 4'b1111)&&(CET == 1'b1))? 1 : 0;

endmodule
```

在 Flow Navigator 中选择 SYNTHESIS 下的 Run Synthesis 选项，对当前工程进行综合。综合完成后在弹出的 Synthesis Completed 对话框中单击 Cancel 按钮，表示不再继续进行后续操作。

3. 创建 IP 核

(1) 在 Flow Navigator 中选择 PROJECT MANAGER 下的 Settings 选项，弹出 Settings 对话框，如图 3.37 所示，在左侧选中 IP 下面的 Packager，在右侧的 Packager 标签页中定制 IP 核的库名和目录。

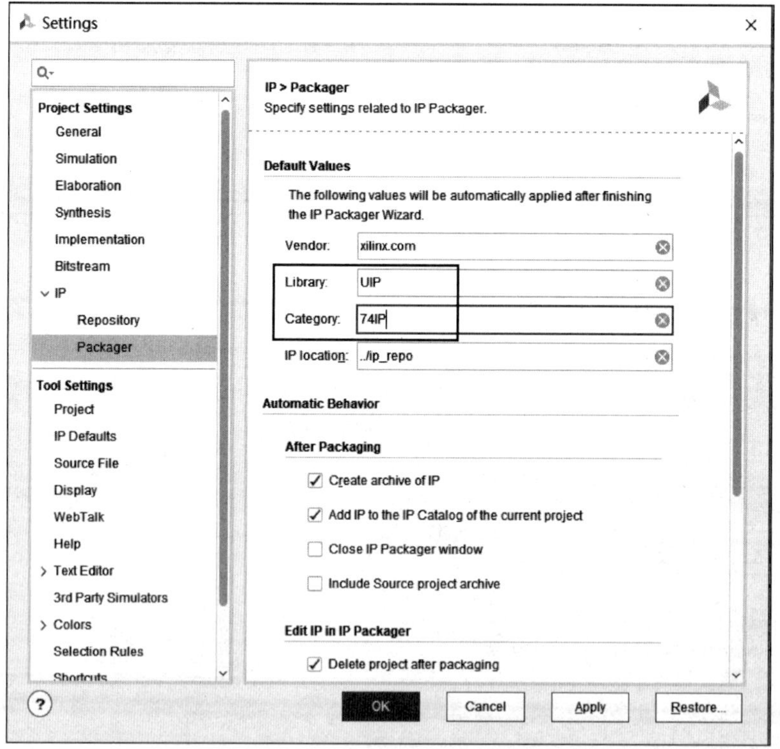

图 3.37 定制 IP 核属性

在 Library(库名)处填写 UIP，Category 处填写 74IP，勾选 After Packaging 下的 Create archive of IP、Add IP to the IP Catalog of the current project 复选框，其他按默认设置。

设置完成后单击 Apply 按钮，再单击 OK 按钮。

(2) 在 Vivado 主界面中，选择菜单 Tools 中的 Create and Package New IP 命令，如图 3.38 所示，启动创建和封装新 IP 的过程。此过程的启动界面如图 3.39 所示。

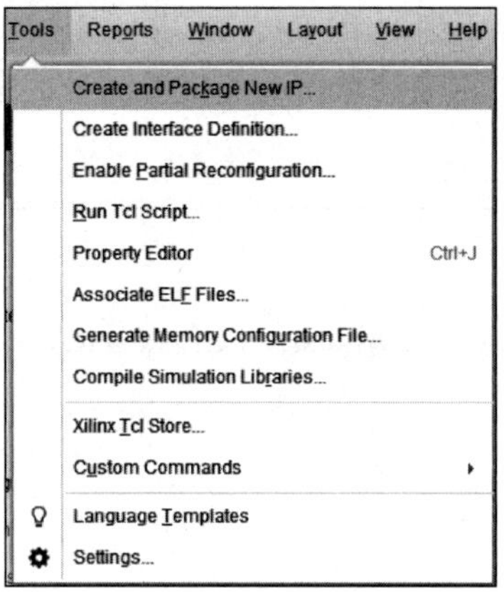

图 3.38　创建和封装新的 IP

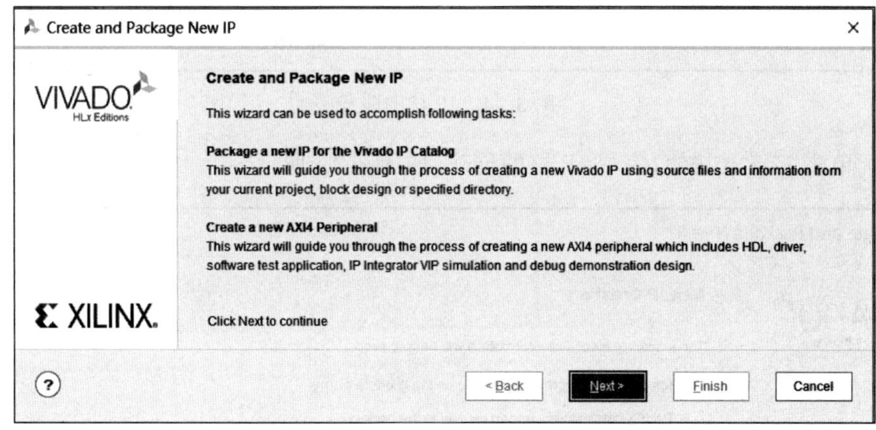

图 3.39　创建和封装新 IP 的启动界面

（3）单击 Next 按钮，弹出如图 3.40 所示的封装选项界面，选中 Packaging Options 下的 Package your current project 单选按钮，表示将当前的工程封装为 IP 核，单击 Next 按钮。

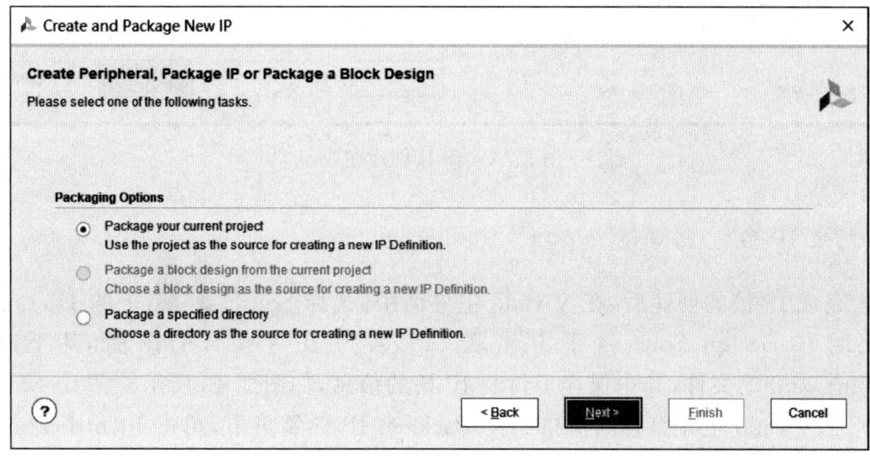

图 3.40　封装选项界面

(4) 如图 3.41 所示，此界面中的 IP location 指示 IP 核的路径，以便设计者到此路径下将 IP 核导入别的工程中，也可通过单击右侧带省略号的按钮来给 IP 核指定新的位置，单击 Next 按钮。

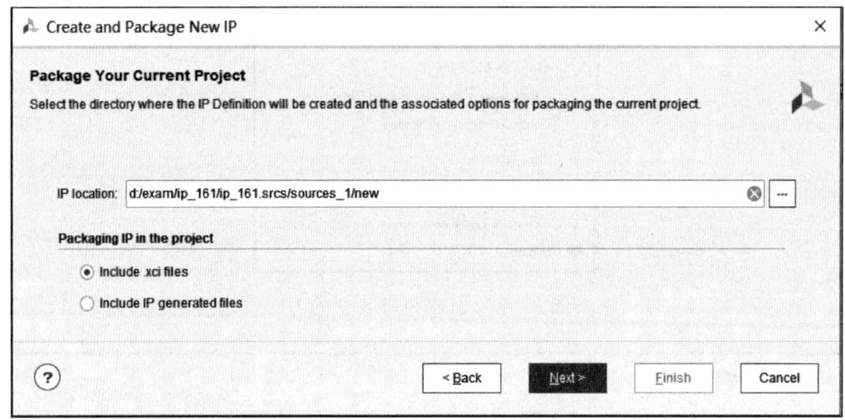

图 3.41　IP 核的路径

(5) 单击 Finish 按钮，完成 IP 核的创建，如图 3.42 所示。

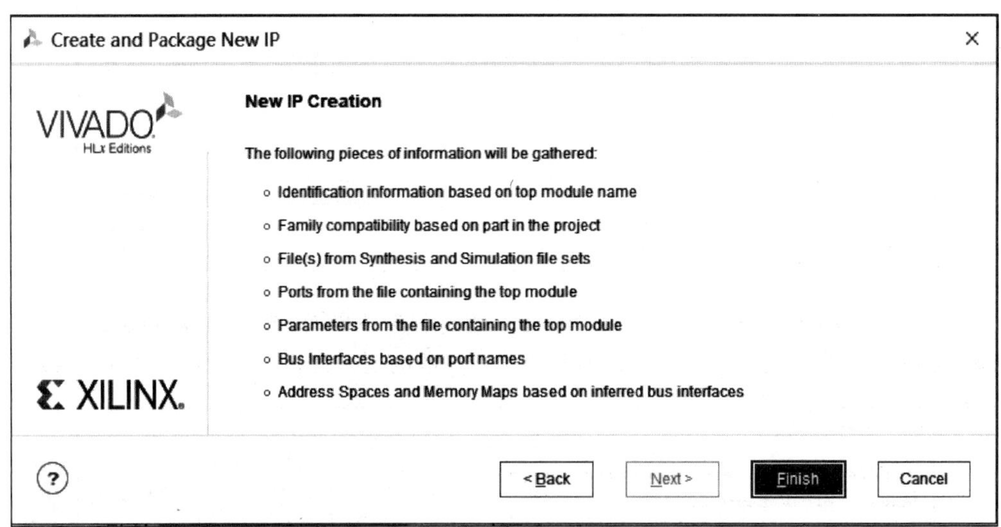

图 3.42　IP 核创建完成

4. 封装 IP 核

(1) 完成 IP 核的创建后，在 Vivado 主界面中，选择 Sources 窗格下的 Hierarchy 标签页，此时在 Design Sources 下方出现一个名为 IP-XACT 的图标，其下有一个 component.xml 的文件，其中保存了封装 IP 核的信息，如图 3.43 所示。

(2) 在 Vivado 主界面右侧窗格中的 Package IP 标签页下，单击 Identification 可查看并修改 IP 核的相关信息，如图 3.44 所示。

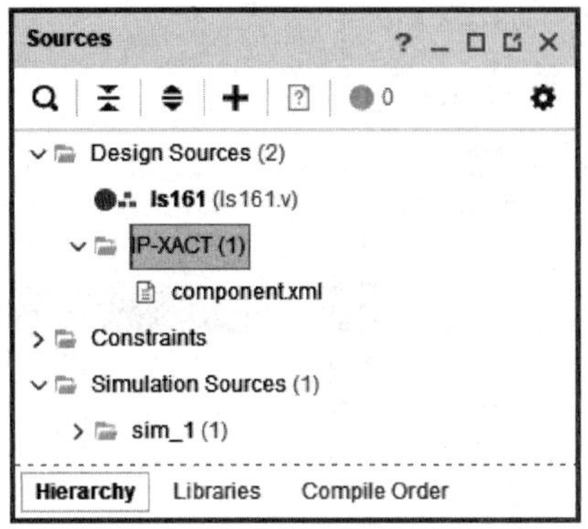

图 3.43 IP 核封装信息文件

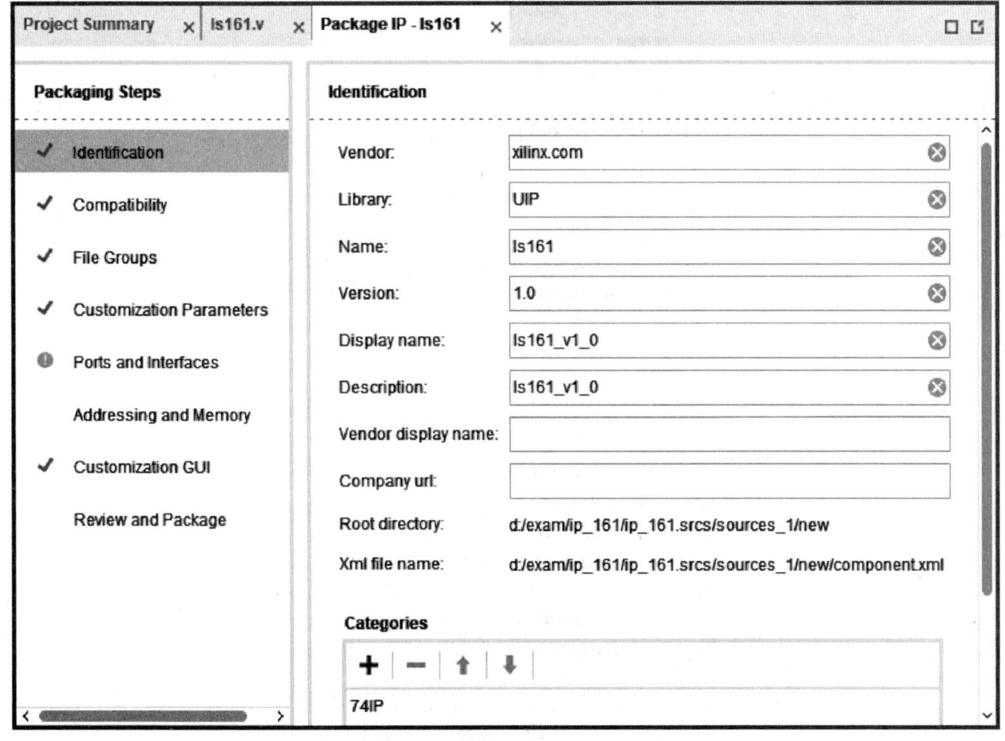

图 3.44 封装 IP 核的 Identification 界面

(3) Compatibility 界面显示 IP 核支持的 FPGA 系列，可以继续添加 IP 核支持的 FPGA 器件，单击右侧的加号，选择第一项 Add Family Explicitly...，如图 3.45 所示。

(4) 在弹出的 Add Family 对话框中可添加除已支持的 artix7(Artix-7)外的其他器件系列，如图 3.46 所示，勾选完毕单击 OK 按钮。

(5) 单击 Customization GUI 界面，在右侧可以预览 IP 核的信号接口，同时可以在 Component Name 文本框中修改 IP 核的名称，如图 3.47 所示。

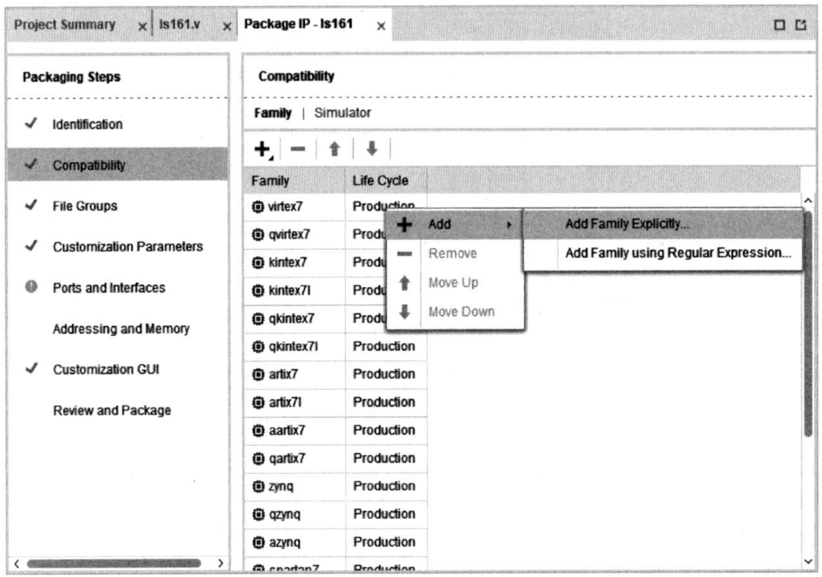

图 3.45 IP 核的 Compatibility 界面

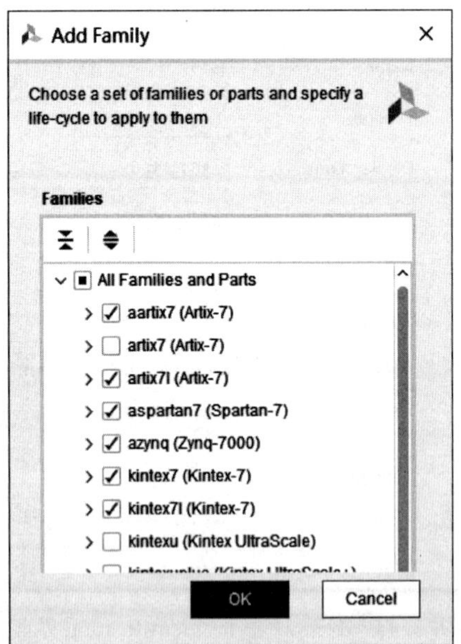

图 3.46 添加 IP 核支持的器件系列

(6) 单击 Review and Package 界面，可查看 IP 核的最终信息，其中，Root directory 表示 IP 核的存储目录，信息确认无误后单击下方的 Package IP 按钮，完成 ls161 核的封装，如图 3.48 所示。

(7) 回到 Vivado 主界面，选择 PROJECT MANAGER 中的 IP Catalog 选项，出现 IP Catalog 窗格，在其中的 User Repository 下可找到刚创建的 ls 161_v1_0，说明该 IP 核

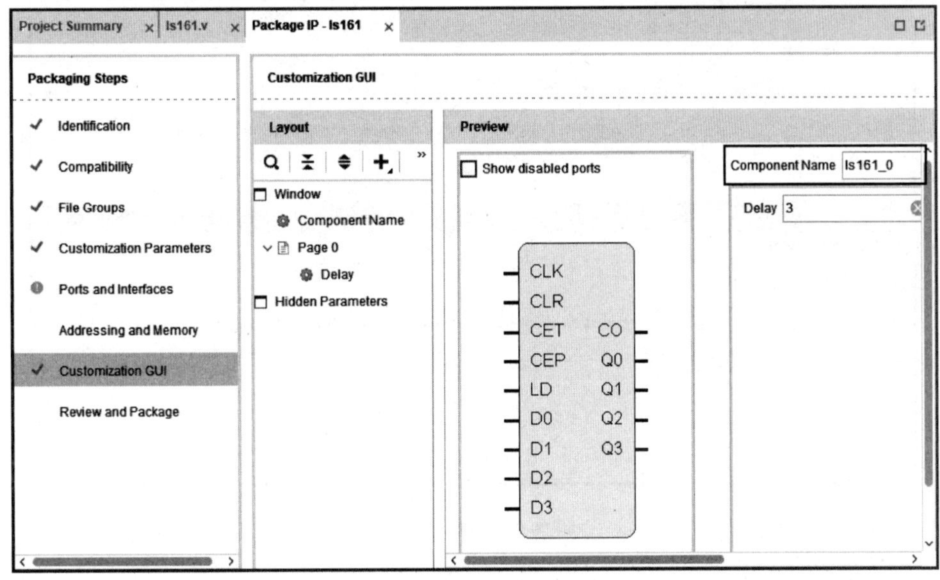

图 3.47 Customization GUI 界面

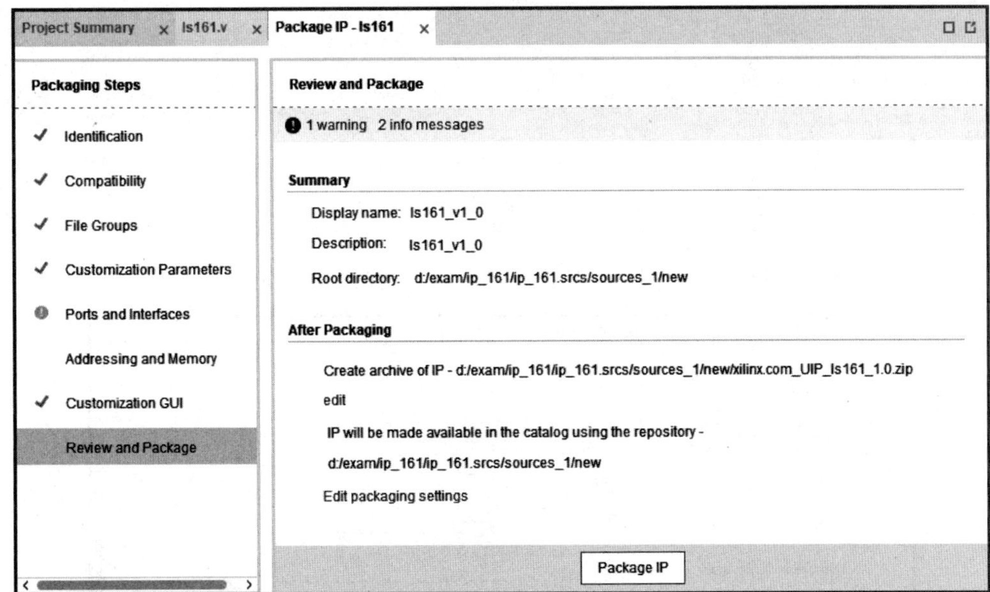

图 3.48 Review and Package 界面

已创建和封装成功,可以调用了,如图 3.49 所示。

5. 创建和封装另一 IP 核 74ls00

采用与上面 74ls161 核相同的步骤,创建和封装功能类似 74ls00(2 输入与非门)的 IP 核,以供调用。ls00 核的源代码如例 3.5 所示。

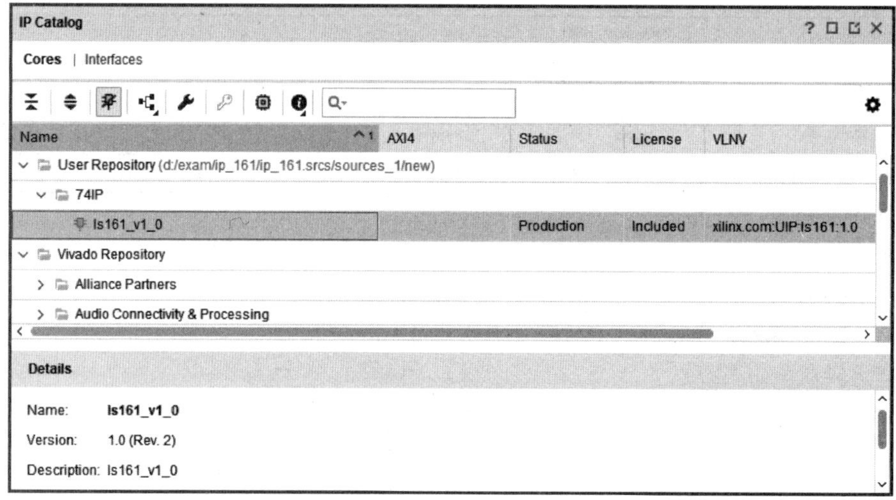

图 3.49　查看 IP 核

【例 3.5】 ls00 核(2 输入与非门)的源代码。

```
module ls00
#(parameter DELAY = 3)(
    input a,b,
    output y
    );

nand #DELAY (y,a,b);
endmodule
```

ls00 核创建后,对其进行封装,其中 Identification 界面信息如图 3.50 所示。

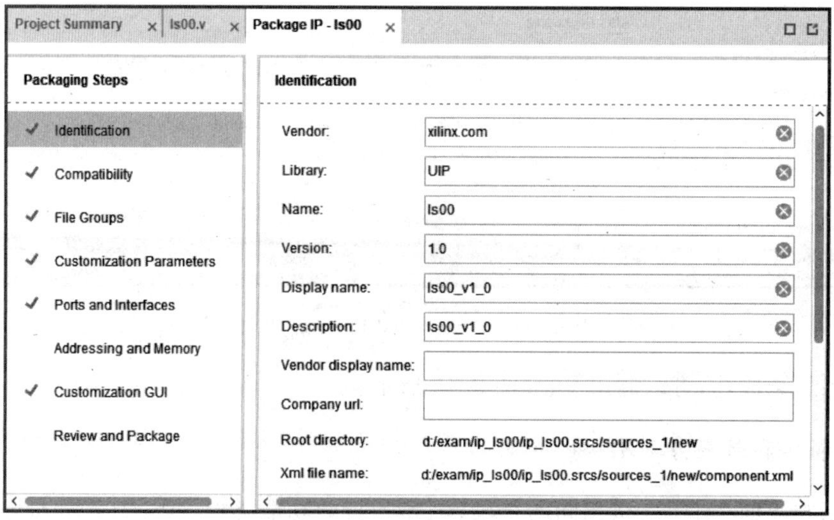

图 3.50　ls00 核的 Identification 界面

单击 Review and Package 界面，可查看 ls00 核的最终信息，信息确认无误后单击下方的 Package IP 按钮，完成 ls00 核的封装，如图 3.51 所示。

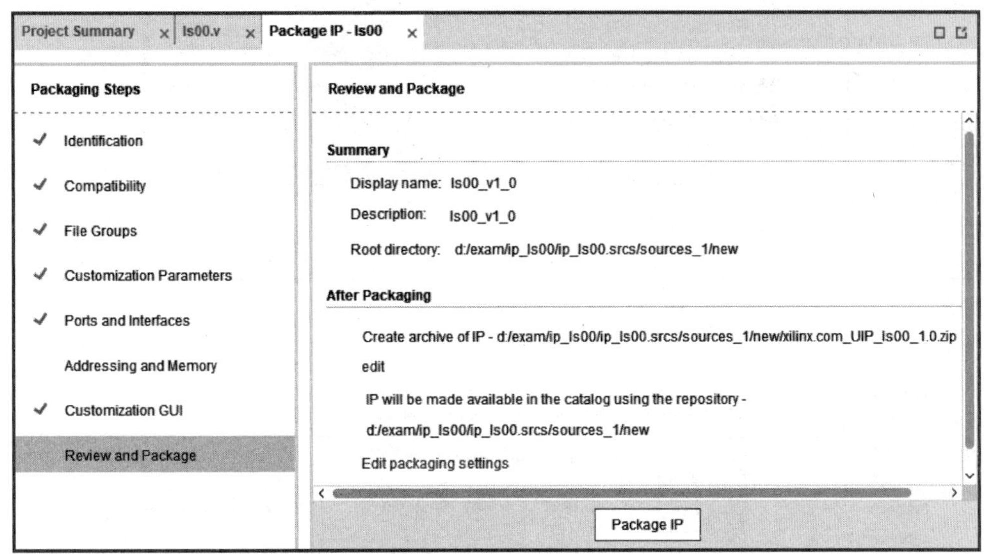

图 3.51 ls00 核的 Review and Package 界面

3.3 基于 IP 集成的计数器设计

本节利用 3.2 节创建和封装的 ls161 和 ls00 两个 IP 核，采用原理图设计的方式实现一个模 9 计数器，以说明基于 IP 集成的 Vivado 设计的流程。

1. 创建工程

启动 Vivado 2018.2，单击 Quick Start 栏中的 Create Project，启动工程向导，创建一个新工程，将其命名为 count_bd，存于 D:/exam/count_bd 文件夹中。此过程不再详述。

2. 添加 IP 核

（1）将 3.2 节中生成的 IP 封装目录中的压缩包“xilinx.com_UIP_ls161_1.0.zip”和“xilinx.com_UIP_ls00_1.0.zip”复制到当前工程目录中，并解压到新建的 UIP 目录下，解压后的文件目录如图 3.52 所示。

（2）在 Flow Navigator 中选择 PROJECT MANAGER 下的 Settings 选项，在弹出的 Settings 对话框的左侧选中 IP，单击 Repository，出现 Repository 标签页，单击＋，进入当前工程目录，选中 UIP 文件夹（其中放置 ls161、ls00 两个 IP 核封装文件），单击 Select 按钮，在弹出的窗口中单击 OK 按钮，上述过程如图 3.53 所示。

（3）如图 3.54 所示，D:/exam/count_bd/UIP 文件夹已出现在 IP Repositories 下，单击 Apply 按钮，再单击 OK 按钮。

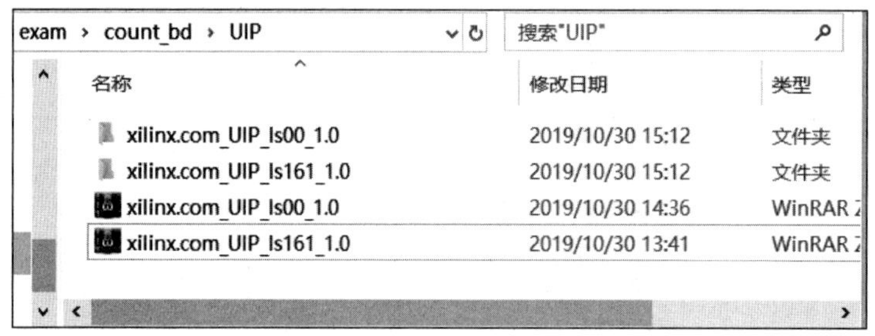

图 3.52　将 IP 核文件夹放至 UIP 目录下

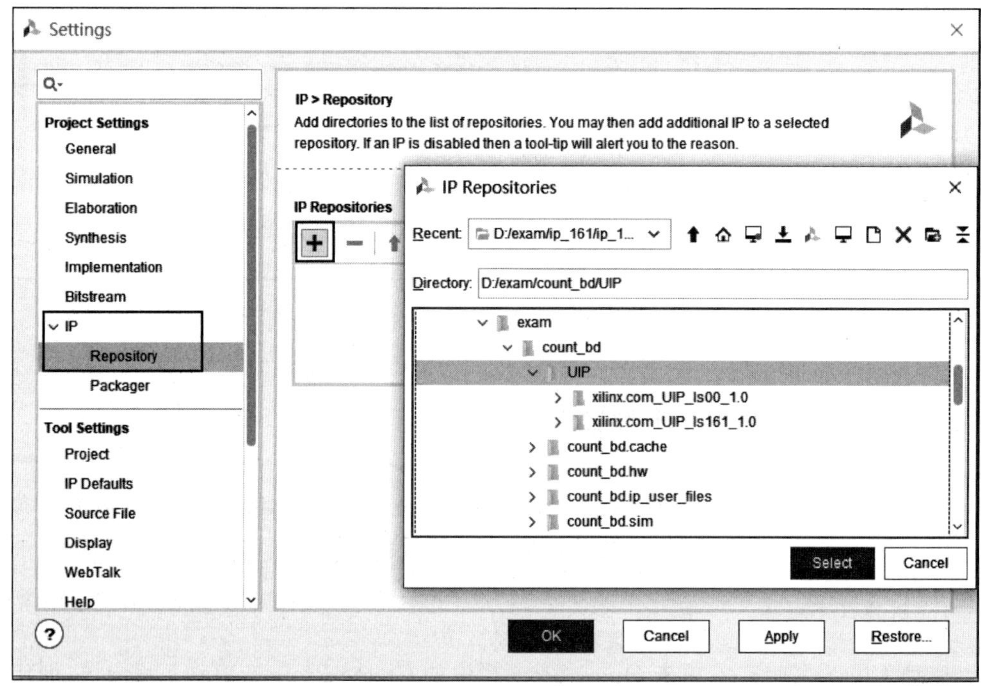

图 3.53　将 IP 核封装文件加入 IP 库

(4) 在 PROJECT MANAGER 下选择 IP Catalog 选项，在右侧的 IP Catalog 标签页中，展开 User Repository，可以看到用户自定义的 IP 核 ls161_v1_0 和 ls00_v1_0 已经出现在 IP 库中，可以调用了，如图 3.55 所示。

3. 基于 IP 集成的原理图设计

(1) 进入 Vivado 主界面，在左侧的 Flow Navigator 中选择 IP INTEGRATOR 下的 Create Block Design 选项，在弹出的 Create Block Design 对话框的 Design name 栏中输入设计名 count_bd，表示新建一个名为 count_bd 的原理图文件，如图 3.56 所示。

(2) 单击 OK 按钮，进入 BLOCK DESIGN 设计界面。在原理图中添加 IP 核，可采用如下方式：

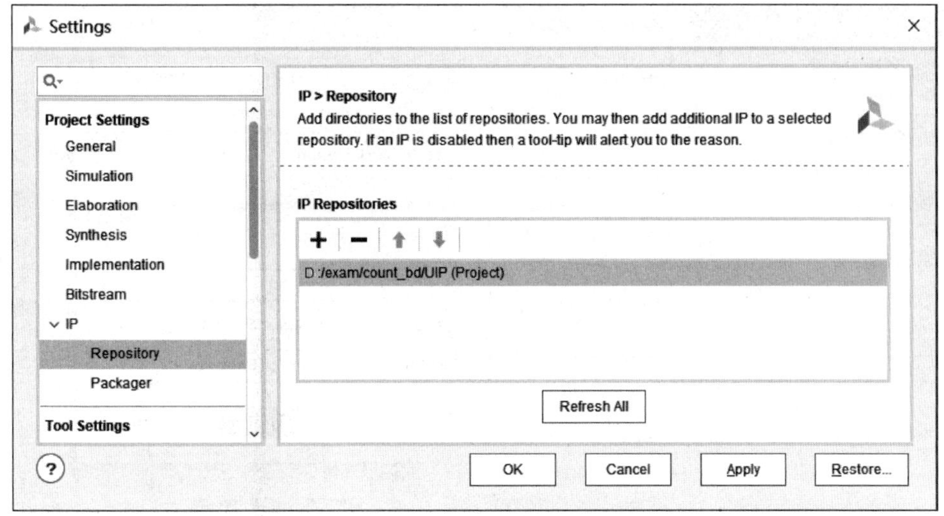

图 3.54　指定 IP 库

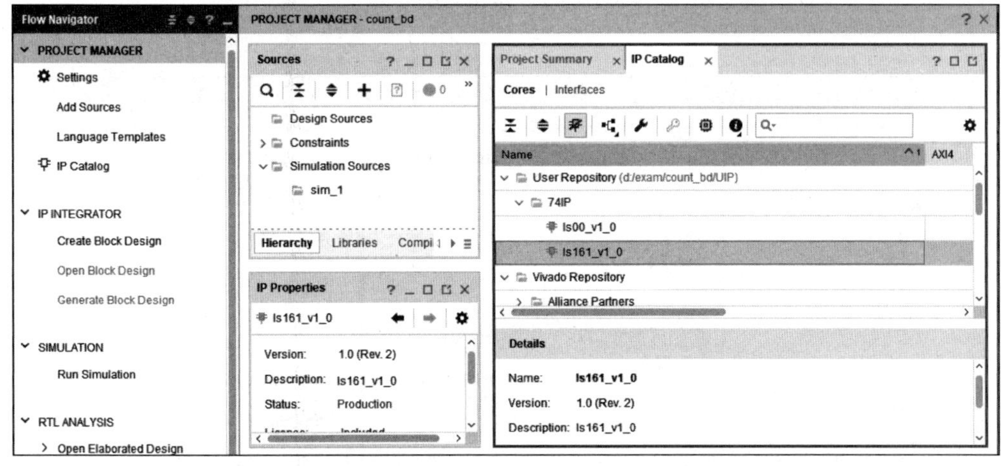

图 3.55　将 ls161 和 ls00 核添加到 IP 库

① 单击原理图中间区域的＋按钮。

② 在 Diagram 图形界面上侧工具栏中单击＋按钮。

③ 在原理图空白区域右击，在弹出的快捷菜单中选择 Add IP 命令。

在弹出窗口的 Search 搜索栏中输入 ls，在列表中选择 ls161_v1_0，如图 3.57 所示。

(3) 双击 ls161_v1_0，或者按 Enter 键，将其添加到原理图中。采用同样的方法将 IP 核 ls00_v1_0 也调入原理图中，左击选中 ls00_v1_0 模块，右击，选择菜单 Orientation 中的 Rotate Clockwise 命令，连续执行两次，使其旋转 180°，并将其移动到原理图上合适的位置，如图 3.58 所示。

(4) 连线：将鼠标指针移至 ls161 模块的 Q0 接口处，待其变成铅笔形状后，按下鼠标左键并拖曳到 ls00 模块的 a 接口处，释放鼠标左键后可看到两个接口信号已被连接起

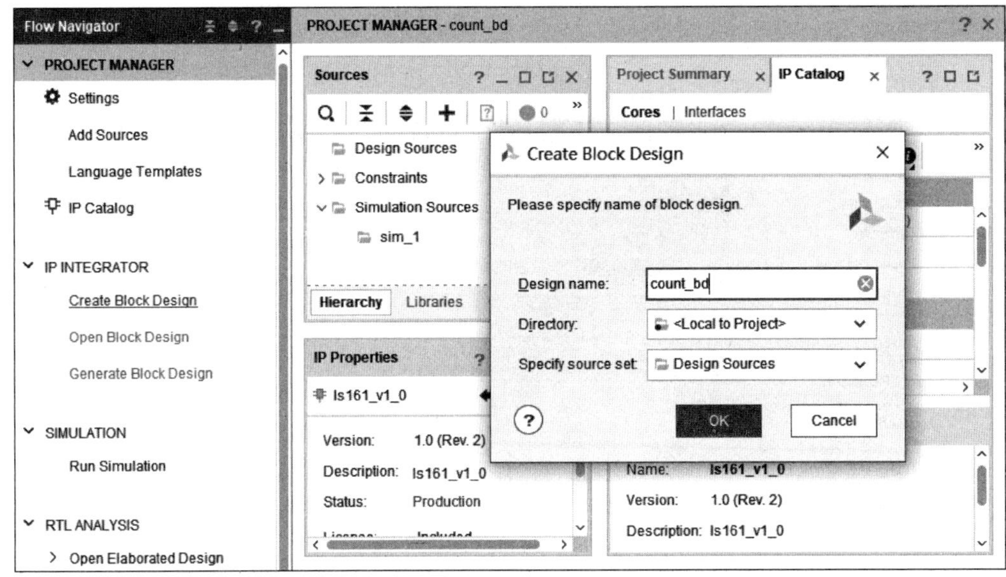

图 3.56 新建原理图并输入文件名

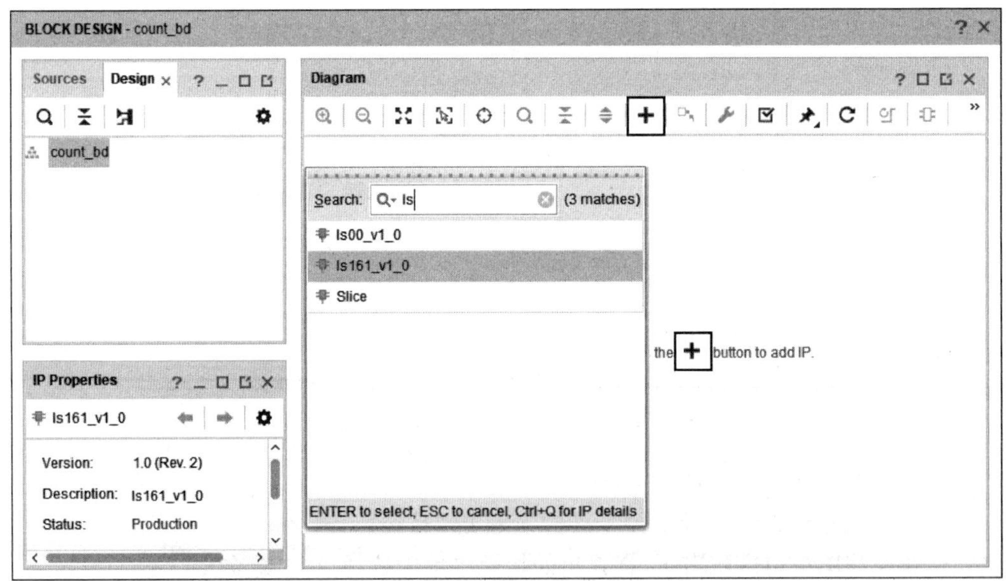

图 3.57 在原理图中添加 IP 核

来。采用同样的方式进行其他连线。

(5) 创建端口。创建端口有以下两种方式。

① 在原理图空白处右击,在弹出的快捷菜单中选择 Create Port...命令,在弹出的 Create Port 对话框中设置端口的名称、方向和类型。图 3.59 所示是创建了一个名为 PT 的输入端口;图 3.60 所示是创建了一个名为 Q0 的输出端口。

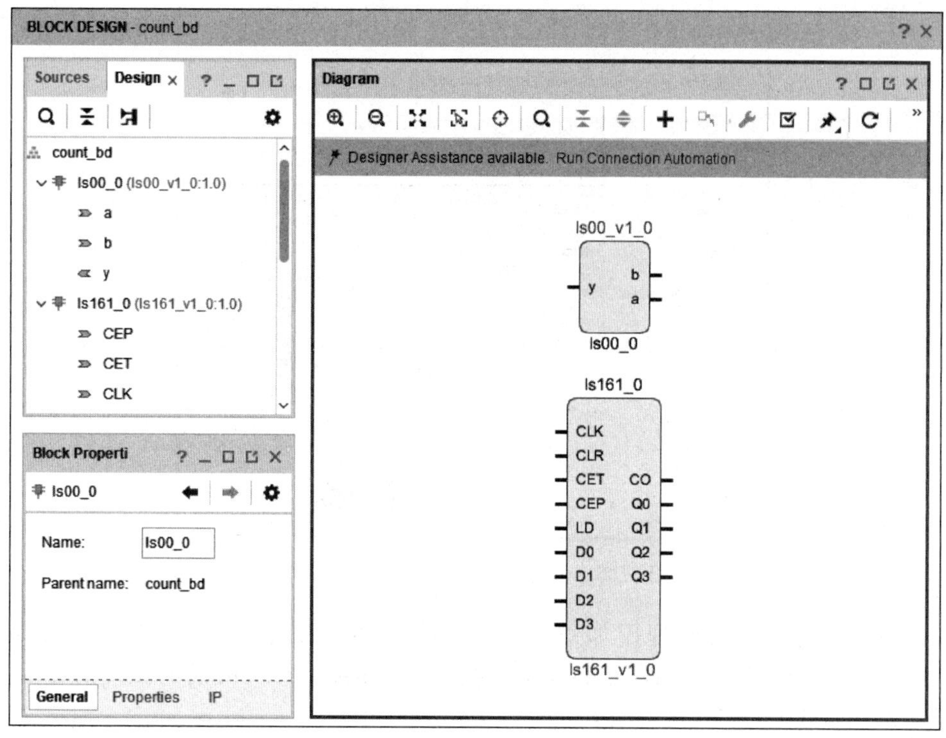

图 3.58　添加 IP 核并合理布局

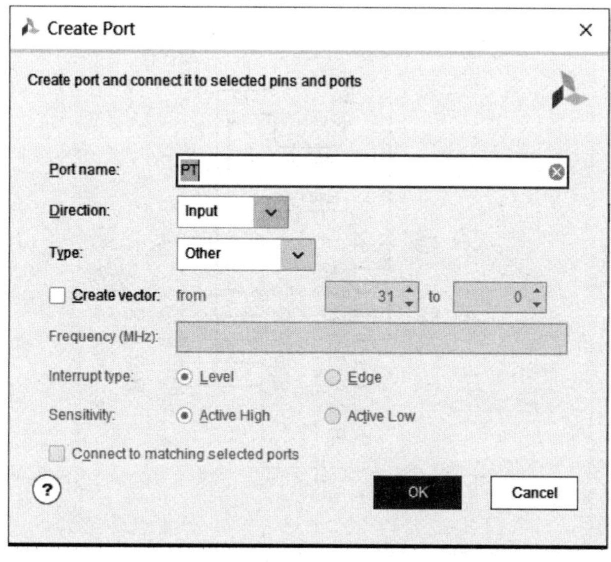

图 3.59　创建一个名为 PT 的输入端口

② 单击选中模块的某一引脚，右击，在弹出的快捷菜单中选择 Make External 命令，可自动创建与引脚同名、同方向的端口。

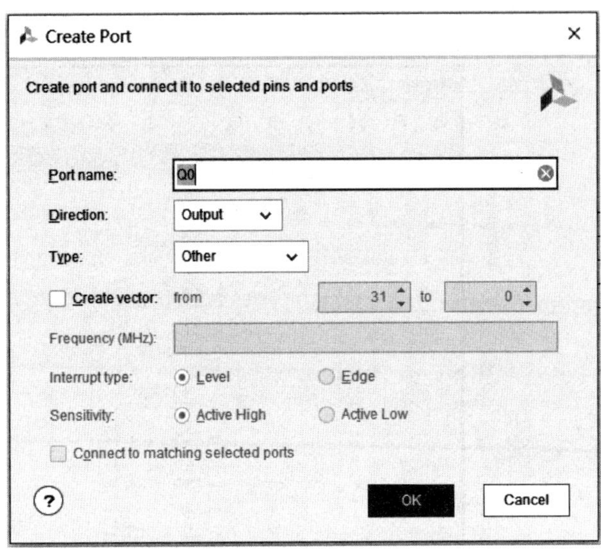

图 3.60　创建一个名为 Q0 的输出端口

(6) 连线完成后的原理图如图 3.61 所示，单击原理图工具栏中的 Regenerate Layout，自动对模块和连线进行优化布局。执行 Regenerate Layout 后的原理图如图 3.62 所示。在完成后将对原理图存盘。

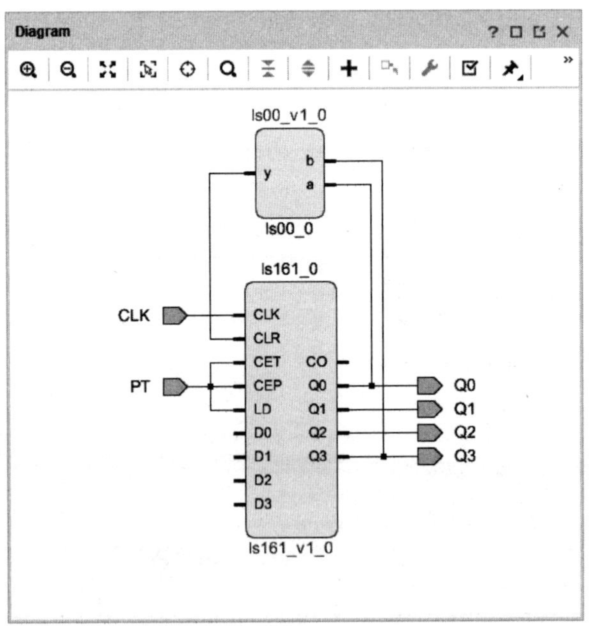

图 3.61　完成后的原理图

(7) 完成原理图后，生成顶层文件。

① 在 BLOCK DESIGN 对话框的 Hierarchy 标签页中，在 Design Sources 下的

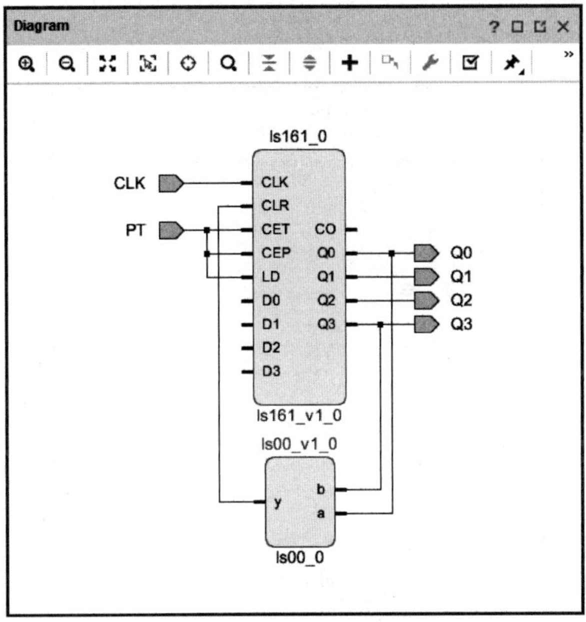

图 3.62　执行 Regenerate Layout 后的原理图

count_bd.bd 图标上右击，在弹出的快捷菜单中选择 Generate Output Products 命令，如图 3.63 所示。

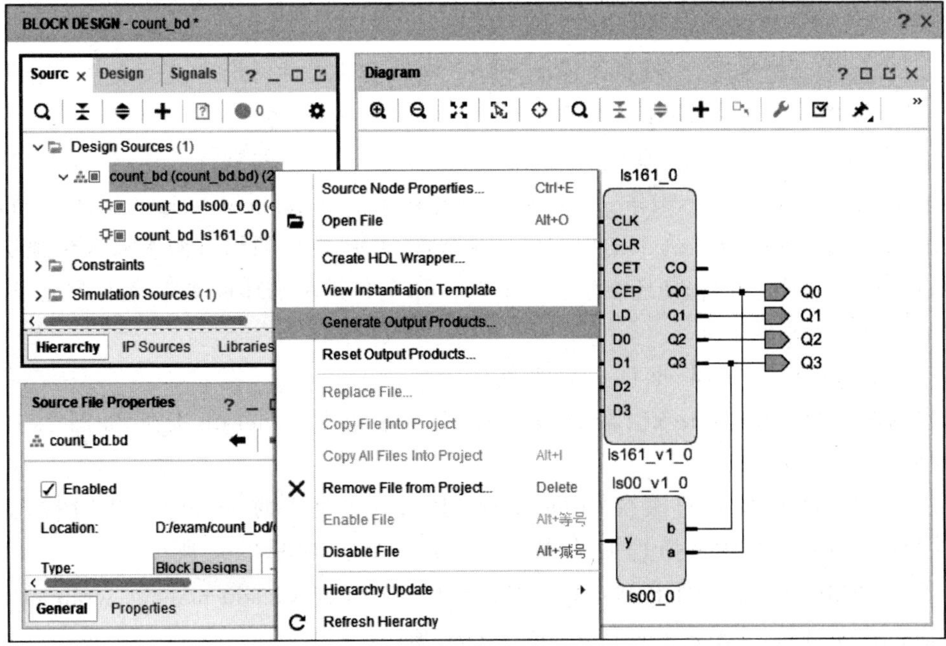

图 3.63　选择 Generate Output Products 命令

② 弹出 Generate Output Products 对话框，如图 3.64 所示。Synthesis Options 选项组中有如下选项。

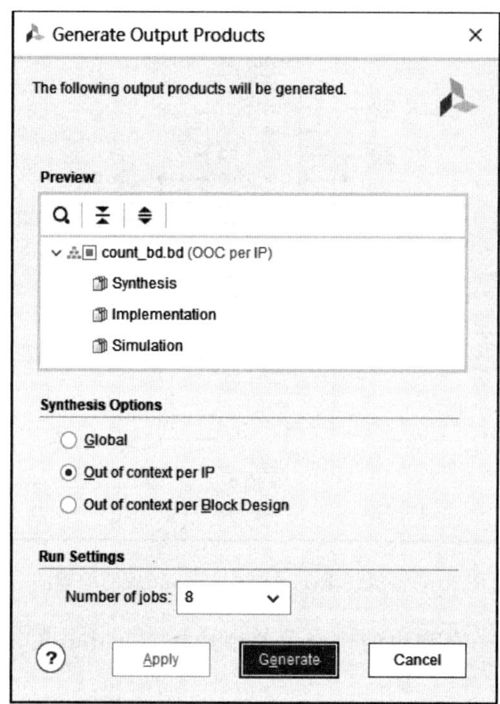

图 3.64 Generate Output Products 对话框

Global：表示全局综合，选择此选项，则 IP 核生成的文件将会和其他文件一起进行综合，即每一次设计文件被修改后，IP 核文件都会跟着一起综合一遍。

Out of context per IP：即 OOC 选项，此选项是 Vivado 的默认选项，选择此选项，Vivado 将会把生成的 IP 核当作一个单独的模块来综合，生成.dcp(design checkpoint)文件；在运行实现(Implementation)时，Vivado 会将 OOC 模块的综合网表插入到顶层网表中，从而完成设计。此选项还会生成一个以 stub 为扩展名的存根文件，类似黑盒子，即文件中只有输入输出端口。

Out of context per Block Design(此处略)。

本例选择 Out for context per IP 单选按钮，然后单击 Generate 按钮，如图 3.64 所示，完成后单击 OK 按钮。

③ 输出文件生成后，再次在 BLOCK DESIGN 对话框中的 count_bd.bd 图标上右击，在弹出的快捷菜单中选择 Create HDL Wrapper 命令，如图 3.65 所示。

④ 在弹出的 Create HDL Wrapper 对话框中选中 Let Vivado manage wrapper and auto-update 单选按钮，单击 OK 按钮，如图 3.66 所示。

至此，已完成原理图设计。从图 3.67 可看到原理图源文件层次结构图，在 Design Sources 的 count_bd.bd 图标之上已生成 count_bd_wrapper.v 顶层文件。

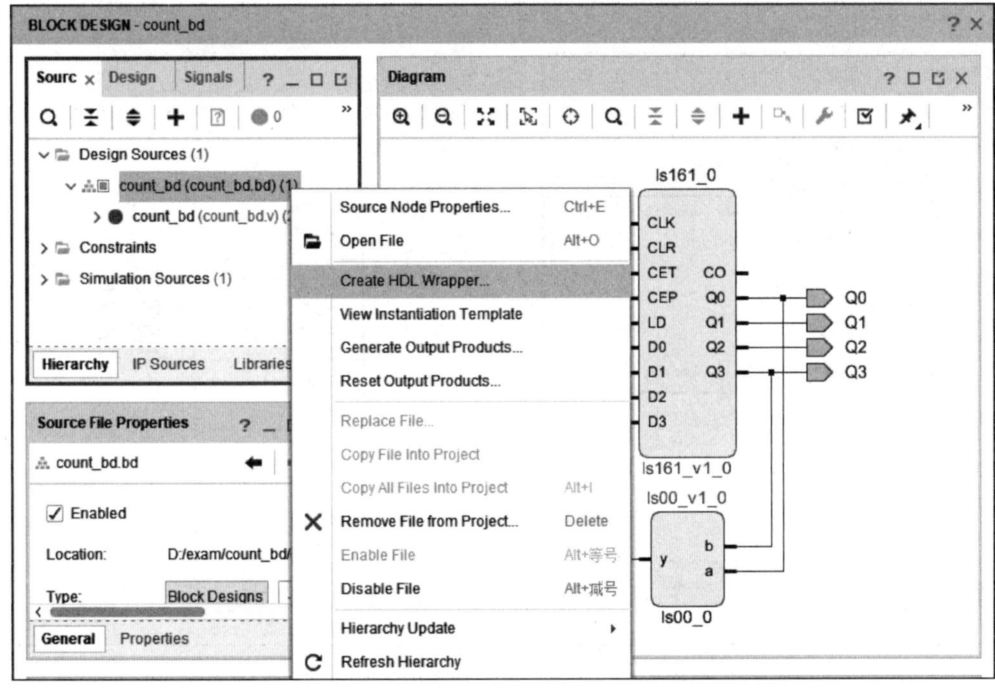

图 3.65　选择 Create HDL Wrapper 命令

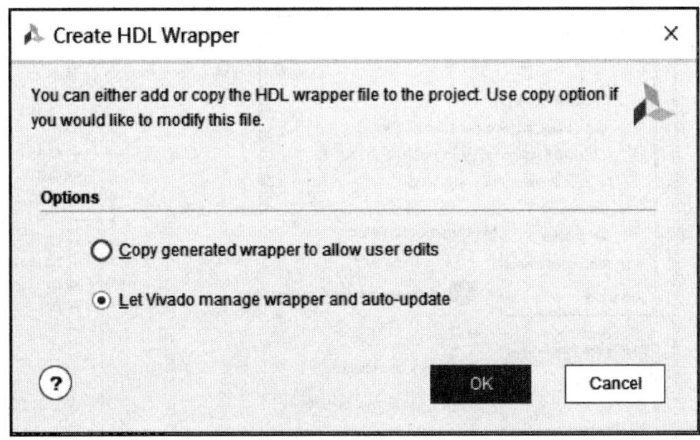

图 3.66　Create HDL Wrapper 对话框

4. 添加引脚约束文件

添加引脚约束有两种方法：第一种是利用 Vivado 中的 I/O Planning 功能；第二种是直接新建 XDC 约束文件。3.2 节中采用了方法二，本例采用方法一来完成此任务。

（1）在 Vivado 主界面中，在 Flow Navigator 中选择 SYNTHESIS 下的 Run Synthesis 选项，单击 OK 按钮，完成后在弹出的 Synthesis Completed 对话框中选中 Open Synthesized Design 单选按钮，并单击 OK 按钮，如图 3.68 所示。

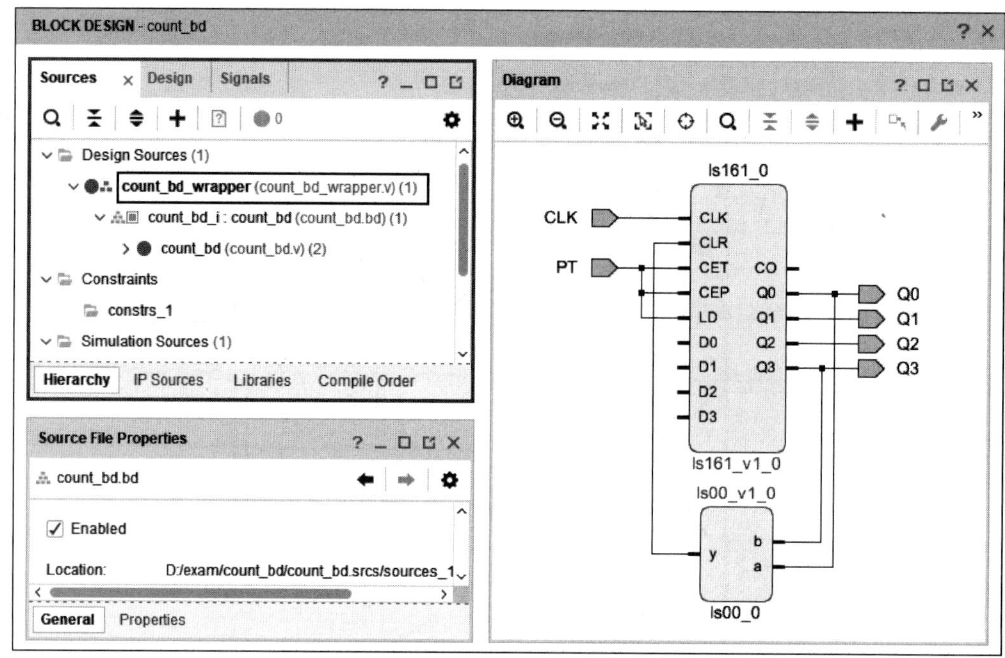

图 3.67 原理图源文件层次结构图

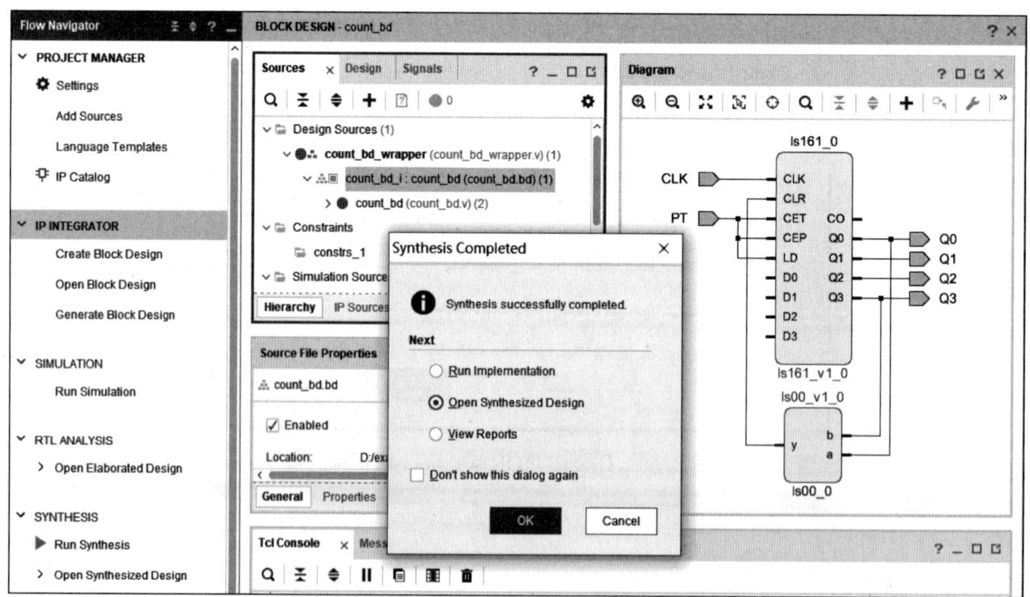

图 3.68 选中 Open Synthesized Design 单选按钮

（2）如图 3.69 所示，选择菜单 Window 中的 I/O Ports 命令，使 I/O Ports 标签页出现在主窗口下方。

（3）在 I/O Ports 标签页中对输入输出端口添加引脚约束，首先在 Package Pin 栏中

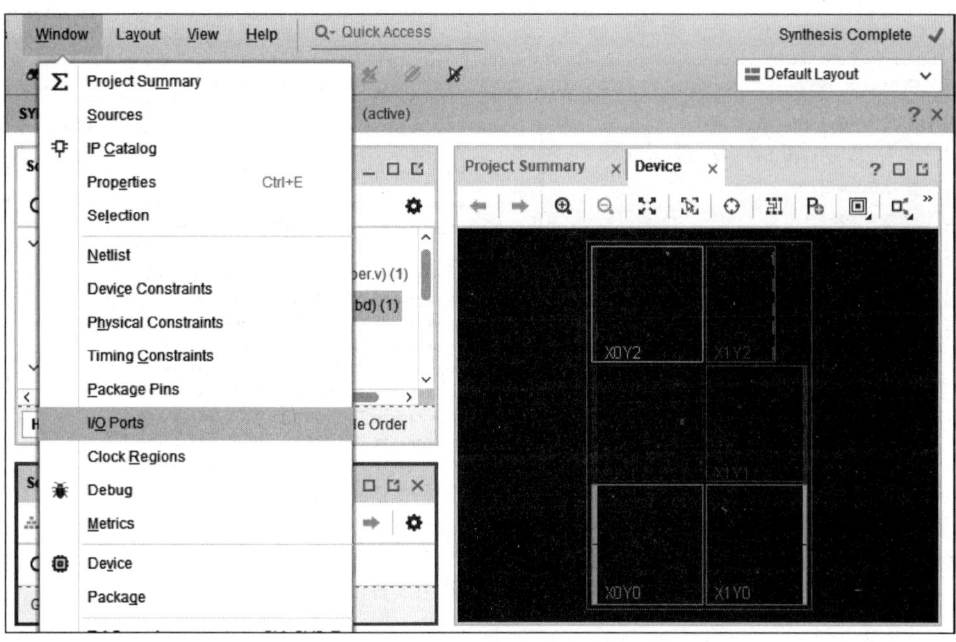

图 3.69 使能 I/O Ports 标签页

输入各端口对应的 FPGA 芯片的引脚号(对应关系可查看目标板说明文档或原理图),本例的 Q0～Q3 锁至 EGO1 开发板的 4 个 LED 灯,CLK 锁至按键 S1,PT 锁至拨码开关 SW0;然后在 I/O Std 栏中通过下拉菜单选择 LVCMOS33,将所有信号的电平标准设置为 3.3V,如图 3.70 所示。

Tcl Console | Messages | Log | Reports | Design Runs | I/O Ports

Name	Direction	Neg Diff Pair	Package Pin	Fixed	Bank	I/O Std	Vcco	Vref
CLK.CLK_4055...	IN			✓	14	LVCMOS33*	3.300	
Scalar ports (1)								
CLK	IN		R17	✓	14	LVCMOS33*	3.300	
Scalar ports (5)								
PT	IN		R1	✓	34	LVCMOS33*	3.300	
Q0	OUT		K3	✓	34	LVCMOS33	3.300	
Q1	OUT		M1	✓	34	LVCMOS18	3.300	
Q2	OUT		L1	✓	34	LVCMOS25	3.300	
Q3	OUT		K6	✓	34	LVCMOS33	3.300	

LVTTL
MOBILE_DDR

图 3.70 对输入输出端口添加引脚约束

(4) 引脚约束完成后单击保存按钮,如图 3.71 所示,可看到 Sources 标签页中已出现引脚约束文件 count_bd_wrapper.xdc,双击该文件,其内容如图中所示。

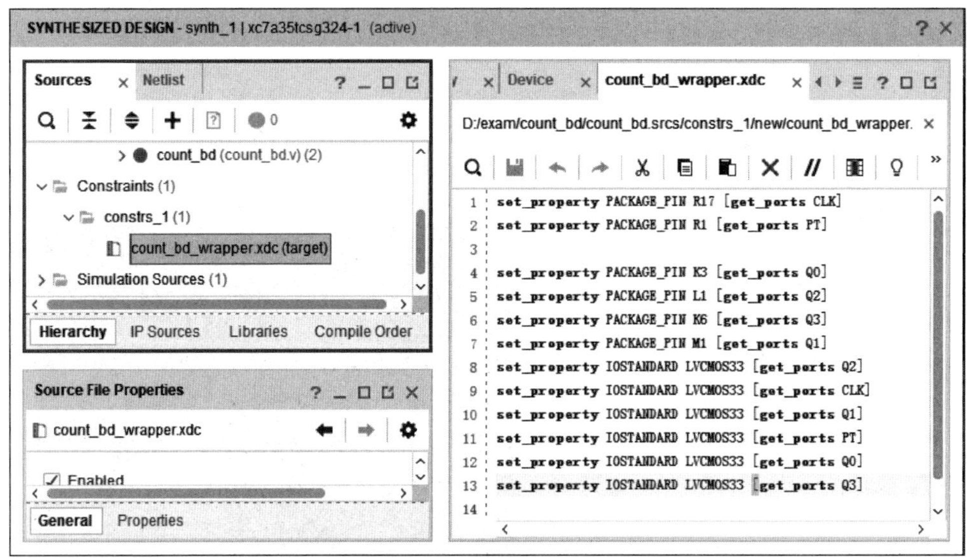

图 3.71　引脚约束文件

5. 生成比特流文件并下载

(1) 在 Vivado 主界面的 Flow Navigator 中选项 PROGRAM AND DEBUG 下选择 Generate Bitstream 选项，此时会弹出 No Implementation Results Available 对话框，提示工程还没有经过 Run Implementation 等过程，如图 3.72 所示，单击 Yes 按钮，再单击 OK 按钮，软件会自动执行 Run Implementation 并生成比特流文件。

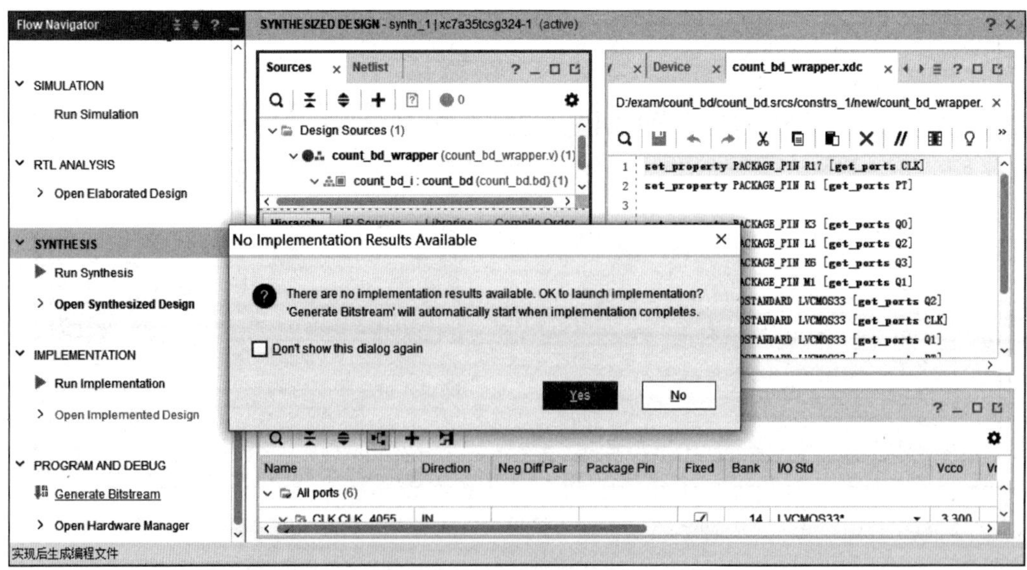

图 3.72　生成比特流文件

(2) 生成比特流文件后，选择 Open Hardware Manager 并单击 OK 按钮，用 Micro USB 线连接计算机与板卡，并打开电源开关。在 HARDWARE MANAGER 界面单击 Open Target，选择 Auto Connect，连接成功后，在目标芯片上右击，选择 Program device，在弹出的 Program Device 对话框中单击 Program 按钮，对 FPGA 芯片进行编程，上述过程如图 3.73 所示。

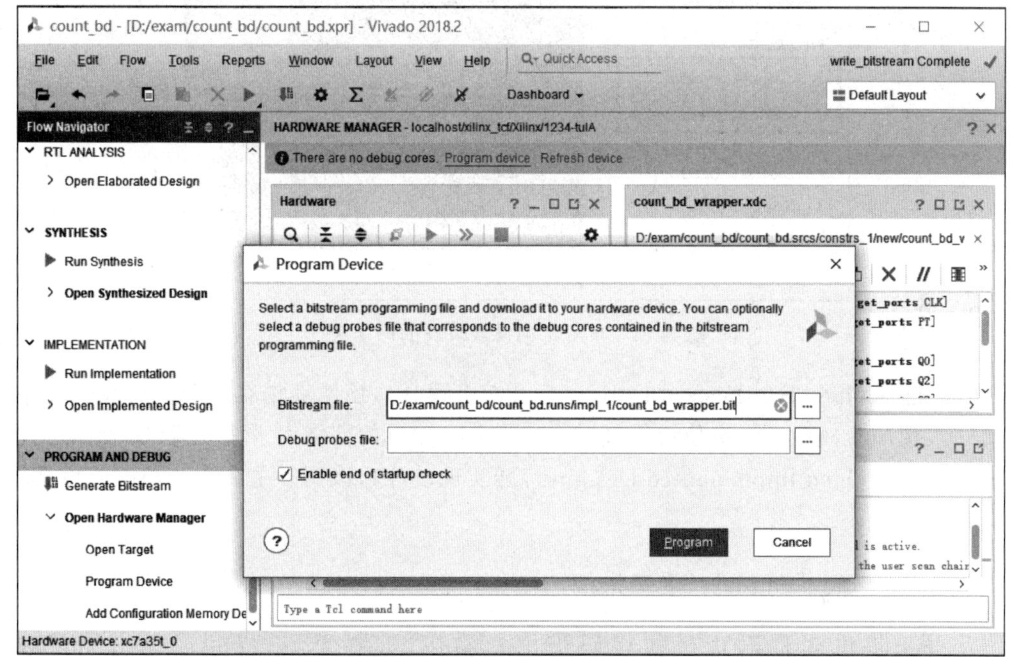

图 3.73 对 FPGA 芯片进行编程

(3) 下载完成后，观察开发板实际运行效果。

3.4 Vivado 的综合策略与优化设置

1. 设计的调试和可视化

在 Vivado 设计流程中，一般可查看三个阶段的网络表（如图 3.74 所示），实现设计的可视化：

- 详细设计（Elaborated Design）。
- 综合后的设计（Synthesized Design）。
- 实现后的设计（Implemented Design）。

所谓的网络表（Netlist），是对设计的一种描述，用部件、端口和连线等来表达设计。

(1) 选择 Open Elaborated Design（打开详细设计），该网表是在综合之前表述设计，一般由复用器、加法器、比较器、寄存器组等较大的部件来表述设计，也称为 RTL 级设计。

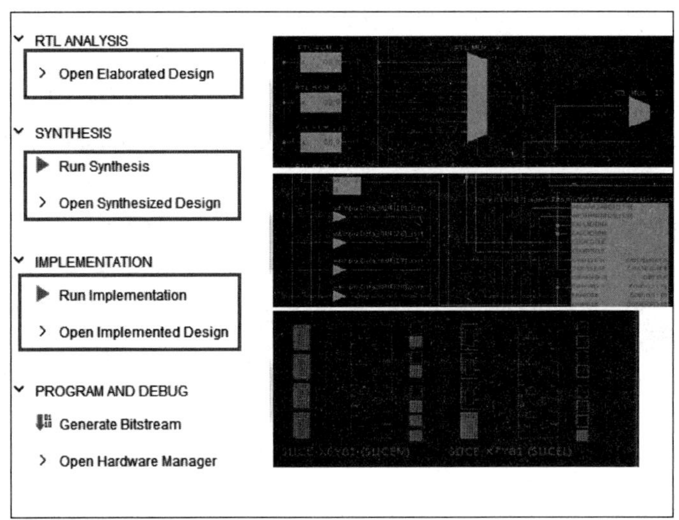

图 3.74　查看不同设计阶段的网络表

(2) 选择 Open Synthesized Design(打开综合设计)，该网表是在综合之后表达设计，由 LUT、缓冲器、触发器、进位链等基础元件(BEL)构成的网络表来实现设计。

(3) 选择 Open Implemented Design(打开实现设计)，该网表是在布局布线之后具体实现设计的网表。

2. Language Template(语言模板)

Vivado 提供多种语言模板代码供用户参考，选择菜单 Tools 中的 Language Templates 命令，便会出现 Language Templates 对话框，如图 3.75 所示。从图中可以看出，Vivado 提供 Verilog、VHDL、SystemVerilog 语言模板，还提供 XDC 约束文件模板和 Debug 调试模板，选择 Verilog 模板，可看到包括可综合模板、激励代码模板和 IP 集成器模板等。

模板代码实现的设计不仅规范，而且更优化，可有效节省 FPGA 资源。图 3.76 所示是一个固定深度的移位寄存器(SRL)LUT 的可综合模板的参考代码。

建议在设计时尽可能参考语言模板。

3. 综合设置选项

在 Vivado 主界面的 Flow Navigator 中，选择 PROJECT MANAGER 下的 Settings 选项，在弹出的 Settings 对话框中选中 Synthesis 标签页，如图 3.77 所示。以下介绍 Synthesis 标签页中的各项设置。

(1) Constraints 栏：选择用于综合的约束集。约束集是一组 XDC 约束文件，默认选择 active 约束集。约束集包括时序约束和物理约束。

- 时序约束(Timing Constraints)：定义设计的时序需求。如果没有时序约束，Vivado 会根据布线长度和布局拥挤度优化设计。

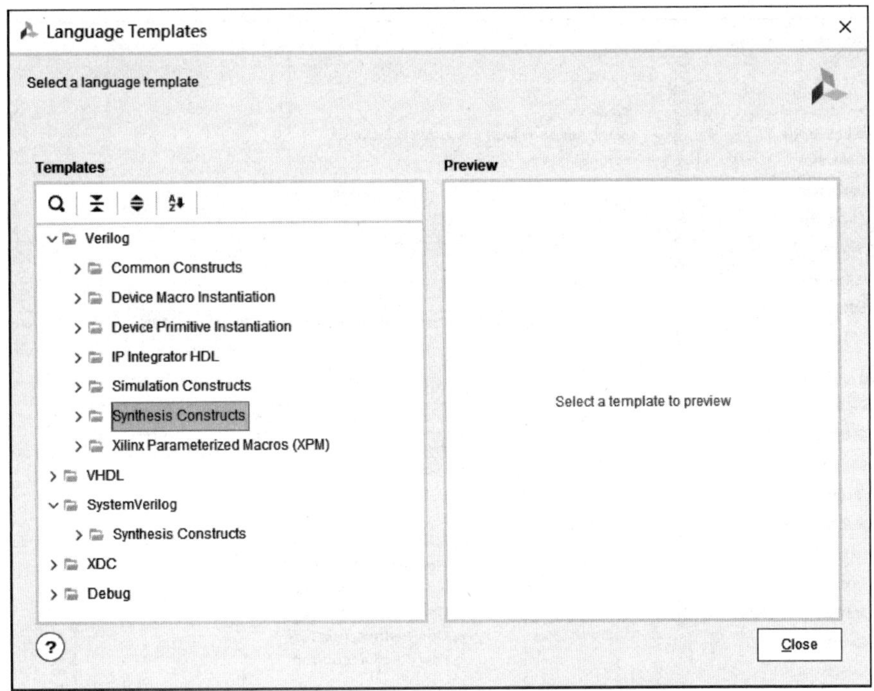

图 3.75 Language Templates 对话框

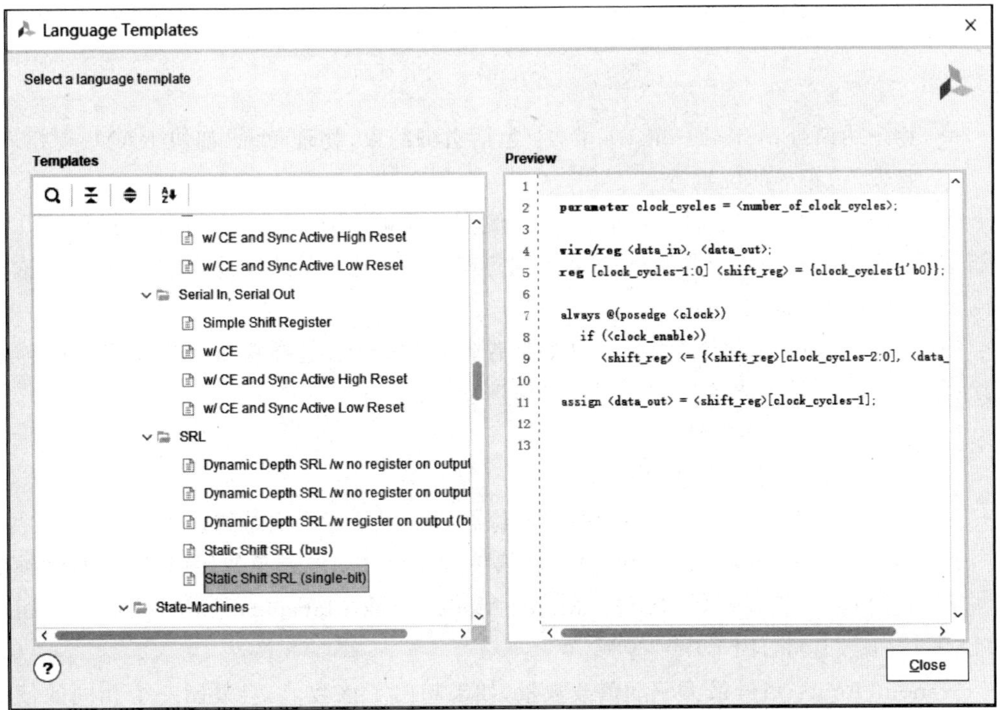

图 3.76 固定深度的 SRL 可综合模板代码

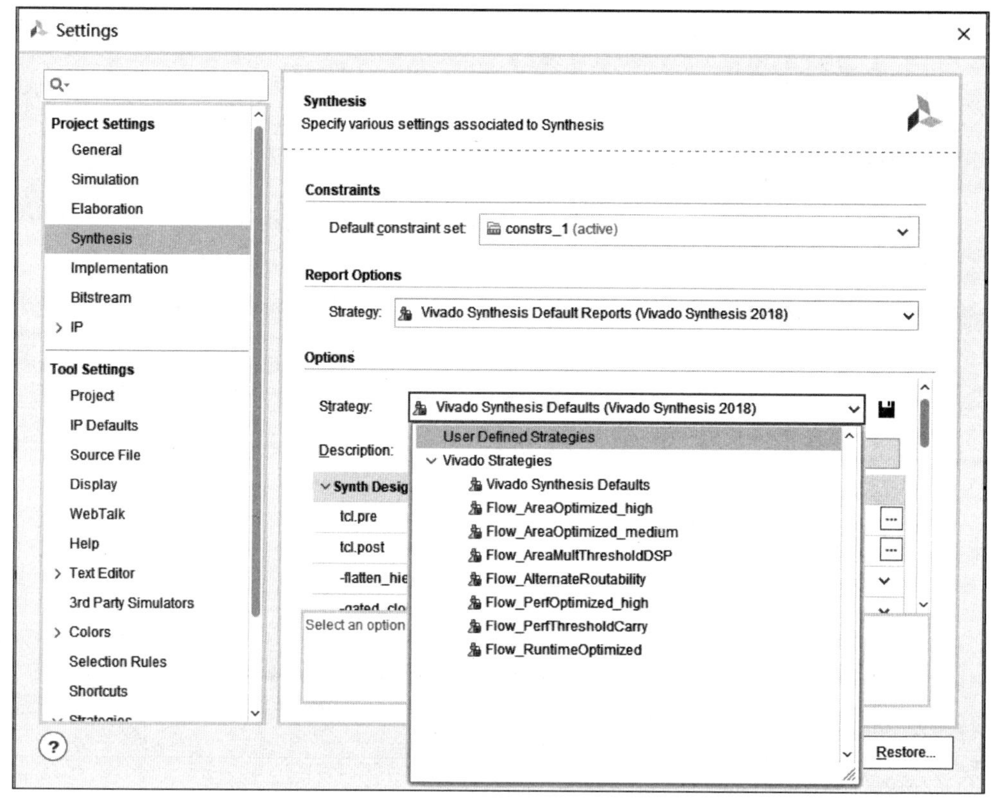

图 3.77　Synthesis 设置页面

- 物理约束(Physical Constraints)：包括引脚约束，物理单元(如块 RAM、查找表、触发器)布局的位置等。

(2) Options 栏：用于选择综合运行时使用的策略(Strategy)。Vivado 提供了几种预定义的策略，也可以自定义策略，这需要对策略中每个选项单独设置，这些选项如图 3.78 所示。以下给出各选项的含义。

-flatten_hierarchy：定义综合工具如何控制层次结构，选择将所有层次融为一体进行综合，还是独立综合再连接到一起。具体选项如下。

- none：不展开层次结构。
- full：全部展开层次结构。
- rebuilt：让综合工具展开层次结构，综合之后再重建层次结构。

-gated_clock_conversion：门控时钟转换使能。设计中应避免使用门控时钟，时钟信号应尽可能由混合模式时钟管理器(Mixed-Mode Clock Manager，MMCM)或者锁相环(Phase-Locked Loop，PLL)产生。

-fanout_limit：信号最大驱动负载数量，如果超出了该数值，会复制一个相同的信号来驱动超出的负载。

-directive：设置 Vivado 综合的优化策略，包括以下选项。

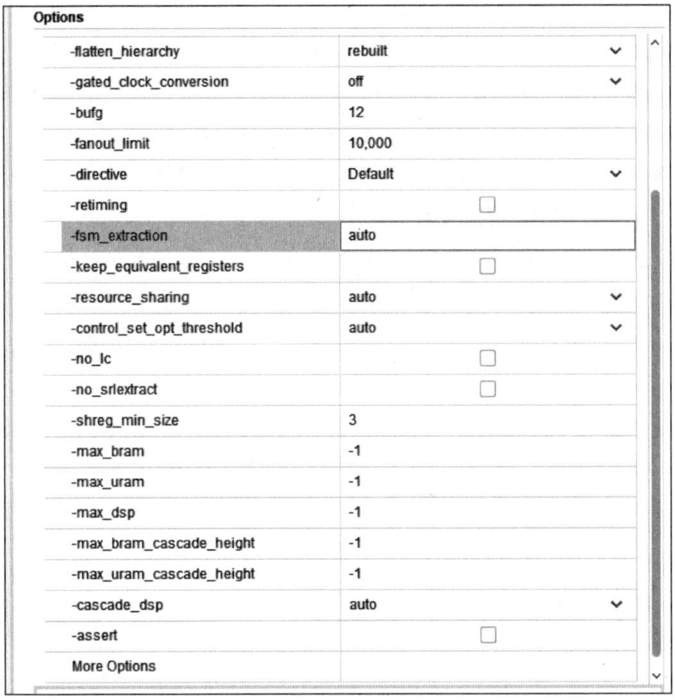

Options

-flatten_hierarchy	rebuilt
-gated_clock_conversion	off
-bufg	12
-fanout_limit	10,000
-directive	Default
-retiming	☐
-fsm_extraction	auto
-keep_equivalent_registers	☐
-resource_sharing	auto
-control_set_opt_threshold	auto
-no_lc	☐
-no_srlextract	☐
-shreg_min_size	3
-max_bram	-1
-max_uram	-1
-max_dsp	-1
-max_bram_cascade_height	-1
-max_uram_cascade_height	-1
-cascade_dsp	auto
-assert	☐
More Options	

图 3.78 综合策略中的 Options 设置选项

- AreaOptimized_high：面积最省选项。
- AreaOptimized_medium：面积优化中等，在面积和速度间平衡处理。
- AreaMultThresholdDSP：更多地使用 DSP 模块资源实现设计。
- AlternateRoutability：提高布线能力，减少 MUXF 和 CARRY 的使用。
- PerfOptimized_high：性能最优，即速度最快，但耗用的资源会高一些。
- RuntimeOptimized：综合运行时间最短，会忽略一些优化以减少综合运行时间。

-retiming：启用该功能，可通过在逻辑门和 LUT 之间的移动寄存器，降低最大路径时延，以提高电路时序性能。

-fsm_extraction：设定状态机的编码方式，默认值为 auto。

- one-hot：一位热码编码方式。
- gray：格雷编码。
- johnson：约翰逊编码。
- sequential：顺序编码。
- auto：此时 Vivado 会自动推断最佳的编码方式。

注意：-fsm_extraction 设定的编码方式优先级高于 HDL 代码中自定义的编码方式。

-keep_equivalent_registers：保留或合并等效寄存器。勾选该选项，等效寄存器保留。

-resource_sharing：资源共享。

-no_lc：勾选该选项，表示不允许 LUT 整合。当两个或多个逻辑函数的输入变量总数不超过 6 时，这些函数均可放置在一个 LUT 中实现，称为 LUT 整合。LUT 整合可以降低 LUT 的资源消耗，但也可能导致布线拥塞。因此，Xilinx 建议，当整合的 LUT 超过 LUT 总量的 15％时，应考虑勾选-no_lc，关掉 LUT 整合。

-no_srlextract：勾选该选项时，SRL 会用 FPGA 内的触发器实现，而不用 LUT 资源去实现（Xilinx 的 LUT 可用于实现 SRL）。

-shreg_min_size：当 SRL 的深度小于或等于-shreg_min_size 时，其实现方式采用触发器级联的方式；当其深度大于-shreg_min_size 时，实现方式则为“触发器＋LUT＋触发器”的形式。上面的-no_srlextract 选项，如果勾选，则是阻止将移位寄存器用 LUT 实现，其优先级高于-shreg_min_size。

-max_bram：块 RAM（BRAM）的最大使用数量。默认值为－1，表示允许使用 FPGA 中所有的块 RAM。

-max_uram：设置 UltraRAM 最大使用数量（对于 UltraScale 架构 FPGA 而言）。默认值为－1，表示允许使用所有的 UltraRAM。

-max_dsp：设置 DSP 模块的最大使用数量。默认值为－1，表示允许使用该 FPGA 中所有的 DSP 模块。

-max_bram_cascade_height：设置可以将 BRAM 级联在一起的最大数量。

-max_uram_cascade_height：设置可以将 UltraRAM 级联在一起的最大数量。

-assert：将 VHDL 中的 assert 状态纳入评估。

(3) 自定义综合策略：除了 Vivado 提供的配置好的综合策略，还可以自定义综合策略。在 Settings 对话框中设置好各选项后，单击 Options 栏右侧的存盘按钮，弹出 Save Strategy As 窗口，在其中填写名称和描述，即可保存为用户自定义的综合策略，单击 Apply 按钮，综合策略列表中就会出现自定义的策略，可在后面的综合中使用该策略。

在 Settings 对话框的 Tool Settings 中，选择 Strategies 下的 Run Strategies 选项，在右侧的页面中也可以设置综合策略，单击＋按钮可新建策略，如图 3.79 所示。如果想在已有策略的基础上修改，可选中一个策略，单击上方的 Copy Strategy 按钮，User Defined Strategies 中会出现该策略的备份以供修改（Vivado 提供的策略是不能修改的）。

4. 控制文件编译次序

Vivado 可以自动识别和设置顶层模块，同时自动更新编译次序。

如图 3.80 所示，在 Vivado 主界面的 Sources 窗格中右击 Design Sources，在弹出的 Hierarchy Update 级联菜单中选择 Automatic Update and Compile Order 选项，则设定当源文件发生改动时，Vivado 会自动管理层次结构和编译次序，Hierarchy 标签页中会自动调整各模块的层级，Compile Order 标签页中将显示编译顺序。

如果选择 Automatic Update 中的 Manual Compile Order 选项，则表示 Vivado 自动调整各模块层级，但允许人工设定编译顺序，在 Compile Order 标签页中拖曳文件所处位置即可完成设定。

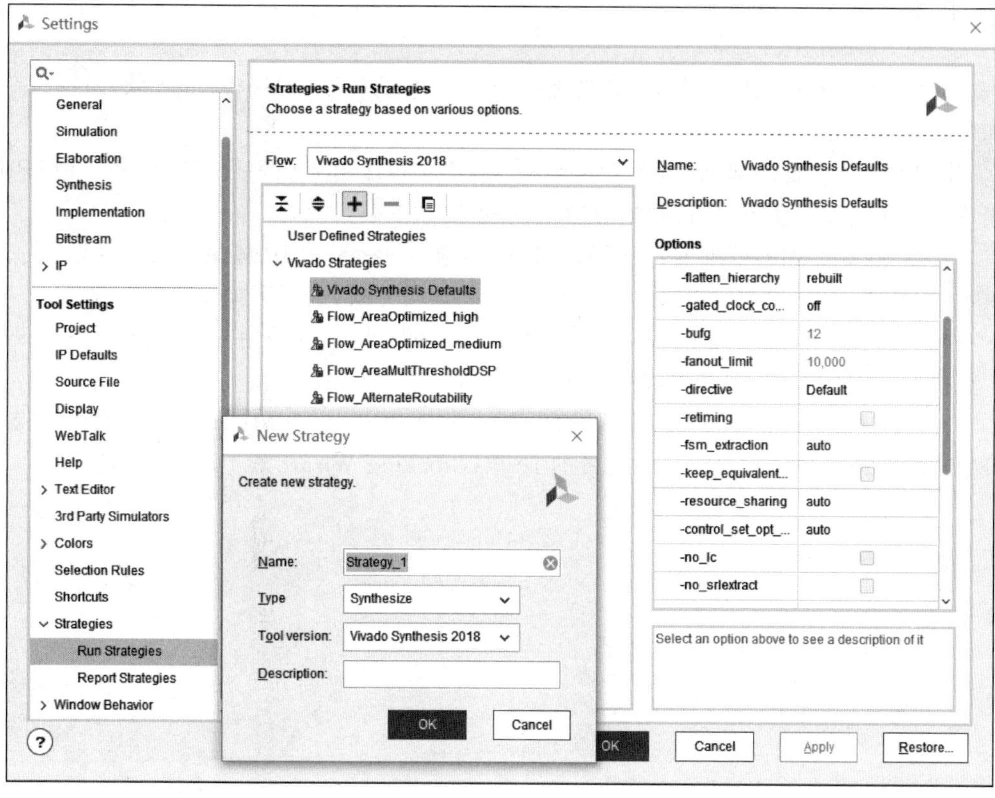

图 3.79　自定义综合策略

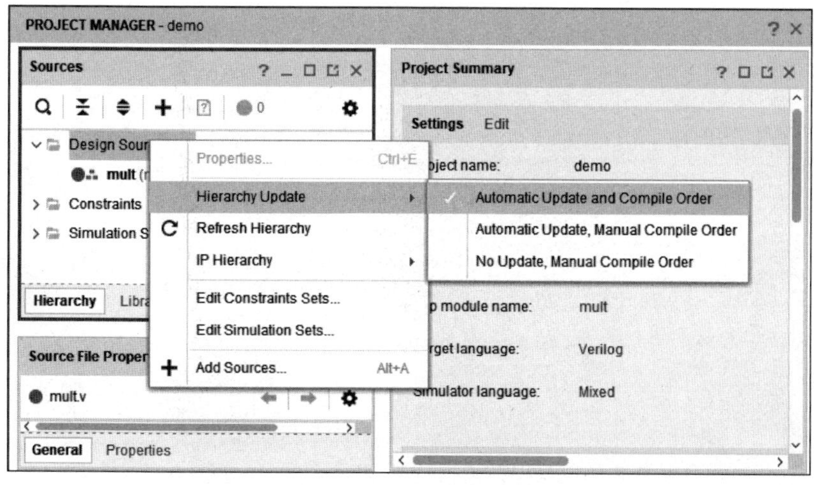

图 3.80　设置自动更新编译顺序

习题 3

3.1　用 Verilog 语言编写一个功能类似 74ls90 的程序，并用 Vivado 软件进行综合和仿真。

3.2　在 3.1 题的基础上，将 74ls90 的 Verilog 程序封装成一个 IP 核，并采用 IP 核集成的方式设计一个模 12 计数器，进行引脚锁定和下载。

3.3　在 3.2 题的基础上，调用两个 74ls90 的 IP 核，采用 IP 核集成的方式设计一个模 60 计数器，个位和十位均采用 8421BCD 码的编码方式，进行引脚锁定和下载。

3.4　基于 Vivado 软件，设计功能类似 74163 的 IP 核，并采用 IP 核集成的方式设计一个模 24 计数器，进行引脚约束和下载。

3.5　用数字锁相环(PLL)实现分频，输入时钟频率为 100MHz，用数字锁相环得到 6MHz 的时钟信号，用 Vivado 中自带的 IP 核(Clocking Wizard 核)实现该设计。

第4章 Verilog语言初步

Verilog HDL是1983年由GDA(Gateway Design Automation)公司的Phil Moorby首创的,之后Moorby又设计了Verilog-XL仿真器,Verilog-XL仿真器大获成功,也使Verilog HDL得到推广使用。1989年,Cadence收购GDA; 1990年,Cadence公开发表了Verilog HDL,并成立OVI组织(Open Verilog International)专门负责Verilog HDL的发展。Verilog语言具有简洁、高效、易用、功能强等优点,因此逐渐为众多设计者所接受和喜爱。Verilog语言的发展经历了下面几个重要节点。

- 1995年,Verilog HDL成为IEEE标准,称为IEEE Standard 1364—1995(Verilog-1995)。
- 2001年,IEEE Std 1364—2001标准[1](Verilog-2001)获得通过,目前多数的综合器、仿真器都支持Verilog-2001标准,如Vivado、Quartus Prime、ModelSim等。Verilog-2001对Verilog语言进行扩充和增强,提高了Verilog行为级和RTL级建模的能力,改进了Verilog语言在深亚微米设计和IP建模方面的能力,纠正了Verilog-1995标准中的错误。
- 2002年,为了使综合器输出的结果与基于IEEE Std 1364—2001标准的仿真和分析工具的结果相一致,推出了IEEE Std 1364[2].1—2002标准,为Verilog语言的RTL级综合定义了一系列的建模准则。
- 2005年,IEEE Std 1364—2005标准[3](Verilog-2005)通过,对Verilog-2001标准做了进一步的修订和规范。

Verilog语言是在C语言的基础上发展而来的。从语法结构上看,Verilog语言继承、借鉴了C语言的很多语法结构,两者有许多相似之处; 不过Verilog语言作为一种硬件描述语言,与C语言还是有着本质区别的。

概括地说,Verilog语言具有下述特点。

- 既适于可综合的电路设计,也可胜任电路与系统的仿真。
- 能在多个层次上对所设计的系统加以描述,从开关级、门级、寄存器传输级(RTL)到行为级,都可以胜任,在一个设计中,各个模块可以在不同的设计层次上建模和描述,Verilog语言不对设计规模施加任何限制,也支持混合建模。
- 内置各种基本逻辑门,如and、or和nand等,可进行门级结构描述; 内置开关级元件,如pmos、nmos和cmos等,可进行开关级的建模。
- 用户定义原语(UDP)创建的灵活性。用户定义的原语既可以是组合逻辑,也可以是时序逻辑; 可通过编程语言接口(PLI)机制进一步扩展Verilog HDL的描述能力。

Verilog语言在易用性方面比VHDL更胜一筹,便于设计者上手; 从功能上看,可满足各个层次设计者的需要,因此成为使用最为广泛的硬件描述语言; 在ASIC设计领域,Verilog语言一直是事实上的标准。

4.1 Verilog模块的结构

Verilog程序的基本设计单元是"模块"(module)。一个模块由几部分组成,下面通过实例对Verilog模块的基本结构进行解析。图4.1是一个"与-或-非"门电路。该电路表示的逻辑函数可表示为 $F=\overline{ab+\overline{cd}}$，用 Verilog 语言对该电路进行描述，如例 4.1 所示。

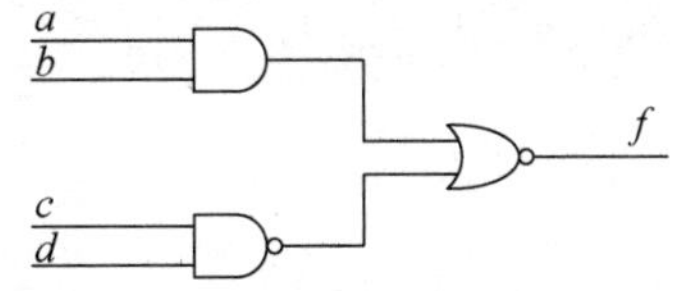

图 4.1　一个简单的“与-或-非”门电路

【例 4.1】　“与-或-非”门电路。

```
module aoi(a,b,c,d,f);                    /* 模块名为 aoi,端口列表 a,b,c,d,f */
input a,b,c,d;                            //模块的输入端口为 a,b,c,d
output f;                                 //模块的输出端口为 f
wire a,b,c,d,f;                           //定义信号的数据类型
assign f = ~((a&b)|(~(c&d)));             //逻辑功能描述
endmodule
```

通过例 4.1，我们可对 Verilog 程序有一个初步的印象。从书写形式上看，Verilog 程序具有以下特点。

(1) Verilog 程序是由模块构成的。每个模块的内容都嵌在 module 和 endmodule 两个关键字之间。

(2) 每个模块首先要进行端口定义，分为输入端口 input 和输出端口 output 等，然后对模块的功能进行定义。

(3) Verilog 程序书写格式自由，一行可以写几个语句，一个语句也可以分多行写。

(4) 除 endmodule 等少数语句外，每个语句的最后必须有分号。

(5) 可以用 /*……*/ 和 //……对 Verilog 程序进行注释。好的源程序都应当加上必要的注释，以增强程序的可读性和可维护性。

上面是我们的直观认识，将例 4.1 与图 4.1 对照，可对 Verilog 程序有更为具体的认识。该程序的第 1 行为模块的名字、模块的端口列表；第 2、3 行为输入、输出端口声明，第 4 行定义了端口的数据类型；在第 5 行对输入、输出信号间的逻辑关系进行了描述。

Verilog 模块的基本结构如图 4.2 所示。Verilog 模块结构完全嵌在 module 和 endmodule 关键字之间，每个 Verilog 程序包括 4 个主要部分：模块声明、端口定义、信号类型声明和逻辑功能定义。

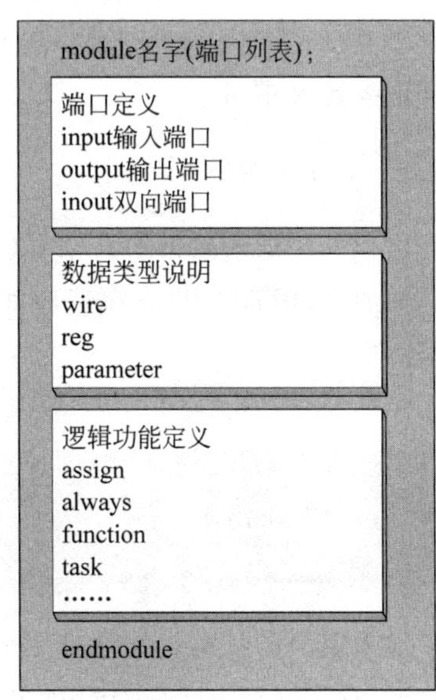

图 4.2　Verilog 模块的结构

1. 模块声明

模块声明包括模块名字和模块的输入、输出端口

列表。模块定义格式如下：

```
module 模块名(端口 1,端口 2,端口 3,…);
```

模块结束的标志为关键字 endmodule。

2. 端口定义

对模块的输入、输出端口要明确说明，其格式为

```
input   端口名 1, 端口名 2,… 端口名 n;                    //输入端口
output  端口名 1, 端口名 2,… 端口名 n;                    //输出端口
inout   端口名 1, 端口名 2,… 端口名 n;                    //双向端口
```

端口(Port)是模块与外界连接和通信的信号线。图 4.3 为模块端口示意图。端口有三种类型，分别是输入端口(input)、输出端口(output)和双向端口(inout)。

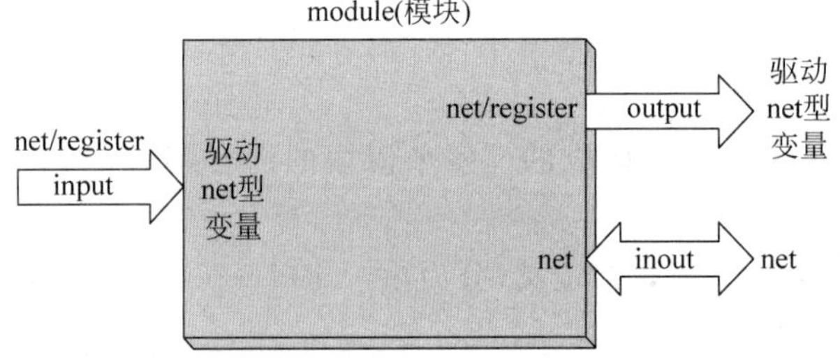

图 4.3　模块的端口示意图

定义端口时须注意：每个端口除了要声明是输入、输出还是双向端口，还要声明其数据类型是 wire 型、reg 型还是其他类型；输入和双向端口不能声明为 reg 型；在测试模块中不需要定义端口。

3. 信号类型声明

对模块中所用到的所有信号(包括端口信号、节点信号等)都必须进行数据类型的定义。Verilog 语言提供了各种信号类型，分别模拟实际电路中的各种物理连接和物理实体。

下面是定义信号数据类型的几个例子。

```
reg cout;                        //定义信号 cout 的数据类型为 reg 型
reg[3:0] out;                    //定义信号 out 的数据类型为 4 位 reg 型
wire a,b,c,d,f;                  //定义信号 a,b,c,d,f 为 wire 型
```

如果信号的数据类型没有定义，则综合器将其默认为是 wire 型。

在 Verilog-2001 标准中，规定可将端口声明和信号类型声明放在一条语句中完成，例如：

```
output reg f;                        //f为输出端口,其数据类型为reg型
output reg[3:0] out;                 //out为输出端口,其数据类型为4位reg型
```

还可以将端口声明和信号类型声明放在模块列表中,而不是放在模块内部,更接近ANSI C语言的风格,如例4.1可写为例4.2的形式。

【例4.2】 将端口类型和信号类型的声明放在模块列表中。

```
module aoi_2001                      //模块声明采用Verilog-2001格式
              (input wire a,b,c,d,
               output wire f);
   assign f = ~((a&b)|(~(c&d)));
   endmodule
```

例4.2与例4.1相比在功能上没有区别,但在书写形式上更简单。端口类型和信号类型放在模块列表中的声明后,在模块内部就不需再重复声明。

4. 逻辑功能定义

模块中最核心的部分是逻辑功能定义。有多种方法可在模块中描述和定义逻辑功能,还可以调用函数(function)和任务(task)来描述逻辑功能。下面介绍定义逻辑功能的几种基本方法。

(1) 用assign持续赋值语句定义。例如:

```
assign f = ~((a&b)|(~(c&d)));
```

assign语句多用于组合逻辑的赋值,称为持续赋值方式。

(2) 用always过程块定义。

例4.1也可以放在always过程块中定义,如例4.3所示。

【例4.3】 用always过程块描述例4.1。

```
module aoi_a(a,b,c,d,f);             //模块名及端口列表
input a,b,c,d;                       //模块的输入端口
output f;                            //模块的输出端口
reg f;                               //在always过程块中赋值的变量应定义为reg型
always @(a or b or c or d)           //always过程块及敏感信号列表
  begin
  f = ~((a&b)|(~(c&d)));             //逻辑功能描述
  end
endmodule
```

例4.3的功能与例4.1完全相同,如果用综合器进行综合,其结果一致。例4.3中的模块声明如果采用Verilog-2001格式,可写为例4.4的形式。

【例 4.4】 将端口类型和信号类型的声明放在模块列表中。

```
module aoi_b                          //模块声明采用 Verilog - 2001 格式
            (input a,b,c,d,
             output reg f);
always @(*)                           //通配符,等价于 a or b or c or d
  begin
  f = ~((a&b)|(~(c&d)));
  end
endmodule
```

always 过程语句既可以描述组合电路,也可以描述时序电路。

(3) 调用元件(元件例化)。

调用元件的方法类似于在电路图输入方式下调入图形符号来完成设计,这种方法侧重于电路的结构描述。在 Verilog 语言中,可通过调用如下元件的方式来描述电路的结构。

- 调用 Verilog 内置门元件(门级结构描述)。
- 调用开关级元件(开关级结构描述)。
- 在多层次结构电路设计中,高层次模块调用低层次模块。

综上所述,可给出 Verilog 模块的模板如下。

```
module <顶层模块名> (<输入输出端口列表>);
input 输入端口列表;                         //输入端口声明
output 输出端口列表;                        //输出端口声明
/* 定义数据,信号的类型,函数声明,用关键字 wire,reg,task,funtion 等定义 */
wire 信号名;
reg 信号名;
//逻辑功能定义
assign <结果信号名> = <表达式>;              //使用 assign 语句定义逻辑功能
//用 always 块描述逻辑功能
always @(<敏感信号表达式>)
  begin
   //过程赋值
   //if - else,case 语句; for 循环语句
   //task,function 调用
  end
//调用其他模块
<调用模块名> <例化模块名> (<端口列表>);
//门元件例化
门元件关键字<例化门元件名> (<端口列表>);
endmodule
```

4.2 Verilog 基本电路设计

4.2.1 Verilog 组合电路设计

本节通过实例介绍组合逻辑电路(Combinational Logic Circuit)的 Verilog 描述方法。

1. 用 Verilog 设计表决电路

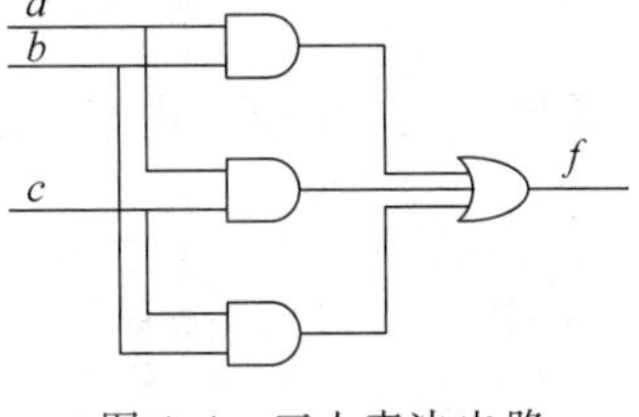

图 4.4 三人表决电路

图 4.4 所示是一个三人表决电路。该电路表示的逻辑函数可表示为 $f=ab+bc+ac$。用 Verilog 对该电路进行描述,如例 4.5 所示。

【例 4.5】 三人表决电路的 Verilog 描述。

```
module vote(a,b,c,f);                    //模块名与端口列表
input a,b,c;                             //模块的输入端口
output f;                                //模块的输出端口
wire a,b,c,f;                            //定义信号的数据类型
assign f = (a&b)|(a&c)|(b&c);            //逻辑功能描述,f = ab + ac + bc
endmodule
```

例 4.5 与例 4.1 类似,需强调如下。

- 位运算符:符号“&”和“|”属于位运算符,分别表示按位与、按位或。
- 文件取名与存盘:存盘文件名应与 Verilog 模块名一致,如本例应存为 vote.v。

2. 用 Verilog 设计二进制加法器

加法器是常用的组合逻辑电路。例 4.6 是用 Verilog 描述的 4 位二进制加法器。

【例 4.6】 4 位二进制加法器的 Verilog 描述。

```
module add4_bin
              (input cin,
               input[3:0] ina,inb,
               output[3:0] sum, output cout);
assign {cout,sum} = ina + inb + cin;                /*逻辑功能定义*/
endmodule
```

将例 4.6 的源代码用 Vivado 进行综合,如图 4.5 所示是其 RTL 综合视图,可以看出,采用了两个加法器模块来实现该设计,综合器可将文本转换为电路网表结构,并以原理图的形式呈现出来,便于语言的学习。例 4.7 是例 4.6 的 Test Bench 仿真代码,以验证其功能。

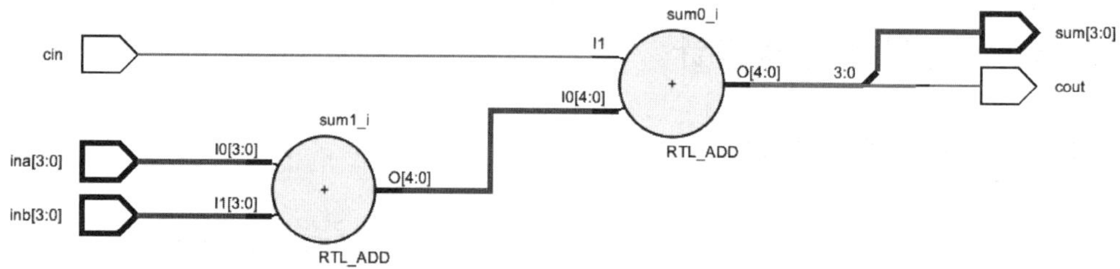

图 4.5　4 位二进制加法器的 RTL 综合视图

【例 4.7】 4 位二进制加法器的仿真代码。

```
`timescale 1ns / 1ps
module add4_tb(   );
reg[3:0] a,b; reg cin;                    //测试输入信号定义为 reg 型
wire[3:0] sum; wire cout;                 //测试输出信号定义为 wire 型
integer i,j;
add4_bin i1(                              //调用测试对象
        .cin(cin),
        .ina(a),
        .inb(b),
        .sum(sum),
        .cout(cout));
always #5 cin = ~cin;                     //设定 cin 的取值
initial begin a = 0;b = 0;cin = 0;
for(i = 1;i < 16;i = i + 1)
#10 a = i; end                            //设定 a 的取值
initial begin
for(j = 1;j < 16;j = j + 1)
#10 b = j; end                            //设定 b 的取值
initial begin                             //定义结果显示格式
$monitor($time,,,"%d + %d + %b = {%b, %d}",a,b,cin,cout,sum);
#160 $finish; end
endmodule
```

将上面的代码用 Vivado 软件进行行为仿真,其波形图如图 4.6 所示。

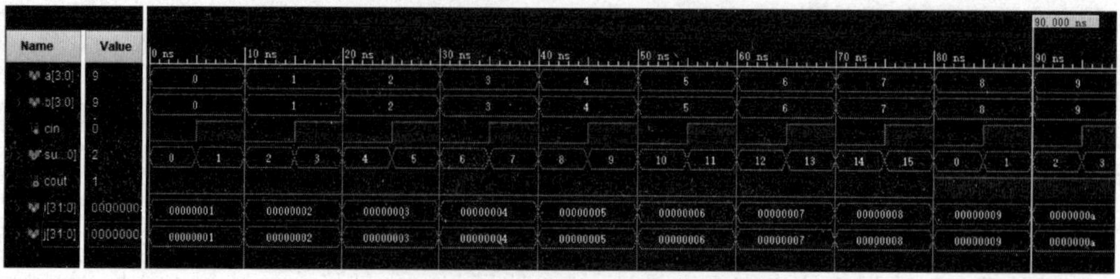

图 4.6　4 位二进制加法器行为仿真波形图(Vivado)

3. 用 Verilog 设计 BCD 码加法器

例 4.8 描述了 BCD 码加法器，采用的是逢十进一的加法规则。

【例 4.8】 BCD 码加法器。

```
module add4_bcd
                (input cin, input[3:0] ina,inb,
                output reg[3:0] sum,
                output reg cout);
reg[4:0] temp;
always @(ina,inb,cin)                              //always 过程语句
  begin  temp <= ina + inb + cin;
  if(temp > 9) {cout,sum}<= temp + 6;              //两重选择的 if 语句
  else {cout,sum}<= temp;
  end
endmodule
```

4.2.2 Verilog 时序电路设计

1. 用 Verilog 设计触发器

时序电路的核心器件是触发器，如例 4.9 所示，描述了带同步清零/同步置 1 端口的 D 触发器。

【例 4.9】 带同步清零/同步置 1(低电平有效)的 D 触发器。

```
module dff_syn
            (input d,clk,set,reset,
             output reg q,qn);
always @(posedge clk)
  begin
  if(～reset)
      begin q <= 1'b0;qn <= 1'b1;end                  //同步清零，低电平有效
  else if(～set)
      begin q <= 1'b1;qn <= 1'b0;end                  //同步置 1，低电平有效
  else  begin q <= d; qn <= ～d; end
  end
endmodule
```

在例 4.9 中，需要引起注意的 Verilog 语法如下。

- 时钟边沿的表示：时序电路中常需要用到时钟边沿的概念。在例 4.9 中，用关键字 posedge 表示上升沿；在综合时，综合器会自动将其翻译为上升沿电路结构。

例 4.9 中的复位和置位如要改为异步复位/置位，可像例 4.10 这样改动。

【例 4.10】 异步清零/异步置 1(低电平有效)的 D 触发器。

```
module dff_asyn
             (input d,clk,set,reset,
              output reg q,qn);
always @(posedge clk or negedge set or negedge reset)
  begin
    if(~reset)
         begin q<=1'b0;qn<=1'b1; end                    //异步清零,低电平有效
    else if(~set)
         begin q<=1'b1;qn<=1'b0; end                    //异步置1,低电平有效
    else     begin   q<=d;qn<=~d; end
  end
endmodule
```

例 4.10 在过程敏感信号列表中加入 set 和 reset 信号,因此 set 和 reset 信号值的变化会激发过程进入到执行状态,立即完成复位和置位操作。此外,由于 if 条件语句的判断是含有优先级的,因此例 4.10 中异步复位的优先级更高。

2. 用 Verilog 设计计数器

计数器是另一种典型的时序逻辑电路。例 4.11 是用 Verilog 描述的 4 位二进制加法计数器。

【例 4.11】 4 位二进制加法计数器。

```
module count4
           (input reset,clk,
            output reg[3:0] out);
always @(posedge clk)
  begin
    if(reset)     out<=0;                    //同步复位
    else          out<=out+1;                //计数
  end
endmodule
```

图 4.7 是例 4.11 使用 Vivado 软件综合的 RTL 级原理图,可以看到采用了 4 位二进制加法计数器、2 选 1 MUX、4 个 D 触发器等模块来实现该设计。

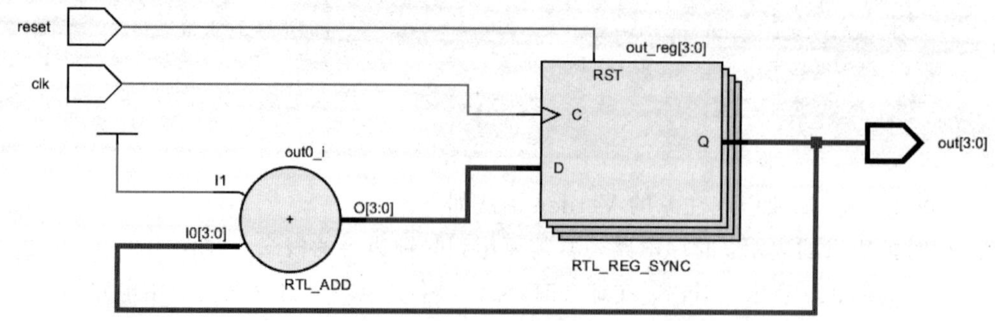

图 4.7 4 位二进制加法计数器的 RTL 综合原理图

例 4.12 是 4 位二进制加法计数器的 Test Bench 激励脚本。

【例 4.12】 4 位二进制加法计数器的 Test Bench 脚本。

```
`timescale 1ns/ 1ps
module  count4_tb();
reg clk,reset;
wire [3:0]  out;
count4 i1(
        .clk(clk),
        .out(out),
        .reset(reset));
parameter PERIOD = 40;                          //定义时钟周期为 40ns
 initial  begin
    reset = 1;clk = 0;
     # PERIOD;    reset = 0;
# (PERIOD * 50) $ stop;
end
always begin
    # (PERIOD/2) clk = ~clk;
end
endmodule
```

上面的代码用 Vivado 做行为仿真,其波形如图 4.8 所示。

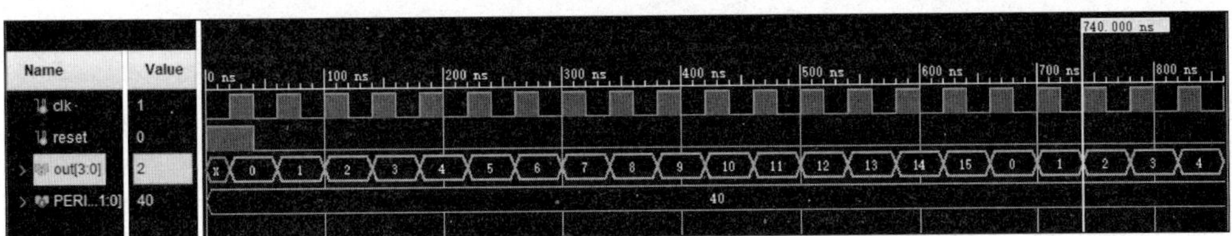

图 4.8 4 位二进制加法计数器的仿真波形(Vivado)

例 4.13 描述了一个带同步复位的 4 位模 10 BCD 码计数器。

【例 4.13】 带同步复位的 4 位模 10 BCD 码计数器。

```
module count10
            (input reset,clk,
             output reg[3:0] qout,
             output cout);
always @(posedge clk)
    begin
    if(reset) qout <= 0;                        //同步复位
    else if(qout < 9) qout <= qout + 1;
    else qout <= 0;                             //大于 9,计数值清零
    end
assign cout = (qout == 9)?1:0;                  //产生进位输出信号
endmodule
```

在例 4.13 中,需要注意的 Verilog 语法如下。

- 多重选择的 if 语句:例 4.13 中使用了多重选择的 if 语句(if…else if…else…)描述计数器的功能。
- 条件运算符(?:):例 4.13 中用条件运算符产生进位输出信号(cout=(qout==9)? 1:0;),当条件(qout==9)成立时,cout 取值为 1,反之为 0。

图 4.9 是例 4.13 的 RTL 综合原理图,能看出采用了比较器、加法器、2 选 1 MUX、D 触发器这些部件来实现该计数器。

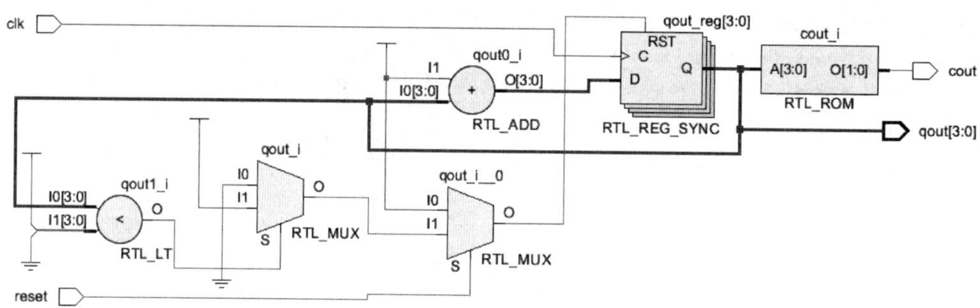

图 4.9 模 10 计数器的 RTL 综合原理图

4.3 Verilog 语言要素

Verilog 程序由各种符号流构成,这些符号包括空白符(White Space)、运算符(Operator)、数字(Number)、字符串(String)、注释(Comment)、标识符(Identifier)和关键字(Key Word)等,下面择要分别予以介绍。

1. 空白符

在 Verilog 代码中,空白符包括空格、Tab、换行和换页。空白符使程序中的代码错落有致,阅读起来更方便。在综合时空白符均被忽略。

Verilog 程序可以不分行,也可以加入空白符采用多行书写。例如:

```
initial begin ina = 3'b001; inb = 3'b011; end
```

这段程序等同于下面的书写格式:

```
initial
   begin                    //加入空格、换行等,使代码错落有致,提高可读性
     ina = 3'b001;
     inb = 3'b011;
end
```

2. 注释

在 Verilog 程序中有两种形式的注释。

- 单行注释：以“//”开始到本行结束，不允许续行。
- 多行注释：多行注释以“/ * ”开始，到“ * /”结束。

3. 标识符

标识符是用户在编程时给 Verilog 对象起的名字，模块、端口和实例的名字都是标识符。标识符可以是任意一组字母、数字以及符号“$”和“_”(下画线)的组合，但标识符的第一个字符必须是字母(a～z，A～Z)或者是下画线“_”，标识符最长可以包含 1023 个字符。此外，标识符是区分大小写的。

以下是几个合法的标识符的例子。

```
count
COUNT                         //COUNT 与 count 是不同的
_A1_d2                        //以下画线开头
R56_68
FIVE
```

而下面几个例子则是不正确的。

```
30count                   //非法：标识符不允许以数字开头
out *                     //非法：标识符中不允许包含字符 *
```

还有一类标识符称为转义标识符(Escaped Identifiers)。转义标识符以符号“\”开头，以空白符结尾，可以包含任何字符。例如：

```
\7400
\~#@sel
```

反斜线和结束空白符并不是转义标识符的一部分，因此标识符“\OutGate”和标识符“OutGate”恒等。

4. 关键字

Verilog 语言内部已经使用的词称为关键字或保留字。对于这些保留字，用户不能随便使用。附录 A 列出了 Verilog 语言(IEEE Std 1364-2005 标准)中的所有保留字。需要注意的是，所有关键字都是小写的，例如，ALWAYS(标识符)不是关键字，它与 always (关键字)是不同的。

5. 运算符

与 C 语言类似，Verilog 语言提供了丰富的运算符。运算符将在 4.8 节详细介绍。

4.4 常量

在程序运行过程中，其值不能被改变的量称为常量(Constant)。Verilog 语言中的常量主要有整数、实数和字符串 3 种类型。其中，整数型常量是可以综合的，而实数型和字符串型常量是不可综合的。

4.4.1 整数

整数(Integer)按如下方式书写：

```
+/-<size>'<base><value>
```

即

```
+/-<位宽>'<进制><数字>
```

size 为对应二进制数的宽度；base 为进制；value 是基于进制的数字序列。其中，进制有如下 4 种表示形式：

- 二进制(b 或 B)。
- 十进制(d 或 D，或默认)。
- 十六进制(h 或 H)。
- 八进制(o 或 O)。

另外，在书写时，十六进制中的 a～f 与值 x 和 z 一样，不区分大小写。

下面是一些合法的书写整数的例子。

```
8'b11000101          //位宽为 8 位的二进制数 11000101
8'hd5                //位宽为 8 位的十六进制数 d5
5'O27                //5 位八进制数
4'D2                 //4 位十进制数 2
4'B1x_01             //4 位二进制数 1x01
5'Hx                 //5 位 x(扩展的 x),即 xxxxx
4'hZ                 //4 位 z,即 zzzz
8□'h□2A              /* 在位宽和'之间,以及进制和数值之间允许出现空格,但'和进制之间,
                        数值间是不允许出现空格的,比如 8'□h2A、8'h2□A 等形式都是不
                        合法的写法 */
```

下面是一些不正确的书写整数的例子。

```
3'□b001              //非法: '和基数 b 之间不允许出现空格
4'd-4                //非法: 数值不能为负,有负号应放在最左边
(3+2)'b10            //非法: 位宽不能为表达式
```

在书写和使用整数时需注意下面一些问题。

① 在较长的数之间可用下画线分开，如 16'b1010_1101_0010_1001。

下画线符号“_”可以随意用在整数或实数中，它们本身没有意义，只是用来提高可读性；但数字的第一个字符不能是下画线“_”，下画线也不可以用在位宽和进制处，只能用在具体的数字之间。

② 如果未定义一个整数的位宽(Unsized Number)，则默认为 32 位。例如：

```
'b1101                  //默认为 32'b00000000000000000000000000001101
'haf                    //默认为 32'b00000000000000000000000010101111
```

③ 如果定义的位宽比数值的位数长，通常在左边填 0 补位。但如果最左边一位为 x 或 z，就相应地用 x 或 z 在左边补位。例如：

```
10'b10                  //左边补 0,0000000010
10'bx0x1                //左边补 x,xxxxxxx0x1
```

如果定义的位宽比数值的位数小，那么左边的位被截掉。例如：

```
3'b1001_0011            //与 3'b011 相等
5'H0FFF                 //与 5'H1F 相等
```

④ “?”是高阻态 z 的另一种表示符号。在数字的表示中，字符“?”和 Z(或 z)是完全等价的，可互相替代。

⑤ x(或 z)在二进制中代表 1 位 x(或 z)，在八进制中代表 3 位 x(或 z)，在十六进制值中代表 4 位 x(或 z)，其代表的宽度取决于所用的进制。例如：

```
8'h9x                   //等价于 8'b1001xxxx
8'haz                   //等价于 8'b1010zzzz
```

⑥ 整数可以带符号(正负号)，并且正、负号应写在最左边。负数通常表示为二进制补码的形式。

⑦ 当位宽与进制默认时，默认是十进制的数。例如：

```
32                      //表示十进制数 32
-15                     //十进制数 -15
```

⑧ 在位宽和'之间，以及进制和数值之间允许出现空格，但'和进制之间以及数值之间不允许出现空格。

⑨ 在 Verilog-2001 中，扩展了带符号的整数定义。例如：

```
8'sh5a                  //一个 8 位的十六进制带符号整数 5a
```

4.4.2 实数

实数(Real)有下面两种表示法。

(1) 十进制表示法。例如：

```
2.0
5.678
0.1                          //以上 3 例是合法的实数表示形式
2.                           //非法：小数点两侧都必须有数字
```

(2) 科学记数法。例如：

```
43_5.1e2                     //其值为 43510.0
9.6E2                        //960.0(e 与 E 相同)
5E-4                         //0.0005
```

Verilog 语言定义了实数转换为整数的方法。实数通过四舍五入被转换为最相近的整数。例如：

```
42.446,42.45                 //若转换为整数都是 42
92.5,92.699                  //若转换为整数都是 93
-16.62                       //若转换为整数是 -17
-25.22                       //若转换为整数是 -26
```

4.4.3 字符串

字符串(String)是双引号内的字符序列。字符串不能分成多行书写。例如：

```
"INTERNAL ERROR"
"this is an example for Verilog HDL"
```

在 Verilog 语言中采用 reg 型变量来存储字符串。例如：

```
reg [8*12:1] stringvar;
initial
begin
stringvar = "Hello world!";
end
```

在上面的例子中，存储 12 个字符构成的字符串“Hello world!”需要一个宽度为 8×12(96 位)的 reg 型变量。

如果字符串用作 Verilog 表达式或赋值语句中的操作数，则字符串被看作 8 位的

ASCII码序列，在操作过程中，如果声明的reg型变量位数大于字符串实际长度，则在赋值操作后，字符串变量的左端(即高位)补0，这一点与非字符串的赋值操作是一致的；如果声明的reg型变量位数小于字符串实际长度，那么字符串的左端被截去。下面是一个字符串操作的例子。

【例4.14】 字符串操作的例子。

```
module string_test;
reg [8 * 14:1] stringvar;
initial begin
stringvar = "Hello world";
$display(" %s is stored as %h", stringvar,stringvar);
stringvar = {stringvar,"!!!"};
$display(" %s is stored as %h", stringvar,stringvar);
end
endmodule
```

输出结果为

```
Hello world is stored as 00000048656c6c6f20776f726c64
Hello world!!! is stored as 48656c6c6f20776f726c64212121
```

字符串中有一类特殊字符，特殊字符必须用字符“\”来说明，如表4.1所示。

表4.1 特殊字符

特殊字符	说　明	特殊字符	说　明
\n	换行	\"	符号"
\t	Tab键	\ddd	八进制数ddd对应的ASCII字符
\\	符号\		

例如：

```
\123                    //八进制数123对应的ASCII字符是大写字母S
```

4.5 数据类型

数据类型(Data Type)是用来表示数字电路中的物理连线、数据存储和传输单元等物理量的。

Verilog语言中的数据类型在下面4种逻辑值中的取值(四值逻辑)。

- 0：低电平、逻辑0或逻辑非。
- 1：高电平、逻辑1或“真”。
- z或Z：高阻态。

• x或X：不确定或未知的逻辑状态。

Verilog语言中的所有数据类型都在上述4类逻辑状态中取值，其中0、1、z可综合；x表示不定值，通常只用在仿真中。

注意：x和z是不区分大小写的，即值0x1z与值0X1Z是等同的。

此外，在可综合的设计中，只有端口变量可赋值为z，因为三态逻辑仅在FPGA器件的I/O引脚中是物理存在的，可物理实现高阻逻辑。

Verilog语言主要有net型和variable型两种数据类型。其中，net型中常用的有wire、tri；variable型包括reg、integer等。

注意：在Verilog-1995标准中，variable型变量称为register型，而在Verilog-2001标准中将register一词改为了variable，以避免初学者将register和硬件中的寄存器概念相混淆。

4.5.1 net型

net型数据相当于硬件电路中的各种物理连接，其特点是输出的值随输入值的变化而变化。net型数据的值取决于驱动的值，对net型变量有两种驱动方式，一种方式是在结构描述中将其连接到一个门元件或模块的输出端；另一种方式是用持续赋值语句assign对其进行赋值。如果net型变量没有连接到驱动，则其值为高阻态z(trireg除外)。

net型变量包括多种类型，如表4.2所示，表中符号"√"表示可综合。

表4.2 常用的net型变量

类　型	功　能	可综合性
wire、tri	连线类型	√
wor、trior	具有线或特性的多重驱动连线	
wand、triand	具有线与特性的多重驱动连线	
tri1、tri0	分别为上拉电阻和下拉电阻	
supply1、supply0	分别为电源(逻辑1)和地(逻辑0)	√
trireg	具有电荷保持作用的连线，可用于电容的建模	

1. wire型

wire是最常用的net型变量，Verilog模块中的输入/输出信号在没有明确指定数据类型时都被默认为wire型。wire型信号可以用作任何表达式的输入，也可以用作assign语句和实例元件的输出。对于综合器而言其取值可为0、1、X、Z，如果wire型变量没有连接到驱动，则其值为高阻态z。

wire型变量的定义格式如下：

```
wire 数据名1,数据名2,…,数据名i;
```

例如：

```
wire a,b;                                    //声明了 2 个 wire 型变量 a 和 b
```

上面两个变量 a、b 的宽度都是一位，若定义一个多位的 wire 型数据（如总线），则可按如下方式书写：

```
wire[n-1:0] 数据名 1,数据名 2,…,数据名 i;          //数据的宽度为 n 位
wire[n:1] 数据名 1,数据名 2,…,数据名 i;
```

下面的例子定义了 8 位宽的数据总线、20 位宽的地址总线：

```
wire[7:0] databus;                           //databus 的宽度是 8 位
wire[20:1] addrbus;                          //addrbus 的宽度是 20 位
```

这种多位的 wire 型数据，也称为 wire 型向量（Vector）。

2. tri 型

tri 型和 wire 型变量在功能及使用方法上是完全相同的，对于 Verilog 综合器来说，对 tri 型变量和 wire 型变量的处理是完全相同的。将信号定义为 tri 型变量，只是为了增加程序的可读性，可以更清楚地表示该信号综合后的电路连线具有三态的功能。

4.5.2 variable 型

variable 型变量必须放在过程语句（如 initial、always）中，通过过程赋值语句赋值；在 always、initial 等过程块内被赋值的信号也必须定义成 variable 型。需要注意的是，variable 型变量（在 Verilog-1995 标准中称为 register 型）并不意味着一定对应着硬件上的一个触发器或寄存器等存储元件，在综合器进行综合时，variable 型变量根据其被赋值的具体情况确定是映射成连线还是映射为存储元件（触发器或寄存器）。

variable 型变量包括 4 种类型，如表 4.3 所示，表中符号"√"表示可综合。

表 4.3 常用的 variable 型变量及可综合性说明

类　型	功　能	可综合
reg	常用的寄存器型变量	√
integer	32 位带符号整型变量	√
real	64 位带符号实型变量	
time	64 位无符号时间变量	

表 4.3 中的 real 和 time 两种寄存器型变量都是纯数学的抽象描述，不对应任何具体的硬件电路；real 和 time 型变量不能被综合。time 主要用于对模拟时间的存储与处理；real 表示实数寄存器，主要用于仿真。

1. reg 型

reg 型变量是最常用的 variable 型变量。reg 型变量的定义格式类似 wire 型，如下所示：

```
reg 数据名 1,数据名 2, …,数据名 i;
```

例如：

```
reg a,b;                                  //声明了 2 个 reg 型变量 a,b
```

上面两个变量 a 和 b 的宽度都是 1 位，若定义一个多位的 reg 型变量(即寄存器)可按如下方式：

```
reg[n-1:0] 数据名 1,数据名 2, …,数据名 i;
reg[n:1] 数据名 1,数据名 2, …,数据名 i;          //数据的宽度为 n 位
```

下面的语句定义了 8 位宽的 reg 型变量：

```
reg[7:0] qout;
reg[8:1] qout;
```

reg 型变量并不意味着一定对应着硬件上的寄存器或触发器，在综合时，综合器会根据具体情况来确定将其映射成寄存器还是映射为连线，如下面的例子。

【例 4.15】 reg 型变量的综合。

```
module abc
         (input a,b,c,
          output f1,f2);
reg f1,f2;                          //在 always 过程块中赋值的变量需定义为 reg 型
always @(a or b or c)
     begin
     f1 = a|b; f2 = f1^c;           //f1,f2 综合时不会映射为寄存器
     end
endmodule
```

例 4.15 用 Synplify 综合器进行综合，可得到如图 4.10 所示的电路。可见，变量 f1、f2 虽然被定义为 reg 型，但综合器并没有将其映射为寄存器，而是映射为连线。综合时，reg 型变量的初始值为 x。

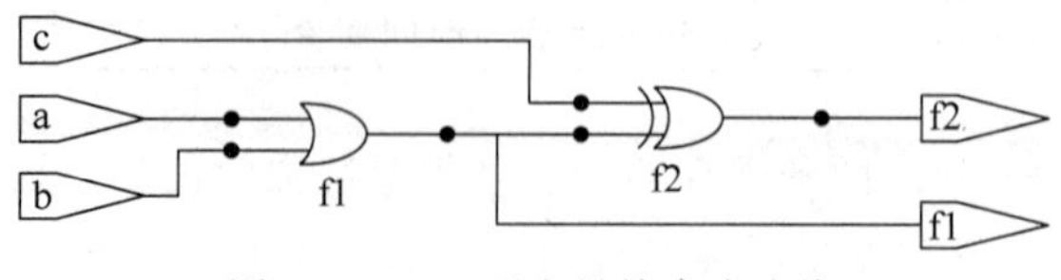

图 4.10　reg 型变量综合为连线

2. integer 型

integer 型变量多用于表示循环变量，如用来表示循环次数等。integer 型变量的定义与 reg 型变量相同。下面是 integer 型变量定义的例子：

```
integer   i,j;                    //i,j 为 integer 型变量
integer[31:0] d;
```

integer 型变量不能作为位向量访问。例如，对于上面的 integer 型变量 d，d[6]和 d[16:10]是非法的。在综合时，integer 型变量的初始值为 x。

4.6 参数

在 Verilog 语言中，用参数 parameter 来定义符号常量，即用 parameter 定义一个参数名来代表一个常量。参数常用来定义时延和变量的宽度。使用参数说明的常量只能被赋值一次。

4.6.1 参数 parameter

参数声明的格式如下：

```
parameter   参数名 1 = 表达式 1,参数名 2 = 表达式 2, … ;
```

参数名通常用大写字母表示[①]，例如：

```
parameter SEL = 8,CODE = 8'ha3;
        //为参数 SEL 赋值 8(十进制),参数 CODE 赋值 a3(十六进制)
parameter DATAWIDTH = 8,ADDRWIDTH = DATAWIDTH * 2;
        //为参数 DATAWIDTH 赋值 8,参数 ADDRWIDTH 赋值 16(8 * 2)
parameter STROBE_DELAY = 18,DATA = 16'bx;
parameter BYTE = 8,PI = 3.14;
```

例 4.16 的数据比较器中采用 parameter 定义了数据的位宽，比较的结果有大于、等于和小于三种。改变 parameter 的数值，可将比较器改为任意宽度。

【例 4.16】 采用参数定义的数据比较器。

```
module compare_w(a,b,larger,equal,less);
parameter SIZE = 8;                        //参数声明
input[SIZE - 1:0] a,b;
output wire larger,equal,less;
```

① 建议参数名用大写字母表示，而标识符、变量等一律采用小写字母表示。

```
assign larger = (a > b);
assign equal = (a == b);
assign less = (a < b);
endmodule
```

4.6.2 Verilog-2001中的参数声明

Verilog-2001改进了端口的声明语句，采用#(参数声明语句1，参数声明语句2，…)的形式来定义参数；同时允许将端口声明和数据类型声明放在同一条语句中。Verilog-2001标准的模块声明语句如下所示。

```
module 模块名
       #(parameter_declaration, parameter_declaration,...)
       (端口声明 端口名1, 端口名2,...,
        port_declaration port_name, port_name,...);
```

例4.17采用参数定义了加法器操作数的位宽，使用Verilog-2001的声明格式。

【例4.17】 采用参数定义的加法器。

```
module add_w                              //模块声明采用Verilog-2001格式
          #(parameter MSB = 15,LSB = 0)   //参数声明,注意没有分号
          (input[MSB:LSB] a,b,
           output[MSB + 1:LSB] sum);
assign sum = a + b;
endmodule
```

例4.18的Johnson计数器也使用了参数。Johnson计数器属于移位型计数器，其移位的规则为：将最高有效位取反后从最低位移入。该例的模块声明同样采用了Verilog-2001格式，图4.11是该例的RTL级综合原理图。

【例4.18】 采用参数声明的Johnson计数器。

```
module johnson_w                          //模块声明采用Verilog-2001格式
             # (parameter WIDTH = 8)      //参数声明
               (input clk,clr,
                output reg[(WIDTH - 1):0] qout);
always @(posedge clk or posedge clr)
    begin    if(clr)          qout <= 0;
             else     begin   qout <= qout << 1;
                      qout[0]<= ~qout[WIDTH - 1];
                      end
    end
endmodule
```

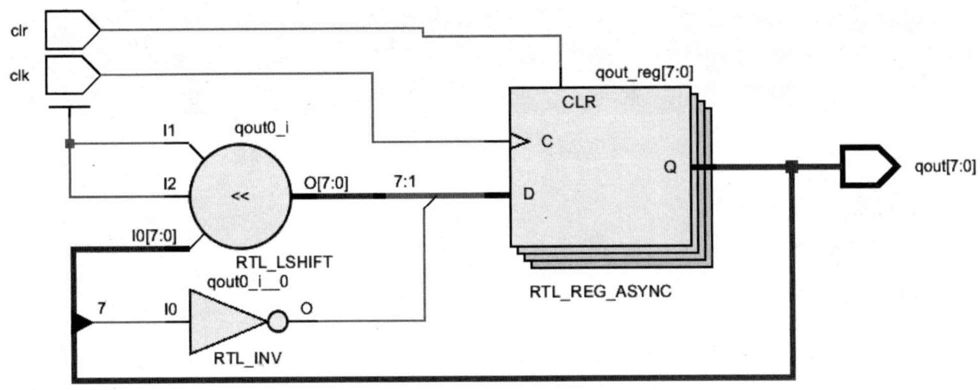

图 4.11 Johnson 计数器 RTL 综合原理图

4.6.3 参数的传递

parameter 还具有参数传递（重载）的功能。

在多层次的设计中，涉及高层模块对下层模块的例化（调用），此时，可利用 parameter 的参数传递功能更改下层模块的规模（尺寸）。

参数的传递有如下三种实现方式。

(1) 用"#"符号隐式地重载：重载的顺序必须与参数在原定义模块中声明的顺序相同，并且不能跳过任何参数。

(2) 在线显式重载(in-line explicit redefinition)参数方式：Verilog-2001 标准增加了这种参数传递方式，允许在线参数值按照任意顺序排列。

(3) 使用 defparam 语句显式重载。

参数的传递将在 6.5 节更详细地介绍，此处不再赘述。

4.6.4 关键字 localparam

Verilog 还有一个关键字 localparam，用于定义局部参数。用关键字 localparam 定义的参数作用的范围仅限于本模块内，不可用于参数传递。也就是说，在实例化时不能通过层次引用进行重定义，只能通过源代码来改变，常用于状态机参数的定义。

例 4.19 中，采用 localparam 语句定义了一个局部参数 HSB=MSB+1，该例的功能与例 4.17 的功能相同。

【例 4.19】 采用 localparam 定义局部参数的加法器。

```
module add_localp
        #(parameter MSB = 15,LSB = 0)                    //parameter 参数定义
         (input[MSB:LSB] a,b,
          output[HSB:LSB] sum);
```

```
localparam HSB = MSB + 1;              //localparam 参数定义
assign sum = a + b;
endmodule
```

4.7 向量

1. 标量与向量

宽度为 1 位的变量称为标量，如果在变量声明中没有指定位宽，则默认为标量（1 位）。举例如下：

```
wire a;                                //a 为标量
reg  clk;                              //clk 为标量 reg 型变量
```

线宽大于 1 位的变量（包括 net 型和 variable 型）称为向量（Vector）。向量的宽度用下面的形式定义：

```
[MSB : LSB]
```

方括号内左边的数字表示向量的最高有效位（Most Significant Bit，MSB）；右边的数字表示最低有效位（Least Significant Bit，LSB）。例如：

```
wire[3:0]  bus;                 //4 位的总线
reg[7:0] ra,rb;                 //定义了两个 8 位寄存器，其中 ra[7]、rb[7]分别为最高有效位
reg[0:7] rc;                    //rc[0]为最高有效位，rc[7]为最低有效位
```

2. 位选择和域选择

在表达式中可任意选中向量中的一位或相邻几位，分别称为位选择（bit-select）和域选择（part-select）。例如：

```
A = mybyte[6];                  //将 mybyte 的第 6 位赋值给变量 A，位选择
B = mybyte[5:2];                //将 mybyte 的第 5,4,3,2 位的值赋给变量 B，域选择
reg[7:0] a,b; reg[3:0] c; reg d;
d = a[7]&b[7];                  //位选择
c = a[7:4] + b[3:0];            //域选择
```

用位选择和域选择赋值时，应注意等号左、右两端的宽度要一致。例如：

```
wire[7:0] out; wire[3:0] in;
assign out[5:2] = in;           //out 向量的第 2 位到第 5 位与 in 向量相等
```

它等效于

```
assign out[5] = in[3];
assign out[4] = in[2];
assign out[3] = in[1];
assign out[2] = in[0];
```

还有一类向量是不支持位选择和域选择的，即向量类向量。向量可分为两种：标量类向量和向量类向量。标量类向量支持位选择和域选择，在定义时用关键字 scalared 说明；向量类向量不支持位选择和域选择，只能作为一个统一的整体进行操作，在定义时用关键字 vectored 说明。例如：

```
wire vectored [7:0]  databus;           //向量类向量
reg scalared [31:0] rega;               //rega 为 32 位标量类向量
```

标量类向量的说明可以默认，如上面的例子可以书写为

```
reg[31:0] rega;
```

凡没有注明 vectored 关键字的向量都认为是标标量类向量，可以对其进行位选择和域选择。

3. 存储器

在数字系统设计中，经常需要用到存储器(Memory)。存储器可被看作二维向量，或是由一组寄存器构成的阵列，若干相同宽度的寄存器向量构成的阵列(Array)即构成一个存储器。

用 Verilog 定义存储器时，需定义存储器的容量和字长，容量表示存储器存储单元的数量，字长则是每个存储单元的数据宽度。例如：

```
reg[7:0] mymem[63:0];
```

上面的声明语句定义了一个 64 个单元(容量)，每个单元宽度(字长)为 8 位的存储器，该存储器的名字是 mymem，可将其看作由 64 个 8 位寄存器构成的阵列。再如：

```
reg[3:0] Amem[63:0];                    //Amem 是容量为 64,字长 4 位的存储器
reg Bmem[5:1];                          //Bmem 是容量为 5,字长 1 位的存储器
```

也可用 parameter 参数定义存储器的尺寸，例如：

```
parameter WIDTH = 8,MEMSIZE = 1024;
reg[WIDTH - 1:0] mymem[MEMSIZE - 1:0];
   //定义了一个宽度为 8 位,容量为 1024 个存储单元的存储器
```

对存储器赋值时要注意的是,只能对存储器的某一单元整体赋值。例如:

```
reg[7:0] mymem[63:0];                //存储器定义
mymem[8] = 8'b10001001;              //mymem 存储器的第 8 个单元被赋值为二进制数 10001001
mymem[25] = 65;                      //mymem 存储器的第 25 个单元被赋值为十进制数 65
```

在 Verilog-1995 中不允许直接对存储器进行位选择和域选择,只能首先将存储器的值赋给寄存器,然后对寄存器进行位选择和域选择。在 Verilog-2001 标准中,已经允许直接对存储器进行位选择和域选择,并扩展了多维矩阵存储器,具体可见 5.8 节的内容。

为存储器赋值的另一种方法是使用系统任务(仅限于电路仿真中使用):

```
$ readmemb(从文件中读取二进制数据到存储器中)
$ readmemh(从文件中读取十六进制数据到存储器中)
```

这两个系统任务从指定的文本文件中读取数据并加载到存储器,文本文件必须包含相应的二进制数或者十六进制数,其使用方法可参见 11.1 节相关内容。

在 Verilog 设计中,需要注意寄存器和存储器的区别。如下面的声明语句:

```
reg[1:8] rega;                //定义了一个 8 位的寄存器
reg mema[1:8];                //定义了一个字长为 1、容量为 8 的存储器
```

但在赋值时,两者有区别,所表示的意义也不同:

```
rega[2] = 1'b1;           //对寄存器 rega 的第 2 位赋值 1,合法
mema[2] = 1'b1;           //对存储器 mema 的第 2 个单元赋值 1,合法
rega = 8'b01011000;       //对寄存器 rega 整体赋值,合法
mema = 8'b01011000;       //非法,不允许对存储器的多个或者所有单元一次性赋值
```

在实际设计中,如果需要用到存储器,更多的是采用设计软件所提供的存储器 IP 核去实现。这样,设计软件(如 Vivado)在综合时,在没有人工指定的情况下,会自动采用 FPGA 器件中的嵌入式存储器块去物理实现。

4.8 运算符

Verilog 语言提供了丰富的运算符,按功能分包括算术运算符、逻辑运算符、关系运算符、等式运算符、缩减运算符、条件运算符、位运算符、移位运算符和位拼接运算符等 9 类;如果按运算符所带操作数的个数来区分,可分为三类。

- 单目运算符(Unary Operator):运算符只带一个操作数。
- 双目运算符(Binary Operator):运算符可带两个操作数。
- 三目运算符(Ternary Operator):运算符可带三个操作数。

下面按功能的不同分别介绍这些运算符。

1. 算术运算符(Arithmetic Operator)

常用的算术运算符包括如下几种。

- +：加。
- -：减。
- *：乘。
- /：除。
- %：求模。

以上的算术运算符都属于双目运算符。符号+、-、*、/分别表示常用的加、减、乘、除四则运算，%是求模运算符，或称为求余运算符，如 9%3 的值为 0，9%4 的值为 1，9%5 的值则为 4。

2. 逻辑运算符(Logical Operator)

- &&：逻辑与。
- ||：逻辑或。
- !：逻辑非。

例如，A 的非表示为! A；A 和 B 的与表示为 A&&B；A 和 B 的或表示为 A||B。

在逻辑运算符的运算中，若操作数是一位的，则逻辑运算的真值表如表 4.4 所示。

表 4.4 逻辑运算符的真值表

a	b	a&&b	a||b	! a	! b
1	1	1	1	0	0
1	0	0	1	0	1
0	1	0	1	1	0
0	0	0	0	1	1

如果操作数不止一位，则应将操作数作为一个整体来对待。即如果操作数全是 0，则相当于逻辑 0，但只要某一位是 1，则操作数就应该整体看作逻辑 1。

逻辑运算符的操作结果是 1 位的，要么为逻辑 1，要么为逻辑 0。

例如：若 A=4'b0000，B=4'b0101，C=4'b0011，D=4'b0000，则有

```
!A = 1; !B = 0; A&&B = 0; B&&C = 1; A&&C = 0; A&&D = 0;
A||B = 1; B||C = 1; A||C = 1; A||D = 0。
```

3. 位运算符(Bitwise Operator)

位运算，即将两个操作数按对应位分别进行逻辑运算。位运算符包括如下几种。

- ～：按位取反。
- &：按位与。
- |：按位或。
- ^：按位异或。
- ^～,～^：按位同或(符号^～与～^是等价的)。

按位与、按位或、按位异或的真值表如表 4.5 所示。

表 4.5　按位与、按位或、按位异或的真值表

&	0	1	x	|	0	1	x	^	0	1	x
0	0	0	0	0	0	1	x	0	0	1	x
1	0	1	x	1	1	1	1	1	1	0	x
x	0	x	x	x	x	1	x	x	x	x	x

例如：若 A=5'b11001,B=5'b10101,则有

```
～A = 5'b00110; A&B = 5'b10001; A|B = 5'b11101; A^B = 5'b01100;
```

需要注意的是,两个不同长度的数据进行位运算时,会自动将两个操作数按右端对齐,位数少的操作数会在高位用 0 补齐。

4. 关系运算符(Relational Operator)

- <：小于。
- <=：小于或等于。
- >：大于。
- >=：大于或等于。

注意：其中,"<="操作符也用于表示信号的一种赋值操作。

在进行关系运算时,如果声明的关系是假,则返回值是 0；如果声明的关系是真,则返回值是 1；如果某个操作数的值不定,则关系的结果是模糊的,返回值是不定值。

5. 等式运算符(Equality Operator)

等式运算符有 4 种,分别如下。

- ==：等于。
- !=：不等于。
- ===：全等。
- !==：不全等。

这 4 种运算符都是双目运算符,得到的结果是 1 位的逻辑值。如果得到 1,说明声明的关系为真；如果得到 0,说明声明的关系为假。

相等运算符(==)和全等运算符(===)的区别是：参与比较的两个操作数必须逐

位相等,其相等比较的结果才为 1,如果某些位是不定态或高阻值,其相等比较得到的结果是不定值;而全等比较(===)则是对这些不定态或高阻值的位也进行比较,两个操作数必须完全一致,其结果才是 1,否则结果是 0。

相等运算符(==)和全等运算符(===)的真值表如表 4.6 所示。

表 4.6 相等运算符(==)和全等运算符(===)的真值表

==	0	1	x	z	===	0	1	x	z
0	1	0	x	x	0	1	0	0	0
1	0	1	x	x	1	0	1	0	0
x	x	x	x	x	x	0	0	1	0
z	x	x	x	x	z	0	0	0	1

例如,若寄存器变量 a=5'b11x01,b=5'b11x01,则"a==b"得到的结果为不定值 x,而"a===b"得到的结果为 1。

6. 缩减运算符(Reduction Operator)

缩减运算符是单目运算符,它包括以下几种。

- &:与。
- ~&:与非。
- |:或。
- ~|:或非。
- ^:异或。
- ^~,~^:同或。

缩减运算符与位运算符的逻辑运算法则相同,但缩减运算是对单个操作数进行与、或、非递推运算的,它放在操作数的前面。缩减运算符将一个矢量缩减为一个标量。例如:

```
reg[3:0] a;
b = &a;                    //等效于 b = ((a[0]&a[1])&a[2])&a[3];
```

又如,若 A=5'b11001,则有

```
&A = 0;                    //只有 A 的各位都为 1 时,其与缩减运算的值才为 1
|A = 1;                    //只有 A 的各位都为 0 时,其或缩减运算的值才为 0
~|A = 0;
```

7. 移位运算符(Shift Operator)

- >>:右移。
- <<:左移。

- >>>：算术右移。
- <<<：算术左移。

Verilog-1995 的移位运算符只有左移和右移。其用法为 A>>n 或 A<<n。表示把操作数 A 右移或左移 n 位。该移位是逻辑移位，移出的位用 0 添补。

例如，若 A=5'b11001，则

```
A >> 2 的值为 5'b00110;              //将 A 右移 2 位,用 0 添补移出的位
A << 2 的值为 5'b00100;              //将 A 左移 2 位,用 0 添补移出的位
```

Verilog-1995 中没有指数运算符。但是，移位操作符可用于支持部分指数操作。例如，若 A=8'b0000_0100，则二进制的 A^3 可以使用移位操作实现：

```
A << 3                               //执行后,A 的值变为 8'b0010_0000
```

在 Verilog-2001 中增加了算术移位操作符">>>"和"<<<"，对于有符号数，执行算术移位操作时，将符号位填补移出的位，以保持数值的符号。例如，如果定义有符号二进制数 A = 8'sb10100011，则执行逻辑右移和算术右移后的结果如下：

```
A >> 3;                             //逻辑右移后其值为 8'b00010100
A >>> 3;                            //算术右移后其值为 8'b11110100
```

8. 指数运算符(Power Operator)

Verilog-2001 标准中增加了指数运算符 **，执行指数运算，一般使用更多的是底数为 2 的指数运算，如 2^n。例如：

```
parameter WIDTH = 16;
parameter DEPTH = 8;
reg[WIDTH - 1:0] mem [0:(2 ** DEPTH) - 1];
  //定义了一个位宽为 16 位,2^8(256)个单元的存储器
```

9. 条件运算符(Conditional Operator)

- ?:

这是一个三目运算符，对三个操作数进行运算，其定义与 C 语言中的定义相同，方式如下：

```
signal = condition ? true_expression : false_expression;
信号 = 条件?表达式 1:表达式 2;
```

当条件成立时，信号取表达式 1 的值；反之，取表达式 2 的值。

例如，对于 2 选 1 MUX，可用条件运算符描述如下：

```
out = sel ? in1 : in0;                    //sel = 1 时 out = in1; sel = 0 时 out = in0
out = (sel == 0)?in0:in1;                 //与上句功能相同
```

10. 位拼接运算符(Concatenation Operator)

• { }：

该运算符将两个或多个信号的某些位拼接起来。使用如下：

```
{信号 1 的某几位,信号 2 的某几位,…,信号 n 的某几位}
```

在进行加法运算时，可将和与进位输出拼接在一起使用。例如：

```
input[3:0] ina,inb; input cin;
output[3:0] sum; output cout;
assign {cout,sum} = ina + inb + cin;                //和与进位拼接在一起
```

位拼接可用来进行符号位扩展。例如：

```
wire[7:0] data;
wire[11:0] s_data;
s_data = {{4{data[7]}},data};                 //将 data 的符号位扩展
```

位拼接可以嵌套使用，还可以用复制法来简化书写，例如：

```
{3{a,b}}                          //复制 3 次,等价于{{a,b},{a,b},{a,b}}或{a,b,a,b,a,b}
{2{3'b101}}                       //复制 2 次,结果为 101101
```

位拼接可以用来进行移位操作。例如：

```
f = a*4 + a/8;
```

假如 a 的宽度是 8 位，则可以用位拼接符来进行移位操作实现上面的运算：

```
f = {a[5:0],2b'00} + {3b'000,a[7:3]};
```

11. 运算符的优先级

运算符的优先级(Precedence)如表 4.7 所示。但不同的综合开发工具，在执行这些优先级时可能有微小的差别，因此在书写程序时建议用括号()来控制运算的优先级，这样能有效避免错误，同时增加程序的可读性。

表 4.7　运算符的优先级

<table>
<tr><th>类　别</th><th>运　算　符</th><th>优　先　级</th></tr>
<tr><td>单目运算符(包括正负号，非逻辑运算符，缩减运算符)</td><td>+　−　!　~　&　~&　|　~|
^　~^　^~</td><td rowspan="13">高优先级
↓</td></tr>
<tr><td>指数运算符</td><td>**</td></tr>
<tr><td rowspan="2">算术运算符</td><td>*　/　%</td></tr>
<tr><td>+　−</td></tr>
<tr><td>移位运算符</td><td><<　>>　<<<　>>></td></tr>
<tr><td>关系运算符</td><td><　<=　>　>=</td></tr>
<tr><td>等式运算符</td><td>==　!=　===　!==</td></tr>
<tr><td rowspan="3">位运算符</td><td>&</td></tr>
<tr><td>^　^~　~^</td></tr>
<tr><td>|</td></tr>
<tr><td rowspan="2">逻辑运算符</td><td>&&</td></tr>
<tr><td>||</td></tr>
<tr><td>条件运算符</td><td>?:</td></tr>
<tr><td>位拼接运算符</td><td>{}　{{}}</td><td>低优先级</td></tr>
</table>

习题 4

4.1　下列标识符中，哪些是合法的，哪些是错误的？

Cout，8sum，\a*b，_data，\wait，initial，$latch

4.2　下列数字的表示是否正确？

6'd18，'Bx0，5'b0x110，'da30，10'd2，'hzF

4.3　reg 型变量的初始值一般是什么？

4.4　定义如下变量和常量。

(1) 定义一个名为 count 的整数；

(2) 定义一个名为 ABUS 的 8 位 wire 总线；

(3) 定义一个名为 address 的 16 位 reg 型变量，并将该变量的值赋为十进制数 128；

(4) 定义参数 Delay_time，参数值为 8；

(5) 定义一个名为 DELAY 的时间变量；

(6) 定义一个容量为 128 位、字长为 32 位的存储器 MYMEM。

4.5　在 Verilog 的运算符中，哪些运算符的运算结果是一位的？

4.6　能否对存储器进行位选择和域选择？

4.7　用 Verilog 设计一个 8 位十进制加法器，进行综合和仿真。

4.8　用 Verilog 设计一个 8 位二进制加法计数器，带异步复位端口，进行综合和仿真。

4.9　用 Verilog 设计一个模 60 的 8421BCD 码计数器，进行综合和仿真。

第5章 Verilog语句语法

Verilog HDL 支持许多行为语句，使其成为结构化和行为性的语言，这些行为语句包括过程语句、块语句、赋值语句、条件语句、循环语句、编译指示语句等，如表 5.1 所示。

表 5.1 Verilog HDL 的行为语句

类　别	语　句	可 综 合
过程语句	initial	
	always	√
块语句	串行块 begin-end	√
	并行块 fork-join	
赋值语句	持续赋值 assign	√
	过程赋值=、<=	√
条件语句	if-else	√
	case	√
循环语句	for	√
	repeat	
	while	
	forever	
编译指示语句	`define	√
	`include	
	`ifdef，`else，`endif	√

几乎所有的 HDL 语句都可用于仿真，但可综合的语句通常只是 HDL 语句的一个核心子集，不同综合器支持的 HDL 语句集通常有所不同。学习行为语句时，应该对语句的可综合性有所了解。目前，可综合的 Verilog 子集也在向标准化发展，已经推出的 IEEE Std 1364[2].1—2002 标准为 Verilog 语言的 RTL 级综合定义了一系列的建模准则。

编写 HDL 程序，就是在描述一个电路，每一段程序都对应着相应的硬件电路结构，应深入理解两者的关系。综合器可将 HDL 文本对应的硬件电路以图形的方式呈现出来，便于学习者建立 HDL 程序与硬件电路之间的对应关系。

5.1 过程语句

Verilog 语言中的多数过程模块都从属于 always 和 initial 两种过程语句。

在一个模块(module)中，使用 always 和 initial 语句的次数是不受限制的。always 块内的语句是不断重复执行的；always 过程语句是可综合的，在可综合的电路设计中广泛采用。initial 语句常用于仿真中的初始化；initial 过程块中的语句只执行一次。

5.1.1 always 过程语句

always 过程语句使用模板如下：

```
always @(<敏感信号列表 sensitivity list>)
begin
     //过程赋值
     //if - else,case,casex,casez 选择语句
     //while,repeat,for 循环
     //task,function 调用
end
```

always 过程语句通常带有触发条件。触发条件写在敏感信号表达式中，只有当触发条件满足时，其后的 begin-end 块语句才能被执行。因此，此处首先讲解敏感信号列表(Sensitivity List)的含义，以及如何写敏感信号表达式。

1. 敏感信号列表

敏感信号列表，又称事件表达式或敏感信号表达式，即当该列表中变量的值改变时，就会引发块内语句的执行。因此，敏感信号列表中应列出影响块内取值的所有信号。有两个或两个以上信号时，它们之间用 or 连接。例如：

```
@(a)                                    //当信号 a 的值发生改变
@(a or b)                               //当信号 a 或信号 b 的值发生改变
@(posedge clock)                        //当 clock 的上升沿到来时
@(negedge clock)                        //当 clock 的下降沿到来时
@(posedge clk or negedge reset)         //当 clk 的上升沿或 reset 信号的下降沿到来时
```

如例 5.1 中用 case 语句描述的 4 选 1 数据选择器，只要输入信号 in0、in1、in2、in3，或选择信号 sel 中的任一个发生改变，输出就会改变，所以敏感信号列表写为

```
@ (in0 or in1 or in2 or in3 or sel)
```

【例 5.1】 用 case 语句描述的 4 选 1 数据选择器。

```
module mux4_1
           (input in0,in1,in2,in3,
           input[1:0] sel, output reg out);
always @(in0 or in1 or in2 or in3 or sel)           //敏感信号列表
   case(sel)
   2'b00:   out = in0;
   2'b01:   out = in1;
   2'b10:   out = in2;
   2'b11:   out = in3;
   default:out = 2'bx;
   endcase
endmodule
```

敏感信号分为边沿敏感型和电平敏感型两种。每个 always 过程最好只由一种类型的敏感信号来触发，避免将边沿敏感型和电平敏感型信号列在一起。例如下面的例子：

```
always @(posedge clk or posedge clr)
       //两个敏感信号都是边沿敏感型
always @(A or B)
       //两个敏感信号都是电平敏感型
always @(posedge clk or clr)
       //不建议这样用,不宜将边沿敏感型和电平敏感型信号列在一起
```

2. posedge 与 negedge 关键字

对于时序电路,事件通常是由时钟边沿触发的。为表达边沿这个概念,Verilog HDL 提供了 posedge 和 negedge 两个关键字来描述。

【例 5.2】 同步置数、同步清零的计数器。

```
module count                                //模块声明采用 Verilog-2001 格式
          (input load,clk,reset,
           input[7:0] data,
           output reg[7:0] out);
always @ (posedge clk)                      //clk 上升沿触发
   begin
     if(!reset)        out <= 8'h00;        //同步清零,低电平有效
     else if(load)     out <= data;         //同步预置
     else              out <= out + 1;      //计数
   end
endmodule
```

在例 5.2 中,posedge clk 表示时钟信号 clk 的上升沿作为触发条件,而 negedge clk 表示时钟信号 clk 的下降沿作为触发条件。

在例 5.2 中,没有将 load、reset 信号列入敏感信号列表,因此属于同步置数、同步清零,这两个信号要起作用,必须有时钟的上升沿到来。对于异步的清零/置数,如时钟信号为 clk,clr 为异步清零信号,则敏感信号列表应写为

```
always @(posedge clk or posedge clr)
                   //clr 信号上升沿到来时清零,故高电平清零有效
always @(posedge clk or negedge clr)
                   //clr 信号下降沿到来时清零,故低电平清零有效
```

若有其他异步控制信号,可按此方式加入。

注意:块内的逻辑描述要与敏感信号列表中信号的有效电平一致。

例如,下面的描述是错误的。

```
always @(posedge clk or negedge clr) //低电平清零有效
begin
   if(clr) out <= 0;                 //与敏感信号列表中低电平清零有效矛盾,应改为 if(!clr)
   else out <= in;
end
```

3. Verilog-2001 标准对敏感信号列表的新规定

Verilog-2001 标准对敏感信号列表做了新的规定。

(1) 敏感信号列表中可用逗号分隔敏感信号。

在 Verilog-2001 中，可用逗号分隔敏感信号。例如：

```
always @(a or b or cin)
always @(posedge clk or negedge clr)
```

上面的语句按照 Verilog-2001 标准可写为下面的形式。

```
always @(a,b,cin)                    //用逗号分隔信号
always @(posedge clk,negedge clr)
```

(2) 在敏感信号列表中使用通配符 * 。

用 always 过程块描述组合逻辑时，应在敏感信号列表中列出所有的输入信号，在 Verilog-2001 中，可用通配符 * 来表示包括该过程块中的所有信号变量。

例如，在 Verilog-1995 中，一般这样写敏感信号列表：

```
always @(a or b or cin)
      {cout,sum} = a + b + cin;
```

上面的敏感信号列表在 Verilog-2001 中可表示为如下两种形式，这两种形式是等价的。

```
always @ *                           //形式 1
      {cout,sum} = a + b + cin;
always @( * )                        //形式 2
      {cout,sum} = a + b + cin;
```

4. 用 always 过程块实现较复杂的组合逻辑电路

always 过程语句通常用来对寄存器类型的数据进行赋值，但 always 过程语句也可以用来设计组合逻辑。在有些情况下，使用 assign 实现组合逻辑电路会显得冗长且效率低下，而适当采用 always 过程语句来实现，能收到更好的效果。

例 5.3 是一个指令译码电路的例子。该例通过指令判断对输入数据执行相应的操作，包括加、减、求与、求或、求反。这是一个较为复杂的组合逻辑电路，如果采用 assign 语句描述，表达起来非常复杂。在本例中使用了电平敏感的 always 块，并采用 case 结构来进行分支判断，不但设计思想得到直观的体现，而且代码看起来整齐有序。

【例 5.3】 用 always 过程语句描述的简单算术逻辑单元。

```
`define add      3'd0
`define minus    3'd1
`define band     3'd2
`define bor      3'd3
`define bnot     3'd4
module alu(out,opcode,a,b);
input[2:0] opcode;                        //操作码
input[7:0] a,b;                           //操作数
output reg[7:0] out;
always@ *                                 //或写为 always@(*)
begin   case(opcode)
    `add:   out = a + b;                  //加操作
    `minus: out = a - b;                  //减操作
    `band:   out = a&b;                   //按位与
    `bor:   out = a|b;                    //按位或
    `bnot:   out = ~a;                    //按位取反
    default:out = 8'hx;                   //未收到指令时,输出任意态
    endcase
end
endmodule
```

图 5.1 是例 5.3 的 RTL 综合结果,是由加法器、门电路、数据选择器等模块构成的。

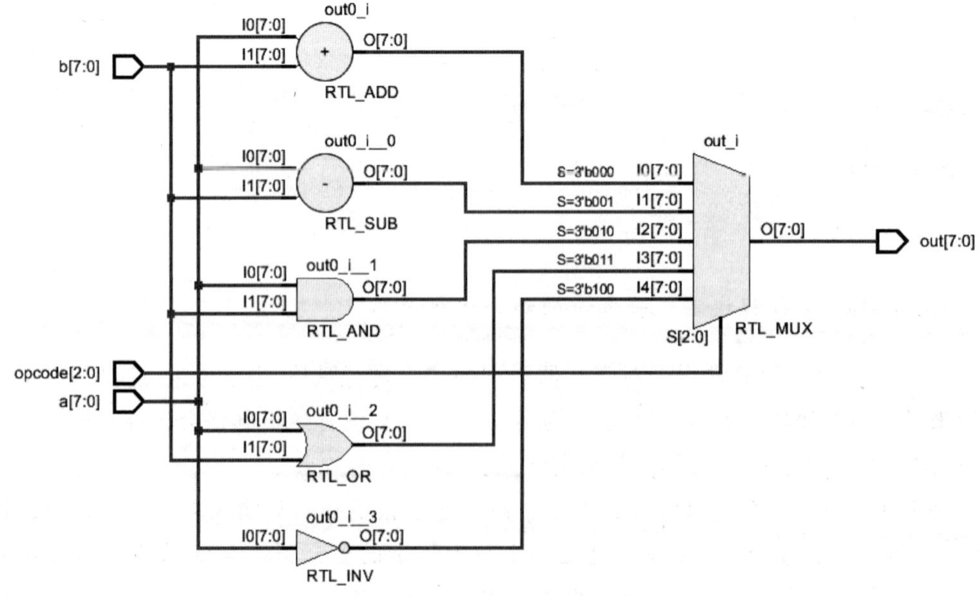

图 5.1 例 5.3 的 RTL 综合结果

5.1.2 initial 过程语句

initial 语句的使用格式如下：

```
initial
  begin
     语句 1;
     语句 2;
     …
  end
```

initial 语句不带触发条件，initial 过程中的块语句沿时间轴只执行一次。initial 语句通常用于仿真模块中对激励向量的描述，或用于给寄存器变量赋初值，它是面向模拟仿真的过程语句，通常不能被逻辑综合工具支持。

下面举例说明 initial 语句的使用方法。如例 5.4 的测试模块中利用 initial 语句完成对测试变量 a、b、c 的赋值。

【例 5.4】 用 initial 过程语句对测试变量赋值。

```
`timescale 1ns/1ns
module test;
reg a,b,c;
initial   begin     a = 0;b = 1;c = 0;
             #50  a = 1;b = 0;
             #50  a = 0;c = 1;
             #50  b = 1;
             #50  b = 0;c = 0;
             #50 $ finish;   end
endmodule
```

例 5.4 对 a、b、c 的赋值相当于描述了如图 5.2 所示的波形。

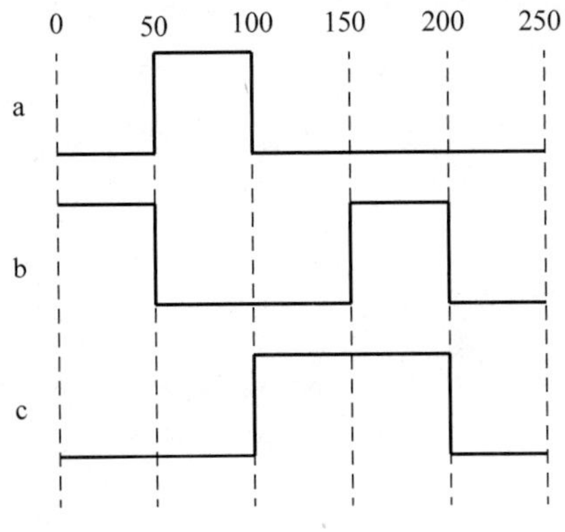

图 5.2 例 5.4 所定义的波形

下面的代码用 initial 语句对 memory 存储器进行初始化，将其所有存储单元的初始值都置为 0。

```
initial
  begin
    for(addr = 0;addr < size;addr = addr + 1)
    memory[addr] = 0;                              //对 memory 存储器进行初始化
  end
```

5.2 块语句

块语句是由块标识符 begin-end 或 fork-join 界定的一组语句，当块语句只包含一条语句时，块标识符可以缺省。下面分别介绍串行块 begin-end 和并行块 fork-join。

5.2.1 串行块 begin-end

begin-end 串行块中的语句按串行方式顺序执行。例如：

```
begin
  regb = rega;
  regc = regb;
end
```

由于 begin-end 块内的语句顺序执行，最后将 regb、regc 的值都更新为 rega 的值，该 begin-end 块执行完后，regb、regc 的值是相同的。

在仿真时，begin-end 块中的每条语句前面的延时都是相对于前一条语句执行结束的相对时间。如例 5.5，模块产生了一段周期为 10 个时间单位的信号波形。

【例 5.5】 用 begin-end 串行块产生信号波形。

```
`timescale 10ns/1ns
module wave1;
parameter CYCLE = 10;
reg wave;
initial
  begin                  wave = 0;
     #(CYCLE/2)          wave = 1;
     #(CYCLE/2)          wave = 0;
     #(CYCLE/2)          wave = 1;
     #(CYCLE/2)          wave = 0;
     #(CYCLE/2)          wave = 1;
     #(CYCLE/2)          $stop;
end
initial $monitor($time,,,"wave = %b",wave);
endmodule
```

上面的程序用 ModelSim 编译仿真后，可得到一段周期为 10 个时间单位（100ns）的信号波形，如图 5.3 所示。

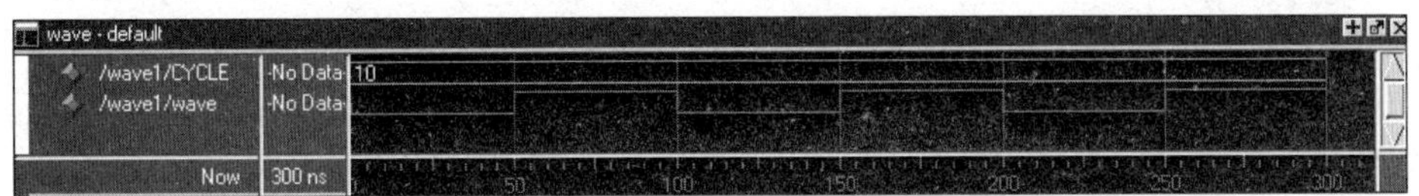

图 5.3　例 5.5 所描述的波形

5.2.2　并行块 fork-join

并行块 fork-join 中的所有语句是并发执行的。例如：

```
fork
regb = rega;
regc = regb;
join
```

由于 fork-join 并行块中的语句是同时执行的，在上面的块语句执行完后，regb 更新为 rega 的值，而 regc 的值更新为改变之前的 regb 的值，故执行完后，regb 与 regc 的值是不同的。

在进行仿真时，fork-join 并行块中的每条语句前面的时延都是相对于该并行块的起始执行时间的。如要用 fork-join 并行块产生一段与例 5.5 相同的信号波形，应该像例 5.6 这样标注时延。

【例 5.6】　用 fork-join 并行块产生信号波形。

```
`timescale 10ns/1ns
module wave2;
parameter CYCLE = 5;
reg wave;
initial
  fork                wave = 0;
    #(CYCLE)          wave = 1;
    #(2 * CYCLE)      wave = 0;
    #(3 * CYCLE)      wave = 1;
    #(4 * CYCLE)      wave = 0;
    #(5 * CYCLE)      wave = 1;
    #(6 * CYCLE)       $stop;
join
initial $monitor($time,,,"wave = %b",wave);
endmodule
```

上面的程序用 ModelSim 编译仿真后，可得到与图 5.3 相同的信号波形。将例 5.5

和例 5.6 进行对比，可体会 begin-end 串行块和 fork-join 并行块的区别。

5.3 赋值语句

5.3.1 持续赋值与过程赋值

Verilog 语言有持续赋值与过程赋值两种赋值方式。

1. 持续赋值语句

assign 为持续赋值语句(Continuous Assignment)，主要用于对 wire 型变量的赋值。例如：

```
assign c = a&b;
```

在上面的赋值中，a、b、c 皆为 wire 型变量，a 和 b 信号的任何变化，都将随时反映到 c 上来。例 5.7 是用持续赋值方式定义的 2 选 1 多路选择器。

【例 5.7】 用持续赋值方式定义 2 选 1 多路选择器。

```
module mux2_1                       //模块声明采用 Verilog-2001 格式
          (input a,b,sel,
           output out);
assign out = (sel == 0)?a:b;        //持续赋值,如果 sel 为 0,则 out = a; 否则 out = b
endmodule
```

例 5.8 采用 assign 语句描述了一个基本 RS 触发器，图 5.4 是其综合结果。

【例 5.8】 基本 RS 触发器。

```
module rs_ff
          (input r,s,
           output q,qn);
assign qn = ~(r & q);
assign  q = ~(s & qn);
endmodule
```

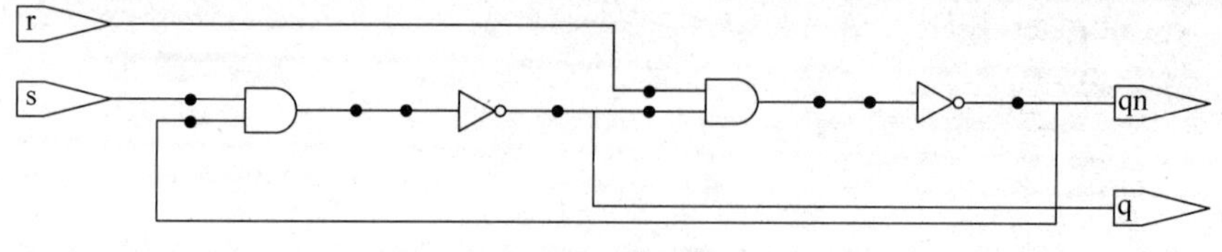

图 5.4 基本 RS 触发器综合结果

例 5.9 采用持续赋值语句实现了对 8 位带符号二进制数的求补码运算；图 5.5 是该例的综合结果，采用的是按位取反再加 1 的实现方法。

【例 5.9】 用持续赋值语句实现对 8 位带符号二进制数的求补码运算。

```
module buma
          ( input[7:0] ain,                //8 位二进制数
            output[7:0] yout);             //补码输出信号
assign yout = ~ain + 1;                    //求补
endmodule
```

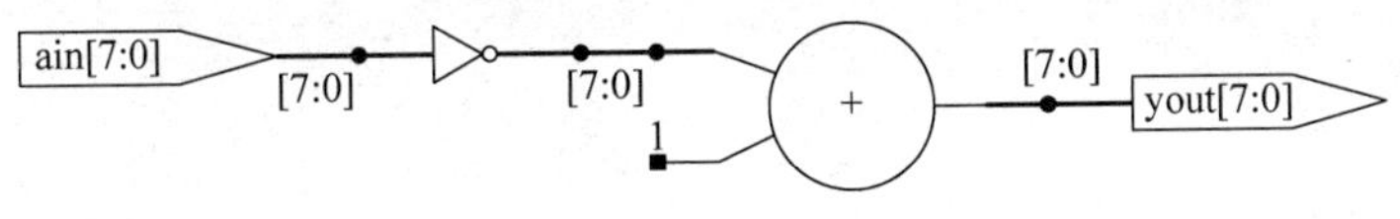

图 5.5 求补电路综合结果

2. 过程赋值语句

过程赋值语句(Procedural Assignment)多用于对 reg 型变量进行赋值。过程赋值有非阻塞赋值和阻塞赋值两种方式。

(1) 非阻塞(non_blocking)赋值方式：赋值符号为"<="。例如：

```
b <= a;
```

非阻塞赋值在整个过程块结束时才完成赋值操作,即 b 的值并不是立刻改变的。

(2) 阻塞(blocking)赋值方式：赋值符号为"="。例如：

```
b = a;
```

阻塞赋值在该语句结束时就立即完成赋值操作,即 b 的值在该条语句结束后立刻改变。如果一个块语句中有多条阻塞赋值语句,那么在前面的赋值语句完成之前,后面的语句不能被执行,仿佛被阻塞了(blocking)一样,因此称为阻塞赋值方式。例 5.10 是用阻塞赋值方式定义的 2 选 1 多路选择器。

【例 5.10】 用阻塞赋值方式定义 2 选 1 多路选择器。

```
module mux2_1_block
                (input a,b,sel,
                 output reg out);
always @ *
   begin   if(sel == 0) out = a;
           else out = b;   end
endmodule
```

5.3.2 阻塞赋值与非阻塞赋值

阻塞赋值方式和非阻塞赋值方式的区别常给设计人员带来问题。为弄清非阻塞赋

值与阻塞赋值的区别，可见例 5.11。

【例 5.11】 非阻塞赋值与阻塞赋值。

```
//非阻塞赋值模块
module non_block
     (input clk,a,
      output reg c,b);
always @(posedge clk)
  begin
  b <= a;
  c <= b;
  end
endmodule
```

```
//阻塞赋值模块
module block
     (input clk,a,
      output reg c,b);
always @(posedge clk)
  begin
  b = a;
  c = b;
  end
endmodule
```

将上面两段代码进行综合和仿真，可分别得到如图 5.6 和图 5.7 所示的波形。

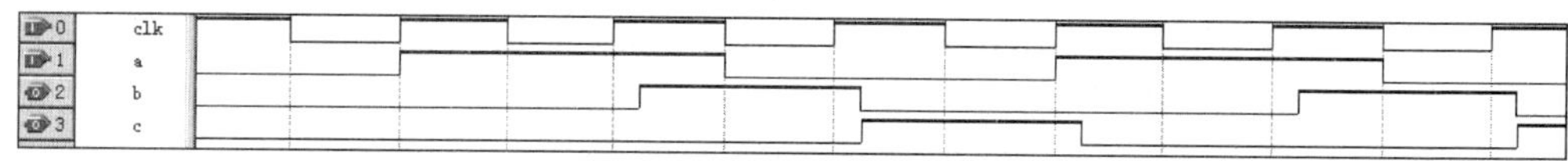

图 5.6 非阻塞赋值的时序仿真波形

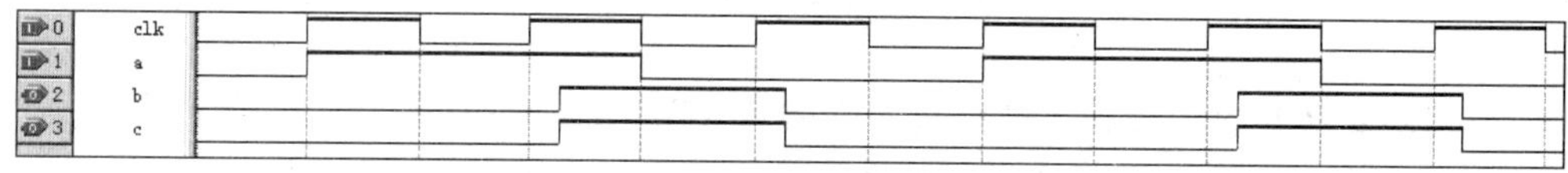

图 5.7 阻塞赋值的时序仿真波形

从图中可看出二者的区别：对于非阻塞赋值，c 的值落后 b 的值一个时钟周期，这是因为该 always 块中两条语句是同时执行的，因此每次执行完后，b 的值得到更新，而 c 的值仍是上一时钟周期的 b 值。对于阻塞赋值，c 的值和 b 的值相同，因为 b 的值是立即更新的，更新后又赋给了 c，因此 c 与 b 的值相同。

综合后的电路分别如图 5.8 和图 5.9 所示。

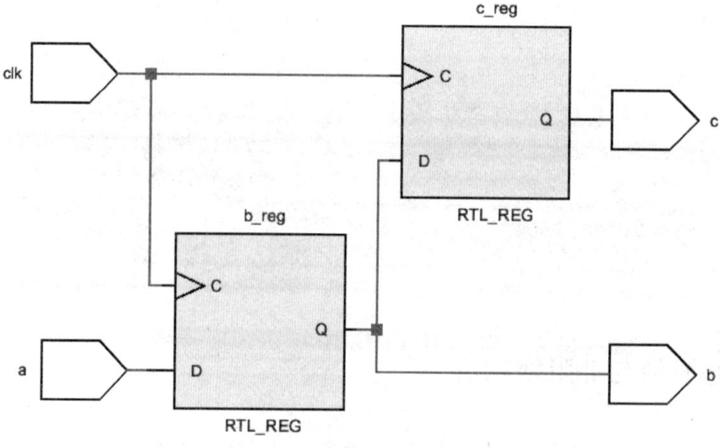

图 5.8 非阻塞赋值综合结果

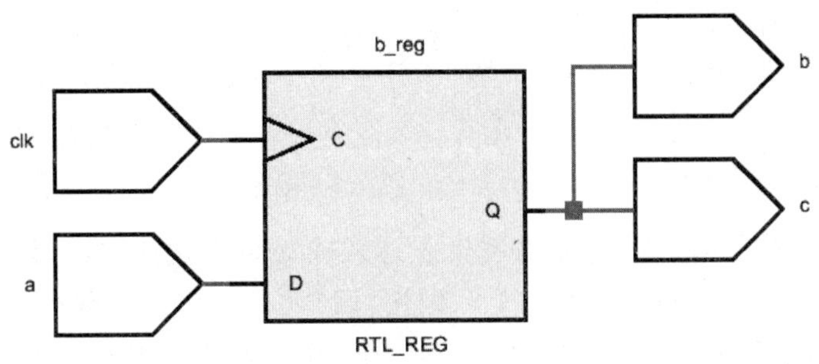

图 5.9　阻塞赋值综合结果

通过上面的讨论可以认为，在 always 过程块中，阻塞赋值可以理解为赋值语句是顺序执行的，而非阻塞赋值可以理解为赋值语句是并发执行的。为避免出错，在同一块内，最好不要将输出再作为输入使用。为使阻塞赋值方式完成与上述非阻塞赋值同样的功能，可采用两个 always 块来实现，如下面的代码所示。其中的两个 always 过程块是并发执行的。

```
module non_block(input clk,a,
                 output reg c,b);
always @(posedge clk)
   begin  b = a;  end
always @(posedge clk)
   begin  c = b;  end
endmodule
```

阻塞赋值与非阻塞赋值是学习 Verilog 语言的难点之一，这两种赋值方式将在后面进一步讲解。

5.4　条件语句

条件语句有 if-else 语句和 case 语句两种，都属于顺序语句，应放在 always 块内。下面分别介绍这两种语句。

5.4.1　if-else 语句

if 语句的格式与 C 语言中的 if-else 语句格式类似，使用方法有以下几种。

```
(1)if(表达式)          语句 1;                //非完整性 if 语句
(2)if(表达式)          语句 1;                //二重选择的 if 语句
   else                语句 2;
(3)if(表达式 1)        语句 1;                //多重选择的 if 语句
   else if(表达式 2)   语句 2;
```

```
else if(表达式 3)    语句 3;
…
else if(表达式 n)    语句 n;
else                 语句 n+1;
```

在上述方式中,“表达式”一般为逻辑表达式或关系表达式,也可能是 1 位的变量。系统对表达式的值进行判断,若为 0、x、z,则按“假”处理;若为 1,则按“真”处理,执行指定语句。语句可以是单句,也可以是多句,多句时用 begin-end 块语句括起来。if 语句也可以多重嵌套,对于 if 语句的嵌套,若不清楚 if 和 else 的匹配,最好用 begin-end 语句括起来。

下面举例说明 if 语句常用的几种使用方法。

1. 二重选择的 if 语句

首先判断条件是否成立,如果 if 语句中的条件成立,那么程序会执行语句 1;否则,程序执行语句 2。如例 5.12 是用二重选择的 if 语句描述的三态非门。

【例 5.12】 二重选择 if 语句描述的三态非门。

```
module tri_not(x,oe,y);
input x,oe; output reg y;
always @(x,oe)
  begin  if(!oe)     y<=~x;
            else     y<=1'bZ;
  end
endmodule
```

2. 多重选择的 if 语句

例 5.13 用多重选择 if 语句描述了一个 1 位二进制数比较器。

【例 5.13】 比较两个 1 位二进制数大小。

```
module compare1(a,b,less,equ,larg);
input a,b; output reg less,equ,larg;
always @(a,b)
  begin if(a>b) begin larg<=1'b1;equ<=1'b0;less<=1'b0;end
    else if(a==b) begin equ<=1'b1;larg<=1'b0;less<=1'b0;end
    else begin less<=1'b1;larg<=1'b0;equ<=1'b0;end
end
endmodule
```

3. 多重嵌套的 if 语句

if 语句可以嵌套，多用于描述具有复杂控制功能的逻辑电路。
多重嵌套的 if 语句的格式如下。

```
if(条件 1)  语句 1;
if(条件 2)  语句 2;
   …
```

例 5.14 是用多重嵌套的 if 语句实现的模为 60 的 8421 BCD 码加法计数器。

【例 5.14】 模为 60 的 8421 BCD 码加法计数器。

```
module count60                                //模块声明采用 Verilog-2001 格式
            ( input load,clk,reset,
              input[7:0] data,
              output reg[7:0] qout,
              output cout);
always @(posedge clk)                         //时钟上升沿时计数
  begin
    if(reset)        qout <= 0;               //同步复位
    else if(load)    qout <= data;            //同步置数
    else  begin
        if(qout[3:0] == 9)                    //低位是否为 9
          begin qout[3:0]<= 0;                //回 0
          if(qout[7:4] == 5)  qout[7:4]<= 0;  //判断高位是否为 5,若是,则回 0
          else qout[7:4]<= qout[7:4] + 1;     //高位不为 5,则加 1
          end
        else qout[3:0]<= qout[3:0] + 1;       //低位不为 9,则加 1
          end
  end
assign cout = (qout == 8'h59)?1:0;            //产生进位输出信号
endmodule
```

5.4.2 case 语句

相对 if 语句只有两个分支而言，case 语句是一种多分支语句，故 case 语句多用于多条件译码电路，如描述译码器、数据选择器、状态机及微处理器的指令译码等。case 语句有 case、casez、casex 三种表示方式，这里分别予以说明。

1. case 语句

case 语句的使用格式如下：

```
case (敏感表达式)
        值 1: 语句 1;                          //case 分支项
        值 2: 语句 2;
            …
        值 n: 语句 n;
        default: 语句 n+1;
endcase
```

当敏感表达式的值为 1 时,执行语句 1; 值为 2 时,执行语句 2; 以此类推; 若敏感表达式的值与上面列出的值都不符,则执行 default 后面的语句。若前面已列出了敏感表达式所有可能的取值,则 default 语句可以省略。

例 5.15 是一个用 case 语句描述的 3 人表决电路,其综合结果见图 5.10,该电路由与门、或门实现。

【例 5.15】 用 case 语句描述 3 人表决电路。

```
module vote3                                        //模块声明采用 Verilog-2001 格式
            ( input a,b,c,
              output reg pass);
always @(a,b,c)
  begin
    case({a,b,c})                                   //用 case 语句进行译码
    3'b000,3'b001,3'b010,3'b100: pass = 1'b0;      //表决不通过
    3'b011,3'b101,3'b110,3'b111: pass = 1'b1;      //表决通过
                      //注意多个选项间用逗号,连接
    default: pass = 1'b0;
    endcase
  end
endmodule
```

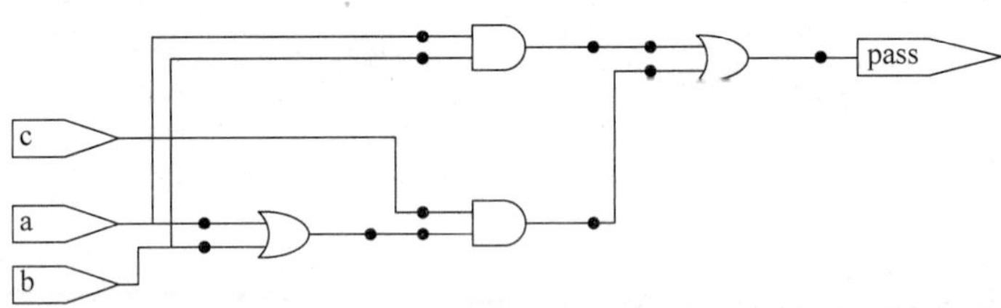

图 5.10　3 人表决电路综合结果

下面的例子是用 case 语句编写的 BCD 码 7 段数码管译码电路,实现 4 位 8421 BCD 码到 7 段数码管显示译码的功能。7 段数码管实际上是由 7 个长条形的发光二极管组成的(一般用 a、b、c、d、e、f、g 分别表示 7 个发光二极管),多用于显示字母、数字。图 5.11 是 7 段数码管的结构与共阴极、共阳极两种连接方式示意图。假定采用共阴极连接方式,用 7 段数码管显示 0～9 这 10 个数字,则相应的译码电路的 Verilog 描述如例 5.16 所示。

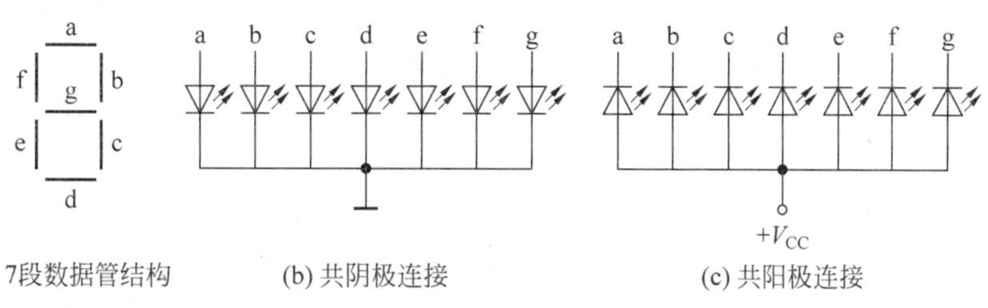

(a) 7段数据管结构　　(b) 共阴极连接　　(c) 共阳极连接

图 5.11　7 段数码管

【例 5.16】 BCD 码 7 段数码管译码器。

```
module decode4_7
              ( input D3,D2,D1,D0,                  //输入的 4 位 BCD 码
                output reg a,b,c,d,e,f,g);
always @ *                                          //使用通配符
  begin
    case({D3,D2,D1,D0})                             //用 case 语句进行译码
    4'd0:{a,b,c,d,e,f,g} = 7'b1111110;              //显示 0
    4'd1:{a,b,c,d,e,f,g} = 7'b0110000;              //显示 1
    4'd2:{a,b,c,d,e,f,g} = 7'b1101101;              //显示 2
    4'd3:{a,b,c,d,e,f,g} = 7'b1111001;              //显示 3
    4'd4:{a,b,c,d,e,f,g} = 7'b0110011;              //显示 4
    4'd5:{a,b,c,d,e,f,g} = 7'b1011011;              //显示 5
    4'd6:{a,b,c,d,e,f,g} = 7'b1011111;              //显示 6
    4'd7:{a,b,c,d,e,f,g} = 7'b1110000;              //显示 7
    4'd8:{a,b,c,d,e,f,g} = 7'b1111111;              //显示 8
    4'd9:{a,b,c,d,e,f,g} = 7'b1111011;              //显示 9
    default:{a,b,c,d,e,f,g} = 7'b1111110;           //其他均显示 0
    endcase
  end
endmodule
```

例 5.17 是用 case 语句描述的 JK 触发器。

【例 5.17】 用 case 语句描述下降沿触发的 JK 触发器。

```
module jk_ff
            (input clk,j,k,
             output reg q);
always @(negedge clk)
  begin
    case({j,k})
    2'b00: q <= q;                  //保持
    2'b01: q <= 1'b0;               //置 0
    2'b10: q <= 1'b1;               //置 1
    2'b11: q <= ~q;                 //翻转
    endcase
  end
endmodule
```

从例 5.17 可以看出，用 case 语句描述实际上就是将模块的真值表描述出来，如果已知模块的真值表，不妨用 case 语句对其进行描述。

2. casez 与 casex 语句

在 case 语句中，敏感表达式与值 1～n 的比较是一种全等比较，必须保证两者的对应位全等。casez 与 casex 语句是 case 语句的两种变体，在 casez 语句中，如果分支表达式某些位的值为高阻 z，那么对这些位的比较就不予考虑，因此只需关注其他位的比较结果。而在 casex 语句中，则把这种处理方式进一步扩展到对 x 的处理。也就是说，如果比较的双方有一方的某些位的值是 x 或 z，那么这些位的比较就都不予考虑。

表 5.2 是 case、casez 和 casex 进行比较时的规则。

表 5.2　case、casez 和 casex 语句的比较规则

case	0	1	x	z	casez	0	1	x	z	casex	0	1	x	z
0	1	0	0	0	0	1	0	0	1	0	1	0	1	1
1	0	1	0	0	1	0	1	0	1	1	0	1	1	1
x	0	0	1	0	x	0	0	1	1	x	1	1	1	1
z	0	0	0	1	z	1	1	1	1	z	1	1	1	1

此外，还有另一种标识 x 或 z 的方式，即用表示无关值的符号"?"来表示。例如：

```
case(a)
2'b1x:out = 1;                //只有 a = 1x,才有 out = 1
casez(a)
2'b1x:out = 1;                //如果 a = 1x、1z,则有 out = 1
casex(a)
2'b1x:out = 1;                //如果 a = 10、11、1x、1z 等,都有 out = 1
casez(a)
3'b1??:out = 1;               //如果 a = 100、101、110、111 或 1xx、1zz 等,都有 out = 1
3'b01?:out = 1;               //如果 a = 010、011、01x、01z,都有 out = 1
```

例 5.18 是一个采用 casez 语句描述并使用了符号"?"的数据选择器的例子。

【例 5.18】 用 casez 语句描述数据选择器。

```
module mux_casez
           (input a,b,c,d, input[3:0] select,
            output reg out);
always @ *
begin
    casez(select)
    4'b???1:out = a;
    4'b??1?:out = b;
    4'b?1??:out = c;
    4'b1???:out = d;               //不需再加 default 语句
```

```
        endcase
    end
endmodule
```

在使用条件语句时，应注意列出所有条件分支，否则，编译器认为条件不满足时，会引进一个触发器保持原值。这一点可用于设计时序电路，而在组合电路设计中，应避免这种隐含触发器的存在。当然，一般不可能列出所有分支，因为每一变量至少有 4 种取值：0、1、z、x。为包含所有分支，可在 if 语句最后加上 else 语句；在 case 语句的最后加上 default 语句。

例 5.19 是一个隐含锁存器的例子。

【例 5.19】 隐含锁存器。

```
module buried_ff
              (input b,a,
               output reg c);
always @(a or b)
    begin
     if((b == 1)&&(a == 1))   c = a&b;
    end
endmodule
```

设计者原意是设计一个 2 输入与门，但因 if 语句中没有 else 语句，在对此语句逻辑综合时会默认 else 语句为“c＝c；”，即保持不变，所以形成了一个隐含锁存器。该例的综合结果如图 5.12 所示。

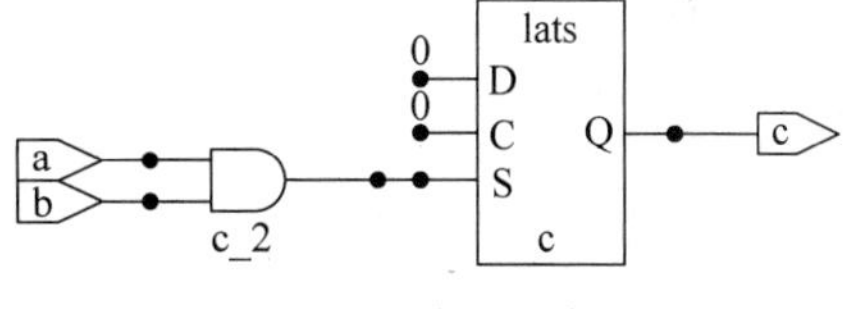

图 5.12　隐含锁存器

在对例 5.16 仿真，出现 a＝1 且 b＝1，c＝1 之后 c 的值会一直维持为 1。为改正此错误，只需加上“else c＝0;”语句即可，即

```
always @(a or b)
begin  if((b == 1)&&(a == 1)) c = a&b;
 else c = 0;
end
```

5.5 循环语句

Verilog 语言中存在 4 种类型的循环语句，用来控制语句的执行次数，分别如下。

(1) for：有条件的循环语句。

(2) repeat：连续执行一条语句 n 次。

(3) while：执行一条语句直到某个条件不满足。

(4) forever：连续地执行语句；多用在 initial 块中，以生成时钟等周期性波形。

5.5.1 for 语句

for 语句的使用格式如下(同 C 语言)。

```
for(循环变量赋初值; 循环结束条件; 循环变量增值)
执行语句;
```

下面通过 7 人表决器的例子说明 for 语句的使用：通过一个循环语句统计赞成的人数，若超过 4 人赞成，则通过。用 vote[7:1]表示 7 人的投票情况，1 代表赞成，即 vote[i]为 1 代表第 i 个人赞成，pass=1 表示表决通过。

【例 5.20】 用 for 语句描述 7 人投票表决器。

```
module voter7
              (input[7:1] vote,
               output reg pass);
reg[2:0] sum; integer i;
always @(vote)
  begin  sum = 0;
    for(i = 1;i <= 7;i = i + 1)                //for 语句
        if(vote[i])  sum = sum + 1;
        if(sum[2])   pass = 1;                 //若超过 4 人赞成,则 pass = 1
        else         pass = 0;
  end
endmodule
```

例 5.21 中用 for 循环语句实现了两个 8 位二进制数的乘法操作。

【例 5.21】 用 for 语句实现两个 8 位二进制数相乘。

```
module mult_for                                //模块声明采用 Verilog-2001 格式
               #(parameter SIZE = 8)
                (input[SIZE:1] a,b,            //操作数
                output reg[2 * SIZE:1] outcome); //结果
integer i;
always @(a or b)
      begin  outcome <= 0;
        for(i = 1;i <= SIZE;i = i + 1)         //for 语句
        if(b[i]) outcome <= outcome + (a <<(i - 1));
       end
endmodule
```

例 5.22 是一个用 for 循环语句生成奇校验位的例子。

【例 5.22】 用 for 循环语句生成奇校验位。

```
module parity_check
                   (input[7:0] a,
                   output reg y);
integer i;
always @(a)
      begin   y = 1'b1;                                  //注意此处不能采用非阻塞赋值<=
      for(i = 0;i <= 7;i = i + 1)                        //for 语句
        y = y ^ a[i];   end                              //此处不能采用非阻塞赋值<=
endmodule
```

在例 5.22 中，for 循环语句执行 1⊕a[0]⊕a[1]⊕a[2]⊕a[3]⊕a[4]⊕a[5]⊕a[6]⊕a[7]运算，综合后生成的 RTL 综合结果如图 5.13 所示。如果将变量 y 的初值改为 0，则例 5.22 变为偶校验电路。

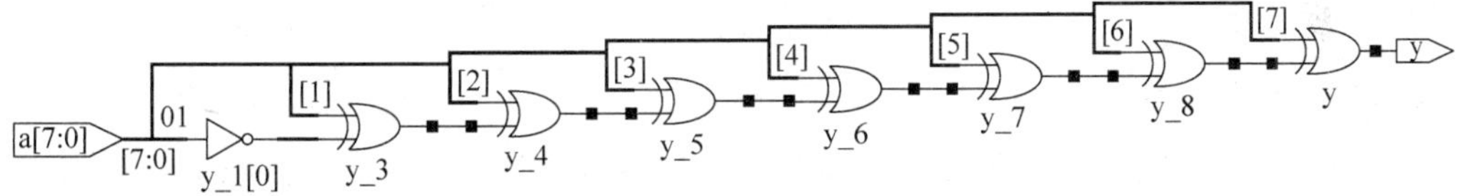

图 5.13　奇校验电路 RTL 综合结果

大多数综合器都支持 for 循环语句，在可综合的设计中，若需使用循环语句，应首先考虑用 for 语句实现。

5.5.2 repeat、while、forever 语句

1. repeat 语句

repeat 语句的使用格式如下。

```
repeat(循环次数表达式) begin
                       语句或语句块
                       end
```

例 5.23 利用 repeat 循环语句和移位运算符实现了两个 8 位二进制数的乘法。

【例 5.23】 用 repeat 实现两个 8 位二进制数的乘法。

```
module mult_repeat
                 #(parameter SIZE = 8)
                   (input[SIZE:1] a,b,
                    output reg[2 * SIZE:1] result);
reg[2 * SIZE:1] temp_a; reg[SIZE:1] temp_b;
always @(a or b)
   begin
     result = 0; temp_a = a; temp_b = b;
```

```
    repeat(SIZE)                          //repeat 语句,SIZE 为循环次数
       begin
       if(temp_b[1])                      //如果 temp_b 的最低位为 1,就执行下面的加法
       result = result + temp_a;
       temp_a = temp_a << 1;              //操作数 a 左移 1 位
       temp_b = temp_b >> 1;              //操作数 b 右移 1 位
       end
  end
endmodule
```

2. while 语句

while 语句的使用格式如下。

```
while(循环执行条件表达式) begin
                         语句或语句块
                       end
```

while 语句在执行时,首先判断循环执行条件表达式是否为真,若为真,则执行后面的语句或语句块;然后回头判断循环执行条件表达式是否为真,若为真,再执行一遍后面的语句,如此不断,直到条件表达式不为真。因此,在执行语句中必须有一条改变循环执行条件表达式值的语句。

例如在下面的代码中,利用 while 语句统计 rega 变量中 1 的个数。

```
begin : count1s
reg [7:0] tempreg;
count = 0;
tempreg = rega;
while (tempreg) begin
  if(tempreg[0])
      count = count + 1;
      tempreg = tempreg >> 1;
  end
end
```

下面的例子分别用 while 和 repeat 语句显示 4 个 32 位整数。

```
module loop1;
integer i;
initial              //repeat 循环
 begin i = 0; repeat(4)
   begin
  $ display("i = %h",i);i = i + 1;
 end  end
endmodule
```

```
module loop2;
integer i;
initial              //while 循环
 begin  i = 0; while(i < 4)
   begin
 $ display("i = %h",i);i = i + 1;
   end  end
endmodule
```

用 ModelSim 软件运行，其输出结果均为

```
i = 00000001                    //i 是 32 位整数
i = 00000002
i = 00000003
i = 00000004
```

3. forever 语句

forever 语句的使用格式如下。

```
forever  begin
     语句或语句块
end
```

forever 循环语句连续不断地执行后面的语句或语句块，常用于产生周期性的波形。forever 语句多用在 initial 语句中，若要用它进行模块描述，可用 disable 语句进行中断。

5.6 编译指示语句

Verilog 语言和 C 语言一样提供了编译指示功能。Verilog 语言允许在程序中使用特殊的编译指示(Compiler Directive)语句，在编译时，通常先对这些指示语句进行预处理，然后再将预处理的结果和源程序一起进行编译。

指示语句以符号"`"开头，以区别于其他语句。Verilog HDL 提供了十几条编译指示语句，如`define、`ifdef、`else、`endif、`restall 等。比较常用的有`define、`include 和`ifdef、`else、`endif。下面分别介绍这些常用语句。

1. 宏替换语句`define

`define 语句用于将一个简单的名字或标识符(或称为宏名)代替一个复杂的名字、字符串或表达式，其使用格式为

```
`define 宏名(标识符) 字符串
```

例如：

```
`define sum ina + inb + inc
```

在上面的语句中，用宏名 sum 代替一个复杂的表达式 ina＋inb＋inc，采用这样的定义后，程序中出现

```
assign out = `sum + ind;              //等价于 out = ina + inb + inc + ind;
```

再如：

```
`define WORDSIZE 8
reg[`WORDSIZE:1] data;            //相当于定义 reg[8:1] data;
```

从上面的例子可以看出：

(1) `define 宏定义语句行末是没有分号的。

(2) 在引用已定义的宏名时，必须在宏名的前面加上符号"`"，以表示该名字是一个宏定义的名字。

(3) `define 的作用范围是跨模块(module)的，可以是整个工程，就是说，在一个模块中定义的`define 指令可以被其他模块调用，直到遇到`undef 失效。所以用`define 定义常量和参数时，一般习惯将定义语句放在模块外。与`define 相比，用 parameter 定义的参数作用范围只限于本模块内，但上层模块例化下层模块时，可通过参数传递，重新定义下层模块中参数的值。

2. 文件包含语句`include

`include 是文件包含语句，它可将一个文件全部包含到另一个文件中。其格式为

```
`include "文件名"
```

`include 类似于 C 语言中的#include <filename.h>结构，后者用于将内含全局或公用定义的头文件包含在设计文件中；`include 则用于指定包含任何其他文件的内容。被包含的文件既可以使用相对路径定义，也可以使用绝对路径定义；如果没有路径信息，则默认在当前目录下搜寻要包含的文件。`include 语句后加入的文件名称必须放在双引号中。

使用`include 语句时应注意以下几点。

(1) 一个`include 语句只能指定一个被包含的文件。如果需要包含多个文件，则需要使用多个`include 语句进行包含，多个`include 语句可以写在一行，但命令行中只可以出现空格和注释。例如：

```
`include "file1.v"   `include "file2.v"
```

(2) `include 语句可以出现在源程序的任何地方。被包含的文件若与包含文件不在同一个子目录下，必须指明其路径名。

(3) 文件包含允许多重包含，如文件 1 包含文件 2，文件 2 又包含文件 3，等等。

3. 条件编译语句`ifdef、`else、`endif

条件编译语句`ifdef、`else、`endif 可以指定仅对程序中的部分内容进行编译，这三个语句有以下两种使用形式。

(1) 第一种使用形式：

```
`ifdef  宏名
语句块
`endif
```

这种形式的意思是：若宏名在程序中被定义过(用`define 语句定义)，则下面的语句块参与源文件的编译；否则，该语句块将不参与源文件的编译。

(2) 第二种使用形式：

```
`ifdef  宏名
语句块 1
`else     语句块 2
`endif
```

这种形式的意思是：若宏名在程序中被定义过(用`define 语句定义)，则语句块 1 将被编译到源文件中；否则，语句块 2 将被编译到源文件中。如例 5.24 所示。

【例 5.24】 条件编译举例。

```
module compile
             ( input a,b,
               output out);
`ifdef add                                  //宏名为 add
        assign out = a + b;
`else   assign out = a - b;
`endif
endmodule
```

在例 5.24 中，若在程序中定义了"`define add"，则执行"assign out＝a＋b;"操作，若没有该语句，则执行"assign out＝a－b;"操作。

5.7 任务与函数

任务和函数的关键字分别是 task 和 function。利用任务和函数可以把一个大的程序模块分解成许多小的子模块，方便调试，并能使程序结构清晰。

5.7.1 任务

任务(task)定义与调用的格式分别为

```
task <任务名>;                        //注意无端口列表
       端口及数据类型声明语句;
       其他语句;
endtask
```

任务调用的格式为

```
<任务名>(端口 1,端口 2, … );
```

需要注意的是,任务调用时和定义时的端口变量应是一一对应的。例如,下面是一个定义任务的例子。

```
task test;
input in1,in2; output out1,out2;
#1 out1 = in1&in2;
#1 out2 = in1|in2;
endtask
```

当调用该任务时,可使用如下语句:

```
test(data1,data2,code1,code2);
```

调用任务 test 时,变量 data1 和 data2 的值赋给 in1 和 in2;任务执行完成后,out1 和 out2 的值则赋给了 code1 和 code2。

在例 5.25 中,定义了一个完成两个操作数按位与操作的任务,然后在后面的算术逻辑单元的描述中,调用该任务完成与操作。

【例 5.25】 任务举例。

```
module alutask(code,a,b,c);
input[1:0] code; input[3:0] a,b;
output reg[4:0] c;
task my_and;                          //任务定义,注意无端口列表
input[3:0] a,b;                       //a,b,out 名称的作用域范围为 task 任务内部
output[4:0] out;
integer i;  begin for(i = 3;i> = 0;i = i - 1)
     out[i] = a[i]&b[i];              //按位与
end
endtask
always@(code or a or b)
     begin  case(code)
     2'b00:my_and(a,b,c);             /* 调用任务 my_and,需注意端口列表的顺序应与任务
定义时一致,这里的 a,b,c 分别对应任务定义中的 a,b,out */
     2'b01:c = a|b;                   //或
     2'b10:c = a - b;                 //相减
     2'b11:c = a + b;                 //相加
     endcase
     end
endmodule
```

为检验其功能,编写例 5.26 的激励脚本并对其仿真。

【例 5.26】 激励脚本。

```
`timescale 100 ps/ 1 ps
module alutask_vlg_tst();
parameter DELY = 100;
reg eachvec;
reg [3:0] a;reg [3:0] b;reg [1:0] code;
wire [4:0]  c;
 alutask i1(  .a(a),.b(b),.c(c),.code(code));
initial    begin
code = 4'd0;a = 4'b0000;b = 4'b1111;
#DELY   code = 4'd0;a = 4'b0111;b = 4'b1101;
#DELY   code = 4'd1;a = 4'b0001;b = 4'b0011;
#DELY   code = 4'd2;a = 4'b1001;b = 4'b0011;
#DELY   code = 4'd3;a = 4'b0011;b = 4'b0001;
#DELY   code = 4'd3;a = 4'b0111;b = 4'b1001;
$display("Running testbench");
end
always  begin
@eachvec;
end
endmodule
```

用 ModelSim 运行例 5.26 的脚本，得到如图 5.14 所示的仿真波形。

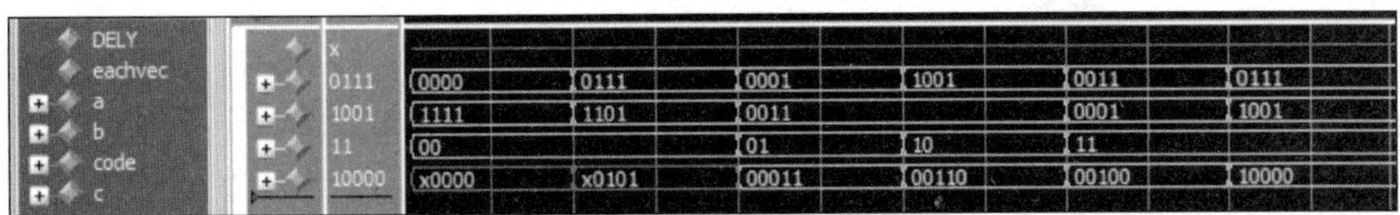

图 5.14　例 5.26 的仿真波形

注意：在使用任务时，应注意以下几点。

(1) 任务的定义与调用必须在一个 module 内。

(2) 定义任务时，没有端口名列表，但需紧接着进行输入/输出端口和数据类型的说明。

(3) 当任务被调用时，任务被激活。任务的调用与模块调用一样，通过任务名调用实现。调用时，需列出端口名列表，端口名的排序和类型必须与任务定义时相一致。

(4) 一个任务可以调用别的任务和函数，可以调用的任务和函数个数不受限制。

5.7.2 函数

在 Verilog 模块中，如果多次用到重复的代码，则可以把这部分重复代码摘取出来，定义成函数(function)。在综合时，每调用一次函数，则复制或平铺(flatten)该电路一次，所以函数不宜过于复杂。

函数可以有一个或者多个输入，但只能返回一个值，通常在表达式中调用函数的返回值。函数的定义格式如下。

```
function  <返回值位宽或类型说明> 函数名;
                端口声明;
                局部变量定义;
                其他语句;
endfunction
```

<返回值位宽或类型说明>是一个可选项，如果默认，则返回值为1位寄存器类型的数据。

函数的调用是通过将函数作为表达式中的操作数来实现的。调用格式如下。

```
<函数名>(<表达式><表达式>);
```

例5.27用函数定义了一个8-3编码器，并使用assign语句调用了该函数。

【例5.27】 用函数和case语句描述编码器(不含优先顺序)。

```
module code_83(din,dout);
input[7:0] din; output[2:0] dout;
function[2:0] code;                    //函数定义
input[7:0] din;                        //函数只有输入，输出为函数名本身
     casex(din)
     8'b1xxx_xxxx:code = 3'h7;
     8'b01xx_xxxx:code = 3'h6;
     8'b001x_xxxx:code = 3'h5;
     8'b0001_xxxx:code = 3'h4;
     8'b0000_1xxx:code = 3'h3;
     8'b0000_01xx:code = 3'h2;
     8'b0000_001x:code = 3'h1;
     8'b0000_000x:code = 3'h0;
     default:code = 3'hx;
     endcase
endfunction
assign dout = code(din);               //函数调用
endmodule
```

与C语言相类似，Verilog语言使用函数以适应对不同操作数采取同一运算的操作。函数在综合时被转换成具有独立运算功能的电路，每调用一次函数相当于改变这部分电路的输入以得到相应的计算结果。

例5.28中定义了一个实现阶乘运算的函数factorial，该函数返回一个32位的寄存器类型的值。采用同步时钟触发运算的执行，每个clk时钟周期都会执行一次运算。

【例 5.28】 阶乘运算函数。

```
module funct(clk,n,result,reset);
input reset,clk; input[3:0] n; output reg[31:0] result;
always @(posedge clk)                          //在 clk 的上升沿时执行运算
     begin if(!reset) result <= 0;
     else
     begin result <= 2 * factorial(n); end   //调用 factorial 函数
     end
function[31:0] factorial;                       //阶乘运算函数定义(注意无端口列表)
input[3:0] opa;                                 //函数只能定义输入端,输出端口为函数名本身
reg[3:0] i;
     begin  factorial = (opa >= 4'b1)?1:0;
     for(i = 2;i <= opa;i = i + 1)              //for 语句若要综合,opa 应赋具体的数值,如 9
     factorial = i * factorial;                 //阶乘运算
     end
endfunction
endmodule
```

注意:函数的定义中蕴涵了一个与函数同名的、函数内部的寄存器。在函数定义时,将函数返回值所使用的寄存器名称设为与函数同名的内部变量,因此函数名被赋予的值就是函数的返回值。

Verilog-2001 标准中定义了一种递归函数(Function Automatic),增加了一个关键字 automatic,表示函数的迭代调用。如上面的阶乘运算,可采用递归函数来描述,如例 5.29 所示,通过函数自身的迭代调用,实现了 32 位无符号整数的阶乘运算(n!)。

比较例 5.28 与例 5.29 的异同,可体会函数与递归函数的区别。

【例 5.29】 阶乘递归函数。

```
module tryfact;
function automatic integer factorial;                //函数定义
input [31:0] operand;
if(operand >=  2)
factorial  =  factorial(operand - 1)  *  operand;
else
factorial  =  1;
endfunction
integer result;
integer n;
initial begin
for(n  =  0; n <= 7; n  =  n + 1) begin
result  =  factorial(n);                             //函数调用
$display("%0d factorial = %0d", n, result);
end   end
endmodule // tryfact
```

例 5.29 的仿真结果如下:

```
0 factorial = 1
1 factorial = 1
2 factorial = 2
3 factorial = 6
4 factorial = 24
5 factorial = 120
6 factorial = 720
7 factorial = 5040
```

注意：在使用函数时，应注意以下几点。

(1) 函数的定义与调用必须在一个 module 内。

(2) 函数只允许有输入变量且必须至少有一个输入变量，输出变量由函数名本身担任，如在例 5.28 中，函数名 factorial 就是输出变量，在调用该函数时，"result<=2 * factorial(n);"自动将 n 的值赋给函数的输入变量 opa，完成函数计算后，将结果通过 factorial 名字本身返回，作为一个操作数参与 result 表达式的计算。因此，在定义函数时，需声明函数名的数据类型和位宽。

(3) 定义函数时没有端口名列表，但调用函数时需列出端口名列表，端口名的排序和类型必须与定义时一致。这一点与任务相同。

(4) 函数可以出现在持续赋值 assign 的右端表达式中。

(5) 函数的使用与任务相比有更多的限制和约束。函数不能启动任务，而任务可以调用别的任务和函数，且调用任务和函数的个数不受限制。在函数中不能包含有任何时间控制语句。

表 5.3 对 task 与 function 进行了比较。

表 5.3 task 与 function 的比较

比较项目	task	function
输入与输出	可有任意个各种类型的参数	至少有一个输入，不能将 inout 类型作为输出
调用	任务只可在过程语句中调用，不能在连续赋值语句 assign 中调用	函数可作为表达式中的一个操作数来调用，在过程赋值和连续赋值语句中均可以调用
定时事件控制(#,@和 wait)	任务可以包含定时和事件控制语句	函数不能包含这些语句
调用其他任务和函数	任务可调用其他任务和函数	函数可调用其他函数，但不可以调用其他任务
返回值	任务不向表达式返回值	函数向调用它的表达式返回一个值

合理使用 task 和 function 会使程序显得结构清晰而简单，一般的综合器对 task 和 function 都是支持的，但也有的综合器不支持 task。

5.8 Verilog-2001 语言标准

Verilog 语言处于不断的发展过程中，1995 年 IEEE 将 Verilog 采纳为标准，推出 Verilog-1995 标准（即 IEEE 1364-1995）；2001 年 3 月，IEEE 又批准了 Verilog-2001 标准（即 IEEE 1364-2001）。

目前，几乎所有的综合器、仿真器都能很好地支持 Verilog-2001 标准，Vivado 软件支持的 Verilog 标准包括 Verilog-1995、Verilog-2001 和 SystemVerilog。有必要较为深入地了解和学习 Verilog-2001 标准。

5.8.1 Verilog-2001 改进和增强的语法结构

Verilog-2001 标准对 Verilog 语言的改进和增强主要表现在以下三方面。

- 提高 Verilog 语言的行为级和 RTL 级建模的能力。
- 改进 Verilog 语言在深亚微米设计和 IP 建模方面的能力。
- 纠正和改进了 Verilog-1995 标准中的错误和易产生歧义之处。

下面举例说明具体的改进。

1. ANSI C 风格的模块声明

Verilog-2001 标准改进了端口的声明语句，使其更接近 ANSI C 语言的风格，可用于 module、task 和 function。同时允许将端口声明和数据类型声明放在同一条语句中。例如，在 Verilog-1995 标准中，可采用如下方式声明一个 FIFO 模块。

```
module fifo(in,clk,read,write,reset,out,full,empty);
parameter MSB = 3,DEPTH = 4;
input[MSB:0] in;
input clk,read,write,reset;
output[MSB:0] out; output full,empty;
reg[MSB:0] out; reg full,empty;
```

上面的模块声明在 Verilog-2001 标准中可以写成下面的形式。

```
module fifo_2001
        #(parameter MSB = 3,DEPTH = 4)          //参数定义,注意前面有"#"
          ( input[MSB:0] in,                    //端口声明和数据类型声明放在同一条语句中
            input clk,read,write,reset,
            output reg[MSB:0] out,
            output reg full,empty);
```

例 5.30 的 4 位格雷码计数器的模块声明部分采用了 Verilog-2001 格式。

【例 5.30】 4 位格雷码计数器。

```
module graycount  #(parameter WIDTH = 4)
          (output reg[WIDTH-1:0]  graycount,           //格雷码输出信号
           input wire  enable,clear,clk);              //使能、清零、时钟信号
reg [WIDTH-1:0]  bincount;
always @ (posedge clk)
  if(clear) begin
   bincount <= {WIDTH{1'b 0}} + 1;
   graycount <=  {WIDTH{1'b 0}};
   end
   else if(enable) begin
     bincount <= bincount + 1;
     graycount <= {bincount[WIDTH-1],
     bincount[WIDTH-2:0] ^ bincount[WIDTH-1:1]};
    end
endmodule
```

4 位格雷码计数器的行为级仿真波形如图 5.15 所示，其输出按照格雷码编码，相邻码字只有一个比特位不同。

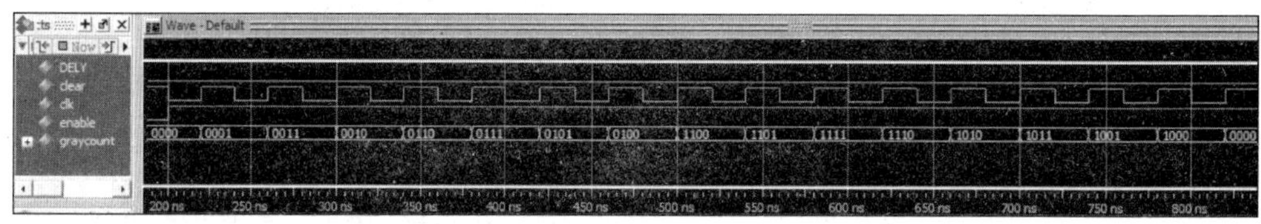

图 5.15　4 位格雷码计数器的行为仿真波形

2. 逗号分隔的敏感信号列表

在 Verilog-1995 标准中书写敏感信号列表时，通常用 or 来连接敏感信号。例如：

```
always @(a or b or cin)
    {cout,sum} = a + b + cin;
always @(posedge clk or negedge clr)
     if(!clr) q <= 0;  else q <= d;
```

在 Verilog-2001 标准中可用逗号分隔敏感信号，上面的语句可写为如下形式。

```
always @(a, b, cin)                       //用逗号分隔信号
       {cout,sum} = a + b + cin;
always @(posedge clock,negedge clr)
       if(!clr) q <= 0; else  q <= d;
```

3. 在组合逻辑敏感信号列表中使用通配符 *

用 always 过程块描述组合逻辑时，应在敏感信号列表中列出所有的输入信号，在

Verilog-2001 标准中可用通配符“ * ”来表示包含该过程块中的所有输入信号变量。

下面是在 Verilog-1995 标准和 Verilog-2001 标准中，4 选 1 MUX 的敏感信号列表书写格式的对比：

```
//Verilog - 1995
always @(sel or a or b or c or d)
       case(sel)
       2'b00:y = a;
       2'b01:y = b;
       2'b10:y = c;
       2'b11:y = d;
       endcase
```

```
//Verilog - 2001
always @  *                  //通配符
       case(sel)
       2'b00:y = a;
       2'b01:y = b;
       2'b10:y = c;
       2'b11:y = d;
       endcase
```

4. generate 语句

Verilog-2001 标准新增了语句 generate。generate 循环可以产生一个对象（如 module、primitive，或者 variable、net、task、function、assign、initial 和 always）的多个例化，为可变尺度的设计提供便利。

generate 语句一般和循环语句、条件语句（for、if、case）一起使用。为此，Verilog-2001 标准增加了 4 个关键字 generate、endgenerate、genvar 和 localparam。genvar 是一个新的数据类型，用在 generate 循环中的标尺变量必须定义为 genvar 型数据。还要注意的是，for 循环的内容必须加 begin 和 end（即使只有一条语句），且必须给 begin 和 end 块语句起个名字。

下面是一个用 generate 语句描述的行波进位加法器的例子，它采用了 generate 语句和 for 循环产生元件的例化和元件间的连接关系。

【例 5.31】 采用 generate 语句和 for 语句循环描述的 4 位行波进位加法器。

```
module add_ripple #(parameter SIZE = 4)
(input[SIZE - 1:0] a,b,
 input cin,
 output[SIZE - 1:0] sum,
output cout);

wire[SIZE:0] c;
assign c[0] = cin;
generate
genvar i;
for(i = 0;i < SIZE;i = i + 1)
   begin : add
    wire n1,n2,n3;
xor g1(n1,a[i],b[i]);
xor g2(sum[i],n1,c[i]);
and g3(n2,a[i],b[i]);
and g4(n3,n1,c[i]);
```

```
or g5(c[i+1],n2,n3);  end
endgenerate
assign cout = c[SIZE];
endmodule
```

对例 5.31 用 Vivado 软件综合，其 RTL 综合原理图如图 5.16 所示。

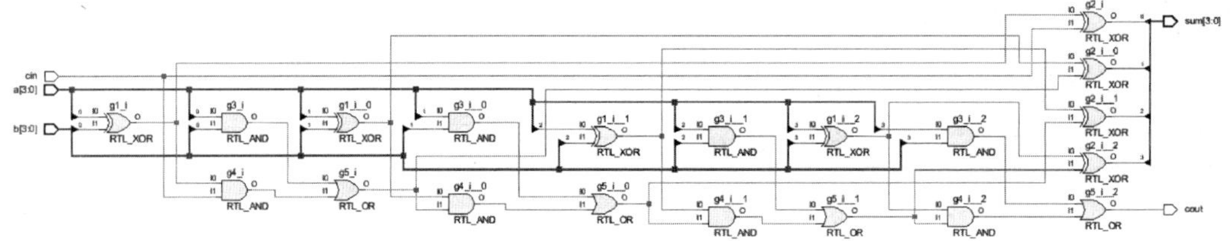

图 5.16　4 位行波进位加法器 RTL 综合原理图

下面的例子用 generate 语句描述一个可扩展的乘法器，当乘法器的 a 和 b 的位宽小于 8 时，生成 CLA 超前进位乘法器；否则生成 WALLACE 树状乘法器。

```
module multiplier(a, b, product);
parameter a_width  =  8, b_width  =  8;
localparam product_width  =  a_width + b_width;
input [a_width - 1:0] a;
input [b_width - 1:0] b;
output[product_width - 1:0] product;
generate
if((a_width < 8) || (b_width < 8))
CLA_multiplier #(a_width, b_width)
u1 (a, b, product);
else
WALLACE_multiplier #(a_width, b_width)
u1 (a, b, product);
endgenerate
endmodule
```

5. 带符号的算术扩展

signed 是 Verilog-1995 标准中的保留字，未使用。在 Verilog-2001 标准中，用 signed 来定义带符号的数据类型、端口、整数、函数等。

在 Verilog-2001 标准中，对带符号的算术运算做了如下几点扩充。

(1) wire 型和 reg 型变量可以声明为带符号(signed)变量。例如：

```
wire signed[7:0] a,b;
reg signed[15:0] data;
output signed[15:0] sum;
```

(2) 任何进制的整数都可以带符号；参数也可以带符号。例如：

```
12'sh54f                          //一个 12 位的十六进制带符号整数 54f
parameter p0 = 2`sb00,p1 = 2`sb01;
```

(3) 函数的返回值可以有符号。例如：

```
function signed[31:0] alu;
```

(4) 增加了算术移位操作符。

Verilog-2001 标准增加了算术移位操作符>>>和<<<，对于有符号数，执行算术移位操作时，用符号位填补移出的位，以保持数值的符号。例如，若定义有符号二进制数 A = 8'sb10100011，则执行逻辑右移和算术右移后的结果如下。

```
A >> 3;                           //逻辑右移后其值为 8'b00010100
A >>> 3;                          //算术右移后其值为 8'b11110100
```

(5) 新增了系统函数 $ signed()和 $ unsigned()，可以将数值强制转换为带符号的值或不带符号的值。例如：

```
reg[63:0]  a;                     //定义 a 为无符号数据类型
always@(a)  begin
  result1 = a/2;                  //无符号运算
  result2 = $ signed(a)/2;        //a 变为带符号数
end
```

6. 指数运算符 **

Verilog-2001 标准增加了指数运算符 **，执行指数运算，一般使用的是底数为 2 的指数运算(2^n)。例如：

```
parameter WIDTH = 16;
parameter DEPTH = 8;
reg[WIDTH - 1:0] data [0:(2 ** DEPTH) - 1];
                         //定义了一个位宽为 16 位，2^8(256)个单元的存储器
```

7. 变量声明时进行赋值

Verilog-2001 标准规定可以在变量声明时对其赋初始值，所赋的值必须是常量，并且在下次赋值之前，变量都会保持该初始值不变。变量在声明时的赋值不适用于矩阵。

如下面的例子，在 Verilog-1995 标准中需要先声明一个 reg 变量 a，然后在 initial 块中为其赋值为 4'h4；而在 Verilog-2001 标准中可直接在声明时赋值，两者是等效的。

```
//Verilog-1995
reg[3:0] a;
 initial
  a = 4'h4;
```

```
//Verilog-2001
reg[3:0] a = 4'h4;
```

也可同时声明多个变量,为其中的一个或者几个变量赋值,例如:

```
integer i = 0, j, k = 1;
real r1 = 2.5, n300k = 3E6;
```

在声明矩阵时,为其赋值是非法的,如下面的代码是非法的:

```
reg [3:0] array [3:0] = 0;                          //非法
```

8. 常数函数

Verilog-2001 标准增加了一类特殊的函数——常数函数,其定义和其他 Verilog 函数的定义相同,不同之处在于其赋值是在编译或详细描述(elaboration)时被确定的。

常数函数有助于创建可改变维数和规模的可重用模型。如下例定义了一个常数函数 clogb2,该函数返回一个整数,可根据 ram 的深度(ram 的单元数)来确定 ram 地址线的宽度。

```
module ram(address_bus, write, select, data);
parameter SIZE = 1024;
input [clogb2(SIZE) - 1:0] address_bus;
...
function integer clogb2 (input integer depth);
begin
   for(clogb2 = 0; depth > 0; clogb2 = clogb2 + 1)
   depth = depth >> 1;
end
endfunction
...
endmodule
```

注意:常数函数只能调用常数函数,不能调用系统函数。常数函数内部用到的参数(parameter)必须在该常数函数被调用之前定义。

9. 向量的位选和域选

在 Verilog-1995 标准中,可以从向量中取出一个或者若干相连比特,称为位选和域选,但被选择的部分必须是固定的。

Verilog-2001 标准对向量的部分选择进行了扩展,增加了索引的部分选择(indexed part selects)方式,其形式如下。

```
[base_expr      + :     width_expr]
// 起始表达式   正偏移     位宽
[base_expr      - :     width_expr]
// 起始表达式   负偏移     位宽
```

包括起始表达式(base_expr)和位宽(width_expr)。其中,位宽必须为常数,而起始表达式可以是变量;偏移方向表示选择区间是表达式加上位宽(正偏移),还是表达式减去位宽(负偏移)。例如:

```
reg [63:0] word;
reg [3:0] byte_num;                    //取值范围: 0~7
wire [7:0] byteN = word[byte_num * 8 + : 8];
```

上例中,如果变量 byte_num 当前的值是 4,则 byteN = word[39:32],起始位为 32(byte_num * 8),终止位 39 由宽度和正偏移 8 确定。再如:

```
reg[63:0] vector1;              //小端(little - endian)次序
reg[0:63] ventor2;              //大端(big - endian)次序
Byte = vector1[31 - :8];        //Byte = vector1[31:24]
Byte = vector1[24 + :8];        //Byte = vector1[31:24]
Byte = vector2[31 - :8];        //Byte = vector2[24:31]
Byte = vector2[24 + :8];        //Byte = vector2[24:31]
```

10. 多维矩阵

Verilog-1995 标准中只允许一维的矩阵变量(即 memory),Verilog-2001 标准对其进行了扩展,允许使用多维矩阵;矩阵单元的数据类型也扩展至 Variable 型(如 reg)和 Net 型(如 wire)均可。例如:

```
reg [7:0] array1 [0:255];
  //一维矩阵,存储单元为 reg 型
wire [7:0] out1 = array1[address];
  //一维矩阵,存储单元为 wire 型
wire [7:0] array3 [0:255][0:255][0:15];
  //三维矩阵,存储单元为 wire 型
wire [7:0] out3 = array3[addr1][addr2][addr3];
  //三维矩阵,存储单元为 wire 型
```

11. 矩阵的位选择和部分选择

在 Verilog-1995 标准中,不允许直接访问矩阵的某一位或某几位,必须首先将整个矩阵单元转移到一个暂存变量中,再从暂存变量中访问。例如:

```
reg[7:0]  mem[0:1023];                    //存储器(一维矩阵)
reg[7:0]  temp;
reg[3:0]  vect;
initial
  begin  temp = mem[55];
  vect = temp[3:0];                       //合法
  vect = mem[55][3:0];                    //非法
end
```

而在 Verilog-2001 标准中，可以直接访问矩阵的某个单元的一位或几位。例如：

```
reg [31:0] array2 [0:255][0:15];
wire [7:0] out2 = array2[100][7][31:24];
    //选择宽度为 32 位的二维矩阵中[100][7]单元的[31:24]字节
```

12. 模块实例化时的参数重载

当模块实例化时，其内部定义的参数(parameter)值是可以改变的(或称为参数重载)。在 Verilog-1995 标准中有两种方法改变参数值：一种是使用 defparam 语句显式地重载；另一种就是模块实例化时使用"#"符号隐式地重载，重载的顺序必须与参数在原定义模块中声明的顺序相同，并且不能跳过任何参数。由于这种方法容易出错，而且代码的含义不易理解，所以 Verilog-2001 标准增加了一种在线显式重载(in-line explicit redefinition)参数的方式，这种方式允许在线参数值按照任意顺序排列。例如：

```
module ram(...);                          //ram 模块定义
parameter WIDTH = 8;
parameter SIZE = 256;
...
endmodule

module my_chip (...);
...
RAM ram1 (...);                           //ram 模块例化 1
defparam ram1.SIZE = 1023;
//使用 defparam 语句显式地重新定义 SIZE = 1023
RAM #(8,1023) ram2 (...);                 //ram 模块例化 2
//使用#符号隐式地重载参数,注意参数的排列顺序
RAM #(.SIZE(1023)) ram3 (...);            //ram 模块例化 3
//在线显式重载参数 SIZE 为 1023
endmodule
```

13. register 改为 variable

在 Verilog 语言诞生后，一直用 register 这个词表示一种数据类型，但初学者很容易混淆 register 和硬件中的寄存器概念。而实际中，register 数据类型的变量常被综合器映

射为组合逻辑电路。

在 Verilog-2001 标准中，将 register 一词改为了 variable，以避免混淆。

14. 新增条件编译语句

Verilog-1995 标准支持条件编译语句`ifdef、`else、`endif，可以指定仅对程序中的部分内容进行编译。Verilog-2001 标准增加了条件编译语句`elsif 和`ifndef。

15. 超过 32 位的自动宽度扩展

在 Verilog-1995 标准中对超过 32 位的总线赋高阻时，如果不指定位宽，则只将低 32 位赋成高阻，高位补 0。如果想将所有位都置为高阻，必须明确指定位宽。例如：

```
//Verilog-1995 标准中的超过 32 位的总线赋高阻：
parameter WIDTH = 64;
reg [WIDTH-1:0] data;
data = 'bz;                    //赋值后,data = 'h00000000zzzzzzzz
data = 64'bz;                  //赋值后,data = 'hzzzzzzzzzzzzzzzz
```

Verilog-2001 标准改变了赋值扩展规则，将高阻 z 或不定态 x 赋给未指定位宽的信号时，可以自动扩展到信号的整个位宽范围。例如：

```
//Verilog-2001 标准中将高阻或不定态赋给未指定位宽的信号：
parameter WIDTH = 64;
reg [WIDTH-1:0] data;
data = 'bz;                      //赋值后,data = 'hzzzzzzzzzzzzzzzz
```

16. 可重入任务(Reentrant Task)和递归函数(Recursive Function)

Verilog-2001 标准增加了一个关键字 automatic，可用于任务和函数的定义中。

(1) 可重入任务：任务本质上是静态的(Static Task)，同时并发执行的多个任务共享存储区。若某个任务在模块中的多个地方被同时调用，则这两个任务对同一块地址空间进行操作，结果可能是错误的。Verilog-2001 标准中增加了关键字 automatic，空间是动态分配的，使任务成为可重入的。若定义任务时使用了 automatic，则定义一个可重入任务。这两种类型的任务所消耗的资源是不同的。

(2) 递归函数：关键字 automatic 用于函数，表示函数的迭代调用。如在下面的例子中，通过函数自身的迭代调用，实现 32 位无符号整数的阶乘运算($n!$)。

```
function automatic [63:0] factorial;
input [31:0] n;
  if(n == 1)  factorial = 1;
  else
  factorial = n * factorial(n-1);                              //迭代调用
endfunction
```

由于 Verilog-2001 标准增加了关键字 signed，所以函数的定义还可在 automatic 后面加上 signed，返回有符号数。例如：

```
function automatic signed [63:0] factorial;
```

17. 文件和行编译指示

Verilog 编译和仿真工具需要不断地跟踪源代码的行号和文件名，Verilog 可编程语言接口（PLI）可以取得并利用行号和源文件的信息，以标记运行中的错误。但是，如果 Verilog 代码经过其他工具的处理，源代码的行号和文件名可能丢失。故在 Verilog-2001 标准中增加了 `line，用来标定源代码的行号和文件名。

5.8.2 属性及 PLI 接口

Verilog-2001 标准还在以下方面做了改进和增强。

1. 设计管理

Verilog-1995 标准将设计管理工作交给软件来承担，但各仿真工具的设计管理方法各不相同，不利于设计的共享。为了更好地在设计人员之间共享 Verilog 设计，并提高某个特定仿真的可重用性，Verilog-2001 标准加强了对设计内容的管理和配置。

Verilog-2001 标准中增加了配置块（Configuration Block），用它来指定每一个 Verilog 模块的版本及其源代码的位置。配置块位于模块定义之外，可以指定 Verilog 语言程序设计从顶层模块开始执行，找到在顶层模块中实例化的模块，进而确定其源代码的位置，照此顺序，直到确定整个设计的源程序。

Verilog-2001 标准中新增了关键字 config 和 endconfig，还增加了关键字 design、instance、cell、use 和 liblist，以供在配置块中使用。

下面的例子是一个简单的设计配置，test 是一个测试模块（Test Bench），其中包含了设计模块 myChip，myChip 中又包含了其他实例化模块。

```
module test;
...
myChip dut (...);                         /* 设计模块实例化 */
...
endmodule
module myChip(...);
...
adder a1 (...);
adder a2 (...);
...
endmodule
```

配置块可以指定所有或个别实例化模块的源代码的位置。配置块位于模块定义之外，所以需要重新配置时，Verilog 源代码可以不做任何修改。

在下面的配置块中，design 语句指定了顶层模块及其源代码来源，rtlLib. top 表示顶层模块的源代码来自 rtlLib；default 和 liblist 语句相配合指定了所有在顶层模块中实例化的模块均来自 rtlLib 库和 gateLib 库；又使用 instance 语句具体指定了加法器实例 a2 的源程序来自门级库 gateLib。

```
config cfg4                              //给配置块命名
design rtlLib.top                        //指定从哪里找到顶层模块
default liblist rtlLib gateLib;
     //设置查找实例化模块的默认顺序
instance test.dut.a2 liblist gateLib;
     //明确指定模块例化使用哪一个库：a2 来自门级库 gateLib
endconfig
```

下面的语句指定了 RTL 库和 gateLib 库模块的位置。

```
library rtlLib ./*.v;
//RTL 库模块的位置(位于当前目录下)
library gateLib ./synth_out/*.v;
//gateLib 库模块的位置
```

2. 属性

属性用来向综合工具传递信息，以控制综合工具的行为和操作。属性包含在两个“*”之间，可用于对象的所有实例调用，也可只应用于某一个实例调用。与综合有关的属性语句如下。

```
(* synthesis, async_set_reset[ = "signal_name1,signal_name2,..."] *)
(* synthesis, black_box[ = <optional_value>] *)
(* synthesis, combinational[ = <optional_value>] *)
(* synthesis, fsm_state[ = <encoding_scheme>] *)
(* synthesis, full_case[ = <optional_value>] *)
(* synthesis, implementation = "<value>" *)
(* synthesis, keep[ = <optional_value>] *)
(* synthesis, label = "name" *)
(* synthesis, logic_block[ = <optional_value>] *)
(* synthesis, op_sharing[ = <optional_value>] *)
(* synthesis, parallel_case[ = <optional_value>] *)
(* synthesis, ram_block[ = <optional_value>] *)
(* synthesis, rom_block[ = <optional_value>] *)
(* synthesis, sync_set_reset[ = "signal_name1,signal_name2,..."] *)
(* synthesis, probe_port[ = <optional_value>] *)
```

Verilog 没有定义标准的属性，属性的名字和数值由工具厂商或其他标准来定义，目前尚无统一的标准。

3. 增强的文件输入、输出操作

Verilog-1995 标准在文件的输入、输出操作方面功能非常有限。文件操作通常借助于 Verilog PLI(编程语言接口),通过与 C 语言的文件输入、输出库的访问来处理,并且规定同时打开的 I/O 文件数目不能超过 31 个。

Verilog-2001 标准增加了新的系统任务和函数,为 Verilog 语言提供了强大的文件输入、输出操作,而不再需要使用 PLI,并扩展了可以同时打开的文件数目至 230 个。这些新增的文件输入、输出系统任务和函数包括 $ferror、$fgetc、$fgets、$fflush、$fread、$fscanf、$fseek、$fscanf、$ftel、$rewind 和 $ungetc;还有读写字符串的系统任务,包括 $sformat、$swrite、$swriteb、$swriteh、$swriteo 和 $sscanf,用于生成格式化的字符串或者从字符串中读取信息。

增加了命令行输入任务 $test$plusargs 和 $value$plusargs。

4. VCD 文件的扩展

VCD 文件用于记录仿真过程中信号的变化,只记录在函数中指定的层次中相关的信号。信息的记录由 VCD 系统任务来完成。在 Verilog-1995 标准中,只有一种类型的 VCD 文件,即四状态类型,这种类型的 VCD 文件只记录变量在 0、1、x 和 z 状态之间的变化,不记录信号强度信息。而在 Verilog-2001 标准中增加了一种扩展类型的 VCD 文件,能够记录变量在所有状态之间的转换,同时记录信号强度信息。

扩展型 VCD 系统任务包括 $dumpports、$dumpportsoff、$dumpportson、$dumpportsall、$dumpportslimit、$dumpportsfulsh 和 $vcdclose。

5. 提高了对 SDF(标准延时文件)的支持

在 Verilog-1995 标准中,specparam 常数只能在 specify 块(指定块)中定义;Verilog-2001 标准允许在模块层级声明和使用 specparam 常数。Verilog-2001 标准基于最新的 SDF 标准(IEEE Std 1497—1999),提高了对 SDF(Standard Delay File)的支持度。

6. 编程语言接口的改进

编程语言接口(Programming Language Interface,PLI)包括三个 C 语言功能库,分别是 ACC、TF 和 VPI。Verilog-2001 标准清理和更正了旧的 ACC 和 TF 库中的许多定义,但并没有增加任何新的功能。Verilog-2001 标准对 PLI 的所有改进都体现在 VPI 库中,包括增加了 6 个 VPI 子程序:vpi_control()、vpi_get_data()、vpi_put_data()、vpi_get_userdata()、vpi_put_userdata()和 vpi_flush(),为用户提供了更大的便利。现将这 6 个函数的功能简单介绍如下。

(1) vpi_control()的作用是传递用户给仿真器的指令。

（2）vpi_get_data()和 vpi_put_data()相对应使用，从一次执行的 save/restart 位置获取数据。语法格式为 vpi_get_data(id，dataLoc，numOfBytes)。

（3）vpi_put_data()的作用是将数据放到一次仿真的 save/restart 位置。其语法格式为 vpi_put_data(id，dataLoc，numOfBytes)。其中，numOfBytes 是个正整数，以字节为单位指定了要放置的数据的数目，dataLoc 代表数据所在的位置，id 代表 vpi_get(vpiSaveRestartID，NULL)返回的 save/restart ID。函数的返回值是数据的字节数，若出错，则返回 0。

（4）vpi_get_userdata()和 vpi_put_userdata()相对应使用。从系统任务或系统函数实例的存储位置读取用户数据。语法格式为 vpi_get_userdata(obj)。

（5）vpi_put_userdata()将用户数据放置到系统任务/函数实例的存储位置。语法格式为 vpi_put_userdata(obj，userdata)。其中，obj 是指向系统任务或系统函数的句柄，userdata 代表要和系统任务或系统函数相关联的用户数据。函数的返回值为 1，出错时返回值为 0。

（6）vpi_flush()的作用是将仿真器输出缓冲区和 log 文件输出缓冲区清空。

习题 5

5.1　阻塞赋值和非阻塞赋值有什么区别？

5.2　用持续赋值语句描述一个 4 选 1 数据选择器。

5.3　用行为语句设计一个 8 位计数器，每次在时钟的上升沿，计数器加 1，当计数器溢出时，自动从零开始重新计数，计数器有同步复位端。

5.4　设计一个 4 位移位寄存器。

5.5　initial 语句与 always 语句的区别是什么？

5.6　分别用任务和函数描述一个 4 选 1 多路选择器。

5.7　总结任务和函数的区别。

5.8　在 Verilog 中，哪些操作是并发执行的？哪些操作是顺序执行的？

5.9　试编写求补码的 Verilog 程序，输入是带符号的 8 位二进制数。

5.10　试编写两个 4 位二进制数相减的 Verilog 程序。

5.11　有一个比较电路，当输入的一位 8421BCD 码大于 4 时，输出为 1，否则为 0，试编写出 Verilog 程序。

5.12　用 Verilog 语言设计一个类似 74138 的译码器电路，用 Vivado 软件对设计文件进行综合，观察综合视图。

5.13　用 Verilog 语言设计一个 8 位加法器，用 Vivado 软件进行综合和仿真。

第6章 Verilog设计的层次与风格

本章介绍 Verilog 设计的层次与风格，包括门级结构描述、行为描述、数据流描述以及多层级设计等。

6.1 Verilog 设计的层次

Verilog 是一种用于数字逻辑设计的语言，用 Verilog 语言描述的电路就是该电路的 Verilog 模型。Verilog 既是一种行为描述语言，也是一种结构描述语言。也就是说，既可以描述电路的功能，也可以用元器件及其相互之间的连接来建立所设计电路的 Verilog 模型。

Verilog 是一种能够在多个层级对数字系统进行描述的语言，Verilog 模型可以是实际电路不同级别的抽象。这些抽象级别可分为以下 5 级。

（1）系统级（System Level）。

（2）算法级（Algorithm Level）。

（3）寄存器传输级（Register Transfer Level，RTL）。

（4）门级（Gate Level）。

（5）开关级（Switch Level）。

其中，前 3 种属于高级别的描述方法，门级描述主要是利用逻辑门来构筑电路模型，而开关级的模型则主要是描述器件中晶体管和存储节点以及它们之间的连接关系（由于在数字电路中，晶体管通常工作于开关状态，因此将基于晶体管的设计层次称为开关级）。Verilog 在开关级提供了完整的原语（primitive），可以精确地建立 MOS 器件的底层模型。

Verilog 允许设计者用以下 3 种方式描述逻辑电路。

- 结构（Structural）描述。
- 行为（Behavioural）描述。
- 数据流（Data Flow）描述。

结构描述是调用电路元件（如逻辑门，甚至晶体管）来构建电路，行为描述则通过描述电路的行为特性来设计电路，也可以采用上述方式的混合来描述设计。

6.2 门级结构描述

结构描述方式是指，在设计中通过调用库中的元件或已设计好的模块来完成设计实体功能的描述。在结构体中，描述只表示元件（或模块）和元件（或模块）之间的互连，就像网表一样。当调用库中不存在的元件时，必须首先进行元件的创建，然后将其放在工作库中，这样才可以通过调用工作库来调用元件。

在 Verilog 程序中，可通过如下方式描述电路的结构。

- 调用 Verilog 内置门元件（门级结构描述）。
- 调用开关级元件（晶体管级结构描述）。

- 用户自定义元件(也在门级)。
- 在多层次结构电路的设计中,不同模块间的调用也属于结构描述。

在上述的结构描述方式中,用户自定义元件(UDP)由于主要与仿真有关,因此在第11章介绍,开关级结构描述不是本书讨论的重点。本节重点介绍Verilog门元件和门级结构描述。

6.2.1 Verilog门元件

Verilog内置26个基本元件(Basic Primitive),其中,14个是门级元件(Gate-level Primitive),12个是开关级元件(Switch-level Primitive)。这26个基本元件及其类型如表6.1所示。

表6.1 Verilog内置的基本元件及其类型

类型		元件
基本门(Basic Gate)	多输入门	and、nand、or、nor、xor、xnor
	多输出门	buf、not
三态门(Tristate Driver)	允许定义驱动强度	buif0、bufif1、notif0、notif1
MOS开关(MOS Switch)	无驱动强度	nmos、pmos、cmos、rnmos、rpmos、rcmos
双向开关(Bi-directional Switch)	无驱动强度	tran、tranif0、tranif1
	无驱动强度	rtran、rtranif0、rtranif1
上拉、下拉电阻	允许定义驱动强度	pullup、pulldown

Verilog中丰富的门元件为电路的门级结构描述提供了方便。Verilog的内置门元件如表6.2所示。

表6.2 Verilog的内置门元件

类别	关键字	符号示意图	门名称
多输入门	and		与门
	nand		与非门
	or		或门
	nor		或非门
	xor		异或门
	xnor		异或非门

续表

类　别	关 键 字	符号示意图	门 名 称
多输出门	buf		缓冲器
	not		非门
三态门	bufif1		高电平使能三态缓冲器
	bufif0		低电平使能三态缓冲器
	notif1		高电平使能三态非门
	notif0		低电平使能三态非门

1. 基本门的逻辑真值表

表 6.3～表 6.5 分别是与非门和或非门、异或门和异或非门、缓冲器和非门的真值表。

表 6.3　nand(与非门)和 nor(或非门)的真值表

nand	0	1	x	z	nor	0	1	x	z
0	1	1	1	1	0	1	0	x	x
1	1	0	x	x	1	0	0	0	0
x	1	x	x	x	x	x	0	x	x
z	1	x	x	x	z	x	0	x	x

表 6.4　xor(异或门)和 xnor(异或非门)的真值表

xor	0	1	x	z	xnor	0	1	x	z
0	0	1	x	x	0	1	0	x	x
1	1	0	x	x	1	0	1	x	x
x	x	x	x	x	x	x	x	x	x
z	x	x	x	x	z	x	x	x	x

表 6.5　buf(缓冲器)和 not(非门)的真值表

buf		not	
输入	输出	输入	输出
0	0	0	1
1	1	1	0
x	x	x	x
z	x	z	x

bufif1、bufif0、notif1 和 notif0 4 种三态门的真值表分别如表 6.6 和表 6.7 所示。表中的 L 代表 0 或 z，H 代表 1 或 z。

表 6.6　bufif1(高电平使能三态缓冲器)和 bufif0(低电平使能三态缓冲器)的真值表

bufif1		Enable(使能端)				bufif0		Enable(使能端)			
		0	1	x	z			0	1	x	z
输入	0	z	0	L	L	输入	0	0	z	L	L
	1	z	1	H	H		1	1	z	H	H
	x	z	x	x	x		x	x	z	x	x
	z	z	x	x	x		z	x	z	x	x

表 6.7　notif1(高电平使能三态非门)和 notif0(低电平使能三态非门)的真值表

notif1		Enable(使能端)				notif0		Enable(使能端)			
		0	1	x	z			0	1	x	z
输入	0	z	1	H	H	输入	0	1	z	H	H
	1	z	0	L	L		1	0	z	L	L
	x	z	x	x	x		x	x	z	x	x
	z	z	x	x	x		z	x	z	x	x

2. 门元件的调用

调用门元件的格式如下。

```
门元件名字 <例化的门名字>(<端口列表>)
```

其中，普通门的端口列表按下面的顺序列出。

```
(输出,输入1,输入2,输入3,…);
```

例如：

```
and a1(out,in1,in2,in3);                //三输入与门,其名字为a1
and a2(out,in1,in2);                    //二输入与门,其名字为a2
```

对于三态门,则按以下顺序列出输入、输出端口。

```
(输出,输入,使能控制端);
```

例如:

```
bufif1 g1(out,in,enable);                    //高电平使能的三态门
bufif0 g2(out,a,ctrl);                       //低电平使能的三态门
```

对于 buf 和 not 两种元件的调用,需要注意的是,它们允许有多个输出,但只能有一个输入。例如:

```
not g3(out1,out2,in);                        //1 个输入 in,2 个输出 out1,out2
buf g4(out1,out2,out3,in);                   //1 个输入 in,3 个输出 out1,out2,out3
```

6.2.2 门级结构描述

图 6.1 是用基本门实现的 4 选 1 数据选择器(MUX)原理图。对于该电路,用 Verilog 语言门级结构描述,如例 6.1 所示。

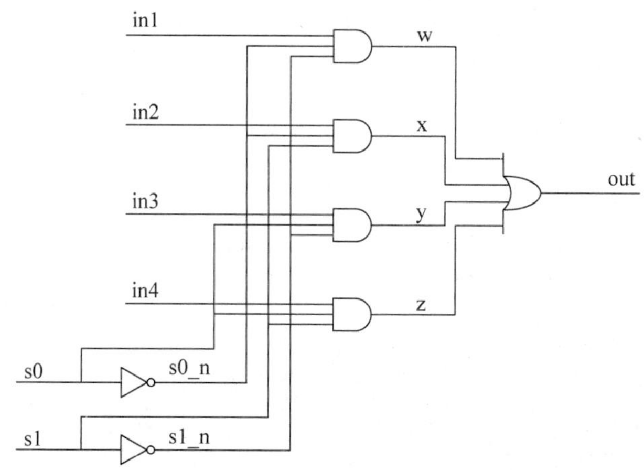

图 6.1 用基本门实现的 4 选 1 MUX 原理图

【例 6.1】 调用门元件实现的 4 选 1 MUX。

```
module mux4_1a
            (input in1,in2,in3,in4,s0,s1,
             output out);
wire s0_n,s1_n,w,x,y,z;
not (s0_n,s0),(s1_n,s1);
```

```
and (w,in1,s0_n,s1_n),(x,in2,s0_n,s1),
    (y,in3,s0,s1_n),(z,in4,s0,s1);
or (out,w,x,y,z);
endmodule
```

6.3 数据流描述与行为描述

1. 数据流描述

数据流描述方式主要使用持续赋值语句，多用于描述组合逻辑电路，其格式如下。

```
assign  LHS_net = RHS_expression;
```

右边表达式中的操作数无论何时发生变化，都会引起表达式值的重新计算，并将重新计算后的值赋予左边表达式的 net 型变量。例如，前面的 4 选 1 MUX 如果采用数据流描述，则如例 6.2 所示。

【例 6.2】 数据流描述的 4 选 1 MUX。

```
module mux4_1b
             (input in1,in2,in3,in4,s0,s1,
              output out);
assign out = (in1 & ~s0 & ~s1)|(in2 & ~s0 & s1)|
             (in3& s0 & ~s1)|(in4 & s0 & s1);
endmodule
```

另一种用条件运算符完成的数据流描述方式如例 6.3 所示。

【例 6.3】 用条件运算符描述的 4 选 1 MUX。

```
module mux4_1c
             (input in1,in2,in3,in4,s0,s1,
              output out);
assign out = s0?(s1?in4:in3):(s1?in2:in1);
endmodule
```

用数据流描述方式设计电路与用传统的逻辑方程设计电路很相似。设计中只要有了布尔代数表达式，就很容易将它用数据流方式表达出来。表达方法是用 Verilog 语言中的逻辑运算符置换布尔逻辑运算符。例如，若逻辑表达式为 $f=ab+\overline{cd}$，则用数据流方式描述为 assign f=(a&b)|(~(c&d))。

2. 行为描述

行为描述就是对设计实体的数学模型的描述，其抽象程度远高于结构描述。行为描述类似于高级编程语言，当描述一个设计实体的行为时，无须知道具体电路的结构，只要描述清楚输入与输出信号的行为，而不必花费精力关注设计功能的门级实现。

可综合的 Verilog 行为描述方式多采用 always 过程语句实现。这种行为描述方式既适合设计时序逻辑电路，也适合设计组合逻辑电路。例 6.4 所示是行为描述方式实现的 4 选 1 MUX，用 case 语句实现。

【例 6.4】 用 case 语句描述的 4 选 1 MUX。

```
module mux4_1d
           ( input in1, in2, in3, in4, s0, s1,
             output reg out);
Always @ *                                    //通配符
       case({s0,s1})
       2'b00:out = in1;
       2'b01:out = in2;
       2'b10:out = in3;
       2'b11:out = in4;
       default:out = 2'bx;
       endcase
endmodule
```

采用行为描述方式时需注意以下几点。

- 用行为描述方式设计电路可以降低设计难度。行为描述只需表示输入与输出之间的关系，不需要包含任何结构方面的信息。
- 设计者只需写出源程序，而挑选电路方案的工作由 EDA 软件自动完成，最终选取电路的优化程度，往往取决于综合软件的技术水平和器件的支持能力。可能最终选取的电路方案所耗用的器件资源并不是最少的。
- 在电路规模较大或者需要描述复杂的逻辑关系时，应首先考虑用行为描述方式设计实现，如果设计的结果不能满足要求，则应改变描述方式。

注意：在实际的设计中，有些描述形式究竟属于哪一种模式会很难界定，数据流描述有时也表示行为，有时还含有结构信息，因此设计中无须过于纠结描述形式的区分。

6.4 不同描述风格的设计

对综合器而言，行为级的描述为综合器的优化提供了更大的空间，较之门级结构描述更能发挥综合器的性能，所以一般多采用行为建模方式。

6.4.1 半加器设计

首先设计一个 1 位半加器，半加器的真值表如表 6.8 所示。

表 6.8　半加器的真值表

输　入		输　出	
a	b	sum	cout
0	0	0	0
0	1	1	0
1	0	1	0
1	1	0	1

由此可得其门级结构原理图如图 6.2 所示。

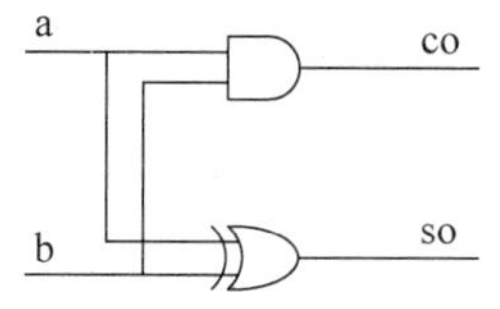

图 6.2　半加器门级结构图

例 6.5 分别用门元件、数据流和描述真值表的方式实现了上面的半加器。

【例 6.5】 半加器。

```
//门元件例化
module half_add1
    (input a,b,
     output so,co);
and(co,a,b);
xor(so,a,b);
endmodule
```

```
//数据流描述
module half_add_df
    (input a,b,
     output so,co);
assign so = a^b;
assign co = a&b;
endmodule
```

```
module half_add_bh
                (input a,b,
                 output reg so,co);
always @(a, b)
begin     case({a,b})                    //用 case 语句描述真值表
          2'b00:begin so = 0;co = 0;end
          2'b01:begin so = 1;co = 0;end
          2'b10:begin so = 1;co = 0;end
          2'b11:begin so = 0;co = 1;end
          endcase
end
endmodule
```

6.4.2　1 位全加器设计

例 6.6 分别用门元件例化、数据流和行为描述实现了 1 位全加器。门元件例化实现

1 位全加器的综合视图如图 6.3 所示。

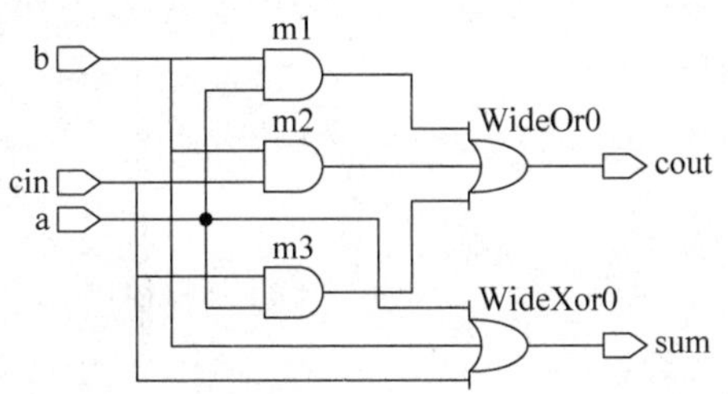

图 6.3 门元件例化实现 1 位全加器的综合视图

【例 6.6】 1 位全加器。

```
//门元件例化
module full_add1
            ( input a,b,cin,
              output sum,cout);
wire s1,m1,m2,m3;
and (m1,a,b),(m2,b,cin),(m3,a,cin);
xor (sum,a,b,cin);
or (cout,m1,m2,m3);
endmodule
```

```
//数据流描述
module full_add_df
        (input a,b,cin,
         output sum,cout);
assign sum = a^b^cin;
assign cout = (a&b)|(b&cin)|(cin&a);
endmodule
```

```
//行为描述
module full_add_bh
      (input a,b,cin,
       output reg sum,cout);
always @ * begin
  {cout,sum} = a + b + cin; end
endmodule
```

用两个半加器和一个或门可以构成 1 位全加器，其连接关系如图 6.4 所示。

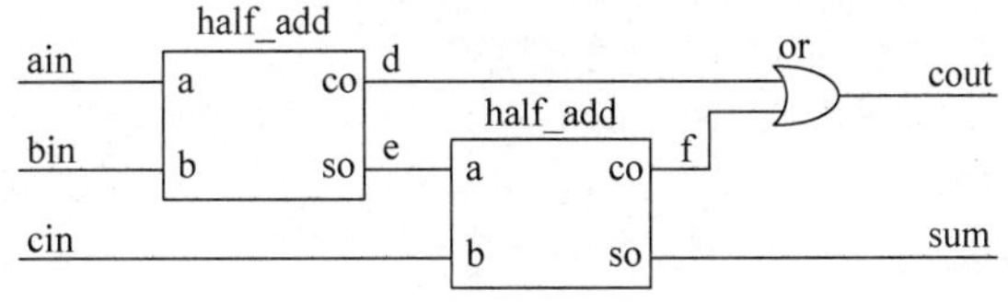

图 6.4 两个半加器构成一个全加器

例 6.7 通过调用半加器模块 half_add、或门(or)实现该电路。

【例 6.7】 用半加器构成的 1 位全加器。

```
module full_add
             (input ain,bin,cin,
              output sum,cout);
```

```
wire d,e,f;                                  //用于内部连接的节点信号
half_add u1(ain,bin,e,d);                    //半加器例化,采用位置关联方式
half_add u2(e,cin,sum,f);
or u3(cout,d,f);                             //或门例化
endmodule

module half_add                              //半加器模块
              (input a,b,
               output so,co);
assign co = a&b;   assign so = a^b;
endmodule
```

6.4.3 加法器的级联

1 位全加器级联即可构成多位加法器,比如用 4 个 1 位全加器按图 6.5 所示级联起来,可实现 4 位加法器,其 Verilog 描述见例 6.8。

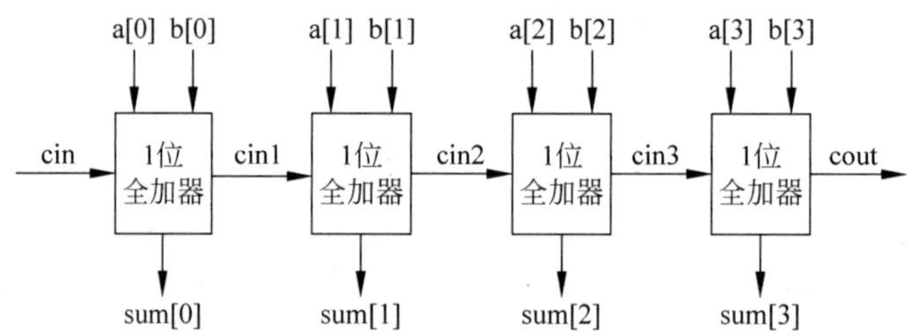

图 6.5　4 位加法器结构示意图

【例 6.8】 结构描述的 4 位级联加法器。

```
module add4_jl
            (input cin, input[3:0] a,b,
             output[3:0] sum, output cout);
full_add1 f0(a[0],b[0],cin,sum[0],cin1);        //级联描述
full_add1 f1(a[1],b[1],cin1,sum[1],cin2);       //full_add1 源码见例 6.8
full_add1 f2(a[2],b[2],cin2,sum[2],cin3);
full_add1 f3(a[3],b[3],cin3,sum[3],cout);
endmodule
```

上面的元件例化仍然烦琐,Verilog-2001 标准新增了语句 generate,可以更好地实现上面的级联描述。通过 generate 语句和 for 循环,可产生一个对象的多个例化。例 6.9 采用 generate 语句和 for 循环产生元件的例化和元件间的连接关系,更简洁也更容易扩展。

【例 6.9】 用 generate 语句和 for 循环描述的 8 位级联加法器。

```
module add8_gene
            #(parameter SIZE = 8)
                (input cin, input[SIZE-1:0] a,b,
                 output[SIZE-1:0] sum, output cout);
wire[SIZE:0] c;
assign c[0] = cin;
generate
genvar i;
for(i = 0;i < SIZE;i = i + 1)
begin : add
full_add1 fi(a[i],b[i],c[i],sum[i],c[i+1]);
end
endgenerate
assign cout = c[SIZE];
endmodule
```

6.5 多层次结构电路的设计

如果数字系统比较复杂，可采用 Top-down 的方法进行设计。首先把系统分为几个模块，每个模块再分为几个子模块，以此类推，直到易于实现为止。这种 Top-down 的方法能够把复杂的设计分解为许多简单的逻辑来实现，同时也适合多人分工合作，如同用 C 语言编写大型软件一样。Verilog 语言能够很好地支持这种 Top-down 的设计方法。

6.5.1 模块例化

本节用 8 位累加器的例子介绍多层次结构电路的设计方法。

8 位累加器（ACC）用于对输入的 8 位数据进行累加，可分两个模块实现：8 位全加器和 8 位寄存器。全加器负责对输入的数据、进位进行累加；寄存器负责暂存累加和，并把累加和输出、反馈到累加器输入端，以进行下一次的累加。

例 6.10 和例 6.11 分别是全加器和寄存器的设计。

【例 6.10】 8 位全加器。

```
module add8
          #(parameter MSB = 8,LSB = 0)
           (input[MSB-1:LSB] a,b,
            input cin,
            output[MSB-1:LSB] sum,
            output cout);
assign {cout,sum} = a + b + cin;
endmodule
```

【例 6.11】 8 位寄存器。

```
module reg8
          #(parameter SIZE = 8)
           (input clk,clear,
            input[SIZE - 1:0] in,
            output reg[SIZE - 1:0] qout);
always @(posedge clk, posedge clear)
     begin if(clear) qout <= 0;                    //异步清零
          else  qout <= in;
     end
endmodule
```

对于顶层模块可以像例 6.12 这样来描述。

【例 6.12】 累加器顶层连接描述。

```
module acc
          #(parameter WIDTH = 8)
            (input[WIDTH - 1:0] accin,
             input cin,clk,clear,
             output[WIDTH - 1:0] accout,
             output cout);
wire[DEPTH - 1:0] sum;
add8 u1(.cin(cin),.a(accin),.b(accout),.cout(cout),.sum(sum));
            //例化 add8 子模块,信号名关联
reg8 u2(.qout(accout),.clear(clear),.in(sum),.clk(clk));
            //例化 reg8 子模块,信号名关联
endmodule
```

在模块例化时,需注意端口信号的对应关系。在例 6.12 中,采用的是信号名关联方式(对应方式),此种方式在调用时可按任意顺序排列信号。

还可按照位置对应(或称为位置关联)的方式进行模块例化,此时,例化端口列表中信号的排列顺序应与模块定义时端口列表中的信号排列顺序相同。如上面对 add8 和 reg8 的例化,采用位置关联方式应写为下面的形式。

```
add8 u3(accin,accout,cin,sum,cout);
            //例化 add8 子模块,位置关联
reg8 u4(clk,clear,sum,accout);
            //例化 reg8 子模块,位置关联
```

建议采用信号名关联方式进行模块例化,以避免出错。

6.5.2 用 parameter 进行参数传递

在高层模块中例化底层模块时,底层内部定义的参数值是可以在高层模块中直接改变的,称为参数传递或者参数重载。

1. 用“#”符号隐式地重载参数方式

在 Verilog-1995 标准中,可使用“#”符号隐式地重载参数。用此方式重载参数,参数重载的顺序必须与参数在原定义模块中声明的顺序相同,并且不能跳过任何参数。

例如在前面的设计中,累加器是 8 位宽度,如果要将其改为 16 位宽度,可采用“#”符号,如例 6.13 所示。

【例 6.13】 用“#”符号进行参数传递。

```
module acc16
          #(parameter WIDTH = 16)
           (input[WIDTH - 1:0] accin,
            input cin,clk,clear,
            output[WIDTH - 1:0] accout,
            output cout);
wire[WIDTH - 1:0] sum;
add8 #(16,0)
      //用“#”符号重载参数方式,参数排列必须与被引用模块中的参数一一对应
  u1 (.cin(cin),.a(accin),.b(accout),.cout(cout),.sum(sum));
                  //例化 add8 子模块
reg8 #(16)            //用“#”符号重载参数
  u2 (.qout(accout),.clear(clear),.in(sum),.clk(clk));
                  //例化 reg8 子模块
endmodule
```

例 6.13 用 Vivado 综合后的 RTL 视图如图 6.6 所示,可见整个设计的尺度已变为 16 位。

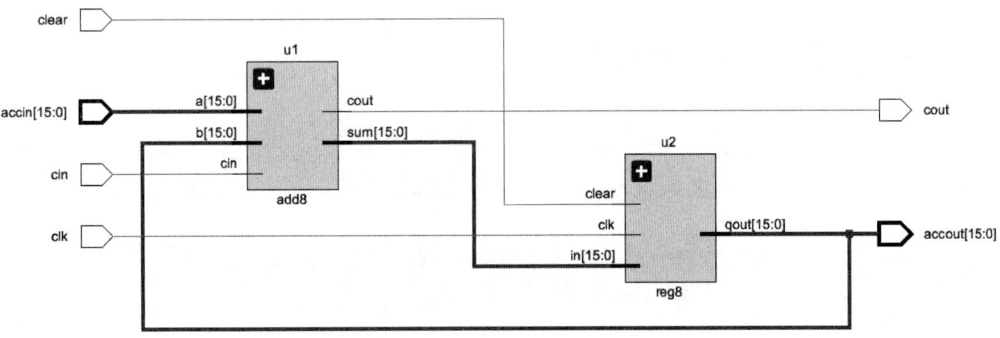

图 6.6 16 位累加器 RTL 综合视图(Vivado)

2. 在线显式重载参数方式

用“#”符号重载参数方式容易出错。Verilog-2001 标准中增加了一种在线显式重载(in-line explicit redefinition)参数的方式。这种方式允许在线参数值按照任意顺序排列,

如例 6.13 采用显式参数传递方式可写为例 6.14 的形式。

【例 6.14】 在线显式重载参数方式。

```
module acc16n
            #(parameter WIDTH = 16)
             (input[WIDTH - 1:0] accin,
              input cin,clk,clear,
              output[WIDTH - 1:0] accout,
              output cout);
wire[WIDTH - 1:0] sum;
add8 #(.MSB(16),.LSB(0))                    //在线显式参数传递方式
  u1 (.cin(cin),.a(accin),.b(accout),.cout(cout),.sum(sum));
              //例化 add8 子模块
reg8 #(.SIZE(16))                           //在线显式参数传递方式
  u2 (.qout(accout),.clear(clear),.in(sum),.clk(clk));
              //例化 reg8 子模块
endmodule
```

例 6.14 用 Vivado 综合后的 RTL 视图与图 6.6 相同。在该例中,用 add8 #(.MSB(16),.LSB(0))修改了 add8 模块中的两个参数的值。显然,此时原来模块中的参数值已失效,被顶层例化语句中的参数值所代替。

综上所述,可以总结参数传递的两种格式如下。

```
模块名 # (.参数 1(参数 1 值),.参数 2(参数 2 值),…) 例化模块名 (端口列表);
      //在线显式重载参数方式
模块名 # (参数 1 值,参数 2 值,…) 例化模块名 (端口列表);
      //用"#"符号隐式地参数传递方式
```

6.5.3 用 defparam 进行参数重载

还可以在高层模块中采用 defparam 语句来显式更改(重载)底层模块的参数值,defparam 重载语句在例化之前就改变了原模块内的参数值,其使用格式如下。

```
defparam 例化模块名.参数 1 = 参数 1 值, 例化模块名.参数 2 = 参数 2 值,…;
模块名 例化模块名 (端口列表);
```

例 6.13 如果用 defparam 语句实现参数重载,可以写为例 6.15 的形式。

【例 6.15】 用 defparam 进行参数重载。

```
module acc16_def
            #(parameter WIDTH = 16)
             (input[WIDTH - 1:0] accin,
```

```
                input cin,clk,clear,
                output[WIDTH-1:0] accout,
                output cout);
wire[WIDTH-1:0] sum;
defparam u1.MSB = 16, u1.LSB = 0;                //用 defparam 进行参数重载
add8 u1 (.cin(cin),.a(accin),.b(accout),.cout(cout),.sum(sum));
         //例化 add8 子模块
defparam u2.SIZE = 16;                           //用 defparam 进行参数重载
reg8 u2 (.qout(accout),.clear(clear),.in(sum),.clk(clk));
         //例化 reg8 子模块
endmodule
```

defparam 语句是可综合的,例 6.15 的综合结果与例 6.13、例 6.14 相同。

在以上 3 种参数传递方式中,建议选择 Verilog-2001 的在线显式重载参数方式进行参数传递。

6.6 Verilog 组合逻辑设计

本节介绍常用组合逻辑电路(Combinational Logic Circuit)的设计和描述。

1. 3-8 译码器(Decoder)

例 6.16 用 case 语句描述一个 3-8 译码器(功能与 74138 相同)。74138 有一个高电平使能信号 g1、2 个低电平使能信号 g2a 和 g2b,只有当 g1、g2a、g2b 为 100 时,译码器才使能;其输出低电平有效。

【例 6.16】 74138 的 Verilog 描述。

```
module ttl74138
              (input[2:0] a,
               input g1,g2a,g2b,
               output reg[7:0] y);
always @ *
  begin if(g1 & ~g2a & ~g2b)                //g1、g2a、g2b 为 100 时,译码器使能
    begin  case(a)
    3'b000:y = 8'b11111110;                 //译码输出
    3'b001:y = 8'b11111101;
    3'b010:y = 8'b11111011;
    3'b011:y = 8'b11110111;
    3'b100:y = 8'b11101111;
    3'b101:y = 8'b11011111;
    3'b110:y = 8'b10111111;
    3'b111:y = 8'b01111111;
    default:y = 8'b11111111;
    endcase  end
```

```
    else  y=8'b11111111;
  end
endmodule
```

2. 8-3 优先编码器(Priority Encoder)

优先编码器的特点是：当多个输入信号有效时，编码器只对优先级最高的信号进行编码。74148 是一个 8-3 优先编码器，其功能如表 6.9 所示。编码器的输入为 din[7]～din[0]，编码优先顺序从高到低为 din[7]～din[0]，输出为 dout[2]～dout[0]，ei 是输入使能，eo 是输出使能，gs 是组选择输出信号，只有当编码器输出二进制编码时，gs 才为低电平。

表 6.9　74148 优先编码器功能表

输入									输出				
ei	din[0]	din[1]	din[2]	din[3]	din[4]	din[5]	din[6]	din[7]	dout[2]	dout[1]	dout[0]	gs	eo
1	x	x	x	x	x	x	x	x	1	1	1	1	1
0	1	1	1	1	1	1	1	1	1	1	1	1	0
0	x	x	x	x	x	x	x	0	0	0	0	0	1
0	x	x	x	x	x	x	0	1	0	0	1	0	1
0	x	x	x	x	x	0	1	1	0	1	0	0	1
0	x	x	x	x	0	1	1	1	0	1	1	0	1
0	x	x	x	0	1	1	1	1	1	0	0	0	1
0	x	x	0	1	1	0	1	1	1	0	1	0	1
0	x	0	1	1	1	0	1	1	1	1	0	0	1
0	0	1	1	1	1	0	1	1	1	1	1	0	1

例 6.17 是采用多重选择 if 语句描述的 8-3 优先编码器 74148。作为条件语句，if-else 语句的分支是有优先顺序的，利用 if-else 语句的特点，正好可实现优先编码器的设计。

【例 6.17】 8-3 优先编码器 74148 的 Verilog 描述。

```
module ttl74148(input ei,
              input[7:0] din,
              output reg gs,eo,
              output reg[2:0] dout);
always @(ei,din)
  begin if(ei) begin  dout<=3'b111;gs<=1'b1;eo<=1'b1; end
    else if(din==8'b11111111) begin dout<=3'b111;gs<=1'b1;eo<=1'b0;end
    else if(!din[7]) begin dout<=3'b000;gs<=1'b0;eo<=1'b1;end
    else if(!din[6]) begin dout<=3'b001;gs<=1'b0;eo<=1'b1;end
```

```
    else if(!din[5]) begin dout <= 3'b010;gs <= 1'b0;eo <= 1'b1;end
    else if(!din[4]) begin dout <= 3'b011;gs <= 1'b0;eo <= 1'b1;end
    else if(!din[3]) begin dout <= 3'b100;gs <= 1'b0;eo <= 1'b1;end
    else if(!din[2]) begin dout <= 3'b101;gs <= 1'b0;eo <= 1'b1;end
    else if(!din[1]) begin dout <= 3'b110;gs <= 1'b0;eo <= 1'b1;end
    else begin dout <= 3'b111;gs <= 1'b0;eo <= 1'b1;end
  end
endmodule
```

例 6.18 用函数定义了一个功能相对简单的 8-3 优先编码器。

【例 6.18】 用函数定义的 8-3 优先编码器。

```
module coder_83(din,dout);
input[7:0] din; output[2:0] dout;
function[2:0] code;                        //函数定义
input[7:0] din;                            //函数只有输入端口,输出为函数名本身
if(din[7])          code = 3'd7;
else if(din[6])     code = 3'd6;
else if(din[5])     code = 3'd5;
else if(din[4])     code = 3'd4;
else if(din[3])     code = 3'd3;
else if(din[2])     code = 3'd2;
else if(din[1])     code = 3'd1;
else                code = 3'd0;
endfunction
assign dout = code(din);                   //函数调用
endmodule
```

3. 奇偶校验(Parity Check)位产生器

例 6.19 对并行输入的 8 位数据 a 进行奇偶校验,生成奇校验位 odd_bit 和偶校验位 even_bit。图 6.7 是该例的综合结果。

【例 6.19】 奇偶校验位产生器。

```
module parity
          (input[7:0] a,
           output even_bit,odd_bit);
assign even_bit = ^a;
  //生成偶校验位,等效于 even_bit = ((a[0]^a[1])^a[2]) … ^a[7];
assign odd_bit = ~even_bit;                //生成奇校验位
endmodule
```

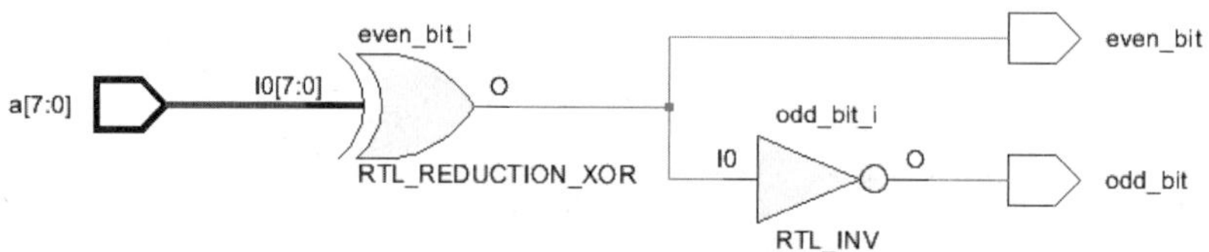

图 6.7　奇偶校验位产生器的综合结果

4. 简易微处理器

例 6.20 设计了简易 ALU(算术逻辑单元)。该 ALU 根据输入的指令,能实现加、减、加 1 和减 1 四种操作,操作码和操作数均从输入指令中提取。

【例 6.20】 用函数实现简易 ALU。

```
module mpc
    (input[17:0] instr,                          //instr 为输入的指令
     output reg[8:0] out);                       //输出结果
reg func;
reg[7:0] op1,op2;                                //从指令中提取操作数
function[16:0] code_add;                         //函数的定义
input[17:0] instr;
reg add_func;  reg[7:0] code,opr1,opr2;
    begin
    code = instr[17:16];                         //输入指令 instr 的高 2 位是操作码
    opr1 = instr[7:0];                           //输入指令 instr 的低 8 位是操作数
    case(code)
    2'b00:  begin  add_func = 1;
            opr2 = instr[15:8]; end              //从 instr 中取第二个操作数
    2'b01:  begin  add_func = 0;
        opr2 = instr[15:8]; end                  //从 instr 中取第二个操作数
    2'b10:  begin  add_func = 1;
        opr2 = 8'd1;  end                        //第二个操作数取 1,实现 + 1 操作
    default:begin add_func = 0;
        opr2 = 8'd1; end                         //实现 - 1 操作
    endcase
    code_add = {add_func,opr2,opr1};
    end
endfunction
always @(instr)
    begin
    {func,op2,op1} = code_add(instr);            //调用函数
    if(func == 1)      out = op1 + op2;          //实现两数相加、操作数 1 加 1 操作
    else           out = op1 - op2;              //实现两数相减、操作数 1 减 1 操作
    end
endmodule
```

编写如例 6.21 所示的激励代码以检验其功能,其时序仿真波形如图 6.8 所示。

【例 6.21】 简易 ALU 的激励代码。

```
`timescale 1ns/1ps
module mpc_vlg_tst();
parameter DELY = 10;
reg [17:0] instr;
wire [8:0]  out;
mpc i1(
      .instr(instr),
      .out(out));
initial
begin instr = 18'd0;
#DELY instr = 18'b00_01001101_00101111;
#DELY instr = 18'b00_11001101_11101111;
#DELY instr = 18'b01_01001101_11101111;
#DELY instr = 18'b01_01001101_00101111;
#DELY instr = 18'b10_01001101_00101111;
#DELY instr = 18'b11_01001101_00101111;
#DELY instr = 18'b00_01001101_00101111;
$display("Running testbench");
end
endmodule
```

图 6.8 简易 ALU 的时序仿真波形

6.7 Verilog 时序逻辑设计

本节举例介绍基本时序逻辑电路(Sequential Logic Circuit)的设计。

1. 触发器

例 6.22 为带异步清零、异步置 1(低电平有效)功能的 JK 触发器的描述。

【例 6.22】 带异步清零、异步置 1 的 JK 触发器。

```
module jkff_rs
            (input clk,j,k,set,rs,
             output reg q);
always @(posedge clk, negedge rs, negedge set)
    begin  if(!rs)  q<=1'b0;
    else if(!set) q<=1'b1;
    else case({j,k})
        2'b00:q<=q;
        2'b01:q<=1'b0;
```

```
        2'b10:q<=1'b1;
        2'b11:q<=~q;
        default:q<=1'bx;
        endcase
    end
endmodule
```

2. 数据锁存器

例 6.23 描述了电平敏感的 1 位数据锁存器。

【例 6.23】 电平敏感的 1 位数据锁存器。

```
module latch1
            (input d,le,
             output q);
assign q=le?d:q;                     //le为高电平时,将输入数据锁存
endmodule
```

例 6.24 用 assign 语句描述了一个带置位/复位端的电平敏感型的 1 位数据锁存器。

【例 6.24】 带置位/复位端的 1 位数据锁存器。

```
module latch2
           (input d,le,set,reset,
            output q);
assign q=reset?0:(set? 1:(le?d:q));
endmodule
```

例 6.25 描述了电平敏感型数据锁存器,能一次锁存 8 位数据,功能类似于 74LS373。图 6.9 是该例的 RTL 综合结果。

【例 6.25】 8 位数据锁存器。

```
module ttl373
              (input le,oe,
               input[7:0] d,
               output reg[7:0] q);
always @ *
    begin if(~oe & le) q<=d;
    //或写为 if((!oe) && (le))
    else q<=8'bz;
    end
endmodule
```

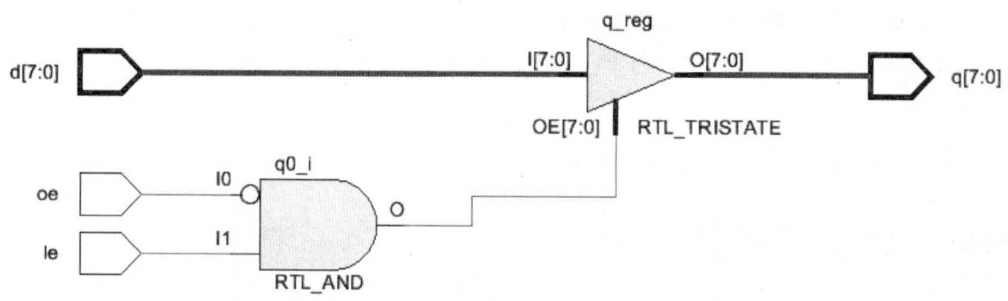

图 6.9　8 位数据锁存器的 RTL 综合结果

3. 数据寄存器

首先了解一下数据锁存器(Latch)和数据寄存器(Register)的区别。从寄存数据的角度看,锁存器和寄存器的功能相同,两者的区别在于：锁存器一般由电平信号控制,属于电平敏感型；寄存器一般由时钟信号控制,属于边沿敏感型。两者有不同的使用场合,主要取决于控制方式,以及控制信号和数据信号之间的时序关系：若数据滞后于控制信号,则只能使用锁存器；若数据提前于控制信号,并要求同步操作,则可用寄存器来存放数据。

例 6.26 设计了 8 位数据寄存器,每次对 8 位并行输入的数据进行同步寄存。

【例 6.26】 数据寄存器。

```
module reg_w
         #(parameter WIDTH = 8)
          (input clk,clr,
           input[WIDTH - 1:0] din,
           output reg[WIDTH - 1:0] dout);
always @(posedge clk, posedge clr)
   begin
   if(clr) dout <= 0;else dout <= din; end
endmodule
```

4. 移位寄存器

74LS194 是 4 位双向移位寄存器,采用 16 引脚双列直插式封装,其引脚排列如图 6.10 所示。74LS194 具有异步清零、数据保持、同步左移、同步右移、同步置数 5 种工作模式。CLR 为异步清零输入,低电平有效,S_1、S_0 为方式控制输入：$S_1S_0=00$ 时,74LS194 工作于保持方式；$S_1S_0=01$ 时,74LS194 工作于右移方式,其中 D_R 为右移数据输入端,Q_3 为右移数据输出端；$S_1S_0=10$ 时,74LS194

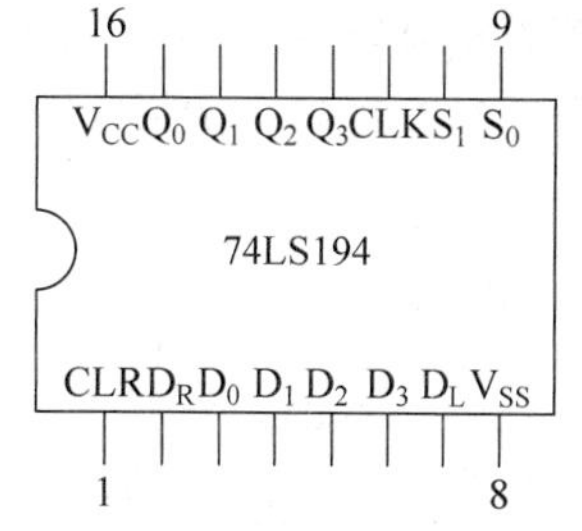

图 6.10　4 位双向移位寄存器 74LS194 引脚排列图

工作于左移方式,其中 D_L 为左移数据输入端,Q_0 为左移数据输出端; $S_1S_0=11$ 时,74LS194 工作于同步置数方式,其中 $D_3 \sim D_0$ 为并行数据输入端。例 6.27 实现了 74LS194 的上述功能。

【例 6.27】 4 位双向移位寄存器 74LS194。

```
module LS194(
        input wire clr,clk,
        input wire S0,S1,Dl,Dr,
        input wire D0,D1,D2,D3,
        output wire Q0,Q1,Q2,Q3);
reg [0:3] qout;
assign {Q0,Q1,Q2,Q3} = qout;
always @(posedge clk, negedge clr)
begin if(!clr)
  begin qout <= 4'b0000; end                    //异步清零
  else begin
  case ({S1,S0})
  2'b00: qout <= qout;                          //数据保持
  2'b01: qout <= {Dr,qout[0:2]};                //同步右移
  2'b10: qout <= {qout[1:3],Dl};                //同步左移
  2'b11: qout <= {D0,D1,D2,D3};                 //同步置数
  default:qout <= 4'b0000;
  endcase
end end
endmodule
```

5. m 序列发生器

m 序列是最大长度线性反馈移位寄存器(Linear Feedback Shift Register,LFSR)序列的简称,n 级线性反馈移位寄存器可产生周期最长为 2^n-1 的序列。图 6.11 表示的是 n 级线性反馈移位寄存器产生序列的示意图,图中 $C_0, C_1, \cdots, C_n$ 为反馈线,C_0 和 C_n 必须为 1,即参与反馈,其他系数若为 1,表示参与反馈;为 0,表示不参与反馈。一个线性反馈移位寄存器能否产生 m 序列,取决于它的反馈系数。表 6.10 列出了部分 m 序列的反馈系数 C_i,按照表中的系数来构造移位寄存器,就能产生相应的 m 序列。

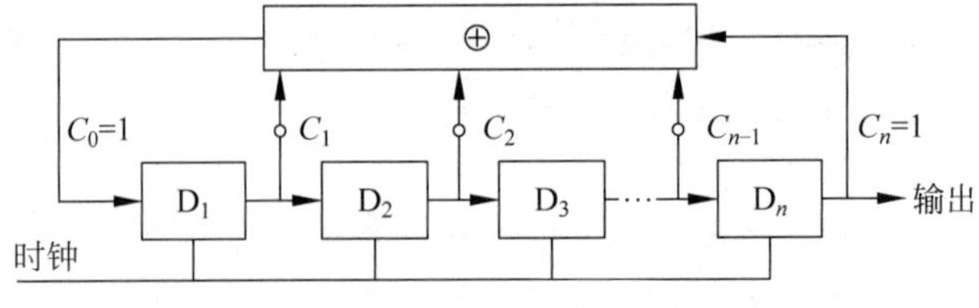

图 6.11　n 级线性反馈移位寄存器模型

表 6.10 部分 m 序列的反馈系数表

级数 n	周期 P	反馈系数 C_i（八进制数）
4	15	23
5	31	45,67,75
6	63	103,147,155
7	127	203,211,217,235,277,313,325,345,367
8	255	435,453,537,543,545,551,703,747
9	511	1021,1055,1131,1157,1167,1175
10	1023	2011,2033,2157,2443,2745,3471

反馈系数一旦确定，所产生的序列就确定了，当移位寄存器的初始状态不同时，所产生的周期序列的初始相位不同，也就是观察的初始值不同，但仍是同一周期序列。

下面以 $n=5$、周期为 $2^5-1=31$ 的 m 序列的产生为例，介绍 m 序列的设计方法。

查表 6.10 可得，表中 $n=5$，反馈系数 $C_i=(45)_8$，将其转换为二进制数为$(100101)_2$，即相应的反馈系数依次为 $C_0=1,C_1=0,C_2=0,C_3=1,C_4=0,C_5=1$；生成多项式可表示为 $f(x)=1+x^3+x^5$。根据上面的反馈系数，画出 $n=5$ 的 m 序列发生器的原理图，如图 6.12 所示。根据图 6.11 所示电路，给定移位寄存器的初始状态（比如设置为 00001），即可产生相应的码序列，初始状态不能为全零状态，因为一旦进入全零状态，系统就陷入死循环。

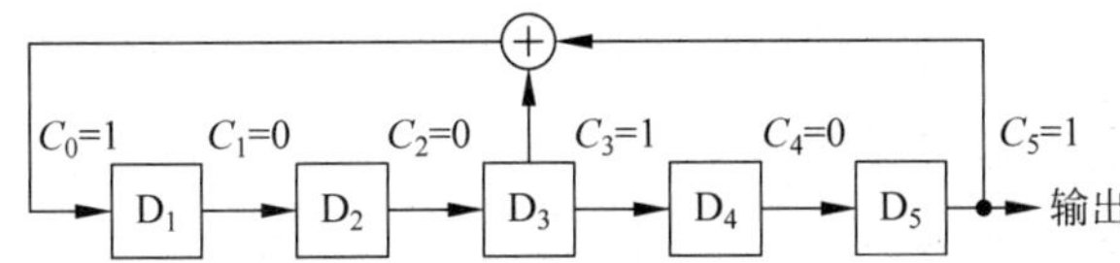

图 6.12 n 为 5、反馈系数 $C_i=(45)_8$ 的 m 序列发生器的原理图

例 6.28 是采用 Verilog 描述的 $n=5$、$C_i=(45)_8$ 的 m 序列发生器电路；例 6.29 是其测试脚本。

【例 6.28】 $n=5$、$C_i=(45)_8$ 的 m 序列发生器。

```
// the generation poly is 1 + x ** 3 + x ** 5
module m_sequence
                (input clr,clk,
                 output reg m_out);
reg[4:0] shift_reg;
always @(posedge clk, negedge clr)
  begin
    if(~clr)
    begin shift_reg <= 5'b00001; end              //异步复位,设置非零初始态
    else begin
        shift_reg[0] <=  shift_reg[2] ^ shift_reg[4];
        shift_reg[4:1]<= shift_reg[3:0];
```

```
        m_out <= shift_reg[4];   end
  end
endmodule
```

【例 6.29】 测试脚本。

```
`timescale 1ns/ 1ps
module m_sequence_vlg_tst();
parameter CYCLE = 40;
reg clk = 1'b0;
reg clr = 1'b0;
wire m_out;
m_sequence i1 (
          .clk(clk),
          .clr(clr),
          .m_out(m_out));
initial
begin
#(CYCLE * 2)     clr = 1'b1;
#(CYCLE * 40)    $stop;
$display("Running testbench");
end
always
begin
#(CYCLE/2)  clk = ~clk;
end
endmodule
```

上例的 RTL 仿真波形图如图 6.13 所示，通过波形图可看到 D_5 输出的码序列为 0000100101100111110001101110101…，码序列周期长度 $P=31$。

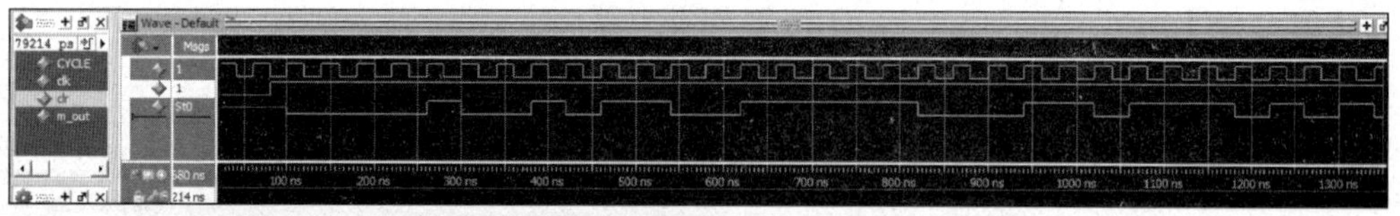

图 6.13　$n=5$、$C_i=(45)_8$ 的 m 序列发生器功能仿真波形图(ModelSim)

如果电路反馈逻辑关系不变，换另一个初始状态，则产生的序列仍为 m 序列，只是起始位置(初始相位)不同而已。例如，初始状态为"10000"的输出序列是初始状态为"00001"的输出序列循环右移一位而已。

另外，移位寄存器级数 n 相同，反馈逻辑不同，产生的 m 序列就不同。例如，5 级移位寄存器($n=5$)，其反馈系数 C_i 除$(45)_8$外，还可以是$(67)_8$和$(75)_8$。在例 6.30 中，通过 sel 设置端可以选择反馈系数，并分别产生相应的 m 序列。

【例 6.30】 n 为 5，C_i 分别为 $(45)_8$、$(67)_8$、$(75)_8$ 的 m 序列发生器。

```
module m_seq5
            (input clr,clk,
            input[1:0] sel;                          //设置端,用于选择反馈系数
             output reg m_out);
reg[4:0] shift_reg;
always @(posedge clk, negedge clr)
  begin  if(~clr)
        begin shift_reg <= 5'b00001; end             //异步复位,低电平有效
    else begin
    case (sel)
     2'b00: begin                                    //反馈系数 Ci 为(45)8
        shift_reg[0]<= shift_reg[2] ^ shift_reg[4];
        shift_reg[4:1]<= shift_reg[3:0]; end
     2'b01: begin                                    //反馈系数 Ci 为(67)8
        shift_reg[0]<= shift_reg[0] ^ shift_reg[2] ^ shift_reg[3] ^ shift_reg[4];
        shift_reg[4:1]<= shift_reg[3:0]; end
     2'b10: begin                                    //反馈系数 Ci 为(75)8
        shift_reg[0]<= shift_reg[0] ^ shift_reg[1] ^ shift_reg[2] ^ shift_reg[4];
        shift_reg[4:1]<= shift_reg[3:0]; end
     default: shift_reg <= 5'bX;
  endcase
  m_out <=  shift_reg[4];
    end
  end
endmodule
```

6. Gold 码发生器

Gold 码由 Gold 于 1967 年提出。Gold 序列是 m 序列的复合码，它由两个码长相等、码时钟速率相同的 m 序列优选对模 2 加构成得到。

两个 m 序列发生器的级数相同，即 $n_1=n_2=n$。如果两个 m 序列相对相移不同，所得到的是不同的 Gold 码序列。对 n 级 m 序列，共有 (2^n-1) 个不同相位，所以通过模 2 加后可得到 (2^n-1) 个 Gold 码序列，这些码序列的周期均为 (2^n-1)。产生 Gold 码序列的结构形式有两种，一种是将两个 n 级 m 序列发生器并联；另一种是将两个 m 序列发生器串联成级数为 $2n$ 的线性移位寄存器。这两种结构如图 6.14 所示。

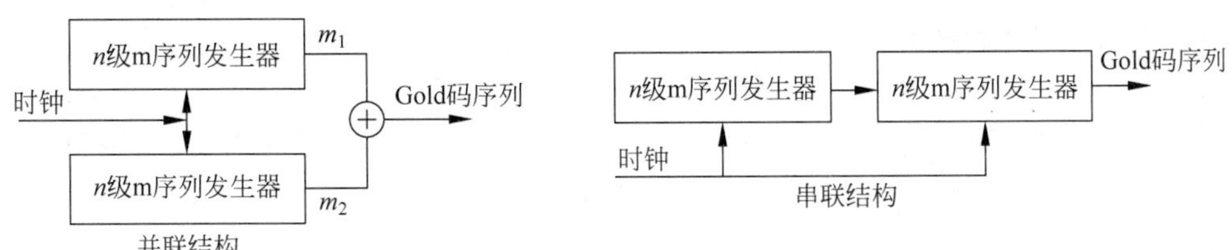

图 6.14 Gold 码产生框图

在 Gold 序列的构造中,每改变两个 m 序列的相对位移就可得到一个新的 Gold 序列。当相对位移(2^n-1)比特时,就可得到一组(2^n-1)个 Gold 序列。再加上两个 m 序列,共有(2^n+1)个 Gold 序列。由优选对模 2 加产生的 Gold 族(2^n-1)个序列已不再是 m 序列,也不具有 m 序列的一些特性。

用 Verilog 也不难实现 Gold 码序列发生器,如例 6.31 所示。其 RTL 仿真波形如图 6.15 所示,Gold 码序列的一个周期为 0000000100011011000011001110011。

【例 6.31】 n 为 5、C_i 分别为$(45)_8$ 和$(57)_8$ 的 Gold 码序列发生器。

```
module gold
          (input clr,clk,
           output gold_out);
reg[4:0] shift_reg1,shift_reg2;
assign gold_out = shift_reg1[4] ^ shift_reg2[4];              //两个 m 序列异或
always @(posedge clk, negedge clr)
  begin  if(~clr) begin
              shift_reg1 <= 5'b00001;
              shift_reg2 <= 5'b00001; end                     //异步复位
  else begin
        shift_reg1[0]<= shift_reg1[2] ^ shift_reg1[4];
                  //反馈系数 Ci 为(45)8
        shift_reg1[4:1]<= shift_reg1[3:0];
        shift_reg2[0]<= shift_reg2[1] ^ shift_reg2[2] ^
                    shift_reg2[3] ^ shift_reg2[4];
                  //反馈系数 Ci 为(57)8
        shift_reg2[4:1]<= shift_reg2[3:0];
        end
  end
endmodule
```

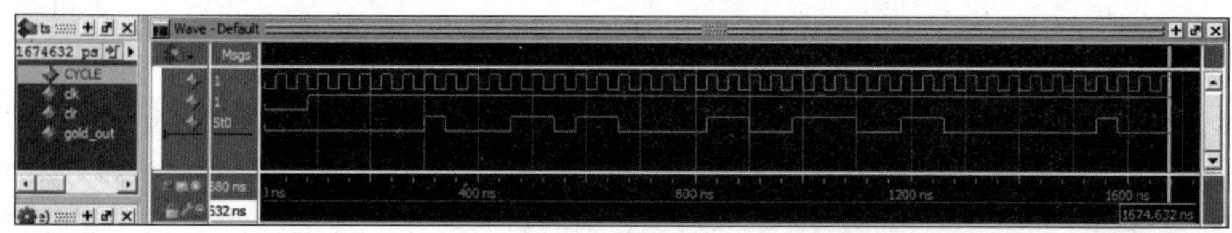

图 6.15　n 为 5、C_i 为$(45)_8$ 和$(57)_8$ 的 Gold 码序列发生器功能仿真波形图(ModelSim)

6.8　三态逻辑设计

在需要信息双向传输时,三态门是必需的。例 6.32 分别采用 if 语句、调用门元件 bufif1、assign 语句等方式描述三态门,该三态门当 en 为 1 时,out = in;当 en 为 0 时,输出高阻。

【例 6.32】 三态门。

```
//用 if 语句描述的三态门
module tris1
    (input in,en,
     output reg out
     );
always @ *
  begin
  if(en) out <= in;
   else out <= 1'bz;
  end
endmodule
```

```
//用门元件 bufif1
module tris2
    ( input in,en,
      output tri out);
bufif1 b1(out,in,en);
endmodule
```

```
//数据流描述
module tris3
 (input in,en, output out);
assign out = en?in:1'bz;
 endmodule
```

如果一个 I/O 引脚既要作为输入又要作为输出,则必然要用到三态门。在例 6.33 中定义了 1 位三态双向缓冲器,其 RTL 综合结果如图 6.16 所示,可以看出,端口 y 可作为双向 I/O 端口使用,当 en 为 1(三态门呈现高阻态)时,y 用作输入端口,否则 y 用作输出端口。

【例 6.33】 三态双向驱动器。

```
module bidir
            (input a,en,
             output b, inout y);
assign y = en ? a : 1'bz;
assign b = y;
endmodule
```

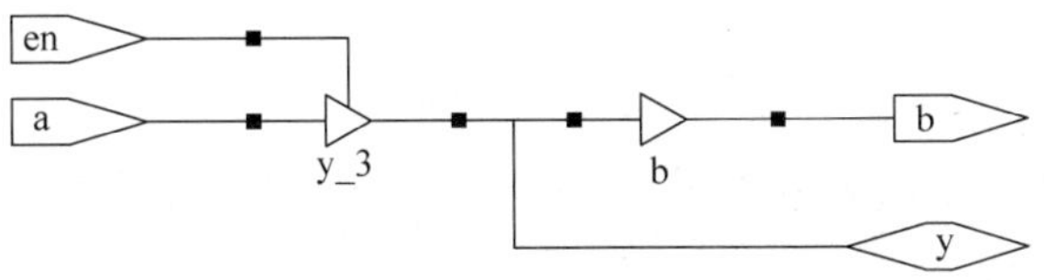

图 6.16 三态双向缓冲器 RTL 综合图

注意:在可综合的设计中,凡赋值为 z 的变量必须定义为端口,因为对于 FPGA 器件,三态缓存器仅在器件的 I/O 引脚中是物理存在的。

例 6.33 也可采用行为描述,如例 6.34 所示。

【例 6.34】 三态双向驱动器。

```
module bidir_b
            (input a,en,
             output b, inout y);
reg temp;
```

```
always @ *
  begin   if(en) temp <= a;
          else temp <= 1'bz; end
assign y = temp; assign b = y;
endmodule
```

设计一个功能类似于74LS245的三态双向8位总线缓冲器,其功能如表6.11所示,两个8位数据端口(a和b)均为双向端口,oe和dir分别为使能端和数据传输方向控制端。设计源码见例6.35。

表6.11　三态双向总线缓冲器功能表

输　　入		输　　出
oe	dir	
0	0	b→a
0	1	a→b
1	x	隔开

【例6.35】 三态双向总线缓冲器。

```
module ttl245
        ( input oe,dir,                        //使能信号和方向控制
          inout[7:0] a,b);                     //双向数据线
assign a = ({oe,dir} == 2'b00)?b:8'bz;
assign b = ({oe,dir} == 2'b01)?a:8'bz;
endmodule
```

习题6

6.1　设计基本D触发器,并采用结构描述的方式,用8个D触发器构成一个8位移位寄存器。

6.2　分别用结构描述和行为描述方式设计JK触发器,并进行综合。

6.3　编写同步模5计数器程序,有进位输出和异步复位端。

6.4　编写4位串/并转换程序和4位并/串转换程序。

6.5　编写4位除法电路程序。

6.6　用Verilog编写一个将带符号二进制数的8位原码转换成8位补码的电路,并基于Vivado软件进行综合和仿真。

第7章 Verilog有限状态机设计

有限状态机(Finite State Machine,FSM)是电路设计的经典方法,尤其适用于需要串行控制和高速 A/D、D/A 器件的场合,状态机是解决问题的有效手段,具有速度快、结构简单、可靠性高等优点。

有限状态机非常适合用 FPGA 器件实现,用 Verilog 的 case 语句能很好地描述基于状态机的设计,再通过 EDA 工具软件的综合,一般可以生成性能极优的状态机电路,从而使其在运行速度、可靠性和占用资源等方面优于由 CPU 实现的方案。

7.1 有限状态机

有限状态机是按照设定好的顺序实现状态转移并产生相应输出的特定机制,是组合逻辑和寄存器逻辑的一种特殊组合:寄存器用于存储状态,包括现态(Current State,CS)和次态(Next State,NS);组合逻辑用于状态译码并产生输出逻辑(Output Logic,OL)。

根据输出信号产生方法的不同,状态机可分为两类:摩尔型(Moore)和米里型(Mealy)。摩尔型状态机的输出只与当前状态有关,如图 7.1 所示;米里型状态机的输出不仅与当前状态相关,还与当前输入直接相关,如图 7.2 所示。米里型状态机的输出是在输入变化后立即变化的,不依赖时钟信号的同步,而摩尔型状态机的输入发生变化时还需要等待时钟的到来,状态发生变化时才导致输出的变化,因此比米里型状态机要多等待一个时钟周期。

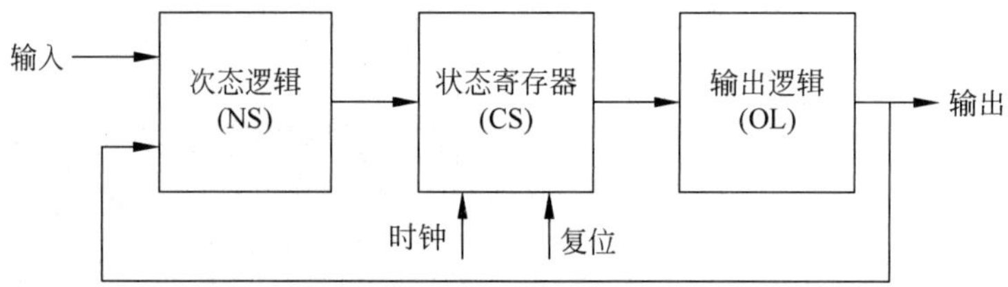

图 7.1 摩尔型状态机

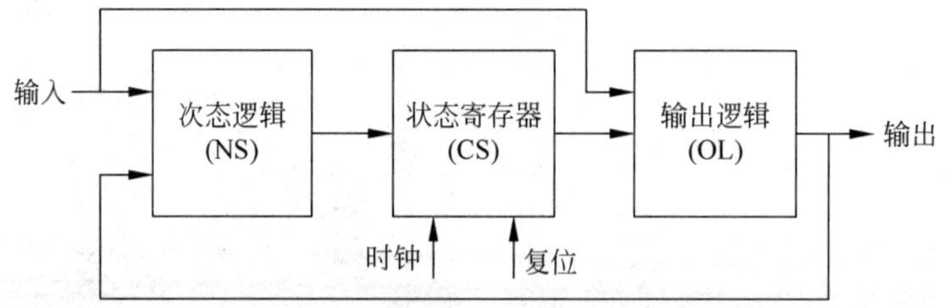

图 7.2 米里型状态机

实用的状态机一般设计为同步时序方式,它在时钟信号的触发下完成各个状态之间的转换,并产生相应的输出。状态机有三种表示方法:状态图(State Diagram)、状态表(State Table)和流程图,这三种表示方法是等价的,相互之间可以转换。其中,状态图是最常用的表示方式。米里型状态图的表示如图 7.3 所示,图中的每个圆圈表示一个状态,每个箭头表示状态之间的一次转移,引起转换的输入信号及产生的输出信号标注在箭头上。

状态机特别适合于需要复杂的控制时序的场合,以及一些需要单步执行的场合(比如控制液晶屏，控制高速 A/D 和 D/A 芯片等）。计数器也可以被看作状态机，它是按照固定的状态转移顺序进行转换的状态机，如模 5 计数器的状态图可表示为图 7.4 的形式。显然，此状态机属于摩尔型状态机，该状态机的 Verilog 描述如例 7.1 所示。

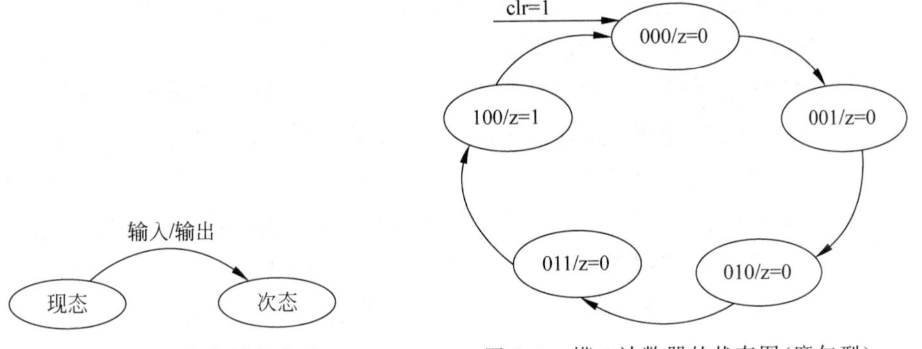

图 7.3　米里型状态图的表示

图 7.4　模 5 计数器的状态图（摩尔型）

【例 7.1】　用状态机设计模 5 计数器。

```
module fsm
        (input clk,clr,
         output reg z,
         output reg[2:0] qout);
always @(posedge clk, posedge clr)               //此过程定义状态转换
begin  if(clr) qout <= 0;                        //异步复位
    else  case(qout)
    3'b000: qout <= 3'b001;
    3'b001: qout <= 3'b010;
    3'b010: qout <= 3'b011;
    3'b011: qout <= 3'b100;
    3'b100: qout <= 3'b000;
    default: qout <= 3'b000;                     /* default 语句 */
    endcase
end
always @(qout)                                   /* 此过程产生输出逻辑 */
begin  case(qout)
    3'b100: z = 1'b1;
    default:z = 1'b0;
endcase
end
endmodule
```

7.2　有限状态机的 Verilog 描述

在状态机设计中主要包含以下三个要素。

- 当前状态，或称为现态（CS）。

• 下一个状态，或称为次态(NS)。

• 输出逻辑(OL)。

相应地，在用 Verilog 描述有限状态机时，有下面几种描述方式。

(1) 三段式描述：现态(CS)、次态(NS)、输出逻辑(OL)各用一个 always 过程描述。

(2) 两段式描述(CS＋NS、OL 双过程描述)：使用两个 always 过程描述有限状态机，一个过程描述现态和次态时序逻辑(CS＋NS)；另一个过程描述输出逻辑(OL)。

(3) 单段式描述：在单段式描述方式中，将状态机的现态、次态和输出逻辑(CS＋NS＋OL)放在一个 always 过程中描述。

在两段式描述方式中，相当于一个过程是由时钟信号触发的时序过程，时序过程对状态机的时钟信号敏感，当时钟发生有效跳变时，状态机的状态发生变化，一般用 case 语句检查状态机的当前状态，然后用 if 语句决定下一状态。另一个过程是组合过程，在组合过程中根据当前状态给输出信号赋值，对于摩尔型状态机，其输出只与当前状态有关，因此只需用 case 语句描述即可；对于米里型状态机，其输出则与当前状态和当前输入都有关，因此可以用 case 语句和 if 语句组合进行描述。双过程的描述方式结构清晰，并且把时序逻辑和组合逻辑分开进行描述，便于修改。

在单过程描述方式中，将有限状态机的现态、次态和输出逻辑(CS＋NS＋OL)放在一个过程中描述，这样做带来的好处是相当于采用时钟信号来同步输出信号。因此，可以克服输出逻辑信号出现毛刺的问题，这在一些将输出信号作为控制逻辑的场合使用，有效避免了输出信号带有毛刺，从而产生错误的控制逻辑的问题。但要注意的是，采用单过程描述方式，输出逻辑会比双过程描述方式的输出逻辑延迟一个时钟周期的时间。

7.2.1 用三个 always 块描述

下面以“101”序列检测器的设计为例，介绍 Verilog 描述状态图的几种方式。图 7.5 是“101”序列检测器的状态转换图，共有 4 个状态：s0、s1、s2 和 s3，分别用几种方式对其进行描述。例 7.2 采用三个过程进行描述。

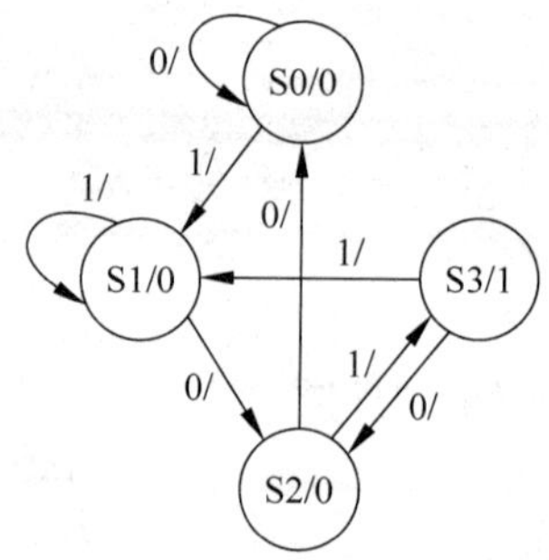

图 7.5 “101”序列检测器的状态转换图

【例 7.2】 “101”序列检测器的 Verilog 描述(CS、NS、OL 各用一个过程描述)。

```
module fsm1_seq101
              (input clk,clr,x,
               output reg z);
reg[1:0] state,next_state;
parameter   S0 = 2'b00,S1 = 2'b01,S2 = 2'b11,S3 = 2'b10;
    /* 状态编码,采用格雷(Gray)编码方式 */
always @(posedge clk, posedge clr)                    /* 此过程定义当前状态 */
begin  if(clr) state <= S0;                           //异步复位,s0 为起始状态
    else state <= next_state;
end
always @(state, x)                                    /* 此过程定义次态 */
begin
case (state)
    S0:begin   if(x)   next_state <= S1;
               else    next_state <= S0; end
    S1:begin   if(x)   next_state <= S1;
               else    next_state <= S2; end
    S2:begin
        if(x)  next_state <= S3;
        else   next_state <= S0; end
    S3:begin
        if(x)  next_state <= S1;
        else   next_state <= S2; end
    default:   next_state <= S0;                      /* default 语句 */
endcase
end
always @ *                                            //此过程产生输出逻辑
begin  case(state)
    S3: z = 1'b1;
    default:z = 1'b0;
endcase
end
endmodule
```

7.2.2 用两个过程描述

例 7.3 采用两个过程对“101”序列检测器进行描述。

【例 7.3】 “101”序列检测器(CS+NS、OL 双过程描述)。

```
module fsm2_seq101
              (input clk,clr,x,
               output reg z);
reg[1:0] state;
```

```
parameter   S0 = 2'b00,S1 = 2'b01,S2 = 2'b11,S3 = 2'b10;
    /* 状态编码,采用格雷(Gray)编码方式 */
always @(posedge clk, posedge clr)                          /* 此过程定义起始状态 */
begin  if(clr) state <= S0;                                  //异步复位,s0 为起始状态
    else case(state)
    S0:begin if(x)          state <= S1;
                  else      state <= S0; end
    S1:begin      if(x)     state <= S1;
                  else      state <= S2; end
    S2:begin
        if(x)     state <= S3;
        else      state <= S0; end
    S3:begin
        if(x)     state <= S1;
        else      state <= S2; end
    default:      state <= S0;
endcase
end
always @(state)                                              //产生输出逻辑(OL)
begin  case (state)
    S3: z = 1'b1;
    default:z = 1'b0;
endcase
end
endmodule
```

例 7.2 和例 7.3 的门级综合视图均如图 7.6 所示,说明三种描述方式在总体上没有大的区别,电路由两个触发器、查找表组成,4 个状态采用两个触发器编码实现,查找表用于实现译码和产生输出逻辑。

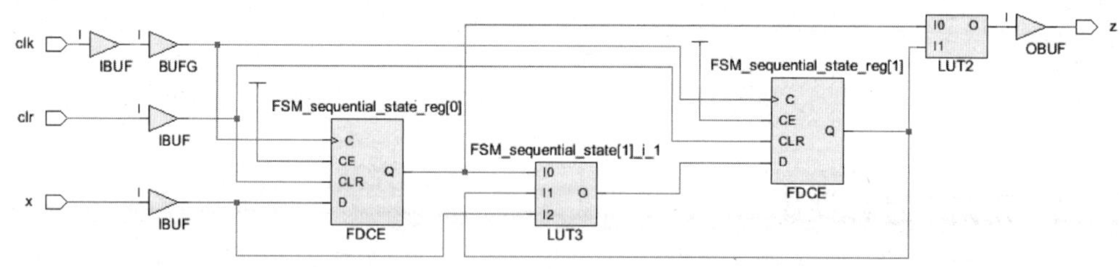

图 7.6 “101”序列检测器的门级综合视图

7.2.3 单过程描述方式

也可以将有限状态机的现态、次态和输出逻辑(CS+NS+OL)放在一个过程中进行描述,如例 7.4 所示。

【例 7.4】 “101”序列检测器(CS+NS+OL 单过程描述)。

```
module fsm4_seq101
                   (input clk,clr,x,
                    output reg z);
reg[1:0] state;
parameter   S0 = 2'b00,S1 = 2'b01,S2 = 2'b11,S3 = 2'b10;
                              /* 状态编码,采用格雷(Gray)编码方式 */
always @(posedge clk, posedge clr)
begin  if(clr) state <= S0;
   else case(state)
   S0:begin   if(x) begin state <= S1; z = 1'b0;end
              else begin state <= S0; z = 1'b0;end
          end
   S1:begin   if(x) begin state <= S1; z = 1'b0;end
              else begin state <= S2; z = 1'b0;end
          end
   S2:begin  if(x) begin state <= S3; z = 1'b0;end
              else begin state <= S0; z = 1'b0;end
          end
   S3:begin  if(x) begin state <= S1; z = 1'b1;end
              else begin state <= S2; z = 1'b1;end
          end
   default:  begin state <= S0; z = 1'b0;end                /* default 语句 */
endcase
end
endmodule
```

例 7.4 的综合视图如图 7.7 所示,对比图 7.6 和图 7.7 可以看出明显的区别,前者由两个触发器和逻辑门电路实现,两个触发器用于存储状态,逻辑门产生输出逻辑;后者由三个触发器构成,输出逻辑 z 也通过 D 触发器输出。这样做带来的好处是,相当于用时钟信号来同步输出信号,可以克服输出逻辑出现毛刺的问题,这在一些将输出信号作为控制逻辑的场合使用,可有效避免产生错误控制动作的可能性。

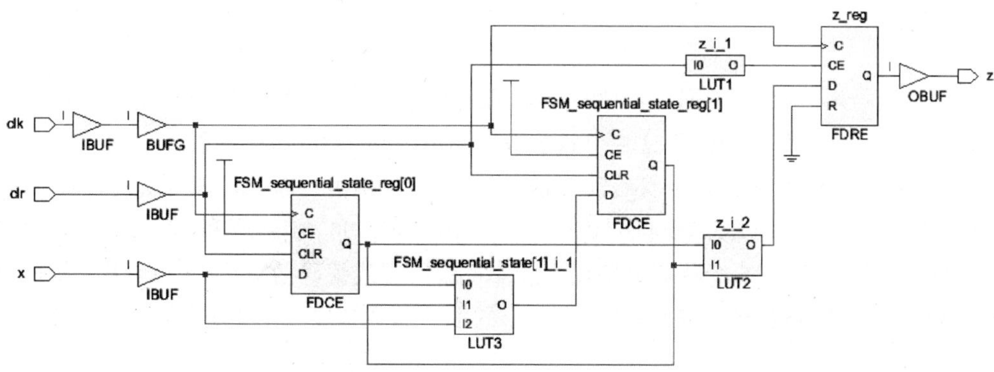

图 7.7 单过程描述的“101”序列检测器的综合视图

7.3 状态编码

7.3.1 常用的编码方式

在状态机设计中，有一个重要的问题是状态的编码，常用的编码方式有顺序编码、格雷编码、约翰逊编码和一位热码编码等几种方式。

1. 顺序编码

顺序编码采用顺序的二进制数编码的每个状态。例如，如果有 4 个状态分别为 state0、state1、state2 和 state3，其二进制编码每个状态所对应的码字为 00、01、10 和 11。顺序编码的缺点是在从一个状态转换到相邻状态时，有可能有多位同时发生变化，瞬变次数多，容易产生毛刺，引发逻辑错误。

2. 格雷编码

如果将 state0、state1、state2 和 state3 这 4 个状态编码为 00、01、11 和 10，即为格雷编码方式。格雷编码节省逻辑单元，而且在状态的顺序转换中(state0→state1→state2→state3→state0→…)，相邻状态每次只有 1 位发生变化，这样既减少了瞬变的次数，也减少了产生毛刺和一些暂态的可能性。

3. 约翰逊编码

在约翰逊计数器的基础上引出约翰逊编码。约翰逊计数器是一种移位计数器，采用的是把输出的最高位取反，反馈送到最低位触发器的输入端。约翰逊编码每相邻两个码字间也是只有 1 位是不同的。如果有 6 个状态 state0～state5，用约翰逊编码则为 000、001、011、111、110 和 100。

4. 一位热码编码

一位热码是采用 n 位(或 n 个触发器)来编码具有 n 个状态的状态机。例如，对于 state0、state1、state2 和 state3 这 4 个状态可用码字 1000、0100、0010 和 0001 来代表。如果有 A、B、C、D、E 和 F 共 6 个状态需要编码，若用顺序编码只需 3 位即可实现，但用一位热码编码则需 6 位，分别为 000001、000010、000100、001000、010000 和 100000。

表 7.1 所示是对 16 个状态分别用上述 4 种编码方式编码的对比，可以看出，为 16 个状态编码，顺序编码和格雷编码均需要 4 位，约翰逊编码需要 8 位，一位热码编码则需要 16 位。

表 7.1 4 种编码方式的对比

状　态	顺序编码	格雷编码	约翰逊编码	一位热码编码
state0	0000	0000	00000000	0000000000000001
state1	0001	0001	00000001	0000000000000010
state2	0010	0011	00000011	0000000000000100
state3	0011	0010	00000111	0000000000001000
state4	0100	0110	00001111	0000000000010000
state5	0101	0111	00011111	0000000000100000
state6	0110	0101	00111111	0000000001000000
state7	0111	0100	01111111	0000000010000000
state8	1000	1100	11111111	0000000100000000
state9	1001	1101	11111110	0000001000000000
state10	1010	1111	11111100	0000010000000000
state11	1011	1110	11111000	0000100000000000
State12	1100	1010	11110000	0001000000000000
state13	1101	1011	11100000	0010000000000000
state14	1110	1001	11000000	0100000000000000
state15	1111	1000	10000000	1000000000000000

采用一位热码编码，虽然多用了触发器，但可以有效节省和简化译码电路。对于FPGA器件来说，采用一位热码编码可有效提高电路的速度和可靠性，也有利于提高器件资源的利用率。因此，对于FPGA器件，建议采用该编码方式。

可通过综合器指定编码方式，如在Vivado中，在主界面的Flow Navigator中单击Settings，在出现的Settings对话框中选中Synthesis标签页，在Options栏中选中-fsm_extraction项，在下拉菜单中可以看到有auto、gray、johnson、sequential、one-hot、off等选项，用于设定状态机的编码方式，默认值为auto，也可根据需要选择合适的编码方式，如图7.8所示。需要注意的是，-fsm_extraction设定的编码方式优先级是高于HDL代码中自定义的编码方式的。

7.3.2 状态编码的定义

在Verilog中，可用来定义状态编码的语句有parameter、`define和localparam。

如要为ST1、ST2、ST3和ST4这4个状态分别分配码字00、01、11和10，可采用下面的几种方式。

1) 用parameter参数定义

```
parameter ST1 = 2'b00,ST2 = 2'b01,
          ST3 = 2'b11,ST4 = 2'b10;
    …
case(state)
    ST1:  …;                        //调用
    ST2:  …;
    …
```

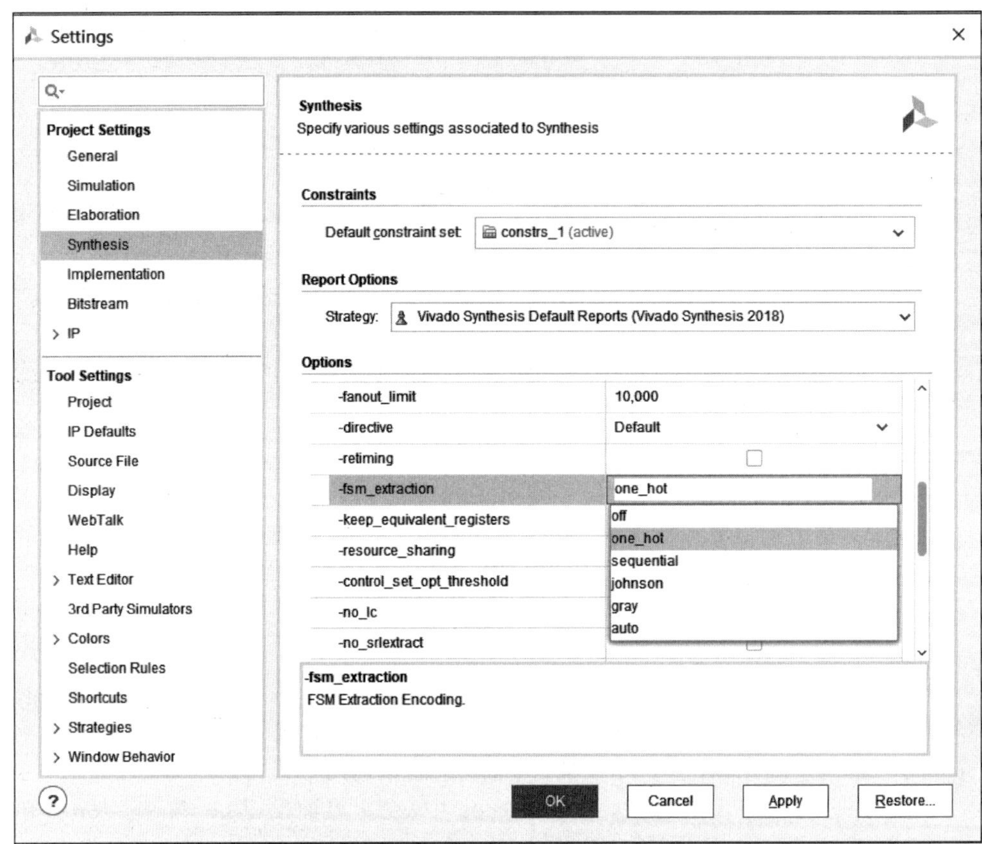

图 7.8　在 Vivado 中选择编码方式

2）用`define 语句定义

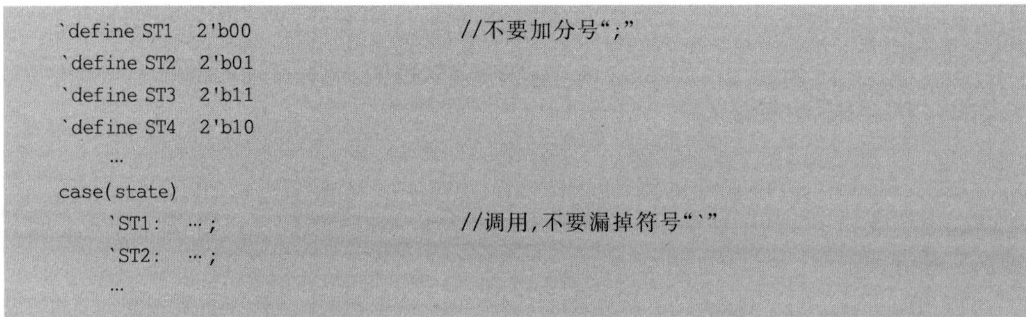

```
`define ST1   2'b00                    //不要加分号“;”
`define ST2   2'b01
`define ST3   2'b11
`define ST4   2'b10
    …
case(state)
    `ST1:  …;                          //调用,不要漏掉符号“`”
    `ST2:  …;
    …
```

3）用 localparam 定义

localparam 用于定义局部参数。localparam 定义的参数作用的范围仅限于本模块内，不可用于参数传递。由于状态编码一般只作用于本模块，不需要被上层模块重新定义，因此 localparam 语句很适合状态机参数的定义。用 localparam 语句定义参数的格式如下：

```
localparam ST1 = 2'b00,ST2 = 2'b01,
           ST3 = 2'b11,ST4 = 2'b10;
    ...
case(state)
    ST1:  ...;                              //调用
    ST2:  ...;
    ...
```

注意：关键字`define、parameter 和 localparam 都可以用于定义参数和常量，但三者的用法及作用范围有如下区别。

(1) `define：作用范围可以是整个工程，能够跨模块(module)。也就是说，在一个模块中定义的`define 指令，可以被其他模块调用，直到遇到`undef 时失效。所以，用`define 定义常量和参数时，一般习惯将定义语句放在模块外。

(2) parameter：通常作用于本模块内，可用于参数传递，即可以被上层模块重新定义。有三种参数传递的方式：通过#(参数)参数传递；使用 defparam 语句显式地重新定义；在 Verilog-2001 标准中还可以在线显式重新定义。

(3) localparam：局部参数，不可用于参数传递。也就是说，在实例化时不能通过层次引用进行重定义，只能通过源代码来改变，可用于状态机参数的定义。

一般使用 case 语句、casez 语句和 casex 语句来描述状态之间的转换，用 case 语句表述比用 if-else 语句更清晰明了。例 7.5 采用了一位热码编码方式对例 7.2 的"101"序列检测器进行改写，程序中对 s0～s3 这 4 个状态进行了一位热码编码，并采用`define 语句进行定义。

【例 7.5】 "101"序列检测器(一位热码编码)。

```
`define S0   4'b0001                    //一般把`define 定义语句放在模块外
`define S1   4'b0010                    //一位热码编码方式
`define S2   4'b0100
`define S3   4'b1000
module fsm_seq101_onehot
              ( input clk,clr,x,
                output reg z);
reg[3:0] state,next_state;
always @(posedge clk or posedge clr)
begin   if(clr) state <= `S0;           //异步复位,S0 为起始状态
    else state <= next_state;
end
always @ *
begin
case (state)
     `S0:begin   if(x)   next_state <= `S1;
                 else    next_state <= `S0; end
     `S1:begin   if(x)   next_state <= `S1;
                 else    next_state <= `S2; end
```

```
        `S2:begin    if(x)    next_state <= `S3;
                     else     next_state <= `S0; end
        `S3:begin    if(x)    next_state <= `S1;
                     else     next_state <= `S2; end
        default:     next_state <= `S0;
    endcase
    end
    always @ *
    begin  case(state)
        `S3:       z = 1'b1;
        default:   z = 1'b0;
    endcase
    end
    endmodule
```

例 7.5 的门级综合视图如图 7.9 所示，将图 7.9 与图 7.6 进行比较，可看到采用一位热码编码后，状态机需要用 4 个触发器编码实现，耗用了更多的触发器逻辑，但译码电路相对简单。

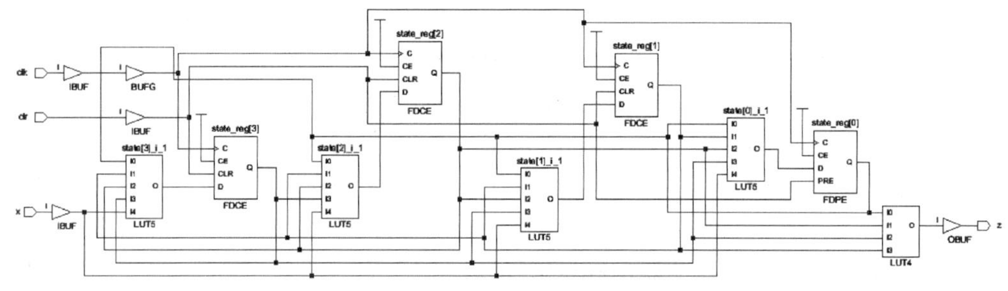

图 7.9　采用一位热码编码的"101"序列检测器门级综合视图

例 7.6 是一个"1111"序列检测器(若输入序列中有 4 个或 4 个以上连续的 1 出现，则输出为 1，否则输出为 0)的例子，其中采用 localparam 语句进行状态定义，使用了单段式描述方式。图 7.10 是该序列检测器的状态机图。

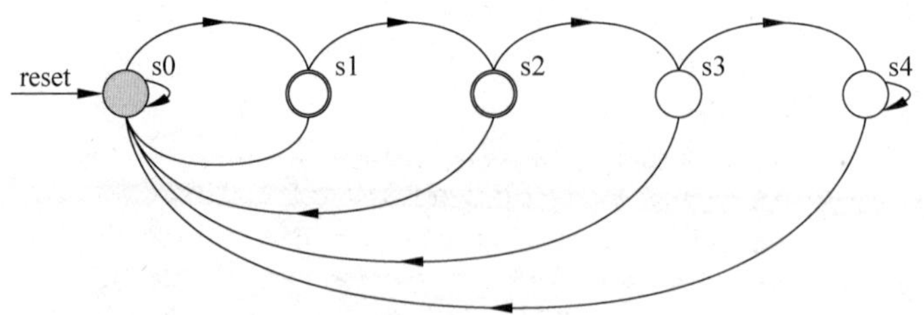

图 7.10　"1111"序列检测器状态机

【例 7.6】 "1111"序列检测器(单段式描述 CS+NS+OL)。

```
module fsm_detect
            (input x,clk,reset,
            output reg z);
```

```
reg[4:0] state;
localparam S0 = 'd0,S1 = 'd1,S2 = 'd2,S3 = 'd3,S4 = 'd4;
        //用 localparam 语句进行状态定义
always @(posedge clk)
begin if(reset) begin  state<= S0;z<= 0;  end
        else casex(state)
            S0:begin if(x== 0)  begin state<= S0; z<= 0; end
               else  begin  state<= S1; z<= 0;  end
         end
            S1:begin if(x== 0)  begin state<= S0; z<= 0; end
               else  begin  state<= S2; z<= 0; end
         end
            S2:begin if(x== 0)  begin state<= S0; z<= 0; end
               else  begin  state<= S3; z<= 0; end
         end
            S3:begin if(x== 0)  begin  state<= S0; z<= 0; end
               else  begin  state<= S4; z<= 1; end
         end
            S4:begin if(x== 0)  begin state<= S0; z<= 0; end
               else  begin  state<= S4; z<= 1; end
         end
             default: state<= S0;                //默认状态
       endcase
  end
endmodule
```

7.4 有限状态机设计要点

本节讨论状态机设计中需要注意的几个问题，包括起始状态的选择、复位和多余状态的处理等。

7.4.1 复位和起始状态的选择

1. 起始状态的选择

起始状态是指电路复位后所处的状态，选择一个合理的起始状态将使整个系统简洁、高效。EDA 软件自动为基于状态机的设计选择一个最佳的起始状态。

状态机一般应设计为同步方式，并由一个时钟信号来触发。实用的状态机都应设计为由唯一时钟边沿触发的同步运行方式。时钟信号和复位信号对每一个有限状态机来说都很重要。

2. 有限状态机的同步复位

实用的状态机都应有复位信号。和其他时序逻辑电路一样，有限状态机的复位有同步复位和异步复位两种。

同步复位信号在时钟的跳变沿到来时，对有限状态机进行复位操作，同时把复位值赋给输出信号并使有限状态机回到起始状态。在描述带同步复位信号的有限状态机的过程中，当同步复位信号到来时，为了避免在状态转移过程中的每个状态分支中都指定到起始状态的转移，可以在状态转移过程的开始部分加入一个对同步复位信号进行判断的 if 语句：如果同步复位信号有效，则直接进入到起始状态并将复位值赋给输出信号；如果复位信号无效，则执行接下来的正常状态转移。

在描述带同步复位的有限状态机时，对同步复位信号进行判断的 if 语句中，如果不指定输出信号的值，那么输出信号将保持原来的值不变。这种情况需要额外的寄存器来保持原值，从而增加资源耗用。因此，应该在 if 语句中指定输出信号的值。有时可以指定在复位时输出信号的值是任意值，这样在逻辑综合时会忽略它们。

3. 有限状态机的异步复位

如果只需要在上电和系统错误时进行复位操作，那么采用异步复位方式要比同步复位方式好。这样做的主要原因是：同步复位方式占用较多的额外资源，而异步复位可以消除引入额外寄存器的可能性；而且带有异步复位信号的 Verilog 语言描述简单，只需在描述状态寄存器的过程中引入异步复位信号即可。

下面是一个状态机设计的例子，采用摩尔型状态机描述了一个自动转换量程的频率计控制器。图 7.11 是该频率计控制器的状态转移图；例 7.7 是其 Verilog 描述，状态编码采用一位热码编码，选择居中的一个状态（状态 C）作为起始状态（复位状态），采用异步复位。

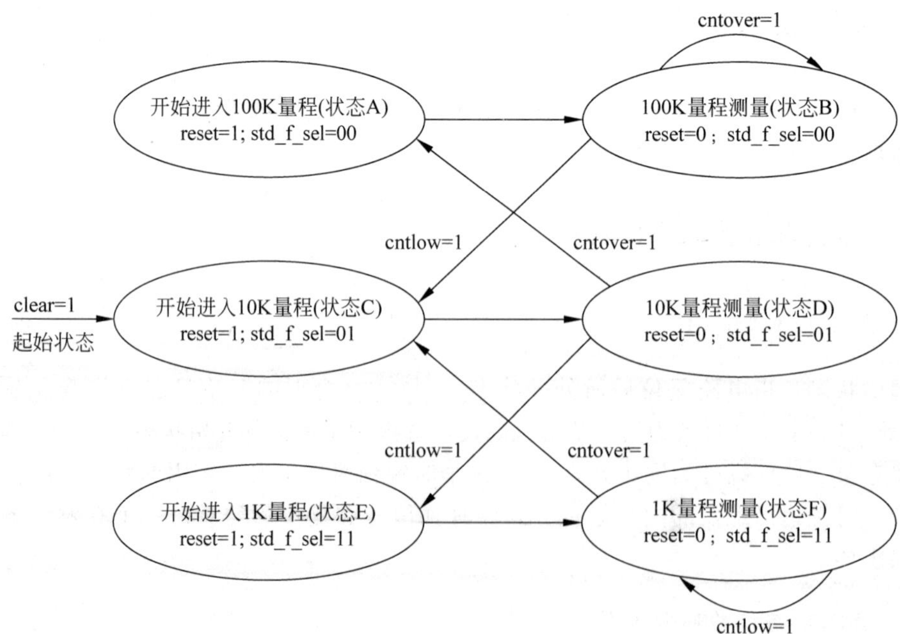

图 7.11　频率计控制器的状态转移图（摩尔型）

【例 7.7】 自动转换量程频率计控制器。

```
/*信号定义:clk:    输入时钟
clear:               为整个频率计的异步复位信号
reset:               用来在量程转换开始时复位计数器
std_f_sel:           用来选择标准时基
cntover:             代表超量程
cntlow:              代表欠量程
状态 A,B,C,D,E,F 采用一位热码编码 */
module control_fsm
          ( input clk,clear,cntover,cntlow,
           output reg[1:0] std_f_sel,
           output reg reset);
reg[5:0] present,next;
localparam   START_F100K = 6'b000001,          //状态 A 编码,采用一位热码
             F100K_CNT = 6'b000010,            //状态 B
             START_F10K = 6'b000100,           //状态 C,起始状态
             F10K_CNT = 6'b001000,             //状态 D
             START_F1K = 6'b010000,            //状态 E
             F1K_CNT = 6'b100000;              //状态 F
always @(posedge clk, posedge clear)
    begin  if(clear)   present <= START_F10K;  //START_F10K 为起始状态
           else        present <= next;
    end
always @(present or cntover or cntlow)
    begin
    case(present)                              //用 case 语句描述状态转换
      START_F100K:  next <= F100K_CNT;
      F100K_CNT:
           begin if(cntlow) next <= START_F10K;
                else   next <= F100K_CNT;
           end
      START_F10K:    next <= F10K_CNT;
      F10K_CNT:
           begin if(cntlow)      next <= START_F1K;
           else  if(cntover)     next <= START_F100K;
           else                  next <= F10K_CNT;
           end
      START_F1K:  next <= F1K_CNT;
      F1K_CNT:begin
           if(cntover)   next <= START_F10K;
           else          next <= F1K_CNT;
           end
      default:next <= START_F10K;              //默认状态为起始状态
      endcase
    end
always @(present)                              //产生各状态下的输出逻辑
```

```
begin  case(present)
START_F100K:  begin reset = 1; std_f_sel = 2'b00; end
F100K_CNT:    begin reset = 0; std_f_sel = 2'b00; end
START_F10K:   begin reset = 1; std_f_sel = 2'b01; end
F10K_CNT:     begin reset = 0; std_f_sel = 2'b01; end
START_F1K:    begin reset = 1; std_f_sel = 2'b11; end
F1K_CNT:      begin reset = 0; std_f_sel = 2'b11; end
default:      begin reset = 1; std_f_sel = 2'b01; end
endcase
end
endmodule
```

7.4.2 多余状态的处理

在状态机设计中，通常会出现大量的多余状态，如采用 n 位状态编码，则总的状态数为 2^n，因此经常会出现多余状态，或称为无效状态、非法状态等。

一般有如下两种处理多余状态的方法。

(1) 在 case 语句中，用 default 分支决定一旦进入无效状态所采取的措施。

(2) 编写必要的 Verilog 源代码明确定义进入无效状态所采取的行为。

例 7.8 是一个用有限状态机实现除法运算的例子，共有 3 个有效状态，如果每个状态用两位编码，则产生一个多余状态；如果采用一位热码编码，则产生 5 个多余状态。在本例中，采用 default 语句定义了一旦进入无效状态后所应进入的次态，这从理论上消除了陷入无效死循环的可能。不过需要注意的是，并非所有的综合软件都能按照 default 语句指示，综合出有效避免无效死循环的电路，所以这种方法的有效性应视所用综合软件的性能而定。

【例 7.8】 用有限状态机设计除法电路。

```
module division
        ( input clk,
         input[3:0] a,b,                        //被除数和除数
         output reg[3:0] result,yu);            //商和余数
reg[1:0] state; reg[3:0] m,n;
localparam S0 = 2'b00,S1 = 2'b01,S2 = 2'b10;    //状态编码
always @(posedge clk)
begin  case(state)
S0:  begin   if(a>=b) begin n<=a-b; m<=4'b0001; state<=S1; end
             else begin m<=4'b0000; n<=a;state<=S2; end
        end
S1:  begin   if(n>=b) begin m<=m+1;n<=n-b;state<=S1; end
             else begin state<=S2; end
        end
```

```
S2:  begin    result<=m;yu<=n;state<=S0; end
default:      state<=S0;
endcase
end
endmodule
```

例7.8的状态机如图7.12所示，图7.13是其功能仿真波形图。

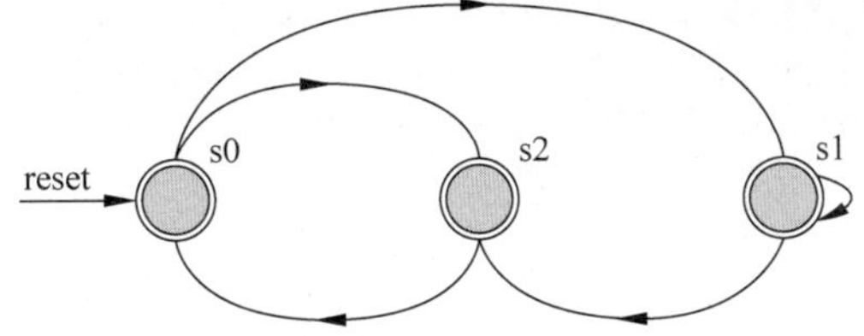

图7.12　除法运算电路状态机

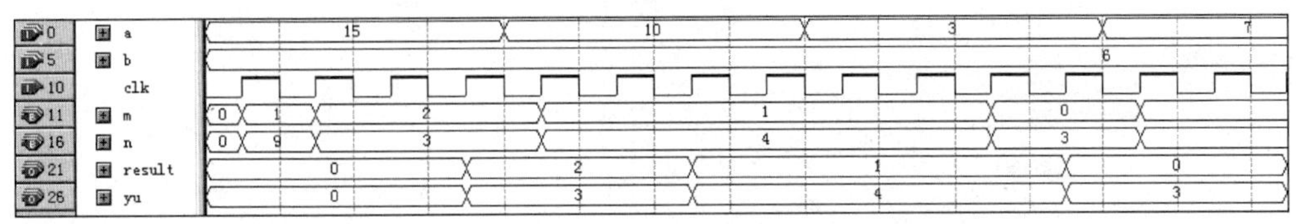

图7.13　除法运算电路功能仿真波形图

7.5　有限状态机应用实例

有限状态机在实际中应用广泛，本节用两个实验的例子来说明。

7.5.1　用有限状态机控制彩灯

采用有限状态机设计彩灯控制器，控制16个LED灯实现如下的演示花型。

- 从两边往中间逐个亮，全灭。
- 从中间往两头逐个亮，全灭。
- 循环执行上述过程。

彩灯控制器采用有限状态机进行设计，其Verilog描述如例7.9所示，状态机采用双过程描述：一个用于实现状态转移，另一个用于产生输出逻辑，从而使整个设计结构清晰。

【例7.9】 用状态机控制16个LED灯实现花型演示。

```
module liushuiled(
        input clk100M,                     //时钟信号
        input reset,                       //复位信号
```

```
          output reg[15:0] led);
reg[4:0] state;
reg[24:0]count; wire clk4hz;
parameter S0 = 'd0,S1 = 'd1,S2 = 'd2,S3 = 'd3,S4 = 'd4,S5 = 'd5,S6 = 'd6,S7 = 'd7,
        S8 = 'd8,S9 = 'd9,S10 = 'd10,S11 = 'd11,S12 = 'd12,S13 = 'd13,S14 = 'd14,
        S15 = 'd15,S16 = 'd16,S17 = 'd17;
always @(posedge clk100M)                   //从 100MHz 分频产生 4Hz 时钟信号
    begin   if(count == 25000000) count <= 0;
            else    count <= count + 1;
        end
assign clk4hz = count[24];                  //产生 4Hz 时钟信号
always @(posedge clk4hz)                    //此过程描述状态转移
    begin     if(!reset) state <= S0;       //同步复位
              else   case(state)
              S0: state <= S1;        S1: state <= S2;
              S2: state <= S3;        S3: state <= S4;
              S4: state <= S5;        S5: state <= S6;
              S6: state <= S7;        S7: state <= S8;
              S8: state <= S9;        S9: state <= S10;
              S10: state <= S11;      S11: state <= S12;
              S12: state <= S13;      S13: state <= S14;
              S14: state <= S15;      S15: state <= S16;
              S16: state <= S17;      S17: state <= S0;
              default: state <= S0;
               endcase
  end
always @(state)                             //此过程产生输出逻辑(OL)
begin  case(state)
S0:led <= 16'b0000_0000_0000_0000;          //全灭
      S1:led <= 16'b1000_0000_0000_0001;   //从两边往中间逐个亮
      S2:led <= 16'b1100_0000_0000_0011;
      S3:led <= 16'b1110000000000111;
      S4:led <= 16'b1111000000001111;
      S5:led <= 16'b1111100000011111;
      S6:led <= 16'b1111110000111111;
      S7:led <= 16'b1111111001111111;
      S8:led <= 16'b1111111111111111;
      S9:led <= 16'b0000000000000000;       //全灭
      S10:led <= 16'b0000000110000000;      //从中间往两头逐个亮
      S11:led <= 16'b0000001111000000;
      S12:led <= 16'b0000011111100000;
      S13:led <= 16'b0000111111110000;
      S14:led <= 16'b0001111111111000;
      S15:led <= 16'b0011111111111100;
      S16:led <= 16'b0111111111111110;
      S17:led <= 16'b1111111111111111;
default:led <= 16'b0000000000000000;
```

```
        endcase;
      end
    endmodule
```

引脚约束文件.xdc的内容如下所示。

```
set_property -dict {PACKAGE_PIN P17 IOSTANDARD LVCMOS33} [get_ports clk100M ]
set_property -dict {PACKAGE_PIN P15 IOSTANDARD LVCMOS33} [get_ports reset ]
set_property -dict {PACKAGE_PIN F6 IOSTANDARD LVCMOS33} [get_ports {led[15]}]
set_property -dict {PACKAGE_PIN G4 IOSTANDARD LVCMOS33} [get_ports {led[14]}]
set_property -dict {PACKAGE_PIN G3 IOSTANDARD LVCMOS33} [get_ports {led[13]}]
set_property -dict {PACKAGE_PIN J4 IOSTANDARD LVCMOS33} [get_ports {led[12]}]
set_property -dict {PACKAGE_PIN H4 IOSTANDARD LVCMOS33} [get_ports {led[11]}]
set_property -dict {PACKAGE_PIN J3 IOSTANDARD LVCMOS33} [get_ports {led[10]}]
set_property -dict {PACKAGE_PIN J2 IOSTANDARD LVCMOS33} [get_ports {led[9]}]
set_property -dict {PACKAGE_PIN K2 IOSTANDARD LVCMOS33} [get_ports {led[8]}]
set_property -dict {PACKAGE_PIN K1 IOSTANDARD LVCMOS33} [get_ports {led[7]}]
set_property -dict {PACKAGE_PIN H6 IOSTANDARD LVCMOS33} [get_ports {led[6]}]
set_property -dict {PACKAGE_PIN H5 IOSTANDARD LVCMOS33} [get_ports {led[5]}]
set_property -dict {PACKAGE_PIN J5 IOSTANDARD LVCMOS33} [get_ports {led[4]}]
set_property -dict {PACKAGE_PIN K6 IOSTANDARD LVCMOS33} [get_ports {led[3]}]
set_property -dict {PACKAGE_PIN L1 IOSTANDARD LVCMOS33} [get_ports {led[2]}]
set_property -dict {PACKAGE_PIN M1 IOSTANDARD LVCMOS33} [get_ports {led[1]}]
set_property -dict {PACKAGE_PIN K3 IOSTANDARD LVCMOS33} [get_ports {led[0]}]
```

用Vivado软件进行综合，然后在EGO1平台上下载，实际观察16个LED灯的演示花型。采用有限状态机控制彩灯，结构清晰，修改方便。在本设计的基础上可自己定义演示花型，实现一个LED灯演示控制器。

7.5.2 用有限状态机控制A/D采样

有限状态机很适于控制A/D芯片读取采样数据。ADC0809是8位A/D转换器，片内有8路模拟开关，可控制8个模拟量中的1个进入转换器，完成一次转换的时间约100μs。含锁存控制的8个多路开关，输出有三态缓冲器控制，单5V电源供电。ADC0809的外部引脚信号如图7.14所示，其工作时序如图7.15所示。START是转换启动信号，高电平有效；ALE是3位通道选择地址（ADDC、ADDB、ADDA）信号的锁存信号。当模拟量送至某一输入端（IN0～IN7）时，由3位地址信号选择，而地址信号由ALE锁存；EOC是转换情况状态信号，当启动转换约100μs后，EOC变为高电平，表示转换结束；在EOC的上升沿到来后，若输出使能信号OE为高电平，则控制打开三态缓冲器，把转换好的8位数据结果输出至数据总线，至此，ADC0809的一次转换结束。

用状态机控制A/D采样电路的Verilog程序如例7.10所示。

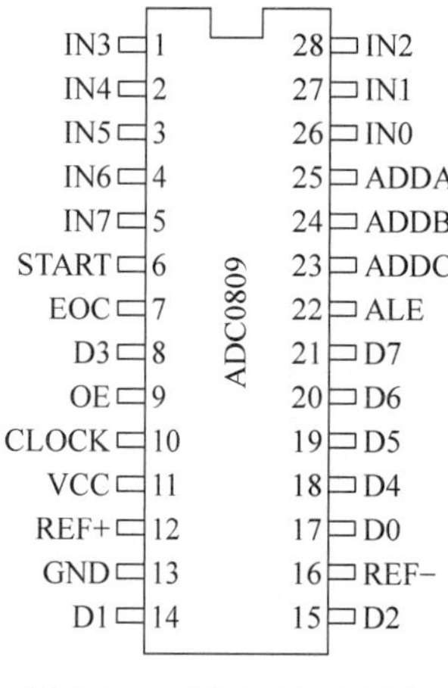

图 7.14　ADC0809 引脚图

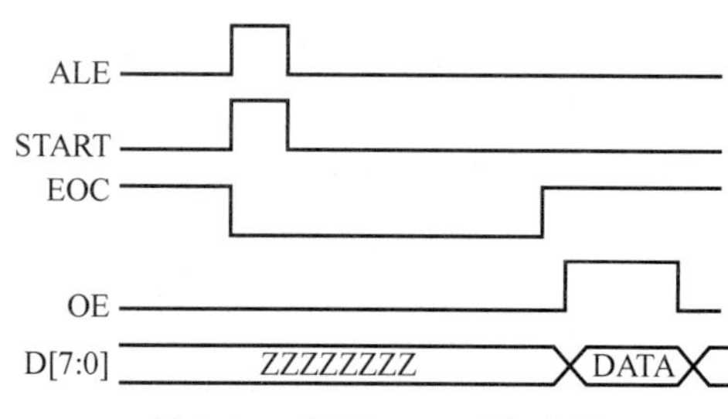

图 7.15　ADC0809 工作时序

【例 7.10】 状态机 A/D 采样控制电路。

```
module adc0809
      (input clk,                          //时钟信号
       input[7:0] d,                       //来自 0809 转换好的 8 位数据
       input clr,                          //复位信号
       input eoc,                          //转换状态指示,低电平表示正在转换
       output reg ale,                     //模拟信号通道地址锁存信号
       output reg start,                   //转换开始信号
       output reg oe,                      //数据输出三态控制信号
       output adda,                        //信号通道最低位控制信号
       output lock0,                       //观察数据锁存时钟
       output[7:0] q);                     //8 位数据输出
reg lock;                                  //转换后数据输出锁存时钟信号
parameter S0 = 'd0,S1 = 'd1,S2 = 'd2,S3 = 'd3,S4 = 'd4;
reg[2:0] current_state,next_state; reg[7:0] rel;
assign adda = 0;                           //adda 为 0,模拟信号进入通道 in0; adda 为 1,进入通道 in1
assign q = rel; assign lock0 = lock;
always @(posedge clk or posedge clr)
begin if(clr) current_state <= S0;
      else   current_state <= next_state;
end
always @(posedge lock)                     //在 lock 的上升沿,将转换好的数据锁入
begin rel <= d; end
always @(current_state,eoc)
begin case(current_state)
S0:begin ale <= 1'b0;start <= 1'b0; lock <= 1'b0;oe <= 1'b0;next_state <= S1;
        end                                //0809 初始化
S1:begin ale <= 1'b1;start <= 1'b1; lock <= 1'b0;oe <= 1'b0;next_state <= S2;
    end                                    //启动采样
S2:begin ale <= 1'b0;start <= 1'b0; lock <= 1'b0;oe <= 1'b0;
```

```
        if(eoc) next_state <= S3;              //eoc = 1 表明转换结束
      else next_state <= S2;                   //转换未结束,等待
        end
S3:begin ale <= 1'b0;start <= 1'b0; lock <= 1'b0;oe <= 1'b1;next_state <= S4;
      end                                      //开启 oe,输出转换好的数据
S4:begin ale <= 1'b0;start <= 1'b0; lock <= 1'b1;oe <= 1'b1;next_state <= S0;
    end
    default:next_state <= S0;
    endcase;
end
endmodule
```

习题 7

7.1　设计一个“111”串行数据检测器。要求：当检测到连续 3 个或 3 个以上的“1”时,输出为 1,其他输入情况下输出为 0。

7.2　设计一个“1001”串行数据检测器。其输入、输出如下。

输入 x：000 101 010 010 011 101 001 110 101

输出 z：000 000 000 010 010 000 001 000 000

7.3　设计一个 1101 序列检测器。

7.4　编写一个 8 路彩灯控制程序,要求彩灯有以下 3 种演示花型。

(1) 8 路彩灯同时亮灭。

(2) 从左至右逐个亮(每次只有 1 路亮)。

(3) 8 路彩灯每次 4 路灯亮、4 路灯灭且亮灭相间,交替亮灭。在演示过程中,仅在一种花型演示完毕时才转向其他演示花型。

7.5　用状态机设计交通信号灯控制器,设计要求：A 路和 B 路中每路都有红、黄、绿 3 种灯,持续时间为：红灯 45s,黄灯 5s,绿灯 40s。A 路和 B 路灯的状态转换是：

(1) A 红,B 绿(持续时间 40s)。

(2) A 红,B 黄(持续时间 5s)。

(3) A 绿,B 红(持续时间 40s)。

(4) A 黄,B 红(持续时间 5s)。

7.6　设计一个汽车尾灯控制电路。已知汽车左右两侧各有 3 个尾灯,如图 7.16 所示,要求控制尾灯按如下规则亮灭。

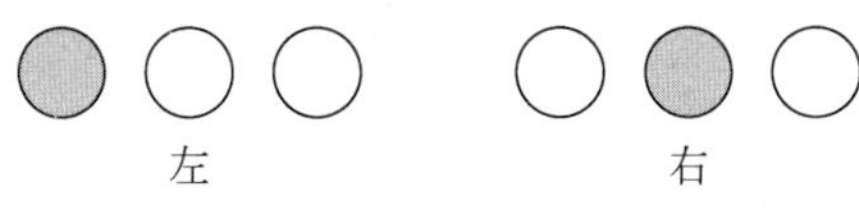

图 7.16　汽车尾灯示意图

（1）汽车沿直线行驶时，两侧的指示灯全灭。

（2）汽车右转弯时，左侧的指示灯全灭，右侧的指示灯按000、100、010、001、000循环顺序点亮。

（3）汽车左转弯时，右侧的指示灯全灭，左侧的指示灯按与右侧同样的循环顺序点亮。

（4）在直行时制动，两侧的指示灯全亮；在转弯时制动，转弯这一侧的指示灯按上述循环顺序点亮，另一侧的指示灯全亮。

（5）汽车临时故障或紧急状态时，两侧的指示灯闪烁。

第8章 Verilog驱动常用I/O外设

本章介绍用 Verilog 驱动常用 I/O 外设的若干实例。这些实例可基于 EGO1 开发板进行下载，以观察实际效果。

8.1 4×4 矩阵键盘

矩阵键盘又称为行列式键盘，它是由 4 条行线、4 条列线组成的键盘，其原理如图 8.1 所示。在行线和列线的每个交叉点上设置一个按键，按键的个数是 4×4，按键排列如图 8.2 所示。按下某个按键后，为了辨别和读取键值信息，一般采用如下方法：向 A 端口扫描输入一组只含一个 0 的 4 位数据，如 1110、1101、1011、0111，若有按键按下，则 B 端口一定会输出对应的数据，因此，只要结合 A、B 端口的数据，就能判断按键的位置。如在图 8.1 中，S1 按键的位置编码是{A,B}=1110_0111。

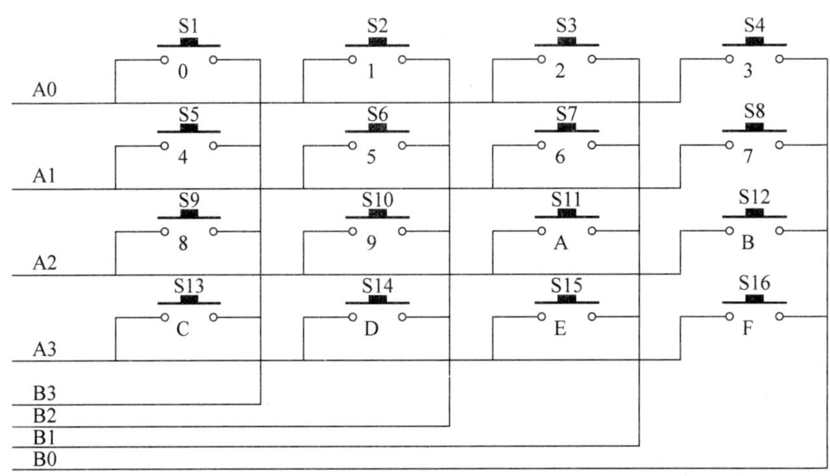

图 8.1 4×4 矩阵键盘电路

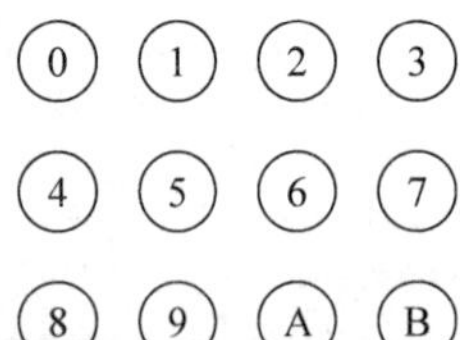

图 8.2 按键排列

例 8.1 是用 Verilog 编写的 4×4 矩阵键盘键值扫描判断程序。键盘扫描程序由一个 always 模块构成，在 always 模块中先进行模 4 计数，在计数器的每个状态从 FPGA 内部送出一列扫描数据给键盘，然后读入经去抖处理的 4 行数据，根据行、列数据确定按下的是哪个键。

【例 8.1】 4×4 矩阵键盘扫描检测程序。

```
//***************************************************************
//* 4×4 标准键盘读取并在数码管上显示键值
//***************************************************************
module key4x4(
      input sys_clk,                        //100MHz 时钟端口
      input [3:0] b,
      output reg[3:0] a,                    //输出扫描信号给键盘
      output an,
      output reg[6:0] led7s
        );
assign an = 1;
wire clk4k;
clk_self  #(12_500)  u1(                   //时钟分频子模块
              .clk(sys_clk),
              .clk_self(clk4k)              //产生扫描时钟(4kHz)
              );

reg [1:0] q;
reg[3:0] keyvalue;
always @(posedge clk4k)
begin  q<=q+1;
   case(q)                                  //给键盘 A 端口送出扫描数据
   0: a<=4'b1110;
   1: a<=4'b1101;
   2: a<=4'b1011;
   3: a<=4'b0111;
   default: a<=4'b0000;
   endcase
case ({a,b})                                //判断键值
8'b1110_0111:begin keyvalue<=4'b0000;led7s<=8'b1111110; end  //key0
8'b1110_1011:begin keyvalue<=4'b0001;led7s<=8'b0110000; end  //key1
8'b1110_1101:begin keyvalue<=4'b0010;led7s<=8'b1101101; end
8'b1110_1110:begin keyvalue<=4'b0011;led7s<=8'b1111001; end
8'b1101_0111:begin keyvalue<=4'b0100;led7s<=8'b0110011; end
8'b1101_1011:begin keyvalue<=4'b0101;led7s<=8'b1011011; end
8'b1101_1101:begin keyvalue<=4'b0110;led7s<=8'b1011111; end
8'b1101_1110:begin keyvalue<=4'b0111;led7s<=8'b1110000; end
8'b1011_0111:begin keyvalue<=4'b1000;led7s<=8'b1111111; end
8'b1011_1011:begin keyvalue<=4'b1001;led7s<=8'b1111011; end  //key9
8'b1011_1101:begin keyvalue<=4'b1010;led7s<=8'b1110111; end  //keyA
8'b1011_1110:begin keyvalue<=4'b1011;led7s<=8'b0011111; end
8'b0111_0111:begin keyvalue<=4'b1100;led7s<=8'b1001110; end
8'b0111_1011:begin keyvalue<=4'b1101;led7s<=8'b0111101; end
8'b0111_1101:begin keyvalue<=4'b1110;led7s<=8'b1001111; end  //keyE
8'b0111_1110:begin keyvalue<=4'b1111;led7s<=8'b1000111; end  //keyF
8'b0000_1111:begin keyvalue<=4'b0000;led7s<=8'b1111110; end
```

```
default : begin keyvalue <= 4'b1111;led7s <= 8'b0000000; end
endcase
end
endmodule
```

【例 8.2】 clk_self 时钟分频子模块。

```
module clk_self(
         input clk,
         output reg clk_self
           );
parameter NUM = 10000;                    //f = 100M/2 * NUM
reg [29:0] count;
always@(posedge clk)
  begin
    if(count == NUM - 1)
      begin clk_self <= ~clk_self;count <= 0; end
    else  count <= count + 1;
  end
endmodule
```

将此设计进行芯片和引脚的锁定，下载至实验板进行实际验证。目标板采用 EGO1 开发板。先用 Vivado 对上面的程序进行综合，在 Vivado 主界面中，在 Flow Navigator 栏的 Synthesis 下单击 Run Synthesis，单击 OK 按钮，综合完成后在弹出的对话框中选择 Open Synthesized Design，单击 OK 按钮。

选择菜单 Window 中的 I/O Ports，使 I/O Ports 标签页出现在主窗口下方，如图 8.3 所示，在此窗口中对引脚进行分配，并将端口 b 设置为上拉，将 b[0]、b[1]、b[2]和 b[3]引脚的 Pull Type 设置为 PULLUP，如图 8.3 所示。

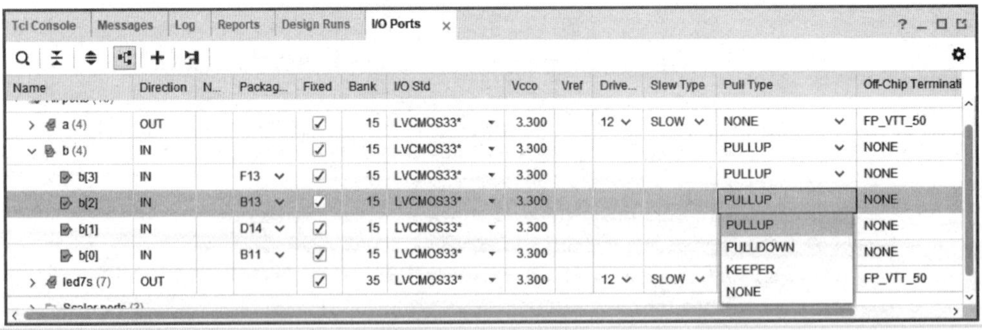

Tcl Console | Messages | Log | Reports | Design Runs | I/O Ports

Name	Direction	N...	Packag...	Fixed	Bank	I/O Std	Vcco	Vref	Drive...	Slew Type	Pull Type	Off-Chip Terminati
a (4)	OUT			✓	15	LVCMOS33*	3.300		12	SLOW	NONE	FP_VTT_50
b (4)	IN			✓	15	LVCMOS33*	3.300				PULLUP	NONE
b[3]	IN		F13	✓	15	LVCMOS33*	3.300				PULLUP	NONE
b[2]	IN		B13	✓	15	LVCMOS33*	3.300				PULLUP	NONE
b[1]	IN		D14	✓	15	LVCMOS33*	3.300				PULLUP	NONE
b[0]	IN		B11	✓	15	LVCMOS33*	3.300				PULLDOWN	NONE
led7s (7)	OUT			✓	35	LVCMOS33*	3.300		12	SLOW	KEEPER	FP_VTT_50
											NONE	

图 8.3 在 I/O Ports 标签页将端口 b 设置为上拉

引脚约束文件.xdc 的内容如下所示。

```
set_property -dict {PACKAGE_PIN P17 IOSTANDARD LVCMOS33} [get_ports sys_clk ]
set_property -dict {PACKAGE_PIN G6 IOSTANDARD LVCMOS33} [get_ports an]
```

```
set_property -dict {PACKAGE_PIN D4 IOSTANDARD LVCMOS33} [get_ports {led7s[6]}]
set_property -dict {PACKAGE_PIN E3 IOSTANDARD LVCMOS33} [get_ports {led7s[5]}]
set_property -dict {PACKAGE_PIN D3 IOSTANDARD LVCMOS33} [get_ports {led7s[4]}]
set_property -dict {PACKAGE_PIN F4 IOSTANDARD LVCMOS33} [get_ports {led7s[3]}]
set_property -dict {PACKAGE_PIN F3 IOSTANDARD LVCMOS33} [get_ports {led7s[2]}]
set_property -dict {PACKAGE_PIN E2 IOSTANDARD LVCMOS33} [get_ports {led7s[1]}]
set_property -dict {PACKAGE_PIN D2 IOSTANDARD LVCMOS33} [get_ports {led7s[0]}]
set_property -dict {PACKAGE_PIN B16 IOSTANDARD LVCMOS33} [get_ports {a[3]} ]
set_property -dict {PACKAGE_PIN A15 IOSTANDARD LVCMOS33} [get_ports {a[2]} ]
set_property -dict {PACKAGE_PIN A13 IOSTANDARD LVCMOS33} [get_ports {a[1]} ]
set_property -dict {PACKAGE_PIN B18 IOSTANDARD LVCMOS33} [get_ports {a[0]} ]
set_property -dict {PACKAGE_PIN F13 IOSTANDARD LVCMOS33} [get_ports {b[3]} ]
set_property -dict {PACKAGE_PIN B13 IOSTANDARD LVCMOS33} [get_ports {b[2]} ]
set_property -dict {PACKAGE_PIN D14 IOSTANDARD LVCMOS33} [get_ports {b[1]} ]
set_property -dict {PACKAGE_PIN B11 IOSTANDARD LVCMOS33} [get_ports {b[0]} ]
set_property PULLUP true [get_ports {b[3]}]
set_property PULLUP true [get_ports {b[2]}]
set_property PULLUP true [get_ports {b[1]}]
set_property PULLUP true [get_ports {b[0]}]
```

生成比特流文件后，将 4×4 键盘连接至 EGO1 开发板的扩展口，下载后观察按键的实际效果，如图 8.4 所示。

图 8.4　4×4 键盘连接至 EGO1 开发板

8.2　数码管

本节设计数字表决器以实现对 EGO1 开发板 4 位动态扫描数码管的控制。表决人数为 7 人，投赞成票用 1 表示，投反对票用 0 表示。赞成票数过半则表决通过，指示灯亮，并将赞成票数在数码管上显示。

EGO1 开发板的数码管采用时分复用的扫描显示方式，以减少对 FPGA 的 I/O 口的占用。如图 8.5 所示，4 个数码管并排在一起，用 4 个 I/O 口分别控制每个数码管的位选端，加上 7 个段选、1 个小数点，只需 12 个 I/O 口就可实现 4 个数码管的驱动。

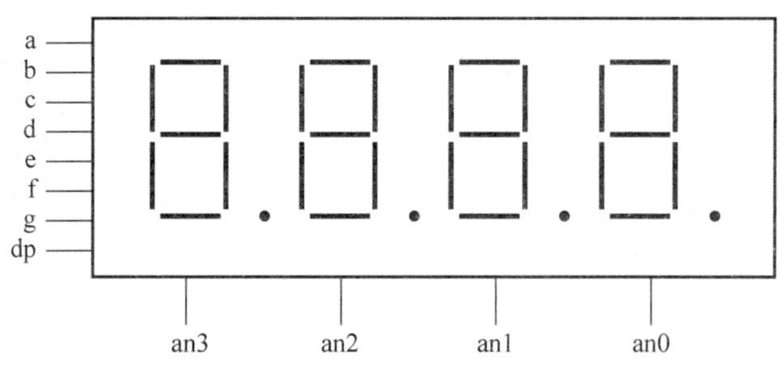

图 8.5 采用扫描显示方式的数码管

数码管动态显示的原理是：每次选通其中一个，送出要显示的内容，然后选通下一个送出显示数据，4 个数码管依次选通并送出显示数据，不断循环，只要位选频率合适，由于视觉暂留，数码管的显示看起来就是稳定的。

用 for 语句实现如上的 7 人表决电路，如例 8.3 所示。本例的数码管的显示译码只翻译了 0～7，另外，本例只用一个数码管显示，故位选信号 an 只需赋 1 即可。

【例 8.3】 7 人表决电路。

```
module vote7(
     input[6:0] vote,
     output reg pass,
     output an,
     output reg[6:0] a_to_g
        );
reg[2:0] sum;  integer i;
always@(vote)
begin  sum = 0;
  for(i = 0;i < = 6;i = i + 1)
    if(vote[i])  sum = sum + 1;
    if(sum > = 4)  pass = 1;  else  pass = 0;  end

assign an = 1;
always@( * )                    //票数显示与译码,数码管为共阴模式
begin
           case(sum)
               0:a_to_g = 7'b1111_110;
               1:a_to_g = 7'b0110_000;
               2:a_to_g = 7'b1101_101;
               3:a_to_g = 7'b1111_001;
               4:a_to_g = 7'b0110_011;
               5:a_to_g = 7'b1011_011;
```

```
                    6:a_to_g = 7'b1011_111;
                    7:a_to_g = 7'b1110_000;
                   default:a_to_g = 7'b1111_110;
endcase   end
endmodule
```

将投票端口(vote)锁至SW0～SW6共7个拨动开关，pass锁至LED0，赞成票数(sum)在数码管DK8上显示，引脚约束文件如下，编译下载后，观察实际效果。

```
set_property -dict {PACKAGE_PIN R1 IOSTANDARD LVCMOS33} [get_ports {vote[0]}]
set_property -dict {PACKAGE_PIN N4 IOSTANDARD LVCMOS33} [get_ports {vote[1]}]
set_property -dict {PACKAGE_PIN M4 IOSTANDARD LVCMOS33} [get_ports {vote[2]}]
set_property -dict {PACKAGE_PIN R2 IOSTANDARD LVCMOS33} [get_ports {vote[3]}]
set_property -dict {PACKAGE_PIN P2 IOSTANDARD LVCMOS33} [get_ports {vote[4]}]
set_property -dict {PACKAGE_PIN P3 IOSTANDARD LVCMOS33} [get_ports {vote[5]}]
set_property -dict {PACKAGE_PIN P4 IOSTANDARD LVCMOS33} [get_ports {vote[6]}]
set_property -dict {PACKAGE_PIN D4 IOSTANDARD LVCMOS33} [get_ports {a_to_g[6]}]
set_property -dict {PACKAGE_PIN E3 IOSTANDARD LVCMOS33} [get_ports {a_to_g[5]}]
set_property -dict {PACKAGE_PIN D3 IOSTANDARD LVCMOS33} [get_ports {a_to_g[4]}]
set_property -dict {PACKAGE_PIN F4 IOSTANDARD LVCMOS33} [get_ports {a_to_g[3]}]
set_property -dict {PACKAGE_PIN F3 IOSTANDARD LVCMOS33} [get_ports {a_to_g[2]}]
set_property -dict {PACKAGE_PIN E2 IOSTANDARD LVCMOS33} [get_ports {a_to_g[1]}]
set_property -dict {PACKAGE_PIN D2 IOSTANDARD LVCMOS33} [get_ports {a_to_g[0]}]
set_property -dict {PACKAGE_PIN G6 IOSTANDARD LVCMOS33} [get_ports an ]
set_property -dict {PACKAGE_PIN K2 IOSTANDARD LVCMOS33} [get_ports pass ]
```

8.3 标准PS/2键盘

日常的键盘很多是采用PS/2接口的。本节以通用的PS/2键盘为输入，设计一个能够识别PS/2键盘输入编码(至少能够识别0～9的数字键和26个英文字母)并把键值用数码管显示的电路。

1. 标准PS/2键盘物理接口的定义

PS/2键盘接口标准是由IBM公司在1987年推出的，该标准定义了84～101键的键盘，主机和键盘之间采用6引脚mini-DIN连接器连接，采用双向串行通信协议进行通信。标准PS/2键盘mini-DIN连接器及其引脚定义如表8.1所示。6只引脚中只使用了4只，其中，第3脚接地，第4脚接+5V电源，第2与第6脚保留；第1脚为Data(数据)，第5脚为Clock(时钟)，Data与Clock这两只引脚采用了集电极开路设计，因此，标准PS/2键盘与接口相连时，这两只引脚要接一个上拉电阻方可使用。

表 8.1　PS/2 端口结构及引脚定义

标准 PS/2 键盘 mini-DIN 连接器		引脚号	名　称	功　　能
		1	Data	数据
		2	N. C	未用
		3	GND	电源地
		4	VCC	+5V 电源
		5	Clock	时钟信号
插头(Plug)	插座(Socket)	6	N. C	未用

2. 标准 PS/2 接口时序及通信协议

PS/2 接口与主机之间的通信采用双向同步串行协议。PS/2 接口的 Data 与 Clock 这两只引脚都是集电极开路的，平时都是高电平。数据从 PS/2 设备发送到主机或从主机发送到 PS/2 设备，时钟都是由 PS/2 设备产生的；主机对时钟控制有优先权，即主机想发送控制指令给 PS/2 设备时，可以拉低时钟线至少 100μs，然后再下拉数据线，传输完成后释放时钟线，置为高电平。

当 PS/2 设备准备发送数据时，首先检查 Clock 是否为高电平。如果 Clock 为低电平，则认为主机抑制了通信，此时它缓冲数据直到获得总线的控制权；如果 Clock 为高电平，PS/2 则开始向主机发送数据，数据发送按帧进行。

PS/2 键盘接口时序和数据格式如图 8.6 所示。数据位在 Clock 为高电平时准备好，在 Clock 下降沿被主机读入。数据帧格式为：1 个起始位(逻辑 0)；8 个数据位，低位在前；1 个奇校验位；1 个停止位(逻辑 1)；1 个应答位(仅用在主机对设备的通信中)。

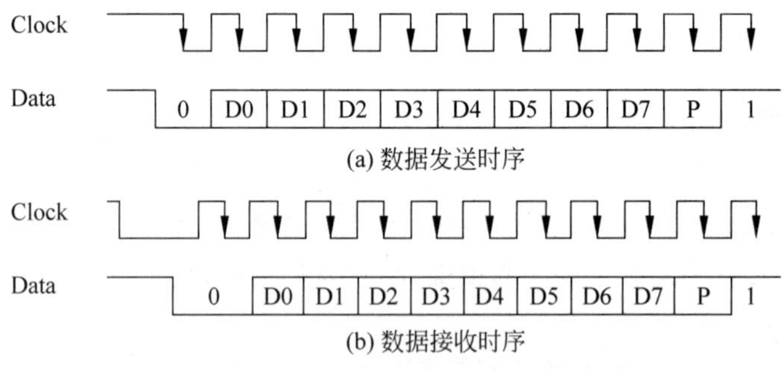

图 8.6　PS/2 键盘接口时序和数据格式

3. PS/2 键盘扫描码

现在 PC(个人计算机)使用的 PS/2 键盘都默认采用第二套扫描码集，扫描码有两种不同的类型：通码(Make Code)和断码(Break Code)。当一个键被按下或持续按住时，键盘将该键的通码发送给主机；当一个键被释放时，键盘将该键的断码发送给主机。每个键都有自己唯一的通码和断码。

通码只有 1 字节宽，但也有少数“扩展按键”的通码是 2 字节或 4 字节宽，根据通码字节数,可将按键分为如下3类。

- 第1类按键,通码为1字节,断码为0xF0+通码形式。如A键,其通码为0x1C,断码为0xF0 0x1C。
- 第2类按键,通码为2字节0xE0+0xXX形式,断码为0xE0+0xF0+0xXX形式。如Right Ctrl键,其通码为0xE0 0x14,断码为0xE0 0xF0 0x14。
- 第3类特殊按键有两个：Print Screen键通码为0xE0 0x12 0xE0 0x7C,断码为0xE0 0xF0 0x7C 0xE0 0xF0 0x12；Pause键通码为0x El 0x14 0x77 0xEl 0xF0 0x14 0xF0 0x77,断码为空。

PS/2键盘中0~9这10个数字键和26个英文字母键对应的通码、断码如表8.2所示。

表8.2 PS/2键盘中10个数字键(0~9)和26个英文字母键对应的通码、断码

键	通码	断码	键	通码	断码
A	1C	F0 1C	S	1B	F0 1B
B	32	F0 32	T	2C	F0 2C
C	21	F0 21	U	3C	F0 3C
D	23	F0 23	V	2A	F0 2A
E	24	F0 24	W	1D	F0 1D
F	2B	F0 2B	X	22	F0 22
G	34	F0 34	Y	35	F0 35
H	33	F0 33	Z	1A	F0 1A
I	43	F0 43	0	45	F0 45
J	3B	F0 3B	1	16	F0 16
K	42	F0 42	2	1E	F0 1E
L	4B	F0 4B	3	26	F0 26
M	3A	F0 3A	4	25	F0 25
N	31	F0 31	5	2E	F0 2E
O	44	F0 44	6	36	F0 36
P	4D	F0 4D	7	3D	F0 3D
Q	15	F0 15	8	3E	F0 3E
R	2D	F0 2D	9	46	F0 46

4. PS/2键盘接口电路设计与实现

根据上面介绍的PS/2键盘的功能,这里采用Verilog语言设计实现一个能够识别PS/2键盘输入编码并把键值通过数码管显示出来的电路。限于篇幅,此例仅识别0~9这10个数字和26个英文字母,程序如例8.4所示。

【例8.4】 PS/2键盘键值扫描及显示电路顶层模块。

```
module ps2(
    input sys_clk,                              //100MHz 时钟信号
    input sys_rst,                              //复位信号
```

```
    inout ps2_clk,                                          //PS2 时钟信号
    inout ps2_dat,                                          //PS2 数据信号
    output reg[1:0] seg_cs,
    output[6:0] ps2_seg
          );

wire neg_ps2_clk;                                           //ps2_clk 下降沿标志位
reg ps2_clk_r0,ps2_clk_r1,ps2_clk_r2;                       //ps2_clk 状态寄存器
always @ (posedge sys_clk, negedge sys_rst) begin
if(!sys_rst) begin
        ps2_clk_r0 <= 1'b0;
        ps2_clk_r1 <= 1'b0;
        ps2_clk_r2 <= 1'b0;
    end
else begin                                                  //锁存状态,进行滤波
        ps2_clk_r0 <= ps2_clk;
        ps2_clk_r1 <= ps2_clk_r0;
        ps2_clk_r2 <= ps2_clk_r1;
    end
end
assign neg_ps2_clk = ~ps2_clk_r1 & ps2_clk_r2;
//以 PS/2 键盘的时钟作为主时钟,检测 PS/2 键盘时钟信号的下降沿

reg[7:0] ps2_byte;                                          //接收来自 PS/2 的 1 字节数据寄存器
reg[7:0] temp_data;                                         //当前接收数据寄存器
reg[3:0] num;                                               //计数器
reg[15:0] temp_data16;
always @ (posedge sys_clk,negedge sys_rst)
begin
if(!sys_rst) begin
        num <= 4'd0;
        temp_data <= 8'd0;
        temp_data16 <= 16'd0;
    end
else if(neg_ps2_clk) begin                                  //检测到 ps2_clk 的下降沿
        case (num)
            4'd0:   begin
                        num <= num + 1'b1;key_f <= 1'b0;
                    end
            4'd1:   begin
                        num <= num + 1'b1;
                        temp_data[0] <= ps2_dat;  //bit0
                    end
            4'd2:   begin
```

```
                        num <= num + 1'b1;
                        temp_data[1] <= ps2_dat;        //bit1
                    end
            4'd3:   begin
                        num <= num + 1'b1;
                        temp_data[2] <= ps2_dat;        //bit2
                    end
            4'd4:   begin
                        num <= num + 1'b1;
                        temp_data[3] <= ps2_dat;        //bit3
                    end
            4'd5:   begin
                        num <= num + 1'b1;
                        temp_data[4] <= ps2_dat;        //bit4
                    end
            4'd6:   begin
                        num <= num + 1'b1;
                        temp_data[5] <= ps2_dat;        //bit5
                    end
            4'd7:   begin
                        num <= num + 1'b1;
                        temp_data[6] <= ps2_dat;        //bit6
                    end
            4'd8:   begin
                        num <= num + 1'b1;
                        temp_data[7] <= ps2_dat;        //bit7
                    end
            4'd9:   begin
                        num <= num + 1'b1;              //奇偶校验位,不做处理
                    end
            4'd10: begin
                        num <= 4'd0;                    //num 清零
                        temp_data16 <= {temp_data16[7:0],temp_data};
                        ps2_byte <= temp_data;          //锁存当前键值
                        key_f <= 1'b1;
                    end
            default: ;
            endcase
    end
end

reg ps2_state;                      //键盘当前状态,ps2_state = 1 表示有键被按下
reg key_f;                          //离键标志位,接收到数据 8'hf0 时该位置 1
reg[7:0] ps2_asc;                   //键值的 ASCII 码
reg[3:0] ps2_tmp;

always @ (posedge sys_clk, negedge sys_rst)
```

```
begin
if(!sys_rst) begin
        ps2_state <= 1'b0;
        ps2_asc <= 8'h0;
    end
else if(key_f == 1'b1)
begin
if((temp_data16[15:8] == 8'hf0)||(temp_data16[7:0] == 8'hf0))
begin
ps2_asc <= 8'h0;                    //收到离键动作
ps2_state <= 1'b0;
end
else begin
case (ps2_byte)                     //键值转换为ASCII码(十六进制),此处只处理字母
    8'h1c: ps2_asc <= 8'h41;        //A
    8'h32: ps2_asc <= 8'h42;        //B
    8'h21: ps2_asc <= 8'h43;        //C
    8'h23: ps2_asc <= 8'h44;        //D
    8'h24: ps2_asc <= 8'h45;        //E
    8'h2b: ps2_asc <= 8'h46;        //F
    8'h34: ps2_asc <= 8'h47;        //G
    8'h33: ps2_asc <= 8'h48;        //H
    8'h43: ps2_asc <= 8'h49;        //I
    8'h3b: ps2_asc <= 8'h4a;        //J
    8'h42: ps2_asc <= 8'h4b;        //K
    8'h4b: ps2_asc <= 8'h4c;        //L
    8'h3a: ps2_asc <= 8'h4d;        //M
    8'h31: ps2_asc <= 8'h4e;        //N
    8'h44: ps2_asc <= 8'h4f;        //O
    8'h4d: ps2_asc <= 8'h50;        //P
    8'h15: ps2_asc <= 8'h51;        //Q
    8'h2d: ps2_asc <= 8'h52;        //R
    8'h1b: ps2_asc <= 8'h53;        //S
    8'h2c: ps2_asc <= 8'h54;        //T
    8'h3c: ps2_asc <= 8'h55;        //U
    8'h2a: ps2_asc <= 8'h56;        //V
    8'h1d: ps2_asc <= 8'h57;        //W
    8'h22: ps2_asc <= 8'h58;        //X
    8'h35: ps2_asc <= 8'h59;        //Y
    8'h1a: ps2_asc <= 8'h5a;        //Z
    default:ps2_asc <= 8'h0;
    endcase
    ps2_state  <= 1'b1;
    end
```

```
end
else ps2_state  <= 1'b0;
end

wire clkcsc                          //数码管位选时钟,本例中采用 250Hz
reg[1:0] state;
parameter   S0 = 2'b01,S1 = 2'b10;
always @(posedge clkcsc, negedge sys_rst)
begin
if(!sys_rst)
       begin
       state <= S0; seg_cs <=  2'b00;
       end
else if(ps2_state == 1'b1)
  case(state)                        //驱动两个数码管显示当前按键的键值
  S0: begin
      state <= S1;  seg_cs <= 2'b01;ps2_tmp <= ps2_asc[3:0];
      end
  S1: begin
      state <= S0;  seg_cs <= 2'b10;ps2_tmp <= ps2_asc[7:4];
     end
  endcase
else begin  seg_cs <= 2'b00;  end
end

clk_self  #(200_000)  u1(
            .clk(sys_clk),
            .clk_self(clkcsc)        //数码管片选时钟(250Hz)
            );
seg7 u2(                             //数码管译码
     .hex(ps2_tmp),
     .a_to_g(ps2_seg)
     );
endmodule
```

clk_self 子模块源代码见例 8.2，seg7 数码管译码子模块源代码如例 8.5 所示。

【例 8.5】 数码管显示译码子模块。

```
module seg7(hex,a_to_g);
input [3:0] hex;
output[6:0] a_to_g;
wire [3:0] hex;
reg[6:0] a_to_g;
```

```
always@(*)
            case(hex)
                0:a_to_g=7'b1111_110;
                1:a_to_g=7'b0110_000;
                2:a_to_g=7'b1101_101;
                3:a_to_g=7'b1111_001;
                4:a_to_g=7'b0110_011;
                5:a_to_g=7'b1011_011;
                6:a_to_g=7'b1011_111;
                7:a_to_g=7'b1110_000;
                8:a_to_g=7'b1111_111;
                9:a_to_g=7'b1111_011;
                'hA:a_to_g=7'b1110_111;
                'hB:a_to_g=7'b0011_111;
                'hC:a_to_g=7'b1001_110;
                'hD:a_to_g=7'b0111_101;
                'hE:a_to_g=7'b1001_111;
                'hF:a_to_g=7'b1000_111;
                default:a_to_g=7'b1111_110;
            endcase
endmodule
```

引脚约束如下。

```
set_property -dict {PACKAGE_PIN P17 IOSTANDARD LVCMOS33} [get_ports sys_clk]
set_property -dict {PACKAGE_PIN P15 IOSTANDARD LVCMOS33} [get_ports sys_rst]
set_property -dict {PACKAGE_PIN B17 IOSTANDARD LVCMOS33} [get_ports ps2_clk]
set_property -dict {PACKAGE_PIN A16 IOSTANDARD LVCMOS33} [get_ports ps2_dat]
set_property -dict {PACKAGE_PIN D4 IOSTANDARD LVCMOS33} [get_ports {ps2_seg[6]}]
set_property -dict {PACKAGE_PIN E3 IOSTANDARD LVCMOS33} [get_ports {ps2_seg[5]}]
set_property -dict {PACKAGE_PIN D3 IOSTANDARD LVCMOS33} [get_ports {ps2_seg[4]}]
set_property -dict {PACKAGE_PIN F4 IOSTANDARD LVCMOS33} [get_ports {ps2_seg[3]}]
set_property -dict {PACKAGE_PIN F3 IOSTANDARD LVCMOS33} [get_ports {ps2_seg[2]}]
set_property -dict {PACKAGE_PIN E2 IOSTANDARD LVCMOS33} [get_ports {ps2_seg[1]}]
set_property -dict {PACKAGE_PIN D2 IOSTANDARD LVCMOS33} [get_ports {ps2_seg[0]}]
set_property -dict {PACKAGE_PIN E1 IOSTANDARD LVCMOS33} [get_ports {seg_cs[1]}]
set_property -dict {PACKAGE_PIN G6 IOSTANDARD LVCMOS33} [get_ports {seg_cs[0]}]
```

将PS/2键盘连接至EGO1开发板的扩展接口上，需要连接PS/2接口中的4根线，分别是ps2_clk时钟信号，ps2_dat数据信号，5V电源和接地线，按动键盘上的英文字母，可以将按键的通码在数码管上显示出来，如图8.7所示，此时显示的是B键键值的ASCII码（十六进制）。

图 8.7　PS/2 键盘连接至 EGO1 开发板显示 B 键键值的 ASCII 码(十六进制)

8.4　字符液晶

常用的字符液晶模块是 LCD1602,它可以显示 16×2 个 5×7 大小的点阵字符,模块的字符产生存储器(Character Generator ROM,CGROM)中固化了 192 个常用字符的字模。

1. 字符液晶 LCD1602 及其端口

市面上的 LCD1602 基本上是兼容的,区别只是带不带背光,其驱动芯片都是 HD44780 及其兼容芯片。LCD1602 的接口基本一致,为 16 引脚的单排插针外接端口,其定义如表 8.3 所示。

表 8.3　LCD1602 的引脚及其功能

引　脚　号	名　　称	功　　能
1	GND	电源地端
2	VCC	电源正极
3	V0	背光偏压
4	RS	数据/命令,0 为指令,1 为数据
5	RW	读/写选择,0 为写,1 为读
6	EN	使能信号
7～14	DB[0]～DB[7]	8 位数据
15	BLA	背光阳极
16	BLK	背光阴极

LCD1602 控制线主要分为 4 类。

(1) RS：数据/指令选择端,当 RS=0,写指令；当 RS=1,写数据。

(2) RW：读/写选择端,当 RW=0,写指令/数据；当 RW=1,读状态/数据。

(3) EN：使能端，下降沿使指令/数据生效。

(4) DB[0]～DB[7]：8 位双向数据线。

2. LCD1602 的数据读/写时序

LCD1602 的数据读/写时序如图 8.8 所示，其读/写操作时序由使能信号 EN 完成；对读/写操作的识别是判断 RW 信号上的电平状态，当 RW 为 0 时向显示数据存储器写数据，数据在使能信号 EN 的上升沿被写入，当 RW 为 1 时将液晶模块的数据读入；RS 信号用于识别数据总线 DB0～DB7 上的数据是指令代码还是显示数据。

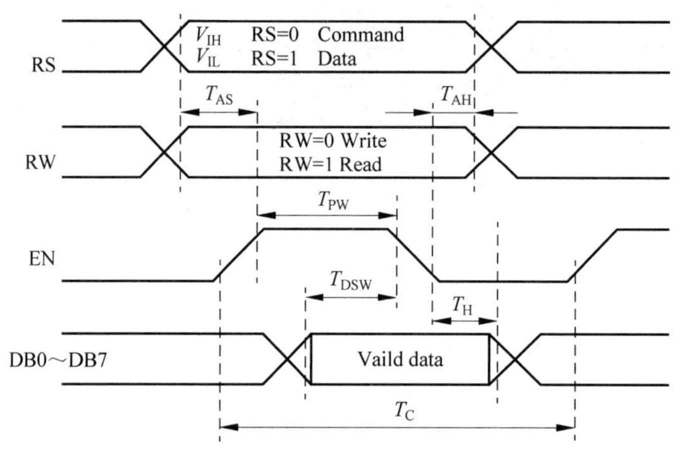

图 8.8 LCD1602 数据读/写时序

从图 8.8 中还可以看出一些关键时间参数(不同厂商产品有差异)，一般要求数据读/写周期 $T_C \geqslant 13\mu s$；使能脉冲宽度 $T_{PW} \geqslant 1.5\mu s$；数据建立时间 $T_{DSW} \geqslant 1\mu s$；数据保持时间 $T_H \geqslant 20ns$；地址建立和保持时间(T_{AS} 和 T_{AH})不得小于 1.5μs，在驱动 LCD 时，需要满足上面的时间参数要求。

3. LCD1602 的指令集

LCD1602 的读/写操作、屏幕和光标的设置都是通过指令来实现的，共支持 11 条控制指令，这些指令可查阅相关资料。需要注意的是，液晶模块属于慢显示设备，因此，在执行每条指令之前，一定要确认模块的忙标志为低电平(表示不忙)，否则该指令失效。显示字符时要先输入显示字符地址，也就是告诉模块在哪里显示字符。表 8.4 所列是 LCD1602 的内部显示地址。

表 8.4 LCD1602 的内部显示地址

显示位置	1	2	3	4	5	6	7	8	9	10	11	12	13	14	15	16
第 1 行	80	81	82	83	84	85	86	87	88	89	8A	8B	8C	8D	8E	8F
第 2 行	C0	C1	C2	C3	C4	C5	C6	C7	C8	C9	CA	CB	CC	CD	CE	CF

4. LCD1602 的字符集

LCD1602 模块内部的 CGROM 中固化了 192 个常用字符的字模，其中，常用的阿拉伯数字、大小写英文字母和常用符号等如表 8.5 所示（十六进制表示），如大写的英文字母 A 的代码是 41H，把地址 41H 中的点阵字符图形显示出来，就能看到字母 A。

表 8.5 CGROM 中字符与代码的对应关系

低位	高位						
	0	2	3	4	5	6	7
0	CGROM		0	@	P	\	p
1		!	1	A	Q	a	q
2		”	2	B	R	b	r
3		#	3	C	S	c	s
4		$	4	D	T	d	t
5		%	5	E	U	e	u
6		&	6	F	V	f	v
7		’	7	G	W	g	w
8		(	8	H	X	h	x
9		)	9	I	Y	i	y
a		*	:	J	Z	j	z
b		+	;	K	[	k	{
c		,	<	L	¥	l	|
d		—	=	M	]	m	}
e		.	>	N	^	n	→
f		/	?	O	_	o	←

5. LCD1602 的初始化

LCD1602 开始显示前需要进行必要的初始化设置，包括设置显示模式、显示地址等，初始化指令及其功能如表 8.6 所示。

表 8.6 LCD1602 的初始化指令及其功能

初始化过程	初始化指令	功　能
1	8'h38	设置显示模式：16×2 显示，5×7 点阵，8 位数据接口
2	8'h0c	开显示，光标不显示（如要显示光标，可改为 8'h0e）
3	8'h06	光标设置：光标右移，字符不移
4	8'h01	清屏，将以前的显示内容清除
行地址	1 行：'h80 2 行：'hc0	第 1 行地址 第 2 行地址

6. 用状态机驱动 LCD1602 实现字符的显示

用 FPGA 驱动 LCD1602,其实就是通过同步状态机模拟单步执行驱动 LCD1602,其过程是先初始化 LCD1602,然后写地址,最后写入显示数据。

用状态机驱动 LCD1602 实现字符显示的代码见例 8.6,这里再强调几点程序中需注意的要点。

(1) LCD1602 的初始化过程,主要由以下 4 条指令配置。

- 显示模式设置 MODE_SET：8'h38。
- 显示开/关及光标设置 CURSOR_SET：8'h0c。
- 显示地址设置 ADDRESS_SET：8'h06。
- 清屏设置 CLEAR_SET：8'h01。

由于是写指令,所以 RS=0；写完指令后,EN 下降沿使能。

(2) 初始化完成后,需写入地址,第一行初始地址为 8'h80；第二行初始地址为 8'hc0。写入地址时 RS=0,写完地址后,EN 下降沿使能。

(3) 写入地址后,开始写入显示数据。需注意,地址指针每写入一个数据后会自动加 1。写入数据时 RS=1,写完数据后,EN 下降沿使能。

(4) 由于需要动态显示,所以数据要刷新。由于采用了同步状态机模拟 LCD1602 的控制时序,所以在显示完最后的数据后,状态要跳回写入地址状态,以便进行动态刷新。

此外,需要注意的是 LCD1602 是慢速器件,要将其工作时钟设置为合适的频率。本例采用的是计数延时使能驱动,代码中通过计数器定时得到 lcd_clk_en 信号驱动。需注意的是,不同厂家生产的 LCD1602,其延时也不同,多数是纳秒级的,本例采用的是间隔 500ns 使能驱动,如果延时长一些会可靠一些。

【例 8.6】 控制字符液晶 LCD1602,实现字符和数字的显示。

```
module LCD1602
    (input sys_clk,                    //100MHz 时钟
     input sys_rst,                    //系统复位
     output bla,                       //背光阳极 +
     output blk,                       //背光阴极 -
     output reg lcd_rs,
     output lcd_rw,
     output reg lcd_en,
     output reg [7:0] lcd_data);
parameter MODE_SET = 8'h38,            //用于液晶初始化的参数
          CURSOR_SET = 8'h0c,
          ADDRESS_SET = 8'h06,
          CLEAR_SET = 8'h01;

//---------产生 1Hz 秒表时钟信号----------------
wire clk_1hz;
```

```
clk_self_clr  #(50_000_000) u1(
              .clk(sys_clk),
              .clr(sys_rst),
              .clk_self(clk_1hz)                 //产生1Hz秒表时钟信号
               );
//----------秒表计时,每10分钟重新循环----------------
reg[7:0] sec;
reg[3:0] min;
always @(posedge clk_1hz, negedge sys_rst)
begin
   if(!sys_rst)  begin sec <= 0;min <= 0;end
     else  begin
      if(min == 9&&sec == 8'h59)
      begin min <= 0;sec <= 0; end
      else if(sec == 8'h59)
        begin min <= min + 1; sec <= 0;  end
      else if(sec[3:0] == 9)
         begin sec[7:4]<= sec[7:4] + 1;  sec[3:0]<= 0; end
      else sec[3:0]<= sec[3:0] + 1;
     end
end
//------------产生LCD1602使能驱动sys_clk_en-------------
reg [31:0] cnt;
reg lcd_sys_clk_en;
always @(posedge sys_clk, negedge sys_rst)
  begin
     if(!sys_rst)
     begin  cnt <= 1'b0;  lcd_sys_clk_en <= 1'b0;  end
     else if(cnt ==  32'h24999)                     //500us
     begin  cnt <= 1'b0;  lcd_sys_clk_en <= 1'b1;  end
     else
     begin  cnt <= cnt  +  1'b1;  lcd_sys_clk_en <= 1'b0;  end
  end
//----------------LCD1602显示状态机----------------------
wire[7:0] sec0,sec1,min0;                        //秒表的秒、分钟数据(ASCII码)
wire[7:0] addr;                                  //写地址
reg[4:0] state;
assign min0  =  8'h30  +  min;
assign sec0  =  8'h30  +  sec[3:0] ;
assign sec1  =  8'h30  +  sec[7:4] ;
assign addr  =  8'h80;                           //赋初始地址
always@(posedge sys_clk, negedge sys_rst)
begin
      if(!sys_rst)
      begin
            state <=  1'b0;      lcd_rs <=  1'b0;
            lcd_en <=  1'b0;     lcd_data <=  1'b0;
```

```
end
else if(lcd_sys_clk_en)
begin
case(state)                                        //初始化
5'd0: begin
      lcd_rs <= 1'b0;
      lcd_en <= 1'b1;
      lcd_data <= MODE_SET;                        //显示格式设置: 8 位格式,2 行,5 * 7
      state <= state + 1'd1;
      end
5'd1: begin  lcd_en <= 1'b0;  state <= state + 1'd1;  end
5'd2: begin
      lcd_rs <= 1'b0;
      lcd_en <= 1'b1;
      lcd_data <= CURSOR_SET;
      state <= state + 1'd1;
      end
5'd3: begin  lcd_en <= 1'b0;  state <= state + 1'd1;  end
5'd4: begin
      lcd_rs <= 1'b0;  lcd_en <= 1'b1;
      lcd_data <= ADDRESS_SET;
      state <= state + 1'd1;
      end
5'd5: begin  lcd_en <= 1'b0; state <= state + 1'd1;  end
5'd6: begin
      lcd_rs <= 1'b0;
      lcd_en <= 1'b1;
      lcd_data <= CLEAR_SET;
      state <= state + 1'd1;
      end
5'd7: begin  lcd_en <= 1'b0;  state <= state + 1'd1;  end
5'd8: begin                                        //显示
      lcd_rs <= 1'b0;
      lcd_en <= 1'b1;
      lcd_data <= addr;                            //写地址
      state <= state + 1'd1;
      end
5'd9: begin  lcd_en <= 1'b0;  state <= state + 1'd1;  end
5'd10: begin
      lcd_rs <= 1'b1;
      lcd_en <= 1'b1;
      lcd_data <= min0 ;                           //写数据
      state <= state + 1'd1;
      end
5'd11: begin  lcd_en <= 1'b0;  state <= state + 1'd1;  end
5'd12: begin
      lcd_rs <= 1'b1;
```

```
        lcd_en <=  1'b1;
        lcd_data <=  "m";                              //写数据
        state <=  state + 1'd1;
        end
5'd13: begin  lcd_en <=  1'b0; state <=  state + 1'd1;  end
5'd14: begin
        lcd_rs <=  1'b1;
        lcd_en <=  1'b1;
        lcd_data <=  "i";                              //写数据
        state <=  state + 1'd1;
        end
5'd15: begin  lcd_en <=  1'b0;  state <=  state + 1'd1;  end
5'd16: begin
        lcd_rs <=  1'b1;
        lcd_en <=  1'b1;
        lcd_data <=  "n";                              //写数据
        state <=  state + 1'd1;
        end
5'd17: begin  lcd_en <=  1'b0;  state <=  state + 1'd1;  end
5'd18: begin
        lcd_rs <=  1'b1;
        lcd_en <=  1'b1;
        lcd_data <= " ";                               //显示空格
        state <=  state + 1'd1;
        end
5'd19: begin  lcd_en <= 1'b0;  state <= state + 1'd1;  end
5'd20: begin
        lcd_rs <=  1'b1;
        lcd_en <=  1'b1;
        lcd_data <= sec1;                            //显示秒数据,十位
        state <=  state + 1'd1;
        end
5'd21: begin  lcd_en <= 1'b0;  state <= state + 1'd1;  end
5'd22: begin
        lcd_rs <=  1'b1;
        lcd_en <=  1'b1;
        lcd_data <= sec0;                            //显示秒数据,个位
        state <=  state + 1'd1;
        end
5'd23: begin  lcd_en <= 1'b0; state <= state + 1'd1;  end
5'd24: begin
        lcd_rs <=  1'b1;
        lcd_en <=  1'b1;
        lcd_data <=  "s";                            //写数据
        state <=  state + 1'd1;
        end
5'd25: begin  lcd_en <=  1'b0;  state <= state + 1'd1;  end
```

```
        5'd26: begin
            lcd_rs <= 1'b1;
            lcd_en <= 1'b1;
            lcd_data <= "e";                        //写数据
            state <= state + 1'd1;
            end
        5'd27: begin  lcd_en <= 1'b0;  state <= state + 1'd1;  end
        5'd28: begin
            lcd_rs <= 1'b1;
            lcd_en <= 1'b1;
            lcd_data <= "c";                        //写数据
            state <= state + 1'd1;
            end
        5'd29: begin  lcd_en <= 1'b0; state <= 5'd8;  end
        default: state <= 5'bxxxxx;
        endcase
      end
end
assign lcd_rw = 1'b0;                               //只写
assign blk = 1'b0;                                  //背光驱动 -
assign bla = 1'b1;                                  //背光驱动 +
endmodule
```

上面代码中的 clk_self_clr 分频子模块见例 8.7，其与例 8.2 的区别只是多了复位端口。

【例 8.7】 带复位端口的分频子模块。

```
module clk_self_clr(
    input clk,
    input clr,
    output reg clk_self
         );
parameter NUM = 10000;                    //f = 100M/2 * NUM
reg [29:0] count;
always@(posedge clk,negedge clr)
begin
    if(~clr)  begin clk_self <= 0;count <= 0; end
    else if(count == NUM - 1)
       begin clk_self <= ~clk_self;count <= 0; end
    else  count <= count + 1;
end
endmodule
```

将 LCD1602 液晶连接至 EGO1 板的扩展接口上，引脚约束文件内容如下：

```
#////////////////////////////系统时钟和复位////////////////////////////
set_property -dict {PACKAGE_PIN P17 IOSTANDARD LVCMOS33} [get_ports sys_clk]
set_property -dict {PACKAGE_PIN P15 IOSTANDARD LVCMOS33} [get_ports sys_rst]
#/////////////////////////////液晶端口/////////////////////////////
set_property -dict {PACKAGE_PIN B14 IOSTANDARD LVCMOS33} [get_ports {lcd_data[7]}]
set_property -dict {PACKAGE_PIN C14 IOSTANDARD LVCMOS33} [get_ports {lcd_data[6]}]
set_property -dict {PACKAGE_PIN A11 IOSTANDARD LVCMOS33} [get_ports {lcd_data[5]}]
set_property -dict {PACKAGE_PIN E16 IOSTANDARD LVCMOS33} [get_ports {lcd_data[4]}]
set_property -dict {PACKAGE_PIN C15 IOSTANDARD LVCMOS33} [get_ports {lcd_data[3]}]
set_property -dict {PACKAGE_PIN G16 IOSTANDARD LVCMOS33} [get_ports {lcd_data[2]}]
set_property -dict {PACKAGE_PIN F16 IOSTANDARD LVCMOS33} [get_ports {lcd_data[1]}]
set_property -dict {PACKAGE_PIN G14 IOSTANDARD LVCMOS33} [get_ports {lcd_data[0]}]
set_property -dict {PACKAGE_PIN D17 IOSTANDARD LVCMOS33} [get_ports lcd_en]
set_property -dict {PACKAGE_PIN J13 IOSTANDARD LVCMOS33} [get_ports lcd_rw]
set_property -dict {PACKAGE_PIN G17 IOSTANDARD LVCMOS33} [get_ports lcd_rs]
set_property -dict {PACKAGE_PIN F14 IOSTANDARD LVCMOS33} [get_ports bla]
set_property -dict {PACKAGE_PIN A18 IOSTANDARD LVCMOS33} [get_ports blk]
```

用 Vivado 对本例进行综合，然后在 EGO1 开发板上下载，可观察到液晶屏上的分秒计时显示效果如图 8.9 所示。

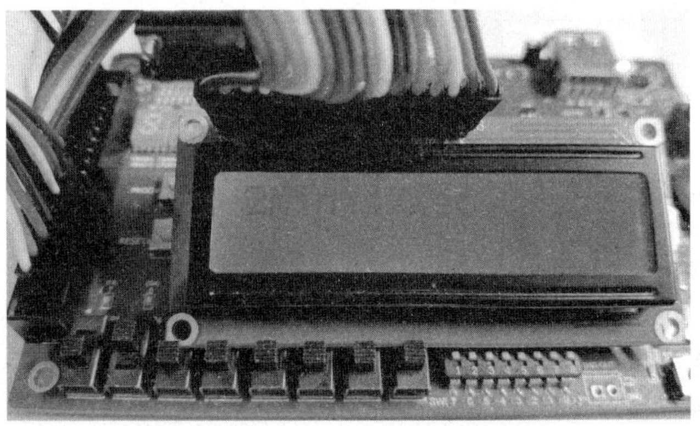

图 8.9　LCD1602 字符数字显示效果

8.5　汉字图形点阵液晶

图形点阵液晶显示模块广泛应用于智能仪器仪表、工业控制、通信和家用电器中。本节用 FPGA 控制 LCD12864B 汉字图形点阵液晶实现字符和图形的显示。

1. LCD12864B 的外部引脚特性

LCD12864B 是一种内部含有国标一级、二级简体中文字库的点阵型图形液晶显示模块；内置了8192个中文汉字(16×16点阵)和128个ASCII字符集(8×16点阵)，它在字符显示模式下可以显示8×4个16×16点阵的汉字，或16×4个16×8点阵的英文(ASCII)字符；它也可以在图形模式下显示分辨率为128×64的二值化图形。

LCD12864B拥有一个20引脚的单排插针外接端口，端口引脚及其功能如表8.7所示。其中，DB7～DB0为数据，EN为使能信号，RS为寄存器选择信号，R/W为读/写控制信号，RST为复位信号。

表8.7 LCD12864B汉字图形点阵液晶的端口定义

引 脚 号	名 称	功 能
1	GND	电源地端
2	VCC	电源正极
3	V0	背光偏压
4	RS	数据/命令，0为数据，1为指令
5	R/W	读/写选择，0为写，1为读
6	EN	使能信号
7～14	DB[0]～DB[7]	8位数据
15	PSB	串并模式
16,18	NC	空脚
17	RST	复位端
19	BLA	背光阳极
20	BLK	背光阴极

2. LCD12864B的数据读/写时序

如果LCD12864B液晶模块工作在8位并行数据传输模式(PSB=1、RST=1)下，其数据读/写时序与LCD1602数据读/写时序完全一致(见图8.8)，LCD模块的读/写操作时序由使能信号EN完成；对读/写操作的识别是判断R/W信号上的电平状态，当R/W为0时向显示数据存储器写数据，数据在使能信号EN的上升沿被写入，当R/W为1时将液晶模块的数据读入；RS信号用于识别数据总线DB0～DB7上的数据是指令代码还是显示数据。一些关键时间参数在图8.8中也做了标注，这里不再赘述。

3. LCD12864B的指令集

LCD12864B液晶模块有自己的一套用户指令集，用户通过这些指令来初始化液晶模块并选择显示模式。LCD12864B液晶模块字符、图形显示模式的初始化指令如表8.8所示。LCD模块的图形显示模式需要用到扩展指令集，并且需要分成上下两个半屏设置起始地址，上半屏垂直坐标为Y：8'h80～9'h9F(32行)，水平坐标为X：8'h80；下半屏垂直坐标和上半屏相同，而水平坐标为X：8'h88。

表 8.8 LCD12864B 的初始化指令

初始化过程	字 符 显 示	图 形 显 示
1	8'h38	8'h30
2	8'h0C	8'h3E
3	8'h01	8'h36
4	8'h06	8'h01
行地址/XY	1:'h80 2:'h90 3:'h88 4:'h98	Y:'h80～'h9F X:'h80/'h88

4. 用 Verilog 驱动 LCD12864B 实现汉字和字符的显示

用 Verilog 编写 LCD12864B 驱动程序，实现汉字和字符的显示，如例 8.8 所示，仍然采用状态机进行控制。

【例 8.8】 控制点阵液晶 LCD12864B，实现汉字和字符的静态显示。

```
//----------------------------------------------------
//驱动 12864 点阵液晶,显示汉字和字符,12864 液晶接至 DE2 - 115 通用扩展接口 GPIO
//----------------------------------------------------
module lcd12864(
        input sys_clk,
        output rst,
        output psb,
        output reg[7:0] DB,                  //液晶数据接口接在扩展接口
        output reg rs,
        output rw,
        output en);
wire clk1k;
reg [15:0] count;
reg [5:0] state;

parameter  s0 = 6'h00;
parameter  s1 = 6'h01;
parameter  s2 = 6'h02;
parameter  s3 = 6'h03;
parameter  s4 = 6'h04;
parameter  s5 = 6'h05;

parameter  d0 = 6'h10;  parameter  d1 = 6'h11;
parameter  d2 = 6'h12;  parameter  d3 = 6'h13;
parameter  d4 = 6'h14;  parameter  d5 = 6'h15;
parameter  d6 = 6'h16;  parameter  d7 = 6'h17;
parameter  d8 = 6'h18;  parameter  d9 = 6'h19;
parameter  d10 = 6'h20;  parameter  d11 = 6'h21;
parameter  d12 = 6'h22;  parameter  d13 = 6'h23;
```

```
parameter  d14 = 6'h24;  parameter  d15 = 6'h25;
parameter  d16 = 6'h26;  parameter  d17 = 6'h27;
parameter  d18 = 6'h28;  parameter  d19 = 6'h29;

assign  rst = 1'b1;
assign  psb = 1'b1;
assign  rw = 1'b0;
assign  en = clk1k;                    //en 使能信号

always @(posedge clk1k)
begin
case(state)
        s0:  begin  rs <= 0; DB <= 8'h30; state <= s1; end
        s1:  begin  rs <= 0; DB <= 8'h0c; state <= s2; end        //全屏显示
        s2:  begin  rs <= 0; DB <= 8'h06; state <= s3; end
           //写一个字符后地址指针自动加 1
        s3:  begin  rs <= 0; DB <= 8'h01; state <= s4; end        //清屏
        s4:  begin  rs <= 0; DB <= 8'h80; state <= d0;end         //第 1 行地址
           //显示汉字,不同的驱动芯片,汉字的编码会有所不同,具体应查液晶手册
        d0:  begin  rs <= 1; DB <= 8'hca; state <= d1; end        //数
        d1:  begin  rs <= 1; DB <= 8'hfd; state <= d2; end
        d2:  begin  rs <= 1; DB <= 8'hd7; state <= d3; end        //字
        d3:  begin  rs <= 1; DB <= 8'hd6; state <= d4; end
        d4:  begin  rs <= 1; DB <= 8'hcf; state <= d5; end        //系
        d5:  begin  rs <= 1; DB <= 8'hb5; state <= d6; end
        d6:  begin  rs <= 1; DB <= 8'hcd; state <= d7; end        //统
        d7:  begin  rs <= 1; DB <= 8'hb3; state <= d8; end
        d8:  begin  rs <= 1; DB <= 8'hc9; state <= d9; end        //设
        d9:  begin  rs <= 1; DB <= 8'he8; state <= d10; end
        d10:  begin  rs <= 1; DB <= 8'hbc; state <= d11; end      //计
        d11:  begin  rs <= 1; DB <= 8'hc6; state <= s5; end

        s5:  begin  rs <= 0; DB <= 8'h90; state <= d12;end        //第 2 行地址
        d12:  begin  rs <= 1; DB <= "f"; state <= d13; end
        d13:  begin  rs <= 1; DB <= "p"; state <= d14; end
        d14:  begin  rs <= 1; DB <= "g"; state <= d15; end
        d15:  begin  rs <= 1; DB <= "a"; state <= d16; end
        d16:  begin  rs <= 1; DB <= "F"; state <= d17; end        //F
        d17:  begin  rs <= 1; DB <= "P"; state <= d18; end        //P
        d18:  begin  rs <= 1; DB <= "G"; state <= d19; end        //G
        d19:  begin  rs <= 1; DB <= "A"; state <= s4;  end        //A
        default:state <= s0;
       endcase
   end

clk_self  #(50_000)  u1(
              .clk(sys_clk),
```

```
                .clk_self(clk1k)                    //产生 1kHz 时钟信号
                );

endmodule
```

上面的 clk_self 分频子模块源代码见例 8.2。

将 LCD12864B 液晶连接至 EGO1 板的扩展接口,引脚约束文件内容如下。

```
set_property -dict {PACKAGE_PIN P17 IOSTANDARD LVCMOS33} [get_ports sys_clk]
set_property -dict {PACKAGE_PIN B14 IOSTANDARD LVCMOS33} [get_ports {DB[7]}]
set_property -dict {PACKAGE_PIN C14 IOSTANDARD LVCMOS33} [get_ports {DB[6]}]
set_property -dict {PACKAGE_PIN A11 IOSTANDARD LVCMOS33} [get_ports {DB[5]}]
set_property -dict {PACKAGE_PIN E16 IOSTANDARD LVCMOS33} [get_ports {DB[4]}]
set_property -dict {PACKAGE_PIN C15 IOSTANDARD LVCMOS33} [get_ports {DB[3]}]
set_property -dict {PACKAGE_PIN G16 IOSTANDARD LVCMOS33} [get_ports {DB[2]}]
set_property -dict {PACKAGE_PIN F16 IOSTANDARD LVCMOS33} [get_ports {DB[1]}]
set_property -dict {PACKAGE_PIN G14 IOSTANDARD LVCMOS33} [get_ports {DB[0]}]
set_property -dict {PACKAGE_PIN D17 IOSTANDARD LVCMOS33} [get_ports en]
set_property -dict {PACKAGE_PIN J13 IOSTANDARD LVCMOS33} [get_ports rw]
set_property -dict {PACKAGE_PIN G17 IOSTANDARD LVCMOS33} [get_ports rs]
set_property -dict {PACKAGE_PIN F14 IOSTANDARD LVCMOS33} [get_ports psb]
set_property -dict {PACKAGE_PIN A18 IOSTANDARD LVCMOS33} [get_ports rst]
```

该例的显示效果如图 8.10 所示,为静态显示。

图 8.10　汉字图形点阵液晶静态显示效果

5. 实现字符的动态显示

例 8.9 实现了字符的动态显示,逐行显示 4 个字符,显示一行后清屏,然后到下一行显示,以此类推,同样采用了状态机设计。

【例 8.9】 控制点阵液晶 LCD12864B,实现字符的动态显示。

```
//--------------------------------------------------------
//驱动 12864 液晶,实现字符的动态显示
//--------------------------------------------------------
module lcd12864_mov(
        input sys_clk,
        output reg[7:0] DB,                    //液晶数据接口接在 EG01 开发板的扩展接口
        output reg rs,
        output rw,
        output en,
        output rst,
        output psb
        );
wire clk4hz;
reg [31:0] count;
reg [7:0] state;

parameter  s0 = 8'h00;  parameter  s1 = 8'h01;
parameter  s2 = 8'h02;  parameter  s3 = 8'h03;
parameter  s4 = 8'h04;  parameter  s5 = 8'h05;
parameter  s6 = 8'h06;  parameter  s7 = 8'h07;
parameter  s8 = 8'h08;  parameter  s9 = 8'h09;
parameter  s10 = 8'h0a;

parameter  d01 = 8'h11;  parameter  d02 = 8'h12;
parameter  d03 = 8'h13;  parameter  d04 = 8'h14;
parameter  d11 = 8'h21;  parameter  d12 = 8'h22;
parameter  d13 = 8'h23;  parameter  d14 = 8'h24;
parameter  d21 = 8'h31;  parameter  d22 = 8'h32;
parameter  d23 = 8'h33;  parameter  d24 = 8'h34;
parameter  d31 = 8'h41;  parameter  d32 = 8'h42;
parameter  d33 = 8'h43;  parameter  d34 = 8'h44;

assign  rst = 1'b1;
assign  psb = 1'b1;
assign  rw = 1'b0;
assign  en = clk4hz;                           //en 使能信号

always @(posedge clk4hz)
begin
case(state)
          s0:   begin  rs <= 0; DB <= 8'h30; state <= s1; end
          s1:   begin  rs <= 0; DB <= 8'h0c; state <= s2; end          //全屏显示
          s2:   begin  rs <= 0; DB <= 8'h06; state <= s3; end
             //写一个字符后地址指针自动加 1
```

```
            s3:   begin  rs<=0; DB<=8'h01; state<=s4; end     //清屏
            s4:   begin  rs<=0; DB<=8'h80; state<=d01;end     //第 1 行地址

            d01:  begin  rs<=1; DB<="F"; state<=d02; end
            d02:  begin  rs<=1; DB<="P"; state<=d03; end
            d03:  begin  rs<=1; DB<="G"; state<=d04; end
            d04:  begin  rs<=1; DB<="A"; state<=s5; end

            s5:   begin  rs<=0; DB<=8'h01; state<=s6; end     //清屏
            s6:   begin  rs<=0; DB<=8'h90; state<=d11;end     //第 2 行地址

            d11:  begin  rs<=1; DB<="C"; state<=d12; end
            d12:  begin  rs<=1; DB<="P"; state<=d13; end
            d13:  begin  rs<=1; DB<="L"; state<=d14; end
            d14:  begin  rs<=1; DB<="D"; state<=s7; end

            s7:   begin  rs<=0; DB<=8'h01; state<=s8; end     //清屏
            s8:   begin  rs<=0; DB<=8'h88; state<=d21;end     //第 3 行地址

            d21:  begin  rs<=1; DB<="V"; state<=d22; end
            d22:  begin  rs<=1; DB<="e"; state<=d23; end
            d23:  begin  rs<=1; DB<="r"; state<=d24; end
            d24:  begin  rs<=1; DB<="i"; state<=s9; end

            s9:   begin  rs<=0; DB<=8'h01; state<=s10; end    //清屏
            s10:  begin  rs<=0; DB<=8'h98; state<=d31;end     //第 4 行地址

            d31:  begin  rs<=1; DB<="l"; state<=d32; end
            d32:  begin  rs<=1; DB<="o"; state<=d33; end
            d33:  begin  rs<=1; DB<="g"; state<=d34; end
            d34:  begin  rs<=1; DB<="!"; state<=s3; end
            default:state<=s0;
         endcase
end

clk_self  #(12_500_000)  u1(
               .clk(sys_clk),
               .clk_self(clk4hz)                              //产生 4Hz 时钟信号
               );

endmodule
```

clk_self 分频子模块源代码见例 8.2；引脚约束文件与例 8.8 相同。

将 LCD12864B 液晶连接至 EGO1 板的扩展接口，下载后观察液晶的实际显示效果。需注意的是，液晶是慢设备，如果读/写速度过快可能导致显示错乱，在设计时须注意。

8.6 VGA显示器

本节采用FPGA器件实现VGA彩条信号和图像信号的显示。

8.6.1 VGA显示原理与时序

1. VGA显示的原理与模式

VGA(Video Graphics Array)是IBM公司在1987年推出的一种视频传输标准,并迅速在彩色显示领域得到广泛应用。后来,其他厂商在VGA基础上加以扩充,使其支持更高的分辨率,这些扩充的模式被称为Super VGA,简称SVGA。

2. D-SUB接口

主机(如计算机)与显示设备间通过VGA接口(也称为D-SUB接口)连接,主机的显示信息通过显卡中的数字/模拟转换器转换为R、G、B三基色信号和行、场同步信号,并通过VGA接口传输到显示设备中。VGA接口是一个15针的梯形插头,传输的是模拟信号,其外形和信号定义如图8.11所示,共有15个针孔,分为3排,每排5个,引脚号标识如图中所示,其中,6、7、8、10引脚为接地端;1、2、3引脚分别接红、绿、蓝信号;13引脚接行同步信号;14引脚接场同步信号。

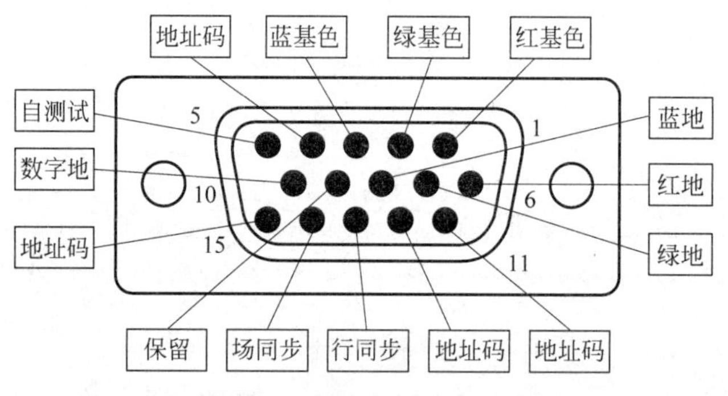

图8.11 VGA接口信号定义

实际中,一般只需控制三基色信号(R、G、B)、行同步(HS)和场同步信号(VS)这5个信号端即可。

3. EGO1开发板的FPGA与VGA接口电路

EGO1上的VGA接口(J1)通过14位信号线与FPGA连接,其连接电路如图8.12所示。图8.12(a)为示意图,图8.12(b)为具体电路,可以看出,EGO1采用电阻网络实现简单的D/A转换,红、绿、蓝三基色信号各4位,能实现$2^{12}=4096$种颜色的图像显示。另外,还包括行同步和场同步信号。

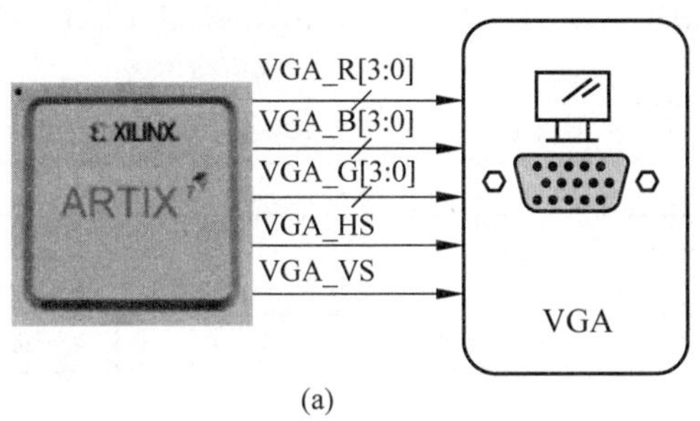

(a)

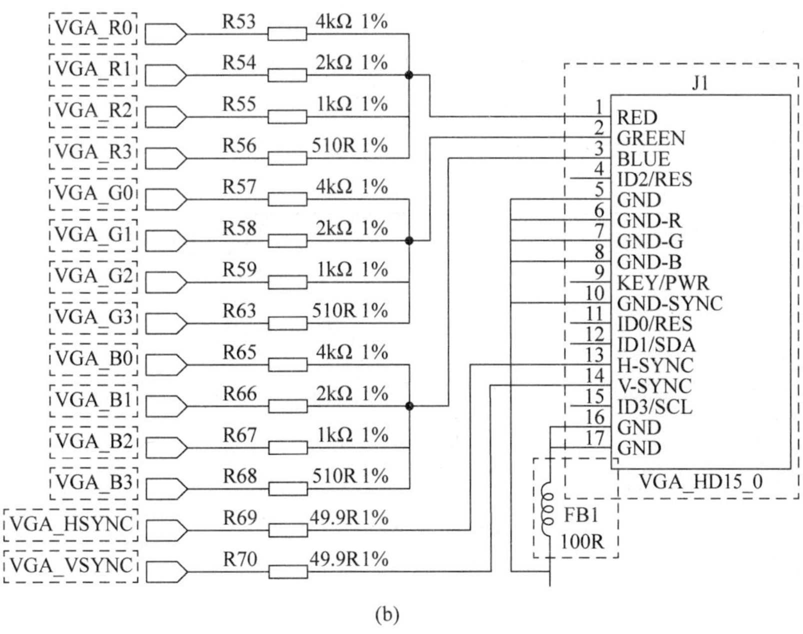

(b)

图 8.12 EGO1 中 VGA 接口与 FPGA 间的连接电路

4. VGA 显示的时序

CRT(Cathode Ray Tube)显示器的原理是采用光栅扫描方式,即轰击荧光屏的电子束在 CRT 显示器上从左到右、从上到下做有规律的移动,其水平移动受水平同步信号 HSYNC 控制,垂直移动受垂直同步信号 VSYNC 控制。扫描方式多采用逐行扫描。完成一行扫描的时间称为水平扫描时间,其倒数称为行频率;完成一帧(整屏)扫描的时间称为垂直扫描时间,其倒数称为场频,又称刷新率。

VGA 显示的时序可以用图 8.13 表示,不管是行信号还是场信号,其一个周期都可以分为 4 个区间。

- 同步头区间 a。
- 同步头结束与有效视频信号开始之间的时间间隔,即后沿(Back Porch)b。
- 有效视频显示区间 c。

• 有效视频显示结束与下一个同步头开始之间的时间间隔，即前沿(Front Porch)d。

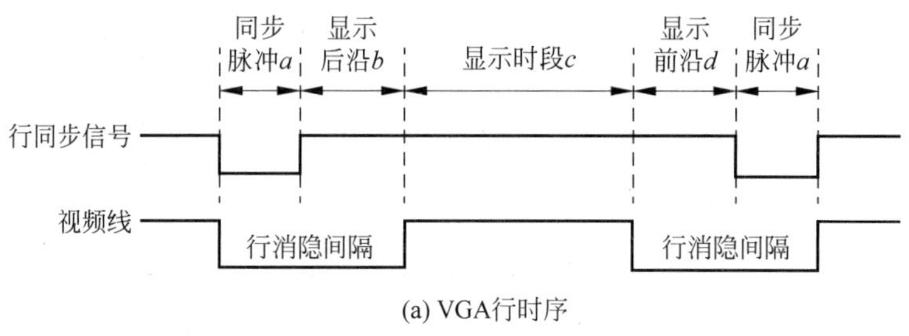

(a) VGA行时序

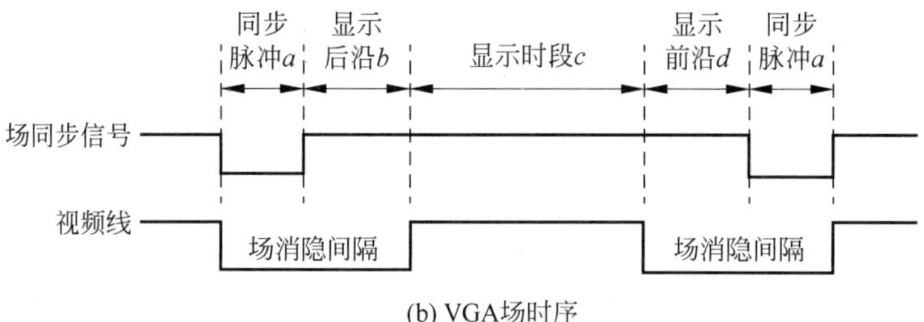

(b) VGA场时序

图 8.13　VGA 显示行、场扫描时序

低电平有效信号指示了上一扫行的结束和新扫行的开始。随之而来的是行扫后沿，这期间的 RGB 输入是无效的，紧接着是行显示区间，这期间的 RGB 信号将在显示器上逐点显示出来。最后是持续特定时间的行显示前沿，这期间的 RGB 信号也是无效的。场同步信号的时序完全类似，只不过场同步脉冲指示某一帧的结束和下一帧的开始，消隐期长度的单位不再是像素，而是行数。

5. 标准 VGA 显示模式与时序

这里实现标准 VGA 显示模式(640×480@60Hz)，故对此模式进行详细介绍。标准 VGA 模式要求的时钟频率如下。

• 时钟频率(Clock Frequency)：25.200MHz(像素输出的频率)。
• 行频(Line Frequency)：31 746Hz。
• 场频(Field Frequency)：60.00Hz(每秒图像刷新频率)。

显示时，VGA 显示器从屏幕的左上角开始扫描，先水平扫完一行(640 像素点)到达最右边，再回到最左边(期间 CRT 对电子束进行行消隐)换下一行，继续扫描，直至扫描到屏幕的最右下角(共 480 行)，这样就扫描完一帧图像。然后，再回到屏幕左上角(期间 CRT 对电子束进行场消隐)，开始下一帧图像的扫描。在标准 VGA 模式下，每秒必须扫描 60 帧，每一像素点的扫描周期大约为 40ns。

表 8.9 是标准 VGA 显示模式行、场扫描的时间参数，表中行的时间单位是像素(Pixel)，而场的时间单位是行(Line)。

表 8.9 标准 VGA 显示模式行、场时间参数

标准 VGA 模式		时间参数			
640×480@60Hz 像素时钟 25.200MHz		同步头段 a	后沿段 b	显示段 c	前沿段 d
	行(单位：像素,Pixel)	96	48	640	16
	场(单位：行,Line)	2	33	480	10

8.6.2 VGA 彩条信号发生器

1. VGA 彩条信号发生器顶层设计

三基色信号 R、G、B 只用 1 位表示，可显示 8 种颜色，表 8.10 是这 8 种颜色对应的编码。例 8.10 的彩条信号发生器可产生横彩条、竖彩条和棋盘格等方式的 VGA 彩条，例中的显示时序数据基于标准 VGA 显示模式(640×480@60Hz)计算得出，系统时钟采用 25.200MHz。

表 8.10 VGA 颜色编码

三基色	颜色							
	黑	蓝	绿	青	红	品红	黄	白
R	0	0	0	0	1	1	1	1
G	0	0	1	1	0	0	1	1
B	0	1	0	1	0	1	0	1

【例 8.10】 VGA 彩条信号发生器(顶层代码)。

```
/* key: 彩条选择信号,为"00"时显示竖彩条,为"01"时显示横彩条,其他情况显示棋盘格 */
module color(
        input sys_clk,                        //100MHz 时钟
        output  vga_hs,                       //行同步信号
        output  vga_vs,                       //场同步信号
        output[3:0] vga_r,
        output[3:0] vga_g,
        output[3:0] vga_b,
        input [1:0] key);

parameter H_TA = 96;
parameter H_TB = 48;
parameter H_TC = 640;
parameter H_TD = 16;
parameter H_TOTAL = H_TA + H_TB + H_TC + H_TD;
parameter V_TA = 2;
```

```
parameter V_TB = 33;
parameter V_TC = 480;
parameter V_TD = 10;
parameter V_TOTAL = V_TA + V_TB + V_TC + V_TD;

reg[2:0] rgb,rgbx,rgby;
reg[9:0] h_cont,v_cont;
wire vga_clk;

assign vga_r = {4{rgb[2]}};
assign vga_g = {4{rgb[1]}};
assign vga_b = {4{rgb[0]}};

always@(posedge vga_clk)                                    //行计数
begin
  if(h_cont == H_TOTAL - 1) h_cont <= 0;
  else h_cont <= h_cont + 1'b1;
end
always@(negedge vga_hs)                                     //场计数
begin
  if(v_cont == V_TOTAL - 1)  v_cont <= 0;
  else v_cont <= v_cont + 1'b1;
end

assign vga_hs = (h_cont > H_TA - 1);                        //产生行同步信号
assign vga_vs = (v_cont > V_TA - 1);                        //产生场同步信号

always@(*)                                                  //竖彩条
begin
  if(h_cont <= H_TA + H_TB + 80 - 1)       rgbx <= 3'b000;  //黑
  else if(h_cont <= H_TA + H_TB + 160 - 1) rgbx <= 3'b001;  //蓝
  else if(h_cont <= H_TA + H_TB + 240 - 1) rgbx <= 3'b010;  //绿
  else if(h_cont <= H_TA + H_TB + 320 - 1) rgbx <= 3'b011;  //青
  else if(h_cont <= H_TA + H_TB + 400 - 1) rgbx <= 3'b100;  //红
  else if(h_cont <= H_TA + H_TB + 480 - 1) rgbx <= 3'b101;  //品红
  else if(h_cont <= H_TA + H_TB + 560 - 1) rgbx <= 3'b110;  //黄
  else rgbx <= 3'b111;                                      //白
end

always@(*)                                                  //横彩条
begin
  if(v_cont <= V_TA + V_TB + 60 - 1)       rgby <= 3'b000;
  else if(v_cont <= V_TA + V_TB + 120 - 1) rgby <= 3'b001;
  else if(v_cont <= V_TA + V_TB + 180 - 1) rgby <= 3'b010;
  else if(v_cont <= V_TA + V_TB + 240 - 1) rgby <= 3'b011;
  else if(v_cont <= V_TA + V_TB + 300 - 1) rgby <= 3'b100;
  else if(v_cont <= V_TA + V_TB + 360 - 1) rgby <= 3'b101;
```

```
    else if(v_cont <= V_TA + V_TB + 420 - 1) rgby <= 3'b110;
    else rgby <= 3'b111;
  end

  always @( * )
  begin
    case(key[1:0])                          //按键选择条纹类型
    2'b00: rgb <= rgbx;                     //显示竖彩条
    2'b01: rgb <= rgby;                     //显示横彩条
    2'b10: rgb <= (rgbx ^ rgby);            //显示棋盘格
    2'b11: rgb <= (rgbx ~^ rgby);           //显示棋盘格
    endcase
  end

  vga_clk u1(
        .clk_out1(vga_clk),                 //用 IP 核产生 25.2MHz 时钟
        .clk_in1(sys_clk)
        );

  endmodule
```

上面程序中的 25.2MHz 时钟(vga_clk)采用 Vivado 自带的 IP 核 Clocking Wizard 来产生,Clocking Wizard 核的定制过程如下。

2. IP 核 Clocking Wizard 的定制

(1) 在 Vivado 主界面,单击 Flow Navigator 中的 IP Catalog,在出现的 IP Catalog 标签页的 Search 处输入自己想要的 IP 核的名字,本例中输入 clock,可以搜索到想要的 Clocking Wizard 核,如图 8.14 所示,选中 Clocking Wizard 核。

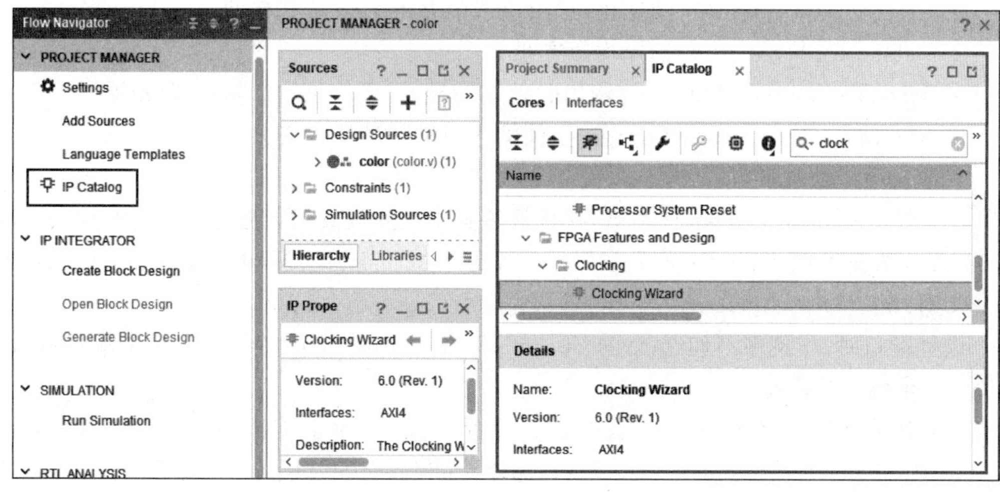

图 8.14　搜索并选中 Clocking Wizard 核

(2) 双击 Clocking Wizard 核，弹出配置对话框。图 8.15 所示是配置对话框中的 Clocking Options 标签页。在该标签页中设置 Component Name(部件名字)为 vga_clk，在 Primitive 选项组中选中 PLL 单选按钮，即采用数字锁相环实现该时钟信号；设置输入时钟的频率为 100.000MHz。

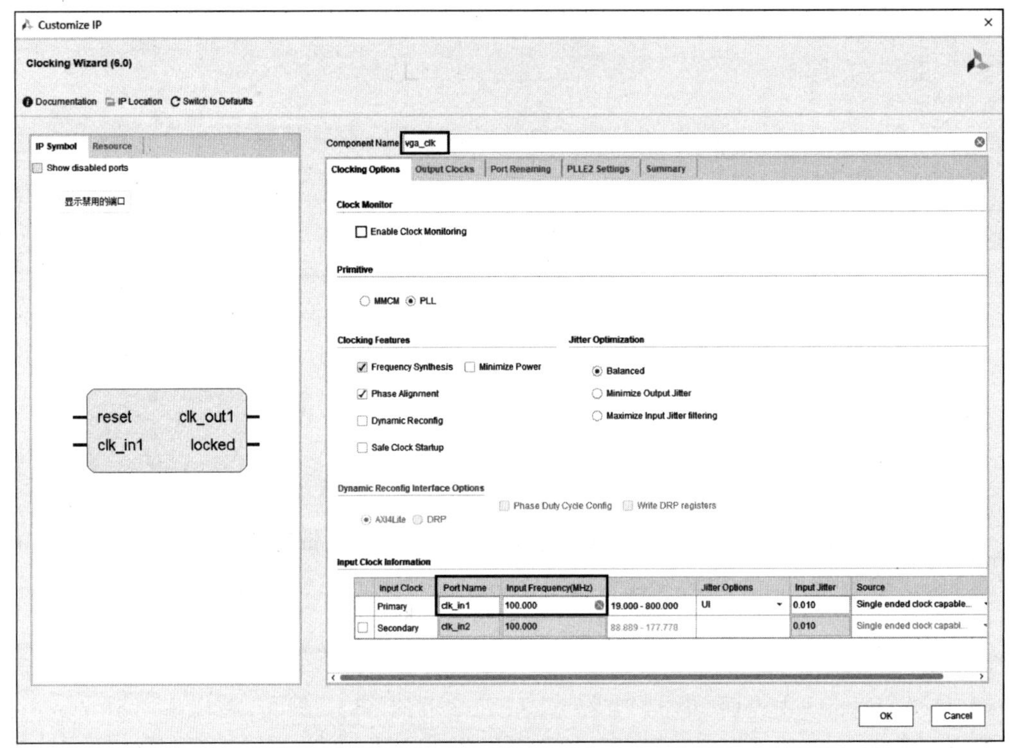

图 8.15 设置 Clocking Options 标签页

在 Jitter Optimization(抖动优化)选项组选中 Balanced 单选按钮。

- Balanced：抖动优化时选择均衡方案。
- Minimize Output Jitter：使输出时钟抖动最小，代价是增加功耗或资源。
- Maximize Input Jitter Filtering：使输入时钟抖动滤波变大。

其他选项按默认设置。

(3) 单击 Output Clocks 标签页，在该标签页中主要设置输出频率，如图 8.16 所示，Requested 为需求频率，本例设置为 25.200MHz，Actual 为实际输出频率(本例显示为 25.203MHz)。Duty Cycle 是占空比，默认为 50%。

设置端口时，本例中不勾选 reset、locked 等端口，因此只有一个输入频率端口(clk_in1)和一个输出频率端口(clk_out1)。

(4) 其他标签页各选项按默认设置。设置完成后，单击 OK 按钮，弹出 Generate Output Products 对话框，如图 8.17 所示，选择 Out for context per IP 单选按钮，然后单击 Generate 按钮，完成后再单击 OK 按钮。

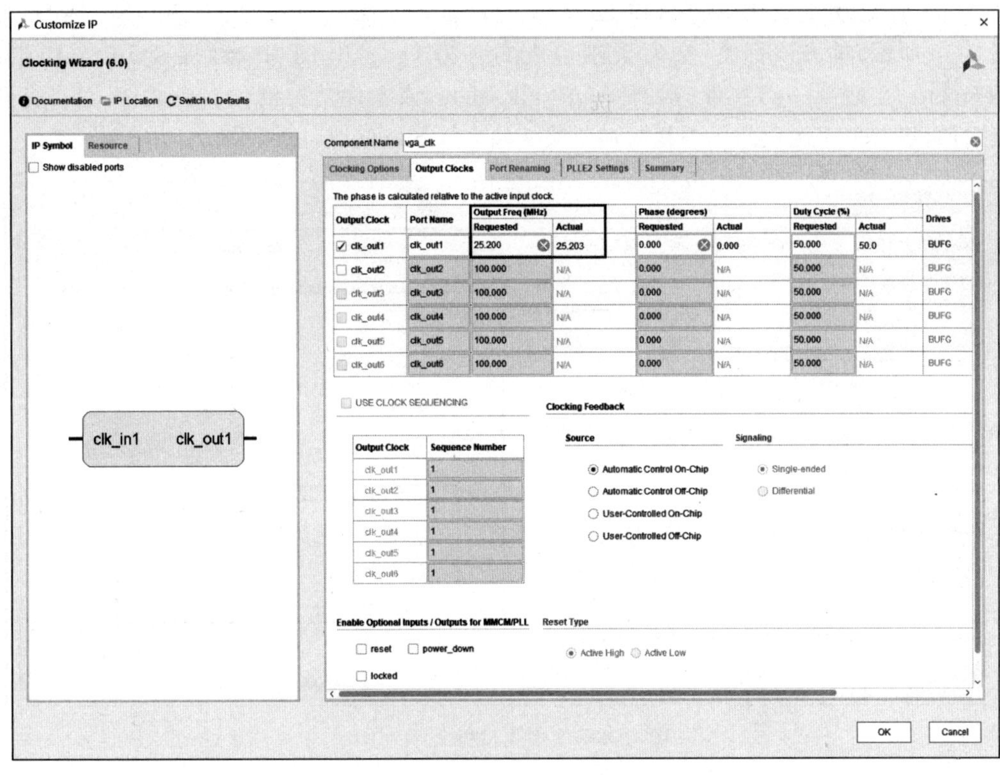

图 8.16　设置 Output Clocks 标签页

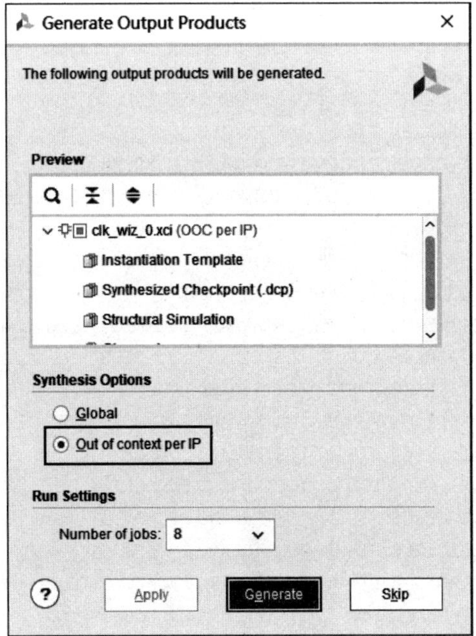

图 8.17　Generate Output Products 对话框

(5) 在定制生成 IP 核后，在 Sources 对话框的下方出现一个 IP Sources 标签，如图 8.18 所示，单击该标签，会发现刚生成的名为 vga_clk 的 IP 核，展开 Instantiation Template，出现 *.veo 文件(本例为 vga_clk.veo)，该文件是实例化模板文件，双击打开该文件，将有关实例化的代码复制到顶层文件中并加以修改，以调用该 IP 核。

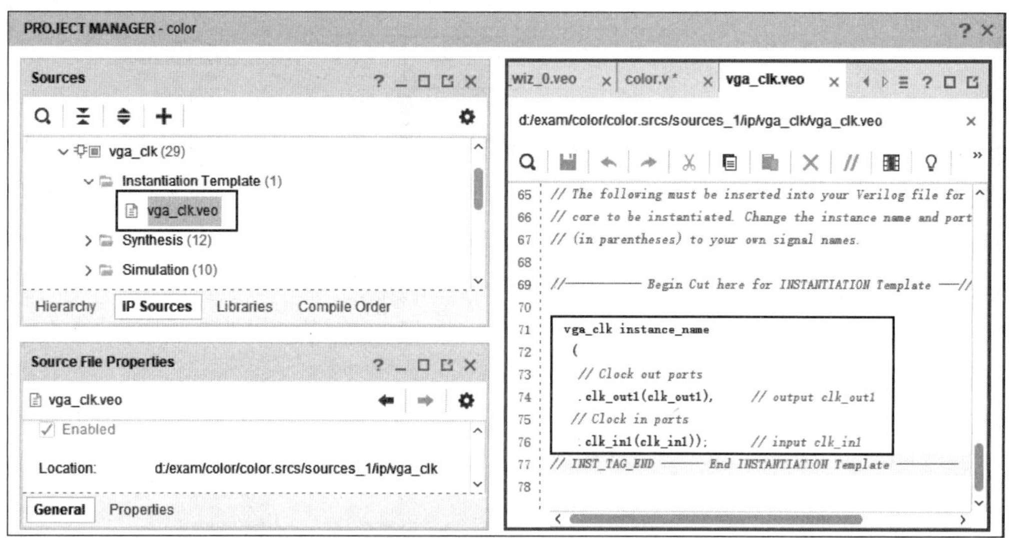

图 8.18　实例化模板文件 *.veo

3. 引脚约束与编程下载

引脚约束文件内容如下。

```
set_property -dict {PACKAGE_PIN P17 IOSTANDARD LVCMOS33} [get_ports sys_clk]
set_property -dict {PACKAGE_PIN F5 IOSTANDARD LVCMOS33} [get_ports {vga_r[0]}]
set_property -dict {PACKAGE_PIN C6 IOSTANDARD LVCMOS33} [get_ports {vga_r[1]}]
set_property -dict {PACKAGE_PIN C5 IOSTANDARD LVCMOS33} [get_ports {vga_r[2]}]
set_property -dict {PACKAGE_PIN B7 IOSTANDARD LVCMOS33} [get_ports {vga_r[3]}]
set_property -dict {PACKAGE_PIN B6 IOSTANDARD LVCMOS33} [get_ports {vga_g[0]}]
set_property -dict {PACKAGE_PIN A6 IOSTANDARD LVCMOS33} [get_ports {vga_g[1]}]
set_property -dict {PACKAGE_PIN A5 IOSTANDARD LVCMOS33} [get_ports {vga_g[2]}]
set_property -dict {PACKAGE_PIN D8 IOSTANDARD LVCMOS33} [get_ports {vga_g[3]}]
set_property -dict {PACKAGE_PIN C7 IOSTANDARD LVCMOS33} [get_ports {vga_b[0]}]
set_property -dict {PACKAGE_PIN E6 IOSTANDARD LVCMOS33} [get_ports {vga_b[1]}]
set_property -dict {PACKAGE_PIN E5 IOSTANDARD LVCMOS33} [get_ports {vga_b[2]}]
set_property -dict {PACKAGE_PIN E7 IOSTANDARD LVCMOS33} [get_ports {vga_b[3]}]
set_property -dict {PACKAGE_PIN D7 IOSTANDARD LVCMOS33} [get_ports vga_hs]
set_property -dict {PACKAGE_PIN C4 IOSTANDARD LVCMOS33} [get_ports vga_vs]
set_property -dict {PACKAGE_PIN N4 IOSTANDARD LVCMOS33} [get_ports {key[1]}]
set_property -dict {PACKAGE_PIN R1 IOSTANDARD LVCMOS33} [get_ports {key[0]}]
```

用 Vivado 对本例进行综合，生成 Bitstream 文件，然后在 EGO1 开发板上下载，将

VGA 显示器接到 EGO1 的 VGA 接口，拨动拨码开关 SW1、SW0，变换彩条信号，其实际显示效果如图 8.19 所示，图中分别是竖彩条和棋盘格。

图 8.19　VGA 彩条实际显示效果

8.6.3　VGA 图像显示与控制

如果 VGA 显示真彩色 BMP 图像，则需要 R、G、B 信号各 8 位(即 24 位)表示一个像素值，多数情况下采用 32 位表示一个像素值，为了节省存储空间，可采用高彩图像，即每像素值由 16 位表示，R、G、B 信号分别使用 5 位、6 位、5 位，图像数据量减少一半，同时又能满足显示效果。

本例中每个图像像素点用 12 位表示(R、G、B 信号均用 4 位表示)，总共可表示 2^{12} = 4096 种颜色；显示图像的 R、G、B 数据预先存储在 FPGA 的片内 ROM 中，只要按照前面介绍的时序，给 VGA 显示器上对应的点赋值，就可以显示出完整的图像。图 8.20 所示是 VGA 图像显示控制的框图。

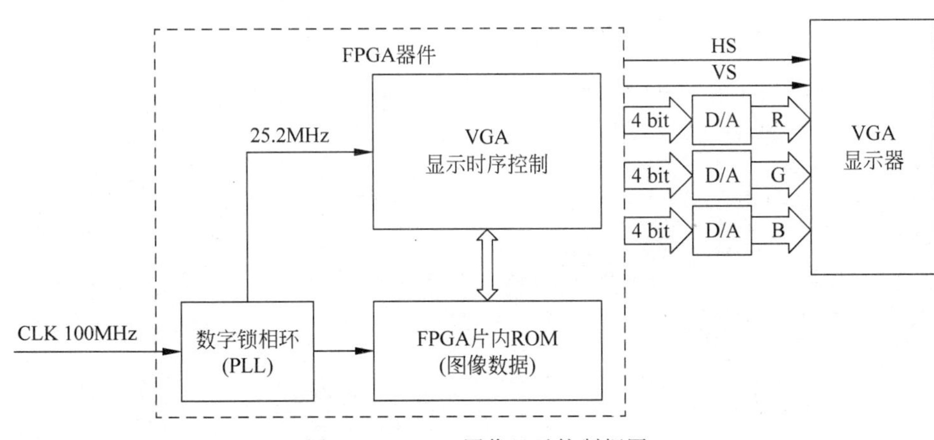

图 8.20　VGA 图像显示控制框图

1. VGA 图像数据的获取

本例显示的图像选择标准图像 LENA，文件格式为 JPG，图像数据由自己编写 MATLAB 程序得到，其代码如例 8.11 所示。该程序将 lena.jpg 图像的尺寸压缩为 240×200 像素，然后得到 240×200 像素的 R、G、B 三基色数据，并将数据写入 ROM 存储器

初始化文件 *.coe 中(本例中为 vga_rom240200.coe)。

【例 8.11】 把 lena.jpg 图像压缩为 240×200 像素,得到 R、G、B 三基色数据并将数据写入 vga_rom240200.coe 文件。

```
clear;
Sp = imread('D:\exam\vga\lena.jpg');
picture_length = 240;
picture_width = 200;
Np1 = imresize(Sp,[picture_width,picture_length]);          %转换为指定像素
Np2 = bitshift(Np1(:,:,:), - 4);                             %取图像 RGB 的高 4 位
Np3 = cell(picture_width,picture_length,3);
for k = 1:3
    for j = 1:picture_length
        for i = 1:picture_width
            Np3(i,j,k) =  cellstr(dec2hex(Np2(i,j,k),1));
        end
    end
end
file = fopen(['D:\exam\vga\vga_rom',
     [num2str(picture_length),num2str(picture_width)],'.coe'],'w');
fprintf(file,'memory_initialization_radix = 16;\n');        %转换为十六进制
fprintf(file,'memory_initialization_vector = \n');
count = 0;
for i = 1:picture_width
    for j = 1:picture_length
        for k = 1:3
            fprintf(file,'%s',Np3{i,j,k});
        end
        if i == picture_width&&j == picture_length&&k == 3
            fprintf(file,';');
        else
            fprintf(file,',');
        end
        count = count + 1;
    end
end
fclose(file);
msgbox(num2str(count));
```

2. VGA 图像显示顶层源程序

显示模式采用标准 VGA 模式(640×480@60Hz),图像大小为 240×200 像素,例 8.12 是其 Verilog 源程序,程序中含图像位置移动控制部分,可控制图像在屏幕范围内成 45°角移动,撞到边缘后变向,类似于屏保的显示效果。图 8.21 所示是该例的截屏显示效果。

图 8.21　R、G、B 三基色均采用 4 位表示的 LENA 图像截屏显示效果

【例 8.12】　VGA 图像显示与移动。

```
`timescale 1ns / 1ps
module myVGA(
        input sys_clk,                          //100MHz 时钟
        input sys_rst,                          //复位信号
        input switch,                           //为 0,静止显示; 为 1,动态显示
        output wire vga_hs,                     //行同步信号
        output wire vga_vs,                     //场同步信号
        output reg[3:0] vga_r,
        output reg[3:0] vga_g,
        output reg[3:0] vga_b
            );
//--- 区域 640 * 480,时钟 25.2MHz,图片大小 240 * 160 --------
parameter H_SYNC_END   = 96;                    //行同步脉冲结束时间
parameter V_SYNC_END   = 2;                     //列同步脉冲结束时间
parameter H_SYNC_TOTAL = 800;                   //行扫描总像素单位
parameter V_SYNC_TOTAL = 525;                   //列扫描总像素单位
parameter H_SHOW_START = 139;
    //显示区行开始像素点 144 = 行同步脉冲结束时间 + 行后沿脉冲
parameter V_SHOW_START = 35;
    //显示区列开始像素点 35 = 列同步脉冲结束时间 + 列后沿脉冲
parameter PIC_LENGTH = 240;                     //图片长度(横坐标像素)
parameter PIC_WIDTH = 200;                      //图片宽度(纵坐标像素)
//----------- 动态显示的初始化 --------------
reg [9:0] x0, y0 ;                              //记录图片左上角的实时坐标(像素)
reg [1:0] direction;                            //运动方向 01 右下,10 左上,00 右上,11 左下
parameter AREA_X = 640;
parameter AREA_Y = 480;
wire vga_clk,clk50hz;
wire [18:0] address;
wire [11:0] addr_x,addr_y;
wire[11:0] q;
reg [12:0] x_cnt,y_cnt;

assign addr_x = (x_cnt > = H_SHOW_START + x0&&x_cnt <
```

```
    (H_SHOW_START + PIC_LENGTH + x0))?(x_cnt - H_SHOW_START - x0):1000;
assign addr_y = (y_cnt >= V_SHOW_START + y0&&y_cnt <
    (V_SHOW_START + PIC_WIDTH + y0))?(y_cnt - V_SHOW_START - y0):900;
assign address = (addr_x < PIC_LENGTH&&addr_y < PIC_WIDTH)?
    (PIC_LENGTH * addr_y + addr_x):PIC_LENGTH * PIC_WIDTH + 1;      //48010

always@(posedge clk50hz,negedge sys_rst)
begin
  if(~sys_rst) begin  x0 <= 'd100; y0 <= 'd50; direction <= 2'b01; end
  else if(switch == 0)
     begin x0 <= AREA_X - PIC_LENGTH - 1; y0 <=  AREA_Y - PIC_WIDTH - 1; end
  else  begin
  case(direction)
  2'b00:begin
      y0 <= y0 - 1;x0 <= x0 + 1;
      if(x0 == AREA_X - PIC_LENGTH - 1 && y0!= 1)  direction <= 2'b10;
      else if(x0!= AREA_X - PIC_LENGTH - 1 && y0 == 1)  direction <= 2'b01;
      else if(x0 == AREA_X - PIC_LENGTH - 1 && y0 == 1)  direction <= 2'b11;
      end
  2'b01:begin  y0 <= y0 + 1;x0 <= x0 + 1;
      if(x0 == AREA_X - PIC_LENGTH - 1 && y0!= AREA_Y - PIC_WIDTH - 1 )
        direction <= 2'b11;
      else if(x0!= AREA_X - PIC_LENGTH - 1 && y0 == AREA_Y - PIC_WIDTH - 1)
        direction <= 2'b00;
      else if(x0 == AREA_X - PIC_LENGTH - 1 && y0 == AREA_Y - PIC_WIDTH - 1)
        direction <= 2'b10;
      end
  2'b10:begin  y0 <= y0 - 1;x0 <= x0 - 1;
      if(x0 == 1 && y0!= 1)  direction <= 2'b00;
      else if(x0!= 1 && y0 == 1 )  direction <= 2'b11;
      else if(x0 == 1 && y0 == 1 )  direction <= 2'b01;
      end
  2'b11:begin  y0 <= y0 + 1;x0 <= x0 - 1;
      if(x0 == 1 && y0!= AREA_Y - PIC_WIDTH - 1) direction <= 2'b01;
      else if(x0!= 1 && y0 == AREA_Y - PIC_WIDTH - 1) direction <= 2'b10;
      else if(x0 == 1 && y0 == AREA_Y - PIC_WIDTH - 1) direction <= 2'b00;
      end
    endcase
  end
end

always@(posedge vga_clk, negedge sys_rst)
begin
   if(~sys_rst) begin vga_r <= 'd0; vga_g <= 'd0; vga_b <= 'd0; end
    else begin vga_r <= q[11:8];  vga_g <= q[7:4]; vga_b <= q[3:0]; end
end
```

```
//--------------- 水平扫描 ---------------------
always@(posedge vga_clk, negedge sys_rst)
  begin
     if(~sys_rst) x_cnt <= 'd0;
     else if(x_cnt == H_SYNC_TOTAL - 1) x_cnt <= 'd0;
     else  x_cnt <= x_cnt + 1'b1;
  end
assign vga_hs = (x_cnt <= H_SYNC_END - 1)?1'b0:1'b1;      //行同步信号
//--------------- 垂直扫描 --------------------------
always@(posedge vga_clk, negedge sys_rst)
  begin
        if(~sys_rst) y_cnt <=  'd0;
        else if(x_cnt  ==  H_SYNC_TOTAL - 1)
          begin
          if(y_cnt < V_SYNC_TOTAL - 1)  y_cnt <= y_cnt + 1'b1;
           else  y_cnt <=  'd0;
  end
end
assign vga_vs = (y_cnt <= V_SYNC_END - 1)?1'b0:1'b1;      //场同步信号

vga_clk  u1(
          .clk_out1(vga_clk),                             //用 IP 核产生 25.2MHz 时钟
          .clk_in1(sys_clk)
            );
vga_rom u2(                                               //vga_rom 图像数据存储模块
          .clka(vga_clk),
          .addra(address),
          .douta(q)
            );
clk_self_clr   #(1_000_000) u3(                           //分频产生 50Hz 时钟信号
          .clk(sys_clk),
          .clr(sys_rst),
          .clk_self(clk50hz)
            );
endmodule
```

上面代码中的 clk_self_clr 分频子模块代码见例 8.7；25.2MHz 时钟(vga_clk)采用 IP 核 Clocking Wizard 产生，其过程前面已做了介绍，下面重点介绍 vga_rom 存储模块的定制过程。

3. ROM 模块的定制

(1) 在 Vivado 主界面，单击 Flow Navigator 中的 IP Catalog，在 IP Catalog 标签页的 Search 处输入 block，可以搜索到想要的 IP 核 Block Memory Generator，如图 8.22 所示，选中 Block Memory Generator 核。

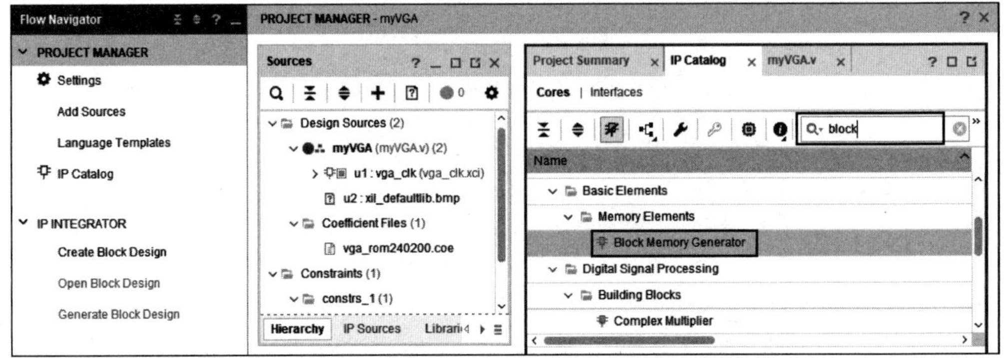

图 8.22　选中 IP 核 Block Memory Generator

(2) 双击 Block Memory Generator 核,自动弹出配置对话框。图 8.23 所示是 Basic 设置页面,在该页面设置 Component Name(部件名字)为 vga_rom;设置 Memory Type (存储器类型)为 Single Port ROM(单口 ROM);设置 Byte Size 为 9;Algotithm 选择 Minimum Area,即采用最小面积算法实现该存储器,Primitive 项选择 8kx2。

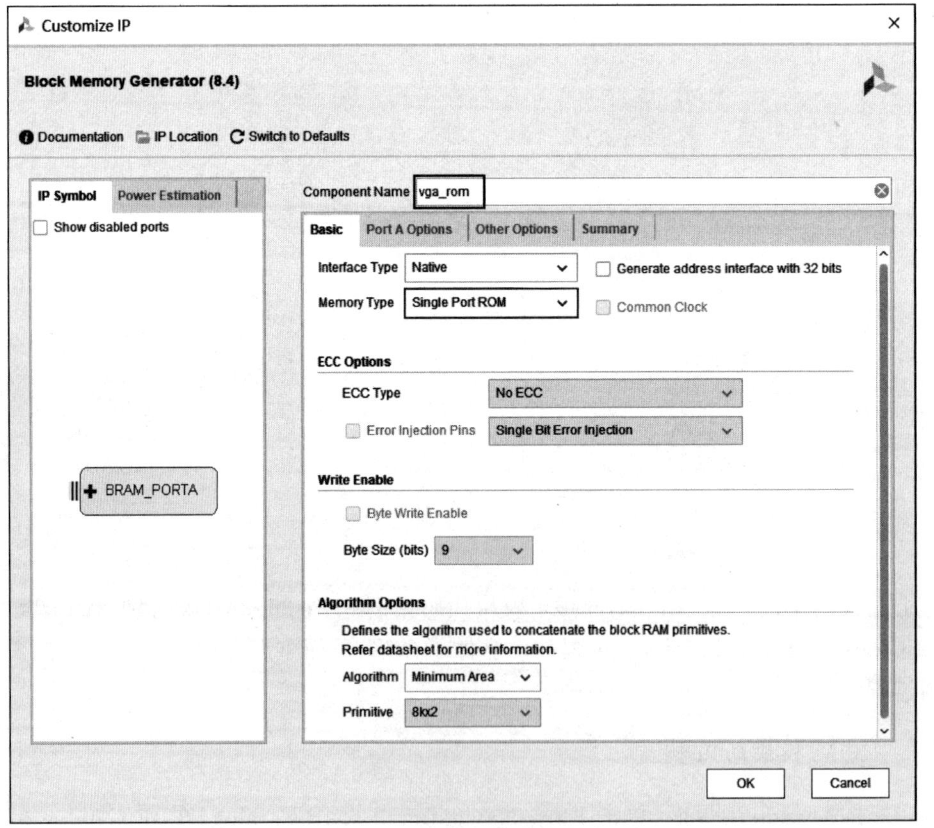

图 8.23　Basic 设置页面

(3) 如图 8.24 所示，设置 Port A Options 页面，Port A Width 数据位宽选择 16，Port A Depth 数据深度填写 48000(图像像素为 240×200=48000)；Operating Mode 操作模式选择 Write First(写优先)，端口使能类型选择 Always Enabled(总是使能)；其他选项按默认设置。

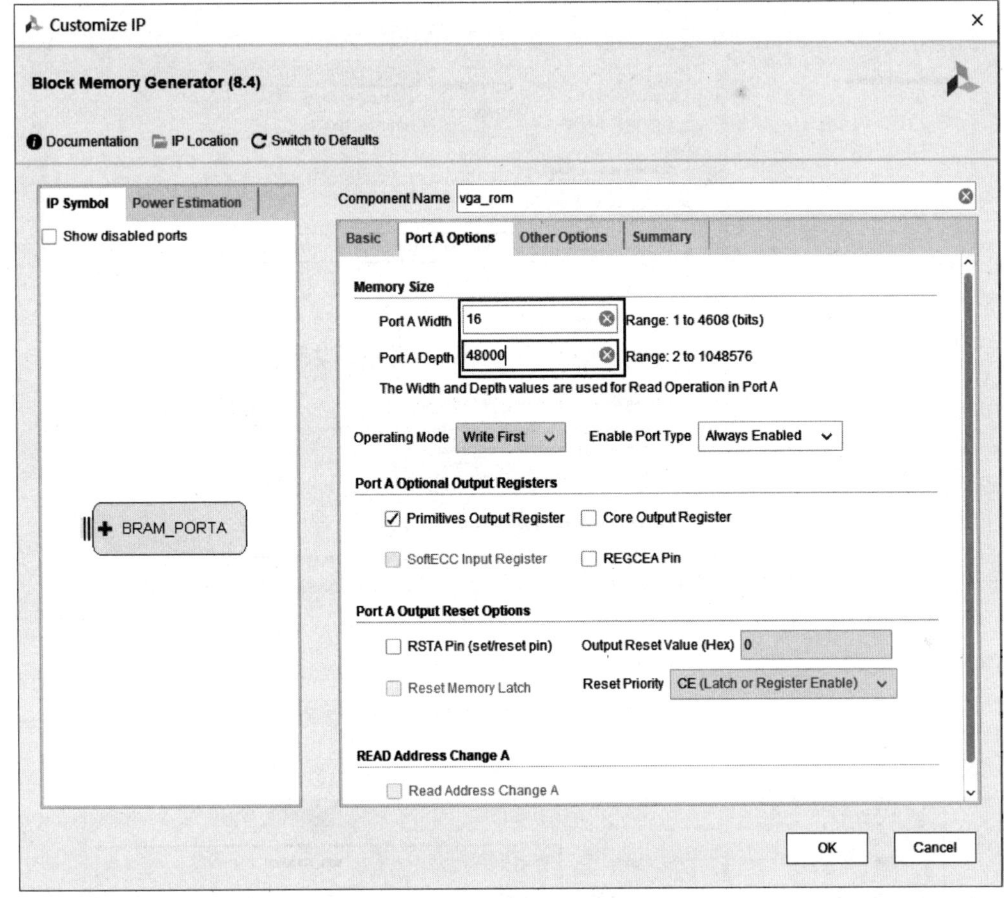

图 8.24　Port A Options 设置页面

(4) 如图 8.25 所示，设置 Other Options 页面。该页面主要用于设置初始化文件，这里将初始化文件指向前面刚生成的 vga_rom240200.coe 文件，设置好其路径。

(5) 设置完成后，单击 OK 按钮，弹出 Generate Output Products 对话框(见图 8.17)，选择 Out for context per IP，单击 Generate 按钮，完成后再单击 OK 按钮。

(6) IP 核生成后，打开 IP Sources 中的 *.veo 文件(此处为 vga_rom.veo)，如图 8.26 所示，将有关实例化的内容复制到顶层文件中，以调用该 IP 核。

4. 引脚锁定与下载

引脚约束文件内容如下。

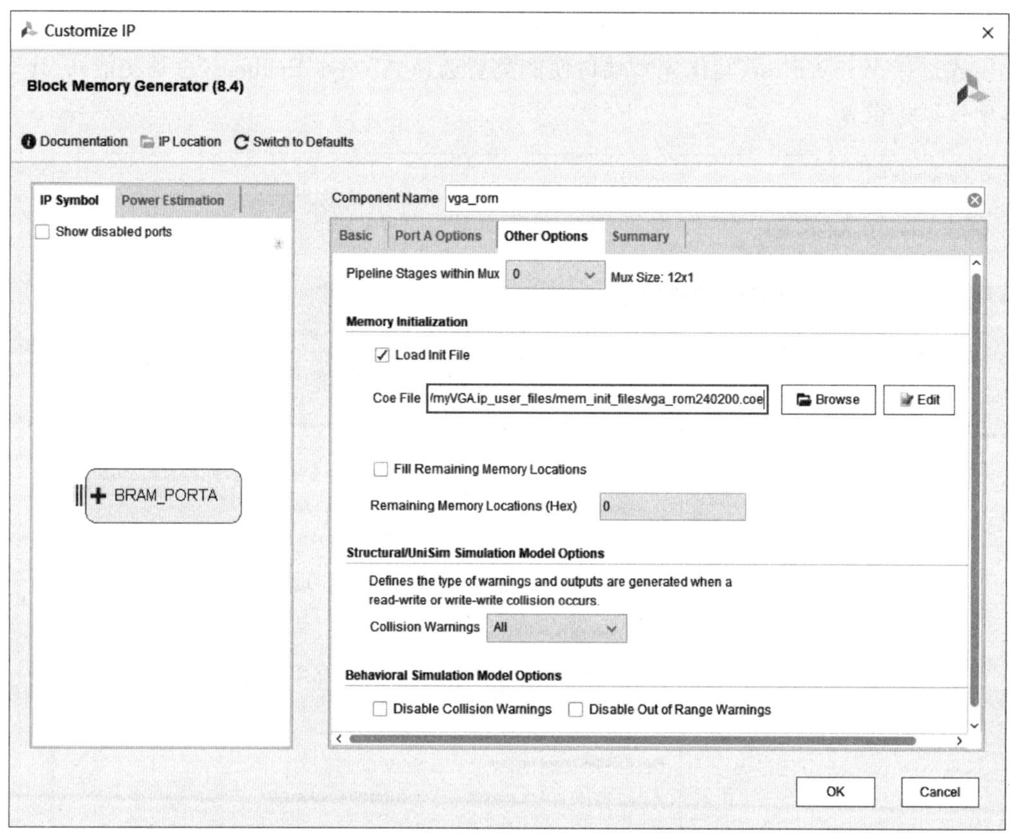

图 8.25　指定 ROM 模块的初始化数据文件

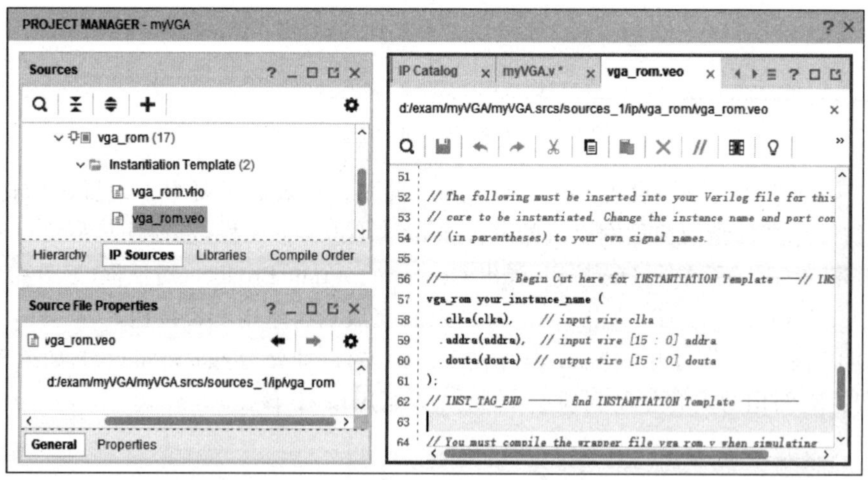

图 8.26　实例化模板文件 *.veo

```
set_property -dict {PACKAGE_PIN P17 IOSTANDARD LVCMOS33} [get_ports sys_clk]
set_property -dict {PACKAGE_PIN P15 IOSTANDARD LVCMOS33} [get_ports sys_rst]
set_property -dict {PACKAGE_PIN F5 IOSTANDARD LVCMOS33} [get_ports {vga_r[0]}]
set_property -dict {PACKAGE_PIN C6 IOSTANDARD LVCMOS33} [get_ports {vga_r[1]}]
set_property -dict {PACKAGE_PIN C5 IOSTANDARD LVCMOS33} [get_ports {vga_r[2]}]
set_property -dict {PACKAGE_PIN B7 IOSTANDARD LVCMOS33} [get_ports {vga_r[3]}]
set_property -dict {PACKAGE_PIN B6 IOSTANDARD LVCMOS33} [get_ports {vga_g[0]}]
set_property -dict {PACKAGE_PIN A6 IOSTANDARD LVCMOS33} [get_ports {vga_g[1]}]
set_property -dict {PACKAGE_PIN A5 IOSTANDARD LVCMOS33} [get_ports {vga_g[2]}]
set_property -dict {PACKAGE_PIN D8 IOSTANDARD LVCMOS33} [get_ports {vga_g[3]}]
set_property -dict {PACKAGE_PIN C7 IOSTANDARD LVCMOS33} [get_ports {vga_b[0]}]
set_property -dict {PACKAGE_PIN E6 IOSTANDARD LVCMOS33} [get_ports {vga_b[1]}]
set_property -dict {PACKAGE_PIN E5 IOSTANDARD LVCMOS33} [get_ports {vga_b[2]}]
set_property -dict {PACKAGE_PIN E7 IOSTANDARD LVCMOS33} [get_ports {vga_b[3]}]
set_property -dict {PACKAGE_PIN D7 IOSTANDARD LVCMOS33} [get_ports vga_hs]
set_property -dict {PACKAGE_PIN C4 IOSTANDARD LVCMOS33} [get_ports vga_vs]
set_property -dict {PACKAGE_PIN R1 IOSTANDARD LVCMOS33} [get_ports switch]
```

将 VGA 显示器接到 EGO1 的 VGA 接口，用 Vivado 对本例进行综合，然后在 EGO1 开发板上下载，在显示器上观察图像的显示效果，拨码开关 SW0(switch 端口)为 0 时，图像是静止的；SW0 为 1 时，图像在屏幕范围内成 45°角移动，撞到边缘后改变方向，类似于屏保的显示效果。

8.7 乐曲演奏电路

在本节中，采用 FPGA 器件驱动小扬声器构成一个乐曲演奏电路，演奏的乐曲选择《梁祝》片段，其曲谱如下。

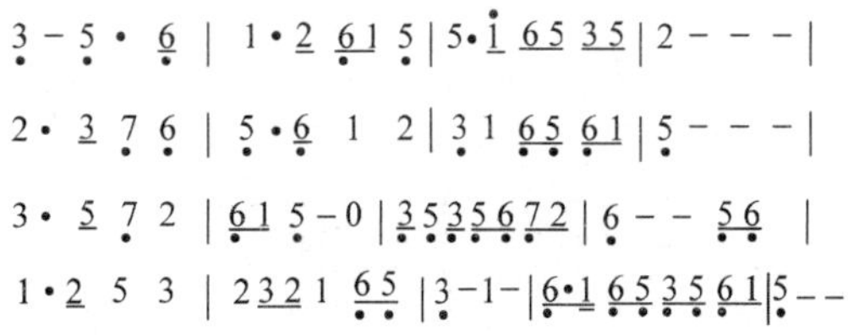

3 - 5 • 6 | 1 • 2 6 1 5 | 5 • 1 6 5 3 5 | 2 - - - |

2 • 3 7 6 | 5 • 6 1 2 | 3 1 6 5 6 1 | 5 - - - |

3 • 5 7 2 | 6 1 5 - 0 | 3 5 3 5 6 7 2 | 6 - - 5 6 |

1 • 2 5 3 | 2 3 2 1 6 5 | 3 - 1 - | 6 • 1 6 5 3 5 6 1 | 5 - - - |

乐曲演奏的原理是这样的：组成乐曲的每个音符的频率值(音调)及其持续的时间(音长)是乐曲能连续演奏所需的两个基本数据，因此，只要控制输出到扬声器的激励信号频率的高低和持续的时间，就可以使扬声器发出连续的乐曲声。首先看一下如何控制音调的高低变化。

1. 音调的控制

频率的高低决定了音调的高低。音乐的十二平均率规定：每两个八度音(如简谱中的中音 1 与高音 1)之间的频率相差一倍。在两个八度音之间，又可分为 12 个半音，每两个半音的频率比为$\sqrt[12]{2}$。另外，音名A(简谱中的低音6)的频率为440Hz，音名B到C之间、E到F之间为半音，其余为全音。由此可以计算出简谱中从低音1至高音1之间每个音名对应的频率，如表8.11所示。

表8.11 简谱中的音名与频率的关系

音　名	频率/Hz	音　名	频率/Hz	音　名	频率/Hz
低音1	261.6	中音1	523.3	高音1	1046.5
低音2	293.7	中音2	587.3	高音2	1174.7
低音3	329.6	中音3	659.3	高音3	1319.5
低音4	349.2	中音4	699.5	高音4	1396.9
低音5	392	中音5	784	高音5	1568
低音6	440	中音6	880	高音6	1760
低音7	493.9	中音7	987.8	高音7	1975.5

所有不同频率的信号都是从同一个基准频率分频得到的。由于音阶频率多为非整数，而分频系数又不能为小数，故必须将由计算得到的分频数四舍五入取整。若基准频率过低，则由于分频比太小，四舍五入取整后的误差较大；若基准频率过高，虽然误差变小，但分频数将变大。实际的设计综合考虑这两方面的因素，在尽量减小频率误差的前提下取合适的基准频率。本例中选取6MHz为基准频率。若无6MHz的时钟频率，则可以先分频得到6MHz(或者近似6MHz)，或者换一个新的基准频率。实际上，只要各个音名间的相对频率关系不变，C作1与D作1演奏出的音乐听起来都不会走调。

本例需要演奏的是《梁祝》片段。该乐曲各音阶频率及相应的分频比如表8.12所示。为了减小输出的偶次谐波分量，最后输出到扬声器的波形应为对称方波，因此在到达扬声器之前，有一个二分频的分频器。表8.12中的分频比就是从6MHz频率二分频得到的3MHz频率基础上计算得出来的。如果用正弦波代替方波来驱动扬声器将会有更好的效果。

表8.12 各音阶频率对应的分频比及预置数(从3MHz频率计算得出)

音　名	分　频　比	预　置　数	音　名	分　频　比	预　置　数
低音1	11 468	4915	中音5	3827	12 556
低音2	10 215	6168	中音6	3409	12 974
低音3	9102	7281	中音7	3037	13 346
低音4	8591	7792	高音1	2867	13 516
低音5	7653	8730	高音2	2554	13 829
低音6	6818	9565	高音3	2274	14 109
低音7	6073	10 310	高音4	2148	14 235
中音1	5736	10 647	高音5	1913	14 470
中音2	5111	11 272	高音6	1705	14 678
中音3	4552	11 831	高音7	1519	14 864
中音4	4289	12 094	休止符	0	16 383

在表 8.12 中，除给出了分频比，还给出了对应于各个音阶频率时计数器不同的预置数。对于不同的分频系数，只要加载不同的预置数即可，对于乐曲中的休止符，只要将分频系数设为 0，即初始值为 $2^{14}-1=16\,383$ 即可，此时扬声器将不会发声。采用加载预置数实现分频的方法比采用反馈复零法节省资源，实现起来也容易一些。

2. 音长的控制

音符的持续时间根据乐曲的速度及每个音符的节拍数来确定。本例演奏的《梁祝》片段，最短的音符为四分音符，如果将全音符的持续时间设为 1s，则只需要再提供一个 4Hz 的时钟频率即可产生四分音符的时长。

图 8.27 所示是乐曲演奏电路的原理框图，其中，乐谱产生电路用来控制音乐的音调和音长。控制音调通过设置计数器的预置数来实现，预置不同的数值就可以使计数器产生不同频率的信号，从而产生不同的音调。控制音长是通过控制计数器预置数的停留时间来实现的，预置数停留的时间越长，该音符演奏的时间就越长。每个音符的演奏时间都是 0.25s 的整数倍，对于节拍较长的音符，如二分音符，在记谱时将该音名连续记录两次即可。

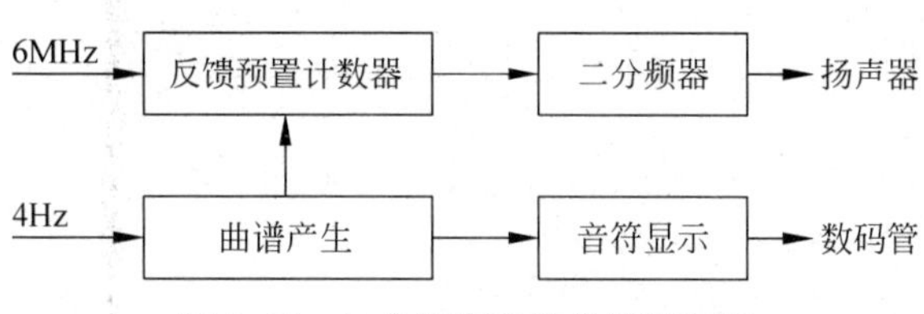

图 8.27　乐曲演奏电路的原理框图

音符显示电路用来显示乐曲演奏时对应的音符。可用数码管显示音符，实现演奏的动态显示。在本例中，HIGH[3:0]、MED[3:0]、LOW[3:0]等信号分别用于显示高音、中音和低音音符。为了使演奏能循环进行，需要另外设置一个时长计数器，当乐曲演奏完成时，保证能自动从头开始演奏。演奏电路的描述如例 8.13 所示。

【例 8.13】《梁祝》片段演奏电路。

```
module song(
    input sys_clk,                //输入时钟 100MHz
    output reg speaker,           //输出至扬声器的信号,本例中为方波
    output reg[2:0] cs,           //数码管片选信号
    output[6:0] seg_7s            //用数码管显示音符
     );

wire clk_6mhz;                    //用于产生各种音阶频率的基准频率
clk_self   #(8) u1(
           .clk(sys_clk),
           .clk_self(clk_6mhz)    //6.25MHz 时钟信号
             );

wire clk_4hz;                     //用于控制音长(节拍)的时钟频率
```

```
clk_self  #(12500000)  u2(
             .clk(sys_clk),
             .clk_self(clk_4hz)                    //得到 4Hz 时钟信号
              );
reg[13:0] divider,origin;
reg carry;
always @(posedge clk_6mhz)                         //通过置数,改变分频比
begin
    if(divider == 16383)
    begin divider <= origin;carry <= 1;end
else  begin divider <= divider + 1;carry <= 0; end
end
always @(posedge carry)
begin speaker <= ~speaker;end                      //2 分频得到方波信号

always @(posedge clk_4hz)
  begin  case({high,med,low})                      //根据不同的音符,预置分频比
'h001:  origin <= 4915;      'h002:  origin <= 6168;
'h003:  origin <= 7281;      'h004:  origin <= 7792;
'h005:  origin <= 8730;      'h006:  origin <= 9565;
'h007:  origin <= 10310;     'h010:  origin <= 10647;
'h020:  origin <= 11272;     'h030:  origin <= 11831;
'h040:  origin <= 12094;     'h050:  origin <= 12556;
'h060:  origin <= 12974;     'h070:  origin <= 13346;
'h100:  origin <= 13516;     'h200:  origin <= 13829;
'h300:  origin <= 14109;     'h400:  origin <= 14235;
'h500:  origin <= 14470;     'h600:  origin <= 14678;
'h700:  origin <= 14864;     'h000:  origin <= 16383;
endcase
end

reg[7:0] counter;
reg[3:0] high,med,low,num;
always @(posedge clk_4hz)
begin
  if(counter == 134)    counter <= 0;              //计时,以实现循环演奏
  else          counter <= counter + 1;
case(counter)
0:begin       {high,med,low}<= 'h003;  cs <= 3'b001;  end        //低音 3
1:begin       {high,med,low}<= 'h003;  cs <= 3'b001;  end        //持续 4 个节拍
2:begin       {high,med,low}<= 'h003;  cs <= 3'b001;  end
3:begin       {high,med,low}<= 'h003;  cs <= 3'b001;  end
4:begin       {high,med,low}<= 'h005;  cs <= 3'b001;  end        //低音 5
5:begin       {high,med,low}<= 'h005;  cs <= 3'b001;  end        //持续 3 个节拍
6:begin       {high,med,low}<= 'h005;  cs <= 3'b001;  end
7:begin       {high,med,low}<= 'h006;  cs <= 3'b001;  end        //低音 6
8:begin       {high,med,low}<= 'h010;  cs <= 3'b010;  end        //中音 1
```

```
9:begin        {high,med,low}<= 'h010;  cs<=3'b010;  end        //持续3个节拍
10:begin       {high,med,low}<= 'h010;  cs<=3'b010;  end
11:begin       {high,med,low}<= 'h020;  cs<=3'b010;  end        //中音2
12:begin       {high,med,low}<= 'h006;  cs<=3'b001;  end        //低音6
13:begin       {high,med,low}<= 'h010;  cs<=3'b010;  end
14:begin       {high,med,low}<= 'h005;  cs<=3'b001;  end
15:begin       {high,med,low}<= 'h005;  cs<=3'b001;  end
16:begin       {high,med,low}<= 'h050;  cs<=3'b010;  end        //中音5
17:begin       {high,med,low}<= 'h050;  cs<=3'b010;  end
18:begin       {high,med,low}<= 'h050;  cs<=3'b010;  end
19:begin       {high,med,low}<= 'h100;  cs<=3'b100;  end        //高音1
20:begin       {high,med,low}<= 'h060;  cs<=3'b010;  end
21:begin       {high,med,low}<= 'h050;  cs<=3'b010;  end
22:begin       {high,med,low}<= 'h030;  cs<=3'b010;  end
23:begin       {high,med,low}<= 'h050;  cs<=3'b010;  end
24:begin       {high,med,low}<= 'h020;  cs<=3'b010;  end
25:begin       {high,med,low}<= 'h020;  cs<=3'b010;  end
26:begin       {high,med,low}<= 'h020;  cs<=3'b010;  end
27:begin       {high,med,low}<= 'h020;  cs<=3'b010;  end
28:begin       {high,med,low}<= 'h020;  cs<=3'b010;  end
29:begin       {high,med,low}<= 'h020;  cs<=3'b010;  end
30:begin       {high,med,low}<= 'h000;  cs<=3'b001;  end
31:begin       {high,med,low}<= 'h000;  cs<=3'b001;  end
32:begin       {high,med,low}<= 'h020;  cs<=3'b010;  end
33:begin       {high,med,low}<= 'h020;  cs<=3'b010;  end
34:begin       {high,med,low}<= 'h020;  cs<=3'b010;  end
35:begin       {high,med,low}<= 'h030;  cs<=3'b010;  end
36:begin       {high,med,low}<= 'h007;  cs<=3'b001;  end
37:begin       {high,med,low}<= 'h007;  cs<=3'b001;  end
38:begin       {high,med,low}<= 'h006;  cs<=3'b001;  end
39:begin       {high,med,low}<= 'h006;  cs<=3'b001;  end
40:begin       {high,med,low}<= 'h005;  cs<=3'b001;  end
41:begin       {high,med,low}<= 'h005;  cs<=3'b001;  end
42:begin       {high,med,low}<= 'h005;  cs<=3'b001;  end
43:begin       {high,med,low}<= 'h006;  cs<=3'b001;  end
44:begin       {high,med,low}<= 'h010;  cs<=3'b010;  end
45:begin       {high,med,low}<= 'h010;  cs<=3'b010;  end
46:begin       {high,med,low}<= 'h020;  cs<=3'b010;  end
47:begin       {high,med,low}<= 'h020;  cs<=3'b010;  end
48:begin       {high,med,low}<= 'h003;  cs<=3'b001;  end
49:begin       {high,med,low}<= 'h003;  cs<=3'b001;  end
50:begin       {high,med,low}<= 'h010;  cs<=3'b010;  end
51:begin       {high,med,low}<= 'h010;  cs<=3'b010;  end
52:begin       {high,med,low}<= 'h006;  cs<=3'b001;  end
53:begin       {high,med,low}<= 'h005;  cs<=3'b001;  end
54:begin       {high,med,low}<= 'h006;  cs<=3'b001;  end
55:begin       {high,med,low}<= 'h010;  cs<=3'b010;  end
```

```
56:begin        {high,med,low}<= 'h005;   cs<=3'b001;   end
57:begin        {high,med,low}<= 'h005;   cs<=3'b001;   end
58:begin        {high,med,low}<= 'h005;   cs<=3'b001;   end
59:begin        {high,med,low}<= 'h005;   cs<=3'b001;   end
60:begin        {high,med,low}<= 'h005;   cs<=3'b001;   end
61:begin        {high,med,low}<= 'h005;   cs<=3'b001;   end
62:begin        {high,med,low}<= 'h005;   cs<=3'b001;   end
63:begin        {high,med,low}<= 'h005;   cs<=3'b001;   end
64:begin        {high,med,low}<= 'h030;   cs<=3'b010;   end
65:begin        {high,med,low}<= 'h030;   cs<=3'b010;   end
66:begin        {high,med,low}<= 'h030;   cs<=3'b010;   end
67:begin        {high,med,low}<= 'h050;   cs<=3'b010;   end
68:begin        {high,med,low}<= 'h007;   cs<=3'b001;   end
69:begin        {high,med,low}<= 'h007;   cs<=3'b001;   end
70:begin        {high,med,low}<= 'h020;   cs<=3'b010;   end
71:begin        {high,med,low}<= 'h020;   cs<=3'b010;   end
72:begin        {high,med,low}<= 'h006;   cs<=3'b001;   end
73:begin        {high,med,low}<= 'h010;   cs<=3'b010;   end
74:begin        {high,med,low}<= 'h005;   cs<=3'b001;   end
75:begin        {high,med,low}<= 'h005;   cs<=3'b001;   end
76:begin        {high,med,low}<= 'h005;   cs<=3'b001;   end
77:begin        {high,med,low}<= 'h005;   cs<=3'b001;   end
78:begin        {high,med,low}<= 'h000;   cs<=3'b001;   end
79:begin        {high,med,low}<= 'h000;   cs<=3'b001;   end
80:begin        {high,med,low}<= 'h003;   cs<=3'b001;   end
81:begin        {high,med,low}<= 'h005;   cs<=3'b001;   end
82:begin        {high,med,low}<= 'h005;   cs<=3'b001;   end
83:begin        {high,med,low}<= 'h003;   cs<=3'b001;   end
84:begin        {high,med,low}<= 'h005;   cs<=3'b001;   end
85:begin        {high,med,low}<= 'h006;   cs<=3'b001;   end
86:begin        {high,med,low}<= 'h007;   cs<=3'b001;   end
87:begin        {high,med,low}<= 'h020;   cs<=3'b010;   end
88:begin        {high,med,low}<= 'h006;   cs<=3'b001;   end
89:begin        {high,med,low}<= 'h006;   cs<=3'b001;   end
90:begin        {high,med,low}<= 'h006;   cs<=3'b001;   end
91:begin        {high,med,low}<= 'h006;   cs<=3'b001;   end
92:begin        {high,med,low}<= 'h006;   cs<=3'b001;   end
93:begin        {high,med,low}<= 'h006;   cs<=3'b001;   end
94:begin        {high,med,low}<= 'h005;   cs<=3'b001;   end
95:begin        {high,med,low}<= 'h006;   cs<=3'b001;   end
96:begin        {high,med,low}<= 'h010;   cs<=3'b010;   end
97:begin        {high,med,low}<= 'h010;   cs<=3'b010;   end
98:begin        {high,med,low}<= 'h010;   cs<=3'b010;   end
99:begin        {high,med,low}<= 'h020;   cs<=3'b010;   end
100:begin       {high,med,low}<= 'h050;   cs<=3'b010;   end
101:begin       {high,med,low}<= 'h050;   cs<=3'b010;   end
102:begin       {high,med,low}<= 'h030;   cs<=3'b010;   end
```

```
103:begin      {high,med,low}<= 'h030;  cs<=3'b010;  end
104:begin      {high,med,low}<= 'h020;  cs<=3'b010;  end
105:begin      {high,med,low}<= 'h020;  cs<=3'b010;  end
106:begin      {high,med,low}<= 'h030;  cs<=3'b010;  end
107:begin      {high,med,low}<= 'h020;  cs<=3'b010;  end
108:begin      {high,med,low}<= 'h010;  cs<=3'b010;  end
109:begin      {high,med,low}<= 'h010;  cs<=3'b010;  end
110:begin      {high,med,low}<= 'h006;  cs<=3'b001;  end
111:begin      {high,med,low}<= 'h005;  cs<=3'b001;  end
112:begin      {high,med,low}<= 'h003;  cs<=3'b001;  end
113:begin      {high,med,low}<= 'h003;  cs<=3'b001;  end
114:begin      {high,med,low}<= 'h003;  cs<=3'b001;  end
115:begin      {high,med,low}<= 'h003;  cs<=3'b001;  end
116:begin      {high,med,low}<= 'h010;  cs<=3'b010;  end
117:begin      {high,med,low}<= 'h010;  cs<=3'b010;  end
118:begin      {high,med,low}<= 'h010;  cs<=3'b010;  end
119:begin      {high,med,low}<= 'h010;  cs<=3'b010;  end
120:begin      {high,med,low}<= 'h006;  cs<=3'b001;  end
121:begin      {high,med,low}<= 'h010;  cs<=3'b010;  end
122:begin      {high,med,low}<= 'h006;  cs<=3'b001;  end
123:begin      {high,med,low}<= 'h005;  cs<=3'b001;  end
124:begin      {high,med,low}<= 'h003;  cs<=3'b001;  end
125:begin      {high,med,low}<= 'h005;  cs<=3'b001;  end
126:begin      {high,med,low}<= 'h006;  cs<=3'b001;  end
127:begin      {high,med,low}<= 'h010;  cs<=3'b010;  end
128:begin      {high,med,low}<= 'h005;  cs<=3'b001;  end
129:begin      {high,med,low}<= 'h005;  cs<=3'b001;  end
130:begin      {high,med,low}<= 'h005;  cs<=3'b001;  end
131:begin      {high,med,low}<= 'h005;  cs<=3'b001;  end
132:begin      {high,med,low}<= 'h005;  cs<=3'b001;  end
133:begin      {high,med,low}<= 'h005;  cs<=3'b001;  end
134:begin      {high,med,low}<= 'h000;  cs<=3'b001;  end
135:begin      {high,med,low}<= 'h000;  cs<=3'b001;  end
default:begin  {high,med,low}<= 'h000;  cs<=3'b001;  end
endcase
end

always @(*)
begin
   case(cs)                              //数码管位选
   'b001:  num<=low;
   'b010:  num<=med;
   'b100:  num<=high;
   default:num<=4'b0000;
   endcase
end
seg7 u3(                                 //数码管译码,音符显示
```

```
        .hex(num),
        .a_to_g(seg_7s)
        );
endmodule
```

上面的 clk_self 分频子模块源代码见例 8.2；seg7 译码子模块源代码见例 8.5。引脚约束文件内容如下。

```
#///////////////////////////////////时钟与扬声器/////////////////////////////////
set_property -dict {PACKAGE_PIN P17 IOSTANDARD LVCMOS33} [get_ports sys_clk]
set_property -dict {PACKAGE_PIN H17 IOSTANDARD LVCMOS33} [get_ports speaker]
#//////////////////////////////////3个数码管位选信号/////////////////////////////
set_property -dict {PACKAGE_PIN F1 IOSTANDARD LVCMOS33} [get_ports {cs[2]}]
set_property -dict {PACKAGE_PIN E1 IOSTANDARD LVCMOS33} [get_ports {cs[1]}]
set_property -dict {PACKAGE_PIN G6 IOSTANDARD LVCMOS33} [get_ports {cs[0]}]
#/////////////////////////////////数码管段选信号////////////////////////////////
set_property -dict {PACKAGE_PIN D4 IOSTANDARD LVCMOS33} [get_ports {seg_7s[6]}]
set_property -dict {PACKAGE_PIN E3 IOSTANDARD LVCMOS33} [get_ports {seg_7s[5]}]
set_property -dict {PACKAGE_PIN D3 IOSTANDARD LVCMOS33} [get_ports {seg_7s[4]}]
set_property -dict {PACKAGE_PIN F4 IOSTANDARD LVCMOS33} [get_ports {seg_7s[3]}]
set_property -dict {PACKAGE_PIN F3 IOSTANDARD LVCMOS33} [get_ports {seg_7s[2]}]
set_property -dict {PACKAGE_PIN E2 IOSTANDARD LVCMOS33} [get_ports {seg_7s[1]}]
set_property -dict {PACKAGE_PIN D2 IOSTANDARD LVCMOS33} [get_ports {seg_7s[0]}]
```

上面的程序编译后，基于 EGO1 开发板进行验证，speaker 接到 EGO1 的扩展端口的 H17 引脚，此引脚上外接一个扬声器，扬声器另一端接地（扩展端口中有接地端），可听到乐曲演奏的声音，同时将演奏发音相对应的高、中、低音音符通过 3 个数码管显示出来，实现动态演奏。图 8.28 所示是该演奏实验的实际效果图。

图 8.28　乐曲演奏的实际效果图

习题 8

8.1 利用 Vivado 自带的 IP 核 Block Memory Generator，采用 ROM 查表的方式设计 8×8 位无符号数乘法器，并进行仿真和下载。

8.2 用 Verilog 编写一个用 7 段数码管交替显示 26 个英文字母的程序，自己定义字符的形状。

8.3 设计一个乐曲演奏电路，实现乐曲《铃儿响叮当》的循环演奏，可将音符数据存于 ROM 模块中。

8.4 设计实现一个点唱机，在同一个 ROM 模块中装上多首歌曲，可手动或自动选择歌曲并播放。

8.5 设计实现一个简易电子琴，敲击不同的按键可发出相应的音调，同时将音符显示在数码管上。

8.6 设计一个 IC 卡电话计费器，在电话卡插入后，计费器能将卡中的币值余额读出并显示出来，在通话过程中，根据话务种类（市话、长话和特话等）计话费，并将话费从卡值中扣除，卡值余额每分钟更新一次，卡上余额不足时产生告警信号，告警时间达到一定长度则自动切断当前通话。计时与计费数据均以十进制形式显示。

8.7 设计一个自动售饮料机。假定每瓶饮料售价为 2.5 元，可使用两种硬币，即 5 角、1 元，机器有找零功能。

8.8 设计十字路口交通灯控制电路，要求如下。

(1) 通常主街道保持绿灯，支街道仅当有车来时才为绿灯。每当绿灯转红灯过程中，先亮黄灯并维持 10s，然后红灯才亮。

(2) 两个方向同时有车来时，红绿灯应每隔 30s 变灯一次。

(3) 若仅在一个方向有车来时，做如下处理：

- 该方向原为红灯，应立即出现变灯信号；
- 该方向原为绿灯，应继续保持绿灯。

一旦另一方向有车来，应视为两个方向均有车来处理。

8.9 设计模拟乒乓球游戏。

(1) 每局比赛开始之前，裁判按动每局开始发球开关，决定由其中一方首先发球，乒乓球光点即出现在发球者一方的球拍上，电路处于待发球状态。

(2) A 方与 B 方各持一个按钮开关，作为击球用的球拍，有若干光点作为乒乓球运动的轨迹。球拍按钮开关在球的一个来回中，只有第一次按动才起作用，若再次按动或持续按下不松开，将无作用。在击球时，只有在球的光点移至击球者一方的位置时，第一次按动击球按钮，击球才有效。击球无效时，电路处于待发球状态，裁判可判由哪方发球。

以上两个设计要求可由一人完成。另外可设计自动判发球、自动判球记分电路，可由另一人完成。自动判发球、自动判球记分电路的设计要求如下。

- 自动判球记分：一方失球，对方记分牌上则自动加 1 分，在比分未达到 20：20 之前，当一方记分达到 21 分时，即告胜利，该局比赛结束；若比分达到 20：20，只有一方净胜 2 分时，方告胜利。
- 自动判发球：每球比赛结束，机器自动置电路于下一球的待发球状态；每方连续发球 5 次后，自动交换发球；当比分达到 20：20 以后，将每次轮换发球，直至比赛结束。

8.10　设计一个 8 位频率计，所测信号的频率范围为 1～99 999 999Hz，并将被测信号的频率在 8 个数码管上显示出来（或者用字符型液晶进行显示）。

8.11　设计一个 8 层楼房的无人管理全自动电梯控制逻辑电路，应具有如下功能。

（1）每层楼电梯门口均设有上楼和下楼的请求开关，电梯内设有供进入电梯的乘客选择要求达到层次（1～8 层）的停站请求开关。

（2）应设有表示电梯当前正处在上升还是下降阶段及电梯当前位于哪一层楼的指示装置。

（3）能记忆电梯内外的所有请求信号，并按照电梯的运行规则对信号分批进行响应。每个请求信号一直保留到执行后才撤除。

（4）电梯运行规则如下。

- 电梯处于上升阶段时，只响应电梯所在位置以上层的上楼请求信号，依层次次序逐个执行，直至最后一个请求执行完毕；然后电梯便直接升到有下楼请求的最高一层楼接客，并执行下楼请求。
- 电梯处于下降阶段时，只响应电梯所在位置以下层的下楼请求信号，依层次次序逐个执行，直至最后一个请求执行完毕。然后电梯便直接降到有上楼请求的最低一层楼接客，并执行上楼请求。
- 电梯执行完全部请求信号后，应停留在当前所处层次等待，有新的请求信号时，再进入运行。

（5）电梯以每 1s 升（降）一层楼的速度运行。到达某层楼位置，指示该层次的灯点亮，一直保持到电梯达到新的一层时，该层指示灯才熄灭。电梯达到有请求的层次停下时，该层次的指示灯即亮。经过约 0.5s，电梯门自动打开（开门指示灯点亮）。开门 5s 后，电梯门自动关闭（开门指示灯灭）。电梯继续运行，到新层次后，原层次指示灯才熄灭。开门时间还可以通过手动按钮开关任意延长或缩短。

（6）开机（接通电源）时，电路应处于起始状态。此时电梯停留在一楼。上、下楼请求全部清除。

8.12　设计保密数字电子锁。要求：

（1）电子锁开锁密码为 8 位二进制码，用开关输入开锁密码。

（2）开锁密码是有序的，若不按顺序输入密码，则发出报警信号。

（3）设计报警电路，用灯光或音响报警。

8.13 设计一个16位移位相加乘法器,其设计思路是：乘法通过逐项移位相加来实现,根据乘数的每一位是否为1进行计算,若为1,则将被乘数移位相加。

8.14 设计一个VGA图像显示控制器,将一幅图片显示在VGA显示器上,可增加必要的动画显示效果。

8.15 编写Verilog代码,用图形点阵式液晶显示黑白图片。

8.16 设计实用多功能数字钟,数字钟具有计时、校时、整点报时、定时、闹铃等功能。

第9章 Verilog设计进阶

本章介绍 Verilog 设计的优化，包括资源耗用的优化、速度和功耗的优化等，使设计尽量做到省面积、高速度和低功耗。

9.1 设计的可综合性

可综合指的是设计的代码能转化为具体的电路网表(Netlist)结构。在用 FPGA 器件实现的设计中，综合就是将用 Verilog 语言描述的行为级或功能级电路模型转化为 RTL 级功能块或门级电路网表的过程。图 9.1 是综合过程示意图。

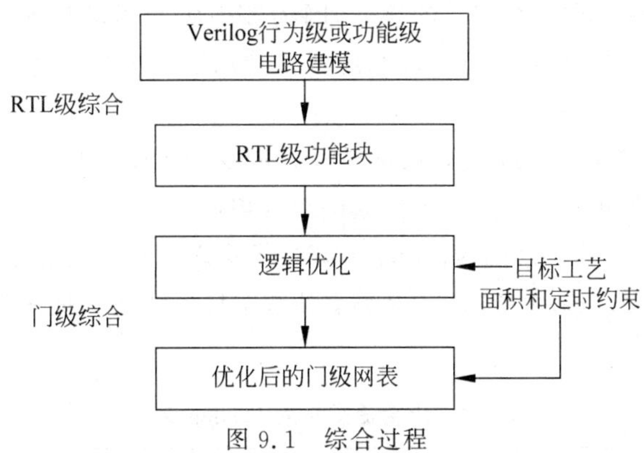

图 9.1 综合过程

RTL 级综合后得到由功能模块(如触发器、算术逻辑单元、数据选择器等)构成的电路结构，逻辑优化器以用户设定的面积和定时约束(Constraint)为目标优化电路网表，针对目标工艺产生优化后的电路门级网表结构。Verilog 语言中没有专门的寄存器和锁存器元件，因此，不同的综合器提供不同的机制来实现寄存器和锁存器，不同的综合器有自己独特的电路建模方式。Verilog 语言的基本元素和硬件电路的基本元件之间存在对应关系，综合器使用某种映射机制或者构造机制将 Verilog 基本元素映射为具体的硬件电路元件，如图 9.2 所示。

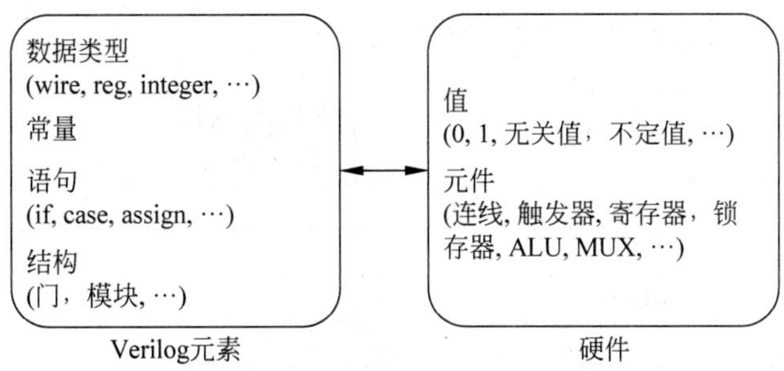

图 9.2 Verilog 基本元素与硬件电路元件间的映射

在进行可综合的设计时，应注意如下要点。

- 不使用初始化语句；不使用带有延时的描述；不使用循环次数不确定的循环语句，如 forever、while 等。

- 应尽可能采用同步方式设计电路。除非是关键路径的设计，一般不采用调用门级元件来描述设计的方法，建议采用行为语句完成设计。
- 组合逻辑实现的电路和时序逻辑实现的电路应尽量分配到不同的 always 过程中。
- 一个 always 过程中只允许描述对应于一个时钟信号的同步时序逻辑。多个 always 过程之间可通过信号线进行通信和协调。为了达到多个过程协调运行，可设置一些握手信号，在过程中检测这些握手信号的状态，以决定是否进行操作。
- 所有的内部寄存器都应该能够被复位，在使用 FPGA 实现设计时，应尽量使用器件的全局复位端作为系统总的复位，因为该引脚的驱动功能最强，到所有逻辑单元的延时也基本相同。同样道理，应尽量使用器件的全局时钟端作为系统外部时钟输入端。
- 在 Verilog 模块中，任务(task)通常被综合成组合逻辑的形式；每个函数(function)在调用时通常也被综合为一个独立的组合电路模块。

每种综合器都定义了自己的 Verilog 可综合子集以及自己的建模方式。表 9.1 列举了多数综合器支持的 Verilog 结构，并说明了某些结构和语句的使用限制(符号"√"表示可综合)。

表 9.1　综合器支持的 Verilog 结构

<table>
<tr><th>Verilog 结构</th><th>可综合性说明</th></tr>
<tr><td>module，macromodule</td><td>√</td></tr>
<tr><td>数据类型：wire，reg，integer，parameter</td><td>√</td></tr>
<tr><td>端口类型说明：input，output，inout</td><td>√</td></tr>
<tr><td>运算符：+，-，*，%，&，~&，|，~|，^，^~，==，!=，&&，||，!，~，&，|，^，^~，>>，<<，?:，{}</td><td>大部分可综合；全等运算符(===　!==)不支持；多数工具对除法(/)和求模(%)有限制；如对除法(/)操作，只有当除数是常数且是 2 的指数时才支持</td></tr>
<tr><td>基本门元件：and，nand，nor，or，xor，xnor，buf，not，bufif1，bufif0，notif1，notif0，pullup，pulldown</td><td>全部可综合；但某些综合器对取值为 x 和 z 有所限制</td></tr>
<tr><td>持续赋值 assign</td><td>√</td></tr>
<tr><td>过程赋值：阻塞赋值(=)，非阻塞赋值(<=)</td><td>支持，但对同一 reg 型变量只能采用阻塞和非阻塞赋值中的一种赋值</td></tr>
<tr><td>条件语句：if-else，case，casex，casez，endcase</td><td>√</td></tr>
<tr><td>for 循环语句</td><td>√</td></tr>
<tr><td>always 过程语句，begin-end 块语句</td><td>√</td></tr>
<tr><td>function，endfunction</td><td>√</td></tr>
<tr><td>task，endtask</td><td>一般支持，少数综合器不支持</td></tr>
<tr><td>编译指示：`include，`define，`ifdef，`else，`endif</td><td>√</td></tr>
</table>

有些 Verilog 语法结构在综合器中将被忽略，如延时信息等。表 9.2 对容易被综合器忽略的 Verilog 结构进行了总结，表 9.3 则汇总了综合器不支持的 Verilog 结构。

表 9.2 综合器忽略的 Verilog 结构

Verilog 结构	可综合性说明
延时控制，scalared，vectored，specify	这些语句和结构在综合时全被忽略
small，large，medium	
weak1，weak0，highz0，highz1，pull0，pull1	
time	有些综合工具将其视为整数(integer)
wait	有些综合工具有限制地支持

表 9.3 综合器不支持的 Verilog 结构

Verilog 结构	可综合性说明
在 assign 持续赋值中,等式左边含有变量的位选择	一般的综合器都不支持这些结构和语句,用这些语句描述的程序代码不能转化为具体的电路网表结构。但这些结构都能够被仿真工具(如 ModelSim 等)所支持
全等运算符 === !==	
cmos，nmos，rcmos，rnmos，pmos，rpmos	
deassign，defparam，event，force，release	
fork- join，initial，forever，while，repeat	
rtran，tran，tranif0，tranif1，rtranif0，rtranif1	
table，endtable，primitive，endprimitive	

9.2 流水线设计技术

流水线设计是用来提高所设计系统运行速度的一种有效方法。为保障数据的快速传输,必须让系统运行在尽可能高的频率上。但是,如果某些复杂逻辑功能的完成需要较长的延时,就会使系统难以运行在高的频率上。在这种情况下,可使用流水线技术,即在长延时的逻辑功能块中插入触发器,使复杂的逻辑操作分步完成,减小每部分的延时,从而使系统的运行频率得以提高。流水线设计的代价是增加了寄存器逻辑,增加了芯片资源的耗用。

流水线操作的概念可用图 9.3 来说明。在图中,假定某个复杂逻辑功能的实现需要较长的延时,我们可将其分解为几个(如 3 个)步骤来实现,每一步的延时变为原来的三分之一左右,在各步之间加入寄存器,以暂存中间结果,这样可使整个系统的最高工作频率得到成倍的提高。

流水线设计技术可有效提高系统的工作频率,尤其是对于 FPGA 器件。FPGA 的逻辑单元中有大量 4～5 变量的查找表(LUT)和大量触发器,因此在 FPGA 设计中采用流水线技术可以有效提高系统的速度。

下面以 8 位全加器的设计为例,对比流水线设计和非流水线设计。

1. 非流水线实现方式

例 9.1 是非流水线方式实现的 8 位全加器,其输入/输出端都带有锁存器。

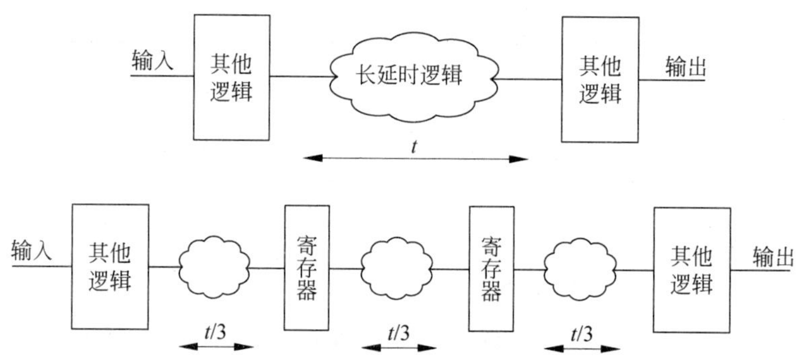

图 9.3　流水线操作的概念示意图

【例 9.1】 非流水线方式实现的 8 位全加器。

```
module adder8
      ( input[7:0] ina, inb,  input cin, clk,
        output[7:0] sum, output cout);
reg[7:0] tempa, tempb, sum; reg cout, tempc;
always @(posedge clk)
begin  tempa = ina; tempb = inb; tempc = cin; end                //输入数据锁存
always @(posedge clk)
begin    {cout, sum} = tempa + tempb + tempc; end
endmodule
```

图 9.4 是例 9.1 用综合器综合后的 RTL 视图，可以看出，全加器的输入、输出端都带有锁存器。

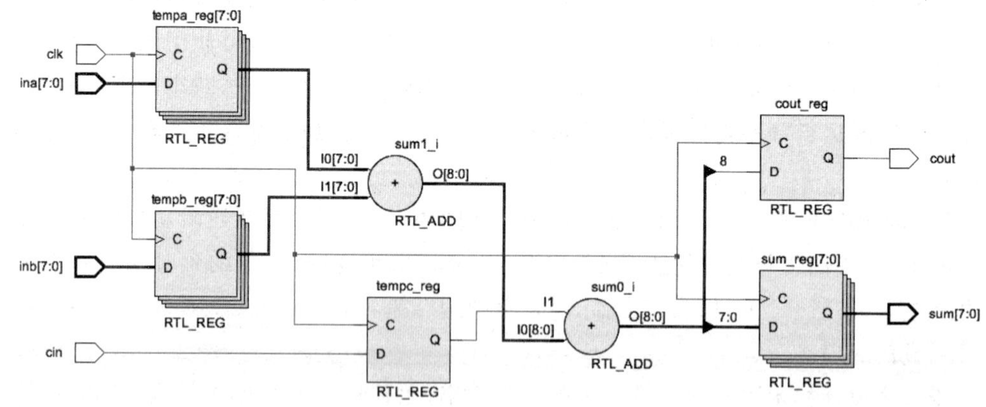

图 9.4　非流水线方式 8 位加法器的 RTL 综合视图

2. 采用两级流水线方式实现

图 9.5 是两级流水线加法器的实现框图。从图中可看出，该加法器采用了两级锁存、两级加法，每一个加法器实现 4 位数据和一个进位的相加。例 9.2 是该两级流水线 8 位加法器的 Verilog 源代码。

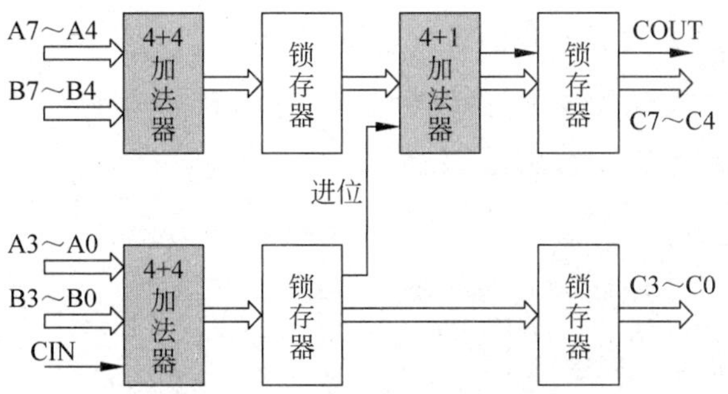

图 9.5　两级流水线加法器实现框图

【例 9.2】　两级流水线 8 位加法器。

```
module adder_pipe2
          (input[7:0] ina,inb, input cin,clk,
           output reg[7:0] sum,  output reg cout);
reg[3:0] tempa,tempb,firsts; reg firstc;
always @(posedge clk)
   begin   {firstc,firsts} = ina[3:0] + inb[3:0] + cin;
   tempa = ina[7:4];  tempb = inb[7:4];
   end
always @(posedge clk)
   begin   {cout,sum[7:4]} = tempa + tempb + firstc;
   sum[3:0] = firsts;
   end
endmodule
```

3. 采用 4 级流水线方式实现

图 9.6 是用 4 级流水线实现的 8 位加法器的框图。从图中可以看出，该加法器采用 5 级锁存、4 级加法，每一个加法器实现 2 位数据和一个进位的相加，整个加法器只受 2 位全加器工作速度的限制，平均完成一个加法运算只需一个时钟周期的时间。例 9.3 是该 4 级流水线 8 位全加器的 Verilog 源代码。

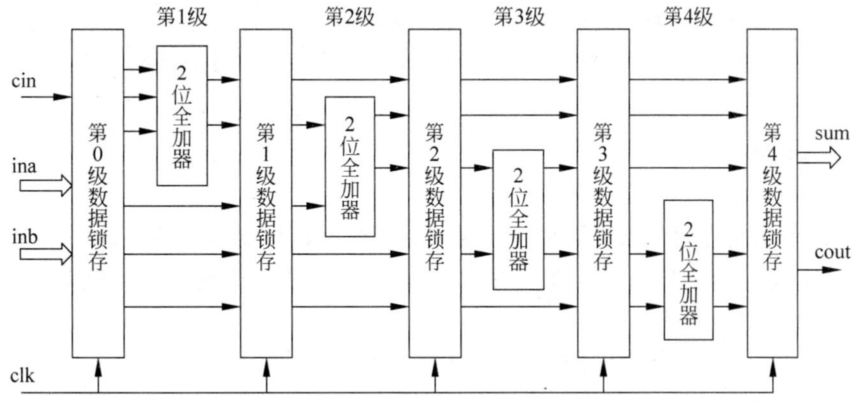

图 9.6　8 位加法器的 4 级流水线实现框图

【例 9.3】 4 级流水方式实现的 8 位全加器。

```
module adder_pipe4
          (input[7:0] ina,inb,  input cin,clk,
           output[7:0] sum,  output cout);
reg[7:0] tempa,tempb,sum;
reg tempci,firstco,secondco,thirdco,cout;
reg[1:0] firsts,thirda,thirdb;
reg[3:0] seconda,secondb,seconds;
reg[5:0] firsta,firstb,thirds;

always @(posedge clk)
begin tempa = ina;tempb = inb;tempci = cin;  end           //输入数据缓存
always @(posedge clk)
begin
{firstco,firsts} = tempa[1:0] + tempb[1:0] + tempci;       //第 1 级加(低 2 位)
firsta = tempa[7:2];firstb = tempb[7:2];                   //未参加计算的数据缓存
end
always @(posedge clk)
begin
{secondco,seconds} = {firsta[1:0] + firstb[1:0] + firstco,firsts};
     //第 2 级加(第 2、3 位相加)
seconda = firsta[5:2];secondb = firstb[5:2];               //数据缓存
end
always @(posedge clk)
begin
{thirdco,thirds} = {seconda[1:0] + secondb[1:0] + secondco,seconds};
     //第 3 级加(第 4、5 位相加)
thirda = seconda[3:2];thirdb = secondb[3:2];               //数据缓存
end
always @(posedge clk)
begin  {cout,sum} = {thirda[1:0] + thirdb[1:0] + thirdco,thirds};
     //第 4 级加(高两位相加)
end
endmodule
```

9.3 资源共享

尽量减少系统耗用的器件资源也是我们进行电路设计时追求的目标。在这方面，资源共享(Resource Sharing)是一个较好的方法，尤其是将一些耗用资源较多的模块进行共享，能有效降低整个系统耗用的资源。

例 9.4 是一个资源耗用的例子，如要实现这样的功能：当 sel=0 时，sum=a+b；当 sel=1 时，sum=c+d；a、b、c、d 的宽度可变，在本例中定义为 4 位，有两种实现方式。

【例 9.4】 比较资源耗用。

```
//方式 1: 用 2 个加法器和 1 个 MUX 实现
module res1 #(parameter SIZE = 4)
    (input sel,
    input[SIZE - 1:0] a,b,c,d,
    output reg[SIZE:0] sum);
always @ *
begin
  if(sel)   sum = a + b;
else        sum = c + d;
end
endmodule
```

```
//方式 2: 用 2 个 MUX 和 1 个加法器实现
module res2 #(parameter SIZE = 4)
    (input sel,
    input[SIZE - 1:0] a,b,c,d,
    output reg[SIZE:0] sum);
reg[SIZE - 1:0] atmp,btmp;
always @ *
begin if(sel)
  begin atmp = a;btmp = b;end
else begin atmp = c;btmp = d;end
sum = atmp + btmp; end
endmodule
```

方式 1 和方式 2 分别如图 9.7 和图 9.8 所示。

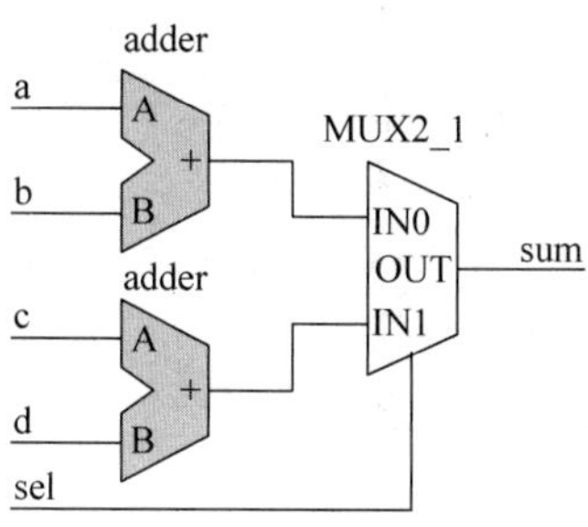

图 9.7 用 2 个加法器和 1 个 MUX 实现

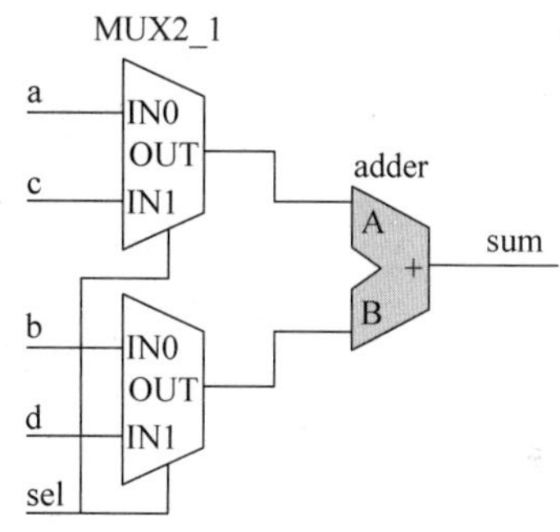

图 9.8 用 2 个 MUX 和 1 个加法器实现

将上面两个程序分别综合到 FPGA 器件中(注意综合时应关闭综合软件的 Auto Resource Sharing 选项),编译后查看编译报告,比较器件资源的消耗情况可发现,方式 1 需要耗用更多的逻辑单元(LE),这是因为方式 1 需要两个加法器,方式 2 通过增加 1 个 MUX 共享了加法器,而加法器耗用的资源比 MUX 多,因此方式 2 更节省资源。所以,在电路设计中,应尽可能使硬件代价高的功能模块资源共享,以降低整个系统的成本。

可在表达式中加括号来控制综合的结果,以实现资源的共享和复用,如例 9.5 所示。

【例 9.5】 设计复用。

```
//加法器方案 1
module add1
(input[3:0] a,b,c,
 output reg[4:0] s1,s2);
always @ *
begin
  s1 = a + b; s2 = c + a + b;
 end
endmodule
```

```
//加法器方案 2
module add2
  (input[3:0] a,b,c,
  output reg[4:0] s1,s2);
always @ *
begin
s1 = a + b; s2 = c + (a + b); end
 //用括号控制复用
endmodule
```

上面两个程序实现的功能是完全相同的，但用综合器综合的结果却不同，耗用的资源也不同，add1 与 add2 两个例子的 RTL 级综合结果如图 9.9 所示。可以看出，add1 方案用了 3 个 5 位加法器实现，而 add2 方案只用了 2 个 5 位加法器实现，因此 add2 方案更优。这是因为 add2 中重用了已计算过的值 s1，因此节省了资源。在存在乘法器、除法器的场合，上述方法会更明显地节省资源。

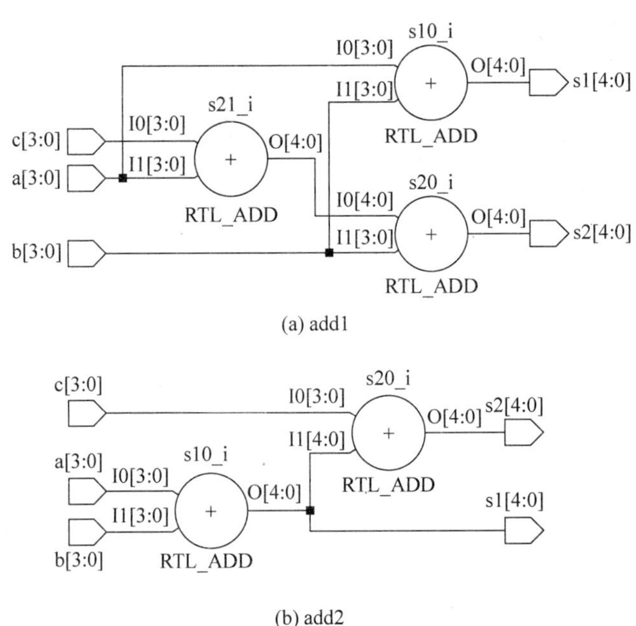

图 9.9　add1 与 add2 的 RTL 级综合结果

在节省资源的设计中应注意以下原则。

- 尽量共享复杂的运算单元，可以采用函数和任务来定义这些共享的数据处理模块。
- 可用加括号等方式控制综合的结果，尽量实现资源的共享，重用已计算过的结果。模块数据宽度应尽量小，以能够满足设计要求为准。

9.4　阻塞赋值与非阻塞赋值

阻塞与非阻塞赋值是 Verilog 语言的难点之一，在使用中也是容易出错的地方。阻塞与非阻塞赋值一般使用在 always 和 initial 进程中，可以将采用阻塞赋值语句的 always 进程块写成下面的形式。

```
always @(event - expression>)
begin
<LHS1 = RHS1 assignments >                //阻塞赋值语句 1
```

```
< LHS2 = RHS2 assignments >                //阻塞赋值语句 2
  ⋮
end
```

同样，可将采用非阻塞赋值方式的 always 进程块写成下面的形式。

```
always @(event - expression >)
begin
< LHS1 < = RHS1 assignments >              //非阻塞赋值语句 1
< LHS2 < = RHS2 assignments >              //非阻塞赋值语句 2
  ⋮
end
```

LHS(Left-Hand Side)指赋值符号左边的变量或表达式，RHS(Right-Hand Side)指赋值符号右端的变量或表达式。阻塞赋值"＝"与非阻塞赋值"＜＝"的区别在于：非阻塞赋值语句右端表达式计算完后并不立即赋给左端，而是同时启动下一条语句继续执行。可将其理解为所有的右端表达式 RHS1、RHS2 在进程开始时同时计算，计算完成后，在进程结束时同时分别赋给左端变量 LHS1、LHS2。

而阻塞赋值语句在每个右端表达式计算完后立即赋给左端变量，即赋值语句 LHS1＝RHS1 执行完后 LHS1 是立即更新的，同时只有 LHS1＝RHS1 执行完后才可执行语句 LHS2＝RHS2，以此类推。前一条语句的执行结果直接影响后面语句的执行结果。

在可综合的硬件设计中，使用阻塞和非阻塞赋值语句时应注意以下原则，以避免错误和不可靠逻辑的产生。

- 当用 always 块来描述组合逻辑时，既可以用阻塞赋值，也可以采用非阻塞赋值，建议使用阻塞赋值。
- 设计时序逻辑电路，尽量使用非阻塞赋值方式。
- 描述锁存器(Latch)，尽量使用非阻塞赋值。
- 若在同一个 always 过程块中既为组合逻辑建模，又为时序逻辑建模，最好使用非阻塞赋值方式。
- 在一个 always 过程中，最好不要混合使用阻塞赋值和非阻塞赋值，虽然同时使用这两种赋值方式在综合时并不一定会出错；对同一个变量，不能既进行阻塞赋值，又进行非阻塞赋值，这样在综合时会报错。
- 不能在两个或两个以上的 always 过程中对同一个变量赋值，这样会引发冲突，在综合时会报错。
- 仿真时使用 $ strobe 显示非阻塞赋值的变量。

1. 时序逻辑建模

时序逻辑建模应尽量使用非阻塞赋值方式，以下通过移位寄存器的例子说明。在例 9.6 中，用阻塞赋值的方式描述了一个移位寄存器。

【例 9.6】 阻塞赋值方式描述的移位寄存器。

```
//阻塞赋值方式 1
module block1(
    input clk,din,
    output reg q0,q1,q2,q3);
always @(posedge clk)
begin   q3 = q2;
        q2 = q1;
        q1 = q0;
        q0 = din;
end endmodule
```

```
//阻塞赋值方式 2
module block2(
    input clk,din,
    output reg q0,q1,q2,q3);
always @(posedge clk)
begin   q0 = din;
        q1 = q0;
        q2 = q1;
        q3 = q2;
end endmodule
```

例 9.6 中，block1 和 block2 两个模块的区别在于 4 条阻塞赋值语句的顺序不一致，两个模块综合后的结果分别如图 9.10 和图 9.11 所示。

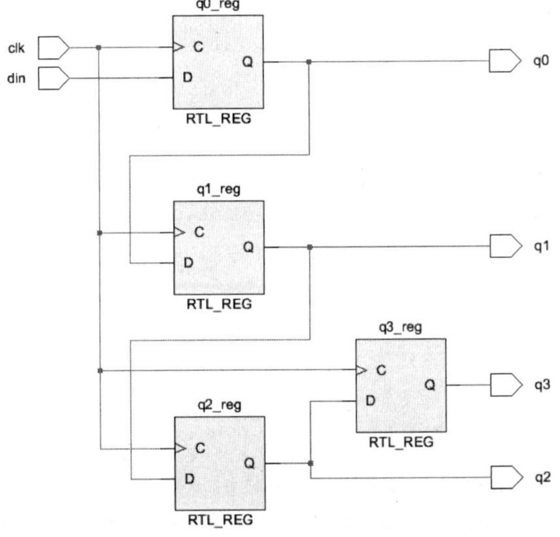

图 9.10 block1 模块的综合结果

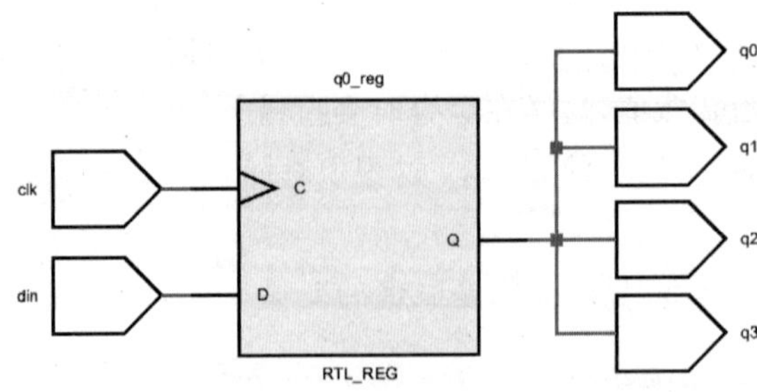

图 9.11 block2 模块的综合结果

显然，对阻塞赋值来说，赋值语句的顺序对其综合结果有直接的影响。

而如果采用非阻塞赋值方式来描述，则可以不考虑赋值语句的排列顺序，将其连接关系描述清楚即可，见例9.7。

【例9.7】 非阻塞赋值方式描述的移位寄存器。

```
module nonblock1(
        input clk,din,
        output reg q0,q1,q2,q3);
always @(posedge clk)
begin   q3 <= q2;
        q1 <= q0;
        q2 <= q1;
        q0 <= din;
end endmodule
```

对例9.7来说，无论将其always过程块中4条赋值语句的顺序如何变动，均不影响其综合结果，其综合结果与block1的综合结果相同(见图9.10)。

可见，对于时序逻辑描述和建模，应尽量使用非阻塞赋值方式。

2. 时序和组合逻辑混合建模

在同一个always过程块中描述时序和组合逻辑混合电路时，最好使用非阻塞赋值方式；在一个always过程块中，最好不要混合使用阻塞赋值和非阻塞赋值，对同一个变量不能既进行阻塞赋值，又进行非阻塞赋值。

如在例9.8中，在mix1模块中，将时序逻辑和组合逻辑放在一起，并使用非阻塞赋值建模；在mix2模块中，用两个always块来分别描述，一个描述时序逻辑(使用非阻塞赋值)，另一个描述组合逻辑(使用阻塞赋值)。

【例9.8】 在一个always块中对时序和组合逻辑混合建模。

```
//混合建模方式1
module mix1(
       input clk,clr,
       input[3:0] a,b,
       output reg[3:0] q);
always @(posedge clk,
          negedge clr)
  begin if(!clr)  q <= 4'd0;
  else  q <= a^b;end
endmodule
```

```
//混合建模方式2,时序和组合逻辑分别建模
module mix2(
       input clk,clr,
       input[3:0] a,b,
       output reg[3:0] q);
reg[3:0] y;
always @(a, b)
  begin  y = a^b; end      //阻塞赋值
always @(posedge clk,negedge clr)
  begin if(!clr) q <= 4'd0;
  else q <= y; end         //非阻塞赋值
endmodule
```

上面两种建模方法都是推荐的使用方法，若用综合器综合，则 mix1 和 mix2 模块的综合结果相同，均如图 9.12 所示。

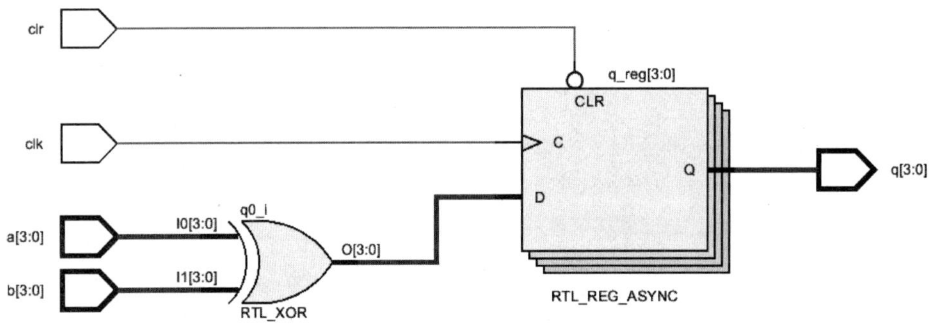

图 9.12 mix1 和 mix2 模块的综合结果

9.5 加法器设计

加法、乘法作为基本的运算，大量应用在数字信号处理和数字通信的各种算法中。由于加法器、乘法器使用频繁，所以其速度往往影响整个系统的运行速度。如果可实现快速加法器和快速乘法器的设计，则可以提高整个系统的速度。

加法运算是最基本的算术运算，在多数情况下，无论乘法、除法、减法还是 FFT 等运算，最终都可以分解为加法运算来实现，因此对加法运算的实现进行研究是非常有必要的。实现加法运算有以下常用方法：行波进位加法器、超前进位加法器、流水线加法器和并行加法器。这些方法各有特点，下面分别介绍。

9.5.1 行波进位加法器

图 9.13 所示的加法器由多个 1 位全加器级联构成，其进位输出像波浪一样，依次从低位到高位传递，因此得名行波进位加法器（Ripple-Carry Adder，RCA），或称为级联加法器。

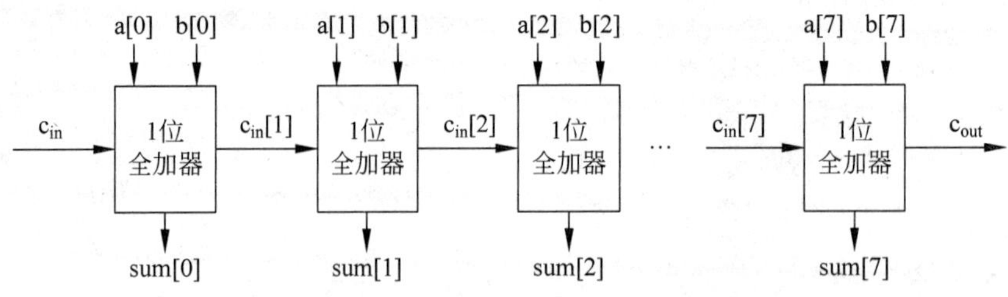

图 9.13 8 位行波加法器结构图

例 9.9 是 8 位行波进位加法器的程序，调用了 8 个 1 位全加器级联实现。

【例 9.9】 8 位行波进位加法器。

```
module add_rca_jl
          ( input[7:0] a,b, input cin,
           output[7:0] sum, output cout );
full_add u0(a[0],b[0],cin,sum[0],cin1);                  //级联描述
full_add u1(a[1],b[1],cin1,sum[1],cin2);
full_add u2(a[2],b[2],cin2,sum[2],cin3);
full_add u3(a[3],b[3],cin3,sum[3],cin4);
full_add u4(a[4],b[4],cin4,sum[4],cin5);
full_add u5(a[5],b[5],cin5,sum[5],cin6);
full_add u6(a[6],b[6],cin6,sum[6],cin7);
full_add u7(a[7],b[7],cin7,sum[7],cout);
endmodule
module full_add                                          //1 位全加器
            (input a,b,cin,
             output reg sum,cout);
always @ *
   begin  {cout,sum} = a + b + cin;  end
endmodule
```

8 位行波进位加法器综合后得到的 RTL 原理图如图 9.14 所示。

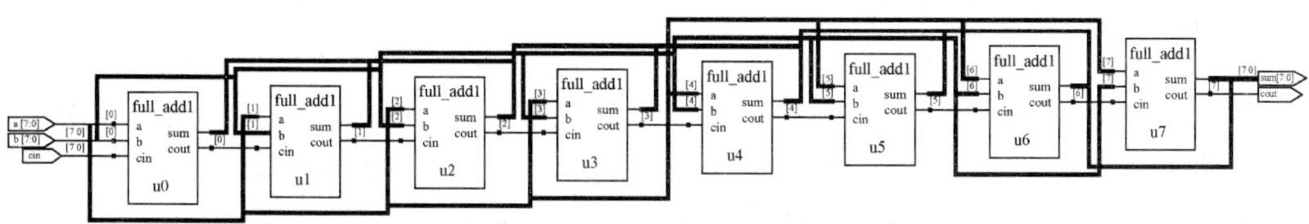

图 9.14 8 位行波进位加法器 RTL 综合原理图

用 generate 简化上面的例化语句，用 generate for 循环产生元件的例化，如例 9.10 所示。

【例 9.10】 采用 generate for 循环描述的 8 位行波进位加法器。

```
module add_rca_gene #(parameter SIZE = 8)
                      (input[SIZE - 1:0] a,b,
                       input cin,
                       output[SIZE - 1:0] sum,
                       output cout);
wire[SIZE:0] c;
assign c[0] = cin;
```

```
generate
genvar i;
for(i = 0;i < SIZE;i = i + 1)
begin : add
full_add fi(a[i],b[i],c[i],sum[i],c[i + 1]);                    //例化
end
endgenerate
assign cout = c[SIZE];
endmodule
```

行波加法器的结构简单，但 n 位级联加法运算的延时是 1 位全加器的 n 倍，延时主要是进位信号级联造成的，因此影响了加法器的性能。

9.5.2 超前进位加法器

行波进位加法器的延时主要是由进位的延时造成的，因此，要加快加法器的运算速度，就必须减小进位延迟。超前进位链能有效减小进位的延迟。由此产生了超前进位加法器(Carry-Lookahead Adder,CLA)。超前进位的推导在很多图书和资料中都能找到，这里只以 4 位超前进位链的推导为例介绍超前进位的概念。

首先，1 位全加器的本位值和进位输出可表示如下。

$$\mathrm{sum} = a \oplus b \oplus c_{\mathrm{in}}$$

$$c_{\mathrm{out}} = (a \cdot b) + (a \cdot c_{\mathrm{in}}) + (b \cdot c_{\mathrm{in}}) = ab + (a + b)c_{\mathrm{in}}$$

从上面的式子可看出，如果 a 和 b 都为 1，则进位输出为 1；如果 a 和 b 有一个为 1，则进位输出等于 c_{in}。令 $G=ab$，$P=a+b$，则有 $c_{\mathrm{out}}=ab+(a+b)c_{\mathrm{in}}=G+P \cdot c_{\mathrm{in}}$。

由此，可以用 G 和 P 写出 4 位超前进位链如下(设定 4 位被加数和加数为 A 和 B，进位输入为 C_{in}，进位输出为 C_{out}，进位产生 $G_i=A_iB_i$，进位传输 $P_i=A_i+B_i$)。

$$C_0 = C_{\mathrm{in}}$$

$$C_1 = G_0 + P_0C_0 = G_0 + P_0C_{\mathrm{in}}$$

$$C_2 = G_1 + P_1C_1 = G_1 + P_1(G_0 + P_0C_{\mathrm{in}}) = G_1 + P_1G_0 + P_1P_0C_{\mathrm{in}}$$

$$C_3 = G_2 + P_2C_2 = G_2 + P_2(G_1 + P_1C_1) = G_2 + P_2G_1 + P_2P_1G_0 + P_2P_1P_0C_{\mathrm{in}}$$

$$C_4 = G_3 + P_3C_3 = G_3 + P_3(G_2 + P_2C_2)$$

$$= G_3 + P_3G_2 + P_3P_2G_1 + P_3P_2P_1G_0 + P_3P_2P_1P_0C_{\mathrm{in}}$$

$$C_{\mathrm{out}} = C_4$$

超前进位 C_4 产生的原理从图 9.15 中可以更清楚地看到，无论加法器的位数有多宽，计算进位 C_i 的延迟固定为 3 级门延迟，各个进位彼此独立产生，去掉了进位级联传播，因此缩短了进位产生的延迟时间。

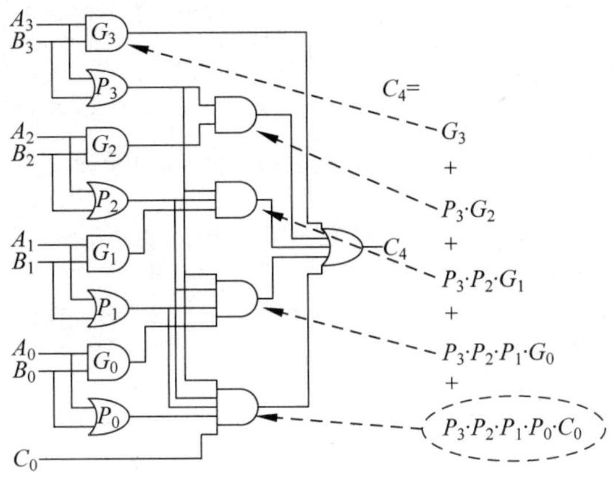

图 9.15 超前进位 C_4 产生原理图

同样可推出下面的式子：

$$sum = A \oplus B \oplus C_{in} = (AB) \oplus (A+B) \oplus C_{in} = G \oplus P \oplus C_{in}$$

例 9.11 是超前进位链 8 位加法器的 Verilog 描述。

【例 9.11】 8 位超前进位链加法器。

```
module add_ahead
        (input[7:0] a,b,  input cin,
         output[7:0] sum,  output cout);
wire[7:0] G,P; wire[7:0] C,sum;
assign G[0] = a[0]&b[0];                    //产生第 0 位本位值和进位值
assign P[0] = a[0]|b[0];
assign C[0] = cin;
assign sum[0] = G[0]^P[0]^C[0];
assign G[1] = a[1]&b[1];                    //产生第 1 位本位值和进位值
assign P[1] = a[1]|b[1];
assign C[1] = G[0]|(P[0]&C[0]);
assign sum[1] = G[1]^P[1]^C[1];
assign G[2] = a[2]&b[2];                    //产生第 2 位本位值和进位值
assign P[2] = a[2]|b[2];
assign C[2] = G[1]|(P[1]&C[1]);
assign sum[2] = G[2]^P[2]^C[2];
assign G[3] = a[3]&b[3];                    //产生第 3 位本位值和进位值
assign P[3] = a[3]|b[3];
assign C[3] = G[2]|(P[2]&C[2]);
assign sum[3] = G[3]^P[3]^C[3];
assign G[4] = a[4]&b[4];                    //产生第 4 位本位值和进位值
assign P[4] = a[4]|b[4];
assign C[4] = G[3]|(P[3]&C[3]);
assign sum[4] = G[4]^P[4]^C[4];
```

```
assign G[5] = a[5]&b[5];                    //产生第 5 位本位值和进位值
assign P[5] = a[5]|b[5];
assign C[5] = G[4]|(P[4]&C[4]);
assign sum[5] = G[5]^P[5]^C[5];
assign G[6] = a[6]&b[6];                    //产生第 6 位本位值和进位值
assign P[6] = a[6]|b[6];
assign C[6] = G[5]|(P[5]&C[5]);
assign sum[6] = G[6]^P[6]^C[6];
assign G[7] = a[7]&b[7];                    //产生第 7 位本位值和进位值
assign P[7] = a[7]|b[7];
assign C[7] = G[6]|(P[6]&C[6]);
assign sum[7] = G[7]^P[7]^C[7];
assign cout = C[7];                         //产生最高位进位输出
endmodule
```

同样可以采用 generate 语句与 for 循环的结合简化上面的程序，如例 9.12 所示，在 generate 语句中，用一个 for 循环产生第 i 位本位值，用另一个 for 循环产生第 i 位进位值。需要注意的是，每个 for 循环的 begin end 块语句都需要命名。

【例 9.12】 采用 generate 语句与 for 循环描述的 8 位超前进位加法器。

```
module add_ahead_gene #(parameter SIZE = 8)
                        (input[SIZE - 1:0] a,b,
                         input cin,
                         output[SIZE - 1:0] sum,
                         output cout);
wire[SIZE - 1:0] G,P,C;
assign C[0] = cin;
assign cout = C[SIZE - 1];

generate
genvar i;
for(i = 0;i < SIZE;i = i + 1)
begin : adder_sum                                   //begin end 块命名
assign G[i] = a[i]& b[i];
assign P[i] = a[i]|b[i];
assign sum[i] = G[i]^P[i]^C[i];                     //产生第 i 位本位值
end

for(i = 1;i < SIZE;i = i + 1)
begin : adder_carry
assign C[i] = G[i - 1]|(P[i - 1]&C[i - 1]);         //产生第 i 位进位值
end
endgenerate
endmodule
```

例 9.12 用 Vivado 软件进行综合，其 RTL 综合原理图如图 9.16 所示。

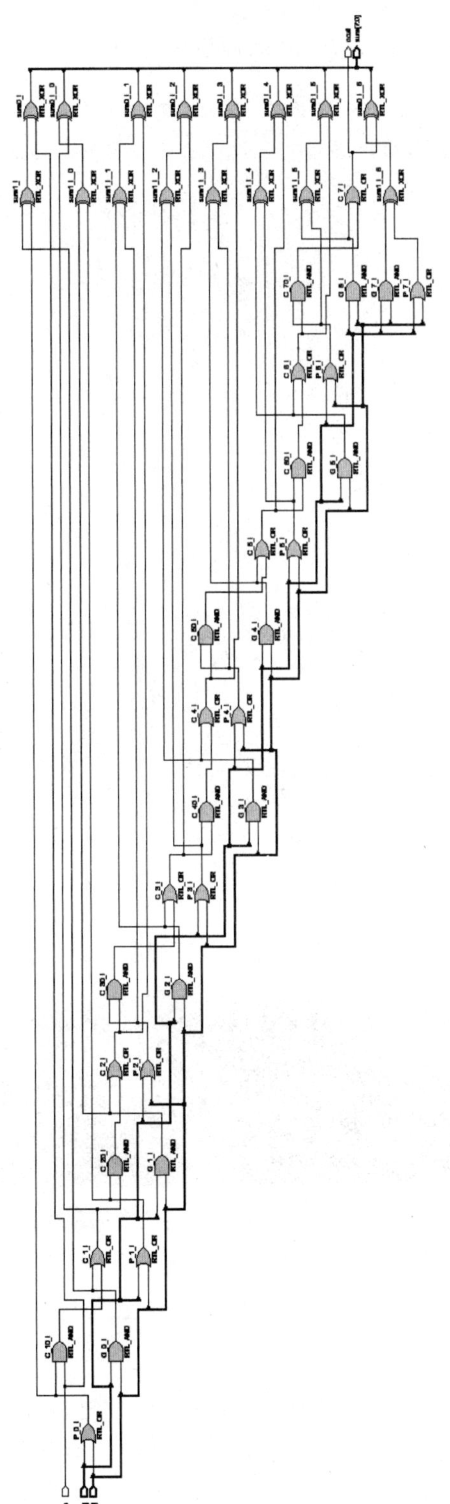

图 9.16 8 位超前进位加法器 RTL 综合原理图

8 位超前进位加法器的测试脚本如例 9.13 所示。

【例 9.13】 8 位超前进位加法器的测试脚本。

```
`timescale 1ns/1ps
module add_ahead_gene_vlg_tst();
parameter DELY = 80;
reg [7:0] a;
reg [7:0] b;
reg cin;
wire cout;
wire [7:0]  sum;
add_ahead_gene i1(.a(a),.b(b),.cin(cin),.cout(cout),.sum(sum));
initial
begin
a = 8'd10;    b = 8'd9;  cin = 1'b0;
#DELY    cin = 1'b1;
#DELY    b = 8'd19;
#DELY    a = 8'd200;
#DELY    b = 8'd60;
#DELY    cin = 1'b0;
#DELY    b = 8'd45;
#DELY    a = 8'd30;
#DELY    $stop;
$display("Running testbench");
end
endmodule
```

例 9.13 的门级仿真波形如图 9.17 所示，可以看到，大致延时 7～8ns 得到计算结果。

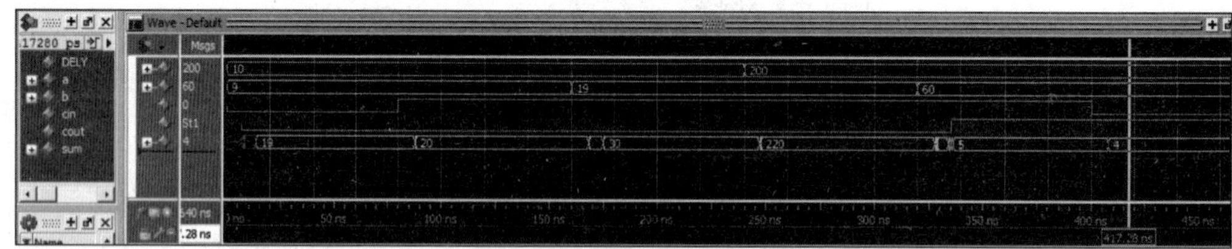

图 9.17 8 位超前进位加法器的门级仿真波形

9.5.3 流水线加法器

实际中的加法器大多是有时钟引脚的，以连续不断地进行加法运算。在有时钟信号的加法器中，可采用流水线(Pipeline)设计技术提高系统的运行频率。其基本思想是，在逻辑电路中加入若干寄存器来暂存中间结果，虽然多用了一些寄存器资源，但减小了每一级组合电路的时延，因此可提高整个加法器的运行频率。

为保证数据吞吐率，电路设计中的一个主要问题是要维持系统时钟(Clock)的速度等于或高于某一频率。例如，如果整个系统是一个全同步系统，同时又必须运行在25MHz的频率上，那么，从任何寄存器的输出到它反馈给信号的寄存器输入路径间的最大延时必须小于40ns。如果通过某些复杂逻辑的延时路径比较长，系统时钟的速度就很难维持。这时，必须在组合逻辑间插入触发器，使复杂的组合逻辑块形成流水线。虽然流水线会增加对器件资源的使用，但它降低了寄存器间的传播延时，保证系统维持高的系统时钟速度。例9.14实现了一个两级流水线8位加法，它由两个4位加法器构成，输出存储在寄存器中。

【例9.14】 两级流水线8位加法器。

```
module add_pipe2 #(parameter SIZE = 8)
                  (input[SIZE-1:0] a,b,
                   input cin,clk,
                   output reg[SIZE-1:0] sum,
                   output reg cout);
reg[3:0] tempa,tempb,firsts; reg firstc;
always @(posedge clk)
begin  {firstc,firsts} = a[3:0] + b[3:0] + cin;
       tempa = a[7:4]; tempb = b[7:4]; end
always @(posedge clk)
       begin  {cout,sum[7:4]} = tempa + tempb + firstc;
              sum[3:0] = firsts;  end
endmodule
```

采用了流水线设计的加法器，其最高工作频率明显高于普通加法器。

9.6 乘法器设计

乘法器也被频繁使用在数字信号处理和数字通信的各种算法中，而且往往影响着整个系统的运行速度。如果能实现快速乘法器的设计，则可提高整个系统的处理速度。本节用如下方法实现乘法运算：并行运算(纯组合逻辑)、布斯乘法器和查找表。

9.6.1 并行乘法器

并行乘法器是纯组合逻辑的乘法器，完全由逻辑门实现。对于1×1乘法，只需一个与门即可实现：$P=A\cdot B$。对于2×2乘法，其真值表如表9.4所示，由表可得结果表达式：$p_3=a_1a_0b_1b_0$，$p_2=a_1\overline{a_0}b_1+a_1b_1\overline{b_0}$，$p_1=\overline{a_1}a_0b_1+a_0b_1\overline{b_0}+a_1\overline{b_1}b_0+a_1\overline{a_0}b_0$，$p_0=a_0b_0$，因此可用与门、或门来实现。

表 9.4　2×2 乘法器真值表

a_1	a_0	b_1	b_0	p_3	p_2	p_1	p_0
0	0	0	0	0	0	0	0
0	0	0	1	0	0	0	0
0	0	1	0	0	0	0	0
0	0	1	1	0	0	0	0
0	1	0	0	0	0	0	0
0	1	0	1	0	0	0	1
0	1	1	0	0	0	1	0
0	1	1	1	0	0	1	1
1	0	0	0	0	0	0	0
1	0	0	1	0	0	1	0
1	0	1	0	0	1	0	0
1	0	1	1	0	1	1	0
1	1	0	0	0	0	0	0
1	1	0	1	0	0	1	1
1	1	1	0	0	1	1	0
1	1	1	1	1	0	0	1

Verilog 语言有乘法操作符，因此并行乘法器可用 Verilog 语言设计，如例 9.15 所示。

【例 9.15】 并行乘法器。

```
module mult #(parameter MSB = 8)
             (input[MSB - 1:0] a,b,
              output [2 * MSB - 1:0] outcome);
assign outcome = a * b;                         //乘法运算符
endmodule
```

例 9.15 的乘法器可由 EDA 综合软件自动转化为电路网表结构，图 9.18 所示是 3×3 并行乘法器的综合结果，可看到是用了 4 个 6 输入的查找表，一个 4 输入的查找表和一个 2 输入的查找表实现的。随着操作数位数加宽，耗用的资源迅速变多。

需要指出的是，如果所用的 FPGA 器件中有嵌入式硬件乘法器（Embedded Multiplier），尽量用嵌入式乘法器来实现乘法操作。

9.6.2　布斯乘法器

移位相加乘法器可以直接处理无符号数相乘，但运算速度较慢且对于有符号数相乘运算需要附加两次原码补码转换运算。布斯算法是一种较好的解决方法，它不仅提高了运算效率，而且对于无符号数和有符号数可以统一运算。

设乘数补码表述为 $A=-a_{n-1}2^{n-1}+a_{n-2}2^{n-2}+\cdots+a_1 2^1+a_0 2^0$，可以进行分解得到：

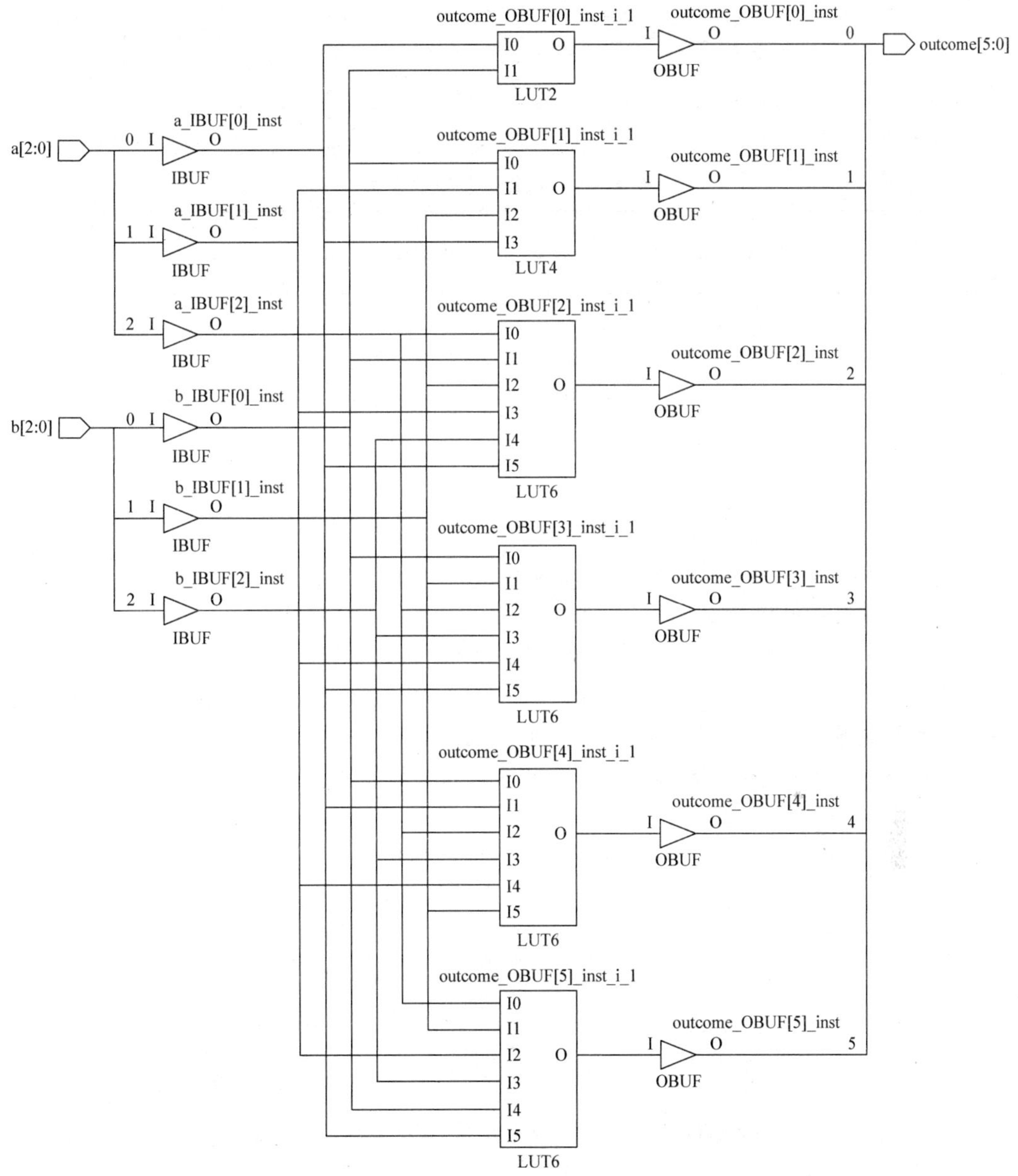

图 9.18 3×3 乘法器的综合结果

$$
\begin{aligned}
A &= -a_{n-1}2^{n-1} + a_{n-2}2^{n-2} + \cdots + a_1 2^1 + a_0 2^0 \\
&= -a_{n-1}2^{n-1} + (2a_{n-2} - a_{n-2})2^{n-2} + (2a_{n-3} - a_{n-3})2^{n-3} + \cdots + \\
&\quad (2a_1 - a_1)2^1 + (2a_0 - a_0)2^0 \\
&= (-a_{n-1} + a_{n-2})2^{n-2} + (-a_{n-2} + a_{n-3})2^{n-3} + \cdots + \\
&\quad (-a_1 + a_0)2^1 + (-a_0 + 0)2^0
\end{aligned}
$$

$$=\sum_{m=0}^{n-1} e_m 2^m$$

$$e_m = -a_m + a_{m-1} \quad (0 \leqslant m \leqslant n-1, a_{-1}=0)$$

e_m 的取值如表 9.5 所示。

表 9.5 布斯算法差值取值表

a_m	a_{m-1}	e_m
0	0	0
0	1	1
1	0	−1
1	1	0

设被乘数为 B，则乘积为

$$F = A \times B = \left(\sum_{m=0}^{n-1} e_m 2^m\right) \times B = \left(\sum_{m=0}^{n-1} e_m B\right) \times 2^m$$

将布斯算法的推导归纳为如下算法。

（1）乘数的最低位补零。

（2）从乘数最低两位开始循环判断，如果是 00 或 11，则不进行加减运算，但需要移位运算；如果是 01，则和被乘数进行加法运算；如果是 10，则和被乘数进行减法运算。

（3）如此循环，一直运算到乘数最高两位，得到乘积。

下面通过 2×(−3)以及 2×5 两个运算来理解布斯算法。

```
被乘数                    0  0  1  0
乘数     ×                1  1  0  1 (补0)
       ------------------------------
                          0  0  0  0
         -                0  0  1  0      10进行减法
       ------------------------------
                          1  1  1  0
         +             0  0  0  0         01进行加法
       ------------------------------
                       0  0  0  1  0
         -          0  0  1  0            10进行减法
       ------------------------------
                    1  1  1  0  1  0      11进行移位，补齐
       ------------------------------
积            1  1  1  1  1  0  1  0      积为补码，表示-6
```

以上为乘数是负数时的计算实例，下面是只改变符号位、乘数是正数时的计算实例。

```
被乘数                    0  0  1  0
乘数     ×                0  1  0  1 (补0)
       ------------------------------
                          0  0  0  0
         -                0  0  1  0      10进行减法
       ------------------------------
                          1  1  1  0
         +             0  0  1  0         01进行加法
       ------------------------------
                    0  0  0  1  0
         -       0  0  1  0               10进行减法
       ------------------------------
                 1  1  1  0  1  0         01进行加法
       +      0  0  1  0
       ------------------------------
积         0  0  0  1  1  0  1  0         积为补码，表示10
```

根据布斯乘法的基本原理，现在分析如何用 Verilog 语言实现。以 4 位乘法器为例，设置 3 个寄存器为 MA、MB 和 MR，分别存储被乘数、乘数和乘积，对 MB 低位补零后循环判断，根据判断值进行加、减和移位运算。需要注意的是，两个 n 位数相乘，乘积应该为 $2n$ 位数。高 n 位存储在 MR 中，低 n 位通过移位移入 MB。另外，进行加减运算时需要进行相应的符号位扩展。整个算法可以用图 9.19 的流程图表示。

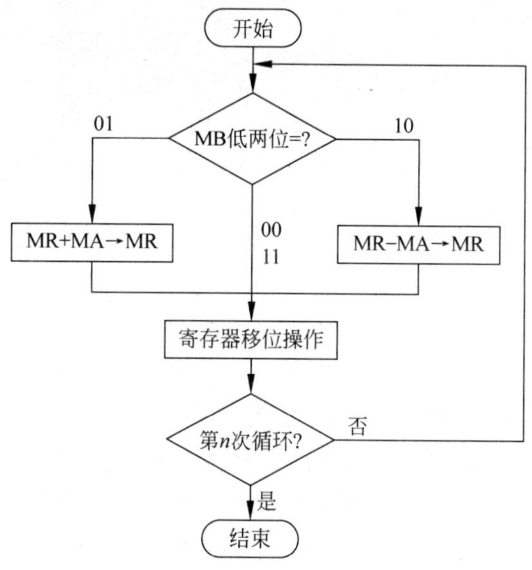

图 9.19　布斯算法流程图

布斯乘法器的 Verilog 描述见例 9.16。

【例 9.16】　布斯乘法器。

```
module mult_booth #(parameter WIDTH = 4)
                  ( input clk,rst,
                   input[WIDTH - 1:0] mai,mbi,
                   output[2 * WIDTH - 1:0] q);
reg[WIDTH - 1:0]  temp1,temp2;
reg  tempq,nd;
reg[2:0] i;
assign q = {temp2,temp1};
always @ (posedge clk, negedge rst)
begin
   if(!rst)
     begin  temp1 <= mai; temp2 <= 0;  tempq <= 0;
            nd <= 0; i <=  0;  end
   else
     begin  if(i < WIDTH)
       begin if(~nd)
         case({temp1[0],tempq})
```

```
              2'b01: begin  temp2 <= temp2 + mbi;  nd <= 1;  end
              2'b10: begin  temp2 <= temp2 - mbi;  nd <= 1;  end
              default: begin
              {temp2,temp1,tempq}<= {temp2[WIDTH - 1],temp2,temp1};
               i <= i + 1;  end
             endcase
             else  begin
             {temp2,temp1,tempq}<= {temp2[WIDTH - 1],temp2,temp1};
              nd <= 0;  i <= i + 1;  end  end
        end  end
endmodule
```

9.6.3 查找表乘法器

查找表乘法器将乘积直接存放在存储器中，将操作数（乘数和被乘数）作为地址访问存储器，得到的输出数据就是乘法运算的结果。查找表方式的乘法器速度只局限于所使用存储器的存取速度。但查找表的规模随着操作数位数的增加而迅速增大，因此，如果用于实现位数宽的乘法操作，需要 FPGA 器件具有较大的片内存储器模块。如要实现 4×4 乘法运算，就要求存储器的地址位宽为 8 位，字长为 8 位；要实现 8×8 乘法运算，就要求存储器的地址位宽为 16 位，字长为 16 位，即存储器大小为 1 048 576 比特（1Mb），用这么大的存储器来实现 8×8 乘法运算，显然是不经济的。

9.7 奇数分频与小数分频

9.7.1 奇数分频

在实际应用中，经常会遇到这样的问题：需要进行奇数次分频，同时又要得到占空比是 50%的方波波形。如果是偶数次分频，得到占空比是 50%的方波波形并不困难，如进行 $2n$ 次分频，只需在计数到 $n-1$（从 0 开始计）时波形翻转即可；或者在最后一级加一个 2 分频器也可实现。如果是奇数次分频，可采用如下方法：用两个计数器，一个由输入时钟上升沿触发，一个由输入时钟下降沿触发，最后将两个计数器的输出相或，即可得到占空比为 50%的方波波形。

例 9.17 是采用 parameter 参数描述的奇数分频器，本例中将参数 NUM 赋值 13，得到 13 分频的占空比 50%的电路，程序中采用了两个计数器，一个由输入时钟 clk 上升沿触发，一个由输入时钟 clk 下降沿触发，两个分频器的输出信号正好有半个时钟周期的相位差，最后将两个计数器的输出相或，得到占空比为 50%的方波波形。本例的功能仿真波形如图 9.20 所示。

【例 9.17】 占空比 50%的奇数分频。

```
module count_num  #(parameter NUM = 13)
                  (input clk,reset,
                   output wire cout);
reg[4:0] m,n; reg cout1,cout2;
assign cout = cout1|cout2;                              //输出相或
always @(posedge clk)
  begin if(!reset)  begin  cout1 <= 0;  m <= 0;  end
  else
    begin  if(m == NUM - 1)  m <= 0;   else  m <= m + 1;
        if(m <(NUM - 1)/2) cout1 <= 1; else cout1 <= 0;
    end  end
always @(negedge clk)
 begin   if(!reset) begin cout2 <= 0;  n <= 0;  end
         else  begin
         if(n == NUM - 1)  n <= 0;   else  n <= n + 1;
         if(n <(NUM - 1)/2) cout2 <= 1; else cout2 <= 0;  end
 end
endmodule
```

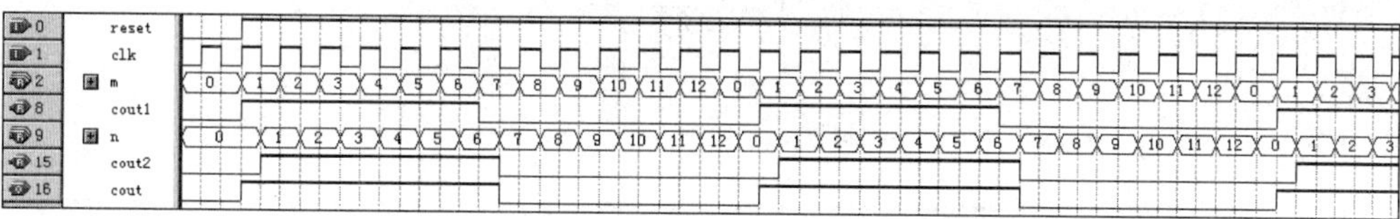

图 9.20 模 13 奇数分频器的功能仿真波形图

9.7.2 半整数分频

假设有一个 5MHz 的时钟信号,但需要得到 2MHz 的时钟,这里的分频比为 2.5,可采用半整数分频器。半整数分频器的设计思路是,要实现 2.5 分频,可先设计一个模 3 计数器,再设计一个脉冲扣除电路,加在模 3 计数器之后,每来 3 个脉冲就扣除半个脉冲,即可实现分频系数为 2.5 的半整数分频。采用类似方法,可实现任意半整数分频器。图 9.21 所示是半整数分频器原理图。通过异或门和 2 分频模块组成脉冲扣除电路,脉冲扣除正是输入频率与 2 分频输出异或的结果。

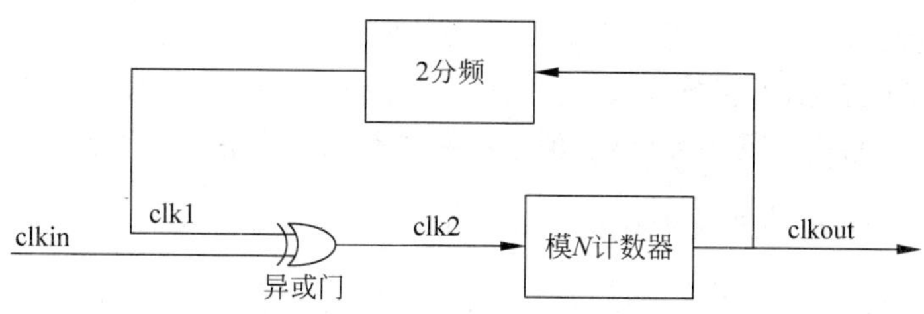

图 9.21 半整数分频器原理图

例 9.18 是采用上述原理设计实现的 5.5 分频的电路，更改 count 的赋值，可实现不同模的半整数分频，如 6.5、7.5、9.5 等。图 9.22 是该例的功能仿真波形图，注意观察各个信号的波形。

【例 9.18】 5.5 半整数分频源代码。

```
module fdiv5_5
            (input clkin,clr,
             output reg clkout);
reg clk1; wire clk2; integer count;
xor xor1(clk2,clkin,clk1);                         //异或门
always@(posedge clkout, negedge clr)               //2 分频器
begin if(~clr) begin clk1 <= 1'b0; end
      else clk1 <= ~clk1;
end
always@(posedge clk2, negedge clr)                 //模 5 分频器
begin  if(~clr)
         begin   count <= 0; clkout <= 1'b0; end
         else if(count == 5)                       //改变 count 的值,可改变分频器的模
         begin  count <= 0; clkout <= 1'b1; end
         else  begin  count <= count + 1; clkout <= 1'b0;  end
end
endmodule
```

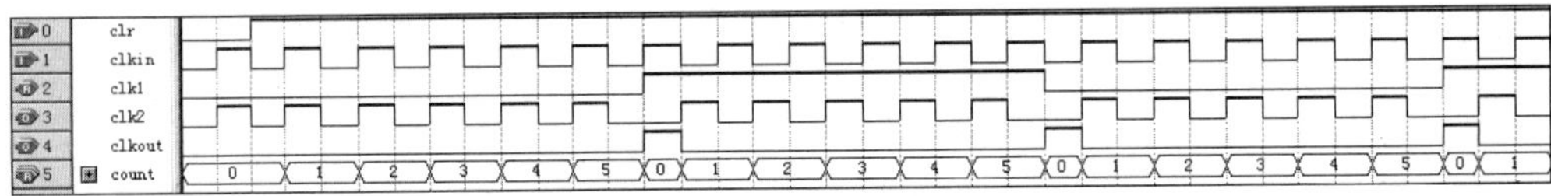

图 9.22　5.5 半整数分频器的功能仿真波形图

9.7.3　小数分频

在实际应用中，还经常遇到小数分频。实现小数分频可采用以下几种方法。

1. 用数字锁相环实现小数分频

先利用锁相环电路将输入时钟倍频，然后利用分频器对新产生的高频率信号进行分频，得到需要的时钟频率。如要实现 5.7 分频，可以先将输入的时钟 10 倍频，然后再将倍频后的时钟 57 分频，可精确实现 5.7 的小数分频。目前生产的 FPGA 器件多数都包含锁相环电路，可精确实现小数分频，但倍频和分频的系数有一定的限制。

2. 通过可变分频和多次平均的方法实现小数分频

设计两个不同分频比的整数分频器，然后通过控制两种分频比出现的不同次数来获得所需的小数分频值，从而实现平均意义上的小数分频。

分频比可以表示为 $N=M/P$，其中 N 表示分频比，M 表示分频器输入脉冲数，P 表示分频器输出脉冲数。当 N 为小数分频比时，又可表示为 $N=K+10^{-n}X$。式中，K、n 和 X 都为正整数，n 表示小数的位数。由以上两式可得 $M=(K+10^{-n}X)P$，令 $P=10^n$，有 $M=10^nK+X$，即在进行 10^nK 分频时多输入 X 个脉冲。

例 9.19 就是基于以上原理实现的一个分频系数为 8.1 的小数分频器，通过计数器先做 9 次 8 分频，再做一次 9 分频，这样总的分频值为 $N=(8\times9+9\times1)/(9+1)=8.1$，即可得到平均分频系数 8.1。

【例 9.19】 8.1 小数分频源代码。

```
module fdiv8_1
            (input clkin,rst,
             output reg clkout);
reg[3:0] cnt1,cnt2;                              //cnt1 计分频的次数
always@(posedge clkin, posedge rst)
begin  if(rst)  begin cnt1 <= 0; cnt2 <= 0; clkout <= 0;  end
   else if(cnt1 < 9)                             //9 次 8 分频
        begin
        if(cnt2 < 7) begin cnt2 <= cnt2 + 1; clkout <= 0;  end
        else begin cnt2 <= 0; cnt1 <= cnt1 + 1; clkout <= 1;  end
        end
        else  begin                              //1 次 9 分频
        if(cnt2 < 8)   begin    cnt2 <= cnt2 + 1;  clkout <= 0;  end
        else           begin    cnt2 <= 0; cnt1 <= 0; clkout <= 1;  end
        end
end
endmodule
```

对例 9.19 进行功能仿真得到的波形图如图 9.23 所示。

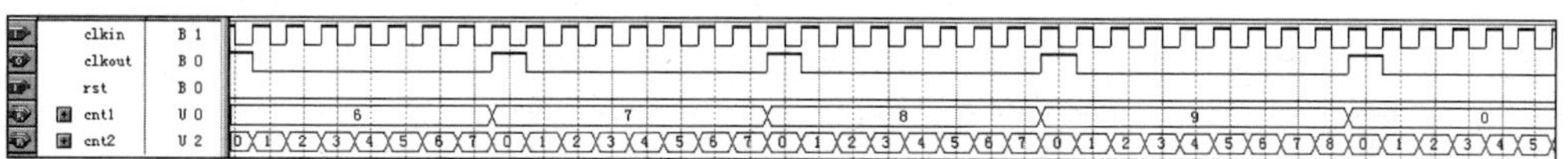

图 9.23 8.1 小数分频的功能仿真波形

当所设计的分频器的分频系数为 9.1 时，可以将分频器设计成 9 次 9 分频，1 次 10 分频，这样总的分频值为 $N=(9\times9+1\times10)/(9+1)=9.1$。这种采用近似简化来实现小数分频的方法，在很多场合都可以采用。

3. 双模前置小数分频

假设时钟源的频率为 f_0，期望得到的频率为 f_1，则其分频比 X 有 $X=\dfrac{f_0}{f_1}$，其中 $X>1$。假设 $M<X<M+1$，M 为整数，则有 $X=M+\dfrac{N_2}{N_1+N_2}$，其中 N_1 和 N_2 为整数。当 N_1 和 N_2 取不同的正整数时就可以实现小(分)数分频。

利用脉冲删除电路有规律地删除时钟源中的一些脉冲,可实现平均意义上的小数分频。在硬件电路的设计过程中,利用脉冲删除电路,就不会出现上述竞争冒险和毛刺的问题,而且可以很容易地用硬件实现任意小数分频。令 $Q=N_1+N_2$,$P=M\times(N_1+N_2)+N_2$,则 $X=\frac{P}{Q}$。其中 P、Q 均为整数。从中可以分析得到,当时钟源每输入 P 个脉冲,利用脉冲删除了电路从这 P 个脉冲中按照一定的规律删除$(P-Q)$个脉冲,输出 Q 个脉冲,便实现了平均意义上的 X 分频。

使所删除的$(P-Q)$脉冲的位置相对均匀地分布在时钟源相对应的 P 个脉冲中。具体设计思路如下:设置一个计数器,令其初始值为 0;在时钟源 clk 的每一个上升沿,计数器加上 Q,若计数器中的值小于 P,则发出删除一个脉冲的信号,将 delete 置为高电平;若其值大于 P,则将计数器的值减去 P,并将 delete 置为低电平,不发出删除脉冲的信号。比如,要从 60MHz 的时钟源得到 50.4MHz 的时钟信号,则令 $Q=21$,$P=25$,其工作过程见表 9.6。

表 9.6 分频器的工作过程

序 号	加上 Q 后计数器的值	与 P 比较后计数器的值	是否删除脉冲
0	21	21	是
1	42	17	否
2	38	13	否
3	34	9	否
4	30	5	否
5	26	1	否
6	22	22	是
7	43	18	否
8	39	14	否
9	35	10	否
10	31	6	否
11	27	2	否
12	23	23	是
13	44	19	否
14	40	15	否
15	36	11	否
16	32	7	否
17	28	3	否
18	24	24	是
19	45	20	否
20	41	16	否
21	37	12	否
22	33	8	否
23	29	4	否
24	25	0	否
25	21	21	是

例 9.20 是用 Verilog 语言编程实现的表 9.6 所示的分频器工作过程，该分频器从 60MHz 经小数分频得到 50.4MHz 的时钟信号，进而从 50.4MHz 时钟分频得到 10kHz，20kHz，30kHz，…，100kHz 10 个时钟频率。

【例 9.20】 从 60MHz 经小数分频得到 50.4MHz，进而产生 10kHz，20kHz，30kHz，…，100kHz 10 个频率。

```
module clk_divider
              (input rst,clk60M;                        //clk60MHz 为时钟源
              input[3:0] insig;
              output clkout,clk504M);                   //clkout 为要产生的时钟
reg clk1,clkout,delete,clk504M;
reg[11:0] cnt,origin;
integer count;
reg[3:0] cnt1,cnt2;
always@(posedge clk60M or posedge rst)
  begin
   if(rst)  begin  count = 0; delete = 1'b0;end
    else  begin  count = count + 21;
   if(count >= 25)
       begin  count = count - 25;
        delete = 1'b0;                                  //不删除脉冲
       end
   else  delete = 1'b1;                                 //删除一个脉冲
   end
end
always@(delete)
  begin    if(delete == 1'b1)  clk504M = 1'b1;
  else  clk504M = clk60M;
  end
always@(posedge clk504M or posedge rst)
  begin    if(rst)  clkout = 0;
  else if(cnt == 4095)
      begin clkout <= ~clkout;cnt <= origin;end
    else begin cnt <= cnt + 1;  end
  end
always@(insig)
    begin case(insig)                                   //预置分频
    4'b0001:origin <= 1575;
    4'b0010:origin <= 2835;
    4'b0011:origin <= 3255;
    4'b0100:origin <= 3465;
    4'b0101:origin <= 3591;
    4'b0110:origin <= 3675;
    4'b0111:origin <= 3735;
    4'b1000:origin <= 3780;
    4'b1001:origin <= 3815;
```

```
    4'b1010:origin<=3844;
    default:origin<=4075;
    endcase  end
endmodule
```

习题 9

9.1 阻塞赋值与非阻塞赋值有什么本质的区别？在使用中应注意哪些方面？结合自己的设计实践进行总结。

9.2 流水线设计技术为什么能提高数字系统的工作频率？

9.3 设计一个加法器，实现 sum＝a0＋a1＋a2＋a3，a0、a1、a2、a3 宽度都是 8 位。如果用下面两种方法实现，哪种方法更好一些？

(1) sum＝((a0＋a1)＋a2)＋a3；

(2) sum＝(a0＋a1)＋(a2＋a3)。

9.4 用流水线技术对题 9.3 中的 sum＝((a0＋a1)＋a2)＋a3 的实现方式进行优化，对比其最高工作频率。

9.5 在 FPGA 设计开发中，还有哪些方法可提高设计性能？

第10章 Verilog设计实例

本章介绍一些 Verilog 设计实例，包括 PWM 脉宽调制、步进电动机驱动、超声波测距、整数开方运算、频率测量、片内 XADC 实现模/数转换等。

10.1 脉宽调制与步进电动机驱动

脉冲宽度调制(Pulse Width Modulation，PWM)是一种模拟控制方式，根据载荷的变化来调制晶体管基极或 MOS 管栅极的偏置改变晶体管或 MOS 管的导通时间，也可以理解为通过调节占空比调节信号、能量的变化。脉宽调制广泛应用于调光电路、无级调速、电动机驱动、逆变电路、蜂鸣器驱动等。本节将给出 PWM 信号的实现方法，并在 EGO1 上完成 PWM 信号产生，最后实现用 PWM 信号驱动蜂鸣器和步进电动机的实例。

10.1.1 PWM 信号

脉冲宽度调制信号是一连串频率固定的脉冲信号，脉冲的宽度可能各不同。这种数字信号在通过一个简单的低通滤波器后被转换为模拟电压信号，电压的大小与一定区间内的平均脉冲宽度成正比。图 10.1 是一个简单的 PWM 信号波形。图中占空比(Duty Cycle，DC)即为脉冲宽度和脉冲周期之比，即 DC=$\tau_{on}/(\tau_{on}+\tau_{off})$。

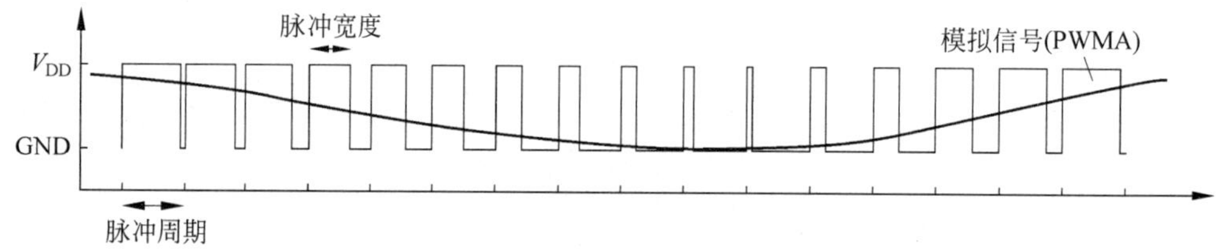

图 10.1　PWM 信号波形图

低通滤波器 3dB 频率要比 PWM 信号频率低一个数量级，PWM 频率上的信号能量才能从输入信号中过滤出来。例如，要得到一个最高频率为 5kHz 的音频信号，那么 PWM 信号的频率至少为 50kHz 或者更高。通常，考虑模拟信号的保真度，PWM 信号的频率越高越好。图 10.2 是 PWM 信号整合之后输出模拟电压的过程示意图，可以看到，滤波器输出信号幅度与 V_{DD} 的比值等于 PWM 信号的占空比。

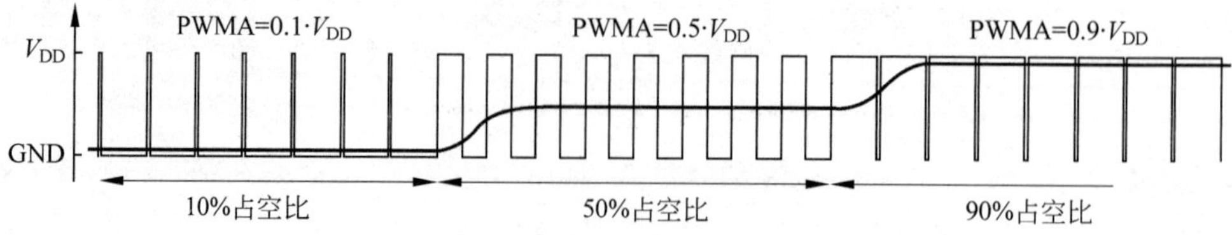

图 10.2　PWMA 与 V_{DD} 的比值等于占空比

【例 10.1】 PWM 波形产生的 Verilog 源代码。

```
module pwm_gene(
    input clk,rst,
    input sound_up,sound_down,
    input fre_up,fre_down,
    input[31:0] clk_n,                          //控制 PWM 的频率
    input[31:0] pwm_n,                          //控制占空比
    output reg  pwm_out
     );

reg [31:0] count;
always@(posedge clk)
begin
   if(~rst||sound_up||sound_down||fre_up||fre_down)
     begin pwm_out <= 1; count = 0;end
   else begin
     if(pwm_n == 0)  pwm_out <= 1'b0;
     else if(pwm_n == clk_n) pwm_out <= 1'b1;
     else begin
        if(count < pwm_n)
          begin pwm_out <= 1'b1;count = count + 1; end
        else if(count == pwm_n)
          begin pwm_out <= 1'b0;count = count + 1; end
        else if(count ==  clk_n)
          begin pwm_out <=  1'b1;count <= 0; end
        else  count <= count + 1;
     end  end
end
endmodule
```

10.1.2 用 PWM 驱动蜂鸣器

例 10.2 是 PWM 驱动蜂鸣器的 Verilog 语言顶层源代码。

【例 10.2】 PWM 驱动蜂鸣器的 Verilog 语言顶层源代码。

```
`timescale 1ns / 1ps
module pwm_sound(
      input sys_clk,                           //100MHz 时钟
      input wire sys_rst,
      input wire sound_up,
      input wire sound_down,
      input wire fre_up,                       //控制 PWM 频率
      input wire fre_down,
      input[7:0] sw,
```

```
        output reg[15:0] led = 'b0000_0000_0000_0001, //标志音量大小
        output reg [7:0] seg_cs = 8'b0000_0001,
        output wire [6:0] seg1 ,                      //用于数码管显示
        output wire [6:0] seg2,
        output wire pwm_out
          );
wire clkcsc;
wire clk_button;
reg[4:0] sound = 'd2;                                //位宽为5,0~31,共32个等级
reg[15:0] frequence = 'd1;                           //单位为Hz
wire[31:0] n_fre;                                    //控制频率的计数
wire[31:0] n_sound;                                  //控制占空比的计数
reg[3:0] dec_tmp1,dec_tmp2;
wire[15:0] dec_data_tmp1,dec_data_tmp2;
        //用于存储4位十进制数,每4个二进制位表示一个十进制位
clk_self  #(10000)  u1(                              //参数传递
        .clk(sys_clk),
        .clk_self(clkcsc)                            //产生5kHz数码管位选时钟
         );
clk_self  #(8000000)  u2(
        .clk(sys_clk),
        .clk_self(clk_button)                        //按键检测时钟,约为6Hz
         );
always @(posedge clk_button)
begin
   if(sound_up) begin
      if(sound < 5'd31)  sound = sound + 1;
      if(sound % 2 == 0) led <= (led << 1) + 1;end
   if(sound_down) begin
      if(sound >= 4'h1)  sound = sound - 1;
      if(sound % 2 == 1)  led <= led >> 1;end//
end
assign n_sound = 3125000 * sound/frequence;          //占空比0:0.1:1下应该计数的值
assign n_fre = 100_000_000/frequence;                //对应PWM频率下系统时钟应该计数的值

always @(posedge clk_button)
begin
   if(fre_up) begin
   if((frequence + sw)< 8000)  frequence <= frequence + sw;
   else frequence <= 8000; end
   if(fre_down)  begin
   if(frequence >= (1 + sw))  frequence <= frequence - sw;
   else frequence <= 1;  end
end

bin2dec u3(                                          //将二进制结果转换为十进制数
   .data_bin(frequence),
```

```
        .data_dec(dec_data_tmp1));
    bin2dec u4(
        .data_bin(sound),
        .data_dec(dec_data_tmp2));
    seg7 u5(                                    //数码管译码
        .hex(dec_tmp1),
        .a_to_g(seg1));
    seg7 u6(
        .hex(dec_tmp2),
        .a_to_g(seg2));
    always@(posedge clkcsc, negedge sys_rst)
    begin                                       //数码管显示控制
      if(~sys_rst)
      begin seg_cs <= ~8'b11011111; dec_tmp2 <= 4'hf;  end
      else  begin
      seg_cs[7:0] = {seg_cs[6:0],seg_cs[7]};
        case (seg_cs)
        ~8'b11111110:begin dec_tmp1 <= dec_data_tmp1[3:0];end
        ~8'b11111101:begin dec_tmp1 <= dec_data_tmp1[7:4]; end
        ~8'b11111011:begin dec_tmp1 <= dec_data_tmp1[11:8];end
        ~8'b11110111:begin dec_tmp1 <= dec_data_tmp1[15:12];end
        ~8'b11101111:begin dec_tmp2 <= dec_data_tmp2[3:0]; end
        ~8'b11011111:begin dec_tmp2 <= dec_data_tmp2[7:4];end
        ~8'b10111111:begin dec_tmp2 <= sw[3:0];end
        ~8'b01111111:begin dec_tmp2 <=  sw[7:4];end
        endcase
    end
    end

    pwm_gene u7(                                //PWM信号产生
         .clk(sys_clk),                         //32kHz
         .rst(sys_rst),
         .sound_up(sound_up),
         .sound_down(sound_down),
         .fre_up(fre_up),
         .fre_down(fre_down),
         .clk_n(n_fre),                         //PWM的频率
         .pwm_n(n_sound),                       //调整占空比
         .pwm_out(pwm_out));
    endmodule
```

调用 clk_self 模块产生 5kHz 的数码管片选时钟。调用 bin2dec 和 seg7 两个模块用于将频率值以十进制形式显示在数码管的低 4 位。seg7 数码管译码子模块源代码参见例 8.5；clk_self 子模块源代码见例 8.2。bin2dec 子模块用于将二进制数转换为十进制数,其源代码见例 10.3,该子模块最多可实现 40 位二进制数转换为其对应的十进制数,本例中不需要这么多位数,本例实现的是 16 位二进制数的转换。

【例 10.3】 二进制数转换为十进制数子模块。

```
`timescale 1ns / 1ps
module bin2dec(
        input [39:0] data_bin,                    //可实现 40 位二进制数转换
        output wire [31:0] data_dec
            );
wire[3:0] m10,m1,k100,k10,k1,hund,ten;
assign m10 = data_bin/10_000_000;
assign m1 = (data_bin - m10 * 10_000_000)/1_000_000;
assign k100 = (data_bin - m10 * 10_000_000 - m1 * 1_000_000)/100_000;
assign k10 = (data_bin - m10 * 10_000_000 - m1 * 1_000_000 - k100 * 100_000)/10_000;
assign k1 = (data_bin - m10 * 10_000_000 - m1 * 1_000_000 -
        k100 * 100_000 - k10 * 1_0000)/1000;
assign hund = (data_bin - m10 * 10_000_000 - m1 * 1_000_000 -
        k100 * 100_000 - k10 * 1_0000 - k1 * 1000)/100;
assign ten = (data_bin - m10 * 10_000_000 - m1 * 1_000_000 -
        k100 * 100_000 - k10 * 1_0000 - k1 * 1000 - hund * 100)/10;
assign data_dec = data_bin + m10 * 257_324_345 + m1 * 16888327 +
        948576 * k100 + 55536 * k10 + 3096 * k1 + 156 * hund + 6 * ten;
endmodule
```

例 10.3 的引脚约束如下：

```
#//////////////////////////////系统时钟和复位//////////////////////////////////
set_property -dict {PACKAGE_PIN P17 IOSTANDARD LVCMOS33} [get_ports sys_clk ]
set_property -dict {PACKAGE_PIN P15 IOSTANDARD LVCMOS33} [get_ports sys_rst  ]
#////////////////////////////////4 个按键////////////////////////////////////
set_property -dict {PACKAGE_PIN R11 IOSTANDARD LVCMOS33} [get_ports sound_up]
set_property -dict {PACKAGE_PIN R17 IOSTANDARD LVCMOS33} [get_ports fre_down]
set_property -dict {PACKAGE_PIN V1  IOSTANDARD LVCMOS33} [get_ports sound_down]
set_property -dict {PACKAGE_PIN U4  IOSTANDARD LVCMOS33} [get_ports fre_up]
#////////////////////////////拨码开关 sw0～sw7////////////////////////////////
set_property -dict {PACKAGE_PIN P5 IOSTANDARD LVCMOS33} [get_ports {sw[7]}]
set_property -dict {PACKAGE_PIN P4 IOSTANDARD LVCMOS33} [get_ports {sw[6]}]
set_property -dict {PACKAGE_PIN P3 IOSTANDARD LVCMOS33} [get_ports {sw[5]}]
set_property -dict {PACKAGE_PIN P2 IOSTANDARD LVCMOS33} [get_ports {sw[4]}]
set_property -dict {PACKAGE_PIN R2 IOSTANDARD LVCMOS33} [get_ports {sw[3]}]
set_property -dict {PACKAGE_PIN M4 IOSTANDARD LVCMOS33} [get_ports {sw[2]}]
set_property -dict {PACKAGE_PIN N4 IOSTANDARD LVCMOS33} [get_ports {sw[1]}]
set_property -dict {PACKAGE_PIN R1 IOSTANDARD LVCMOS33} [get_ports {sw[0]}]
#////////////////////////////////LED0～LED15//////////////////////////////////
set_property -dict {PACKAGE_PIN F6 IOSTANDARD LVCMOS33} [get_ports {led[15]}]
set_property -dict {PACKAGE_PIN G4 IOSTANDARD LVCMOS33} [get_ports {led[14]}]
set_property -dict {PACKAGE_PIN G3 IOSTANDARD LVCMOS33} [get_ports {led[13]}]
set_property -dict {PACKAGE_PIN J4 IOSTANDARD LVCMOS33} [get_ports {led[12]}]
set_property -dict {PACKAGE_PIN H4 IOSTANDARD LVCMOS33} [get_ports {led[11]}]
```

```
set_property -dict {PACKAGE_PIN J3 IOSTANDARD LVCMOS33} [get_ports {led[10]}]
set_property -dict {PACKAGE_PIN J2 IOSTANDARD LVCMOS33} [get_ports {led[9]}]
set_property -dict {PACKAGE_PIN K2 IOSTANDARD LVCMOS33} [get_ports {led[8]}]
set_property -dict {PACKAGE_PIN K1 IOSTANDARD LVCMOS33} [get_ports {led[7]}]
set_property -dict {PACKAGE_PIN H6 IOSTANDARD LVCMOS33} [get_ports {led[6]}]
set_property -dict {PACKAGE_PIN H5 IOSTANDARD LVCMOS33} [get_ports {led[5]}]
set_property -dict {PACKAGE_PIN J5 IOSTANDARD LVCMOS33} [get_ports {led[4]}]
set_property -dict {PACKAGE_PIN K6 IOSTANDARD LVCMOS33} [get_ports {led[3]}]
set_property -dict {PACKAGE_PIN L1 IOSTANDARD LVCMOS33} [get_ports {led[2]}]
set_property -dict {PACKAGE_PIN M1 IOSTANDARD LVCMOS33} [get_ports {led[1]}]
set_property -dict {PACKAGE_PIN K3 IOSTANDARD LVCMOS33} [get_ports {led[0]}]
#//////////////////////////8 个数码管位选信号////////////////////////////////////
set_property -dict {PACKAGE_PIN G2 IOSTANDARD LVCMOS33} [get_ports {seg_cs[7]}]
set_property -dict {PACKAGE_PIN C2 IOSTANDARD LVCMOS33} [get_ports {seg_cs[6]}]
set_property -dict {PACKAGE_PIN C1 IOSTANDARD LVCMOS33} [get_ports {seg_cs[5]}]
set_property -dict {PACKAGE_PIN H1 IOSTANDARD LVCMOS33} [get_ports {seg_cs[4]}]
set_property -dict {PACKAGE_PIN G1 IOSTANDARD LVCMOS33} [get_ports {seg_cs[3]}]
set_property -dict {PACKAGE_PIN F1 IOSTANDARD LVCMOS33} [get_ports {seg_cs[2]}]
set_property -dict {PACKAGE_PIN E1 IOSTANDARD LVCMOS33} [get_ports {seg_cs[1]}]
set_property -dict {PACKAGE_PIN G6 IOSTANDARD LVCMOS33} [get_ports {seg_cs[0]}]
#////////////////////////数码管段选信号//////////////////////////////////////
set_property -dict {PACKAGE_PIN B4 IOSTANDARD LVCMOS33} [get_ports {seg2[6]}]
set_property -dict {PACKAGE_PIN A4 IOSTANDARD LVCMOS33} [get_ports {seg2[5]}]
set_property -dict {PACKAGE_PIN A3 IOSTANDARD LVCMOS33} [get_ports {seg2[4]}]
set_property -dict {PACKAGE_PIN B1 IOSTANDARD LVCMOS33} [get_ports {seg2[3]}]
set_property -dict {PACKAGE_PIN A1 IOSTANDARD LVCMOS33} [get_ports {seg2[2]}]
set_property -dict {PACKAGE_PIN B3 IOSTANDARD LVCMOS33} [get_ports {seg2[1]}]
set_property -dict {PACKAGE_PIN B2 IOSTANDARD LVCMOS33} [get_ports {seg2[0]}]
set_property -dict {PACKAGE_PIN D4 IOSTANDARD LVCMOS33} [get_ports {seg1[6]}]
set_property -dict {PACKAGE_PIN E3 IOSTANDARD LVCMOS33} [get_ports {seg1[5]}]
set_property -dict {PACKAGE_PIN D3 IOSTANDARD LVCMOS33} [get_ports {seg1[4]}]
set_property -dict {PACKAGE_PIN F4 IOSTANDARD LVCMOS33} [get_ports {seg1[3]}]
set_property -dict {PACKAGE_PIN F3 IOSTANDARD LVCMOS33} [get_ports {seg1[2]}]
set_property -dict {PACKAGE_PIN E2 IOSTANDARD LVCMOS33} [get_ports {seg1[1]}]
set_property -dict {PACKAGE_PIN D2 IOSTANDARD LVCMOS33} [get_ports {seg1[0]}]
set_property -dict {PACKAGE_PIN G17 IOSTANDARD LVCMOS33} [get_ports pwm_out]
```

PWM 蜂鸣器的实际显示效果如图 10.3 所示，外接一个蜂鸣器。本实例使用 100MHz 系统时钟，分别使用 EGO1 平台上的上、下键控制 PWM 信号的占空比，使用左、右键控制信号的频率。用 8 个拨码开关控制频率调节步进大小，并将其值以十六进制显示在数码管的高 2 位。设计了 32 级占空比可调，占空比等级数以十进制形式显示两个数码管。当调高信号频率时，扬声器的声音频率也随之升高；当调高占空比时，音量随之变大。

图 10.3　PWM 蜂鸣器实际效果

10.1.3　用 PWM 驱动步进电动机

1. 步进电动机

步进电动机是将电脉冲信号转换为角位移或线位移的开环控制电动机，是现代数字程序控制系统中的主要执行元件，应用广泛。在非超载的情况下，电动机的转速、停止的位置只取决于脉冲信号的频率和脉冲数，而不受负载变化的影响。当步进驱动器接收到一个脉冲信号时，它驱动步进电动机按设定的方向转动一个固定的角度，称为"步距角"，它的旋转是以固定的角度一步一步运行的。可以通过控制脉冲个数来控制角位移量，从而达到准确定位的目的；同时，可以通过控制脉冲频率控制电动机转动的速度和加速度，从而达到调速的目的。本节将以 17HS8401NTB 型 2 相 4 线步进电动机（其外形如图 10.4 所示）为例，介绍用 PWM 信号驱动步进电动机的方法。

该步进电动机的步进角为 1.8°，也就是说，运转一圈需要 200 个脉冲。欲使步进电动机运转，必须有配套的步进电动机驱动器。本例使用普菲德 TB6600 型驱动器（其外形如图 10.5 所示），该驱动器有 6 组输入/输出，其端口及功能如表 10.1 所示。

图 10.4　17HS8401NTB 型步进电动机

图 10.5　TB6600 型驱动器

表 10.1 TB6600 型驱动输入/输出功能表

序号	端　口	功　能
1	ENA+/ENA−	控制电动机是否处于锁定状态。低电平为锁定状态
2	DIR+/DIR−	控制电动机的转动方向
3	PUL+/PUL−	PWM 信号输入
4	A+/A−	电动机 A 相输入线
5	B+/B−	电动机 B 相输入线
6	V_{CC}/GND	供电电压(9～42V)
7	SW6～1	细分数设置。细分数越大,电动机转速越慢。角速度 $\omega=kf/m$,k 为常数

将步进电动机、驱动器和 EGO1 开发板进行连接。本例的实物连接如图 10.6 所示,使用 10.1.1 节产生的 PWM 信号驱动,调高信号频率时,电动机转速随之变快。需注意的是,调节占空比并不影响电动机转速。

图 10.6 电动机硬件电路连接图

2. 变速启停步进电动机控制

由于实际应用中常常需要控制步进电动机的运转角度(等价于运转步数),本节给出变速启停步进电动机控制实例。为了防止电动机启动和突然停止过程中惯性导致的电动机失步,进而导致角度控制产生误差,本例中除预留了控制电动机运转步数的接口,还在电动机启停时加入了加速和减速的过程。其顶层 Verilog 源代码如例 10.4 所示。

【例 10.4】 变速启停步进电动机 Verilog 顶层源代码。

```
`timescale 1ns / 1ps
/ * 此程序默认电动机驱动细分数为 32,电动机每转一圈需要 6400 step,最高信号频率为 32kHz * /
module pwm_motor(
   input sys_clk,              //100MHz 输入时钟
   input wire sys_rst,
   input wire [1:0] sw,
```

```
    output reg [3:0] seg_cs,
    output wire [6:0] seg1,  //数码管显示
    output wire pul,         //输出电动机转动信号
    output ena,              //电动机锁定信号,高电平取消锁定,引线不接时默认锁定
    output dir               //控制电动机旋转方向,高电平时顺时针旋转,低电平时逆时针旋转
    );
  wire clkcsc;
  wire clk_button;
  wire [15:0] data_bin;      //数据缓存
  reg [3:0] dec_tmp;
  wire [15:0] dec_data_tmp;
    //用于存储 4 位十进制数,每 4 个二进制位表示 1 个十进制位
  assign dir = sw[1];
  assign ena = sw[0];
 reg [27:0] step_tmp;
 reg [15:0] freq_tmp;
 parameter STEP = 6400 * 40;
 parameter FREQ = 32000;     //单位 Hz
 assign data_bin = FREQ/10;  //显示输出 PWM 频率
 clk_self  #(10000)  u1(
        .clk(sys_clk),
        .clk_self(clkcsc)   //产生 5kHz 数码管位选时钟
        );
 bin2dec u4(                 //二进制结果转换为相应十进制数
      .data_bin(data_bin),
      .data_dec(dec_data_tmp)
      );
 seg7 u5(                    //数码管译码
      .hex(dec_tmp),
      .a_to_g(seg1)
       );
 motor_pwm_gene #(STEP) u6(
      .clk(sys_clk),
      .rst(sys_rst),
      .signal(pul)
       );
 always@(posedge clkcsc, negedge sys_rst)  //LED 显示
 begin
   if(~sys_rst)
    begin seg_cs <= ~4'b1011;
         dec_tmp <= dec_data_tmp[3:0];  end
   else  begin
        seg_cs[3:0] = {seg_cs[2:0],seg_cs[3]};
     if(seg_cs == ~4'b1110)
      begin dec_tmp <= dec_data_tmp[3:0]; end
     else if(seg_cs == ~4'b1101)
      begin dec_tmp <= dec_data_tmp[7:4]; end
```

```
    else if(seg_cs == ~4'b1011)
      begin dec_tmp <= dec_data_tmp[11:8]; end
    else  dec_tmp <= dec_data_tmp[15:12];
end  end
endmodule
```

其中，seg7 子模块源代码参见例 8.5；clk_self 子模块源代码见例 8.2；bin2dec 子模块源代码见例 10.3；motor_pwm_gene 子模块源代码如下。

【例 10.5】 变速启停 PWM 信号产生模块源代码。

```
`timescale 1ns / 1ps
module  motor_pwm_gene(
      input clk,
      input rst,
      output reg signal
         );
wire[31:0 ] pwm_n,clk_n ;
parameter [27:0] STEP = 2000;        //控制步进电动机的步数，每步需要一个脉冲信号
reg [27:0] step_tmp;
reg [15:0] fre_tmp;                  /* 控制电动机运转信号频率(频率越大，速度越快，经实际
                                        测试 32 细分情况下，频率在 32kHz 内均可稳定工作 */
integer i;
reg [31:0] count;
reg [2:0] state;
always@( * )
begin
  case(state)
  0:begin step_tmp <= 6400 * 1;fre_tmp <= 500;end          //加减速控制
  1:begin step_tmp <= 6400 * 2;fre_tmp <= 2000;end
  2:begin step_tmp <= 6400 * 5;fre_tmp <= 20000;end
  3:begin step_tmp <= STEP - 6400 * 16;fre_tmp <= 32000;end
  4:begin step_tmp <= 6400 * 5;fre_tmp <= 15000;end
  5:begin step_tmp <= 6400 * 2;fre_tmp <= 4000;end
  6:begin step_tmp <= 6400 * 1;fre_tmp <= 1000;end
  7:begin step_tmp <= 0;end
  endcase
end

assign clk_n = 100_000000/fre_tmp;
assign pwm_n =  clk_n >> 1;
always@(posedge clk, negedge rst)
begin
    if(~rst)  begin count = 0;i = 0; state <= 0;end
    else
        begin
        if(i < step_tmp)
```

```
        begin
        signal = (( count >= 100 )&&( count <= 100 + pwm_n))?1:0;
        if(count == clk_n) begin count <= 0;i <= i + 1;end
        else count <= count + 1;
        end
        else begin
        if(state!= 7) begin state <= state + 1; i <= 0;end
        end end
end
endmodule
```

例 10.5 的引脚约束如下：

```
#/////////////////////////////系统时钟和复位////////////////////////////////////
set_property -dict {PACKAGE_PIN P17 IOSTANDARD LVCMOS33} [get_ports sys_clk ]
set_property -dict {PACKAGE_PIN P15 IOSTANDARD LVCMOS33} [get_ports sys_rst  ]
#//////////////////////////////拨码开关 sw1～sw0/////////////////////////////////
set_property -dict {PACKAGE_PIN N4 IOSTANDARD LVCMOS33} [get_ports {sw[1]}]
set_property -dict {PACKAGE_PIN R1 IOSTANDARD LVCMOS33} [get_ports {sw[0]}]
#//////////////////////////////4 个数码管位选信号/////////////////////////////////
set_property -dict {PACKAGE_PIN G1 IOSTANDARD LVCMOS33} [get_ports {seg_cs[3]}]
set_property -dict {PACKAGE_PIN F1 IOSTANDARD LVCMOS33} [get_ports {seg_cs[2]}]
set_property -dict {PACKAGE_PIN E1 IOSTANDARD LVCMOS33} [get_ports {seg_cs[1]}]
set_property -dict {PACKAGE_PIN G6 IOSTANDARD LVCMOS33} [get_ports {seg_cs[0]}]
#////////////////////////////////数码管段选信号//////////////////////////////////
set_property -dict {PACKAGE_PIN D4 IOSTANDARD LVCMOS33} [get_ports {seg1[6]}]
set_property -dict {PACKAGE_PIN E3 IOSTANDARD LVCMOS33} [get_ports {seg1[5]}]
set_property -dict {PACKAGE_PIN D3 IOSTANDARD LVCMOS33} [get_ports {seg1[4]}]
set_property -dict {PACKAGE_PIN F4 IOSTANDARD LVCMOS33} [get_ports {seg1[3]}]
set_property -dict {PACKAGE_PIN F3 IOSTANDARD LVCMOS33} [get_ports {seg1[2]}]
set_property -dict {PACKAGE_PIN E2 IOSTANDARD LVCMOS33} [get_ports {seg1[1]}]
set_property -dict {PACKAGE_PIN D2 IOSTANDARD LVCMOS33} [get_ports {seg1[0]}]
#////////////////////////////////步进电动机驱动信号///////////////////////////////
set_property -dict {PACKAGE_PIN B16 IOSTANDARD LVCMOS33} [get_ports ena]
set_property -dict {PACKAGE_PIN A13 IOSTANDARD LVCMOS33} [get_ports pul]
set_property -dict {PACKAGE_PIN A15 IOSTANDARD LVCMOS33} [get_ports dir]
```

10.2 超声波测距

由于超声波指向性强、能量损耗慢、在介质中传播的距离较远，因而经常用于距离的测量，如测距仪和公路上的超声测速等。超声波测距易于实现，并且在测量精度方面能达到工业实用的要求，成本相对便宜，在机器人、自动驾驶等方面得到了广泛应用。HC-SR04 超声波测距模块可提供 2～400cm 的距离测量范围，性能稳定，精度较高。本节将基于该模块实现超声波测速。

1. 超声波测速原理

超声波发射器向某一方向发射超声波，在发射时刻的同时开始计时，超声波在空气中传播，途中遇到障碍物返回，超声波接收器收到反射波立即停止计时，传播时间共计为 t（单位为 s）。声波在空气中的传播速度为 340m/s，易得到发射点距障碍物的距离（S）为

$$S = 340 \times t/2 = 170t \tag{10-1}$$

超声波测距的原理就是利用声波在空气中传播的稳定不变的特性以及发射和接收回波的时间差实现测距。

2. HC-SR04 超声波测距模块

HC-SR04 超声波模块可提供 2～400cm 的非接触式距离测量功能，测距精度可高达 3mm，其电气参数如表 10.2 所示。

表 10.2 HC-SR04 超声波测距模块电气参数

电气参数	参数值	电气参数	参数值
工作电压/工作电流	DC 5V/15mA	测量角度	15°
工作频率	40Hz	输入触发信号	10μs 的高电平信号
最远射程/最近射程	4m/2cm	输出回响信号	输出 TTL 电平信号

图 10.7 是 HC-SR04 超声波测距模块实物图（正、反面），其接口共有 4 只引脚：电源（+5V）、触发信号输入（Trig）、回响信号输出（Echo）、地线（GND）。

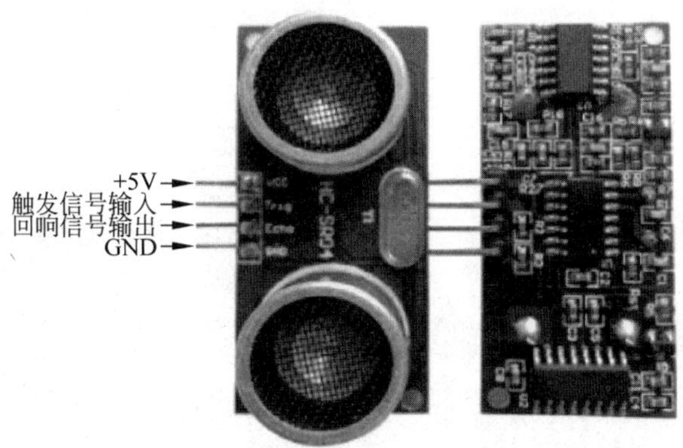

图 10.7 HC-SR04 超声波测距模块实物

HC-SR04 超声波模块工作时序如图 10.8 所示。

从图 10.8 的时序可看出，HC-SR04 超声波模块的工作过程如下：初始化时将触发信号输入和回响信号输出端口置低电平，首先向输入端发送至少 10μs 的高电平脉冲，模块自动向外发送 8 个 40kHz 的方波，然后进入等待，捕捉回响信号输出端输出上升沿，捕捉到上升沿的同时，打开定时器开始计时，再次等待捕捉回响信号输出端的下降沿，当捕捉到下降沿时，读出计时器的时间，此为超声波在空气中传播的时间，按照式（10-1）即可

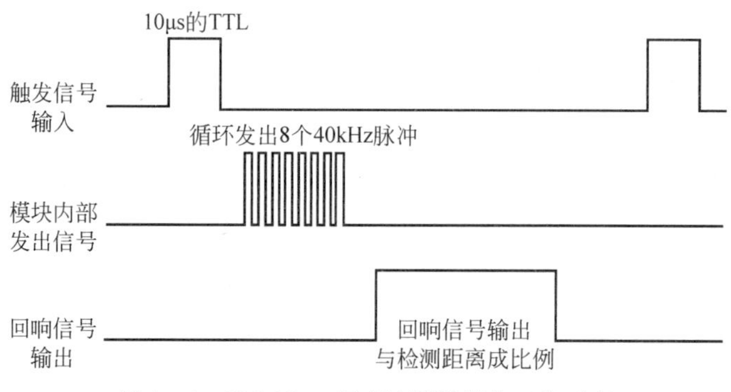

图 10.8　HC-SR04 超声波测距模块工作时序

算出距离。

3. 超声波测距顶层设计

超声波测距是通过测量时间差来实现测距，FPGA 通过检测超声波测距的回响信号输出端口电平变化控制计时的开始和停止。即当检测到回响信号输出端信号上升沿时开始计时，检测到回响信号输出端信号下降沿时停止计时。其顶层设计源代码如例 10.6 所示。

【例 10.6】 超声波测距顶层设计源代码。

```
`timescale 1ns / 1ps
module ultrasound(
        input sys_clk,                       //100MHz 时钟
        input wire sys_rst,
        input echo,                          //回响信号,高电平持续时间为 t,距离 = 340 * t/2
        output reg [3:0] seg_cs,             //数码管位选信号
        output wire [6:0] seg ,              //数码管段选信号
        output wire trig                     //发送一个持续时间超过 10μs 的高电平
            );
reg [23:0] count;
reg [23:0] distance;
wire  [15:0] data_bin;                       //数据缓存
reg echo_reg1,echo_reg2;
wire [1:0] state;
wire[15:0] dec_data_tmp;                     //用于存储 4 位十进制数
assign  data_bin = 17 * distance/10000;
assign  state = {echo_reg2,echo_reg1};
always@(posedge sys_clk, negedge sys_rst)
begin
    if(~sys_rst)
    begin
       echo_reg1 <= 0;
       echo_reg2 <= 0;
```

```
        count <= 0;
        distance <= 0;
        end
    else
      begin
        echo_reg1 <= echo;                          //当前脉冲
        echo_reg2 <= echo_reg1;                     //后一个脉冲
      case(state)
      2'b01:begin  count = count + 1;  end
      2'b11:begin  count = count + 1;  end
      2'b10:begin  distance = count;  end
      2'b00:begin  count = 0;  end
      endcase
      end
end
sig_prod u1(
            .clk(sys_clk),
            .rst(sys_rst),
            .trig(trig)
            );
clk_self_clr  #(10000) u2(
            .clk(sys_clk),
            .clr(sys_rst),
            .clk_self(clkcsc)                       //产生 5kHz 数码管位选时钟
            );
bin2dec u3(                                         //二进制结果转换为相应十进制数
            .data_bin(data_bin),
            .data_dec(dec_data_tmp)
            );
seg7 u4(                                            //数码管译码
            .hex(dec_tmp),
            .a_to_g(seg)
            );
wire clkcsc;
reg [3:0] dec_tmp;
always@(posedge clkcsc, negedge sys_rst)
begin
  if(~sys_rst)
    begin seg_cs <= ~4'b1011; dec_tmp <= 4'hf;  end
  else  begin
      seg_cs[3:0] = {seg_cs[2:0],seg_cs[3]};
      if(seg_cs == ~4'b1110)
        begin  dec_tmp <= dec_data_tmp[3:0]; end     //12'h000;
      else if(seg_cs == ~4'b1101)
        begin  dec_tmp <= dec_data_tmp[7:4]; end     //12'h000;
      else if(seg_cs == ~4'b1011)
        begin  dec_tmp <= dec_data_tmp[11:8];  end   //12'h000;
```

```
        else  dec_tmp <= dec_data_tmp[15:12];
        end
end
endmodule
```

调用 clk_self 模块产生数码管片选时钟，调用 bin2dec 和 seg7 两个模块用于将测距结果显示在数码管上。seg7 数码管译码子模块源代码参见例 8.5；clk_self_clr 分频子模块源代码见例 8.7；bin2dec 子模块源代码见例 10.3。

sig_prod 子模块用于产生控制信号，其源代码见例 10.7，该模块产生一个持续 10μs 以上的高电平(本例高电平持续时间为 20μs)；为了防止发射信号对回响信号产生影响，通常两次测量间隔控制在 60ms 以上，本例的测量间隔设置为 100ms。

【例 10.7】 超声波控制信号产生子模块。

```
module sig_prod(
          input  clk,
          input  rst,
          output wire  trig);
parameter [11:0]  PWM_N = 2000;                //高电平持续 20μs
parameter [23:0]  CLK_N = 10_000_000;          //两次测量间隔 100ms
reg [23:0] count;
always@(posedge clk, negedge rst)
begin
   if(~rst)  begin count = 0;end
   else if(count == CLK_N)  count <= 0;
   else  count <= count + 1;
end
assign trig = (( count >= 100 )&&( count <= 100  + PWM_N))?1:0;
endmodule
```

引脚约束如下：

```
#///////////////////////////////系统时钟和复位////////////////////////////////////
set_property -dict {PACKAGE_PIN P17 IOSTANDARD LVCMOS33} [get_ports sys_clk ]
set_property -dict {PACKAGE_PIN P15 IOSTANDARD LVCMOS33} [get_ports sys_rst   ]
#/////////////////////////////数码管段选信号//////////////////////////////////////
set_property -dict {PACKAGE_PIN G1 IOSTANDARD LVCMOS33} [get_ports {seg_cs[3]}]
set_property -dict {PACKAGE_PIN F1 IOSTANDARD LVCMOS33} [get_ports {seg_cs[2]}]
set_property -dict {PACKAGE_PIN E1 IOSTANDARD LVCMOS33} [get_ports {seg_cs[1]}]
set_property -dict {PACKAGE_PIN G6 IOSTANDARD LVCMOS33} [get_ports {seg_cs[0]}]
set_property -dict {PACKAGE_PIN D4 IOSTANDARD LVCMOS33} [get_ports {seg[6]}]
set_property -dict {PACKAGE_PIN E3 IOSTANDARD LVCMOS33} [get_ports {seg[5]}]
set_property -dict {PACKAGE_PIN D3 IOSTANDARD LVCMOS33} [get_ports {seg[4]}]
```

```
set_property -dict {PACKAGE_PIN F4 IOSTANDARD LVCMOS33} [get_ports {seg[3]}]
set_property -dict {PACKAGE_PIN F3 IOSTANDARD LVCMOS33} [get_ports {seg[2]}]
set_property -dict {PACKAGE_PIN E2 IOSTANDARD LVCMOS33} [get_ports {seg[1]}]
set_property -dict {PACKAGE_PIN D2 IOSTANDARD LVCMOS33} [get_ports {seg[0]}]
set_property -dict {PACKAGE_PIN G17 IOSTANDARD LVCMOS33} [get_ports echo]
set_property -dict {PACKAGE_PIN J13 IOSTANDARD LVCMOS33} [get_ports trig]
```

超声波测距的实际显示效果如图 10.9 所示，用 4 个数码管显示距离，单位是毫米(mm)。

图 10.9　超声波测距的实际显示效果

10.3　整数开方运算

开方运算是基本的数学运算之一。本节介绍 Non-Restoring 开方算法，并基于 EGO1 实现该算法。

1. Non-Restoring 开方算法

Non-Restoring 完成一个 N 位二进制数的开方运算需要经过 $N/2$ 个时钟周期。开方算法计算过程简单，结果可以达到任意精度，并且很容易在硬件上实现。设被开方数 D 为 36 位无符号数，其二进制表示方式为

$$D = D_{35} \times 2^{35} + D_{34} \times 2^{34} + \cdots + D_1 \times 2^1 + D_0 \times 2^0$$

开方的结果 Q 为 18 位：$Q = Q_{17}Q_{16}\cdots Q_1Q_0$。令余数为 R(19 位，高位用于符号位)，则易得不等式

$$Q^2 + R = D < (Q+1)^2 \tag{10-2}$$

解之得

$$0 \leqslant R < 2Q + 1 = (1 \ll Q) + 1 \tag{10-3}$$

该算法的系统框图如图 10.10 所示。

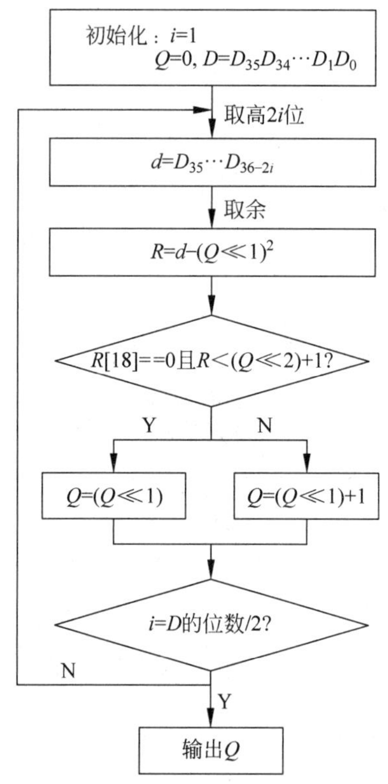

图 10.10　Non-Restoring 开方算法系统框图

2. 开方算法实现

本实例基于 EGO1 实现，实际显示效果如图 10.11 所示。用 8 位拨码开关输入待开方的整数(数的范围 0～255)，并用 3 个数码管显示该数(十进制显示)，余下 5 个数码管显示开方结果(其中，整数部分 1 位，小数部分 4 位)。

图 10.11　开方算法的下载验证

为了将开方结果精确到 3 位小数，故将输入数扩大 100 000 倍，需要 36 位寄存器存储该数据。为直观显示算法中的左移过程，采用 16 位 LED 灯循环左移模拟此过程。调用 clk_self 模块分别产生 50Hz 的运算时钟和 5kHz 的数码管位选时钟（从 EGO1 板上 100MHz 时钟分频得到）。调用 bin2dec_th 和 seg7 两个模块，将开方结果以十进制形式显示在数码管上。其源代码在例 10.8 中给出。

【例 10.8】 开方运算源代码。

```
`timescale 1ns / 1ps
module root(
    input  sys_clk,sys_rst,
    input  [7:0] sw,
    output wire[6:0] seg1,seg2,
    output reg [7:0] seg_cs = ~8'b11011111,
    output reg [15:0] led,
    output reg  dp
        );
wire [35:0] D;
reg[17:0] Q_tmp, Q = 0;
reg[18:0] R = 0;                                    //余数
reg[4:0] i = 17;
reg[3:0] dec_tmp1,dec_tmp2;
wire clkcsc,clk1hz;
wire [23:0] dec_data_tmp1,dec_data_tmp2;
    //用于存储 4 位十进制数,每 4 个二进制位表示 1 个十进制位
assign D = sw * 10000_0000;

always@(posedge clkcsc)
begin
  seg_cs[7:0] = {seg_cs[6:0],seg_cs[7]};
    case (seg_cs)
    ~8'b11111110:begin dec_tmp1 <= dec_data_tmp1[3:0];dp <= 0;end
    ~8'b11111101:begin dec_tmp1 <= dec_data_tmp1[7:4]; dp <= 0;end
    ~8'b11111011:begin dec_tmp1 <= dec_data_tmp1[11:8];dp <= 0;end
    ~8'b11110111:begin dec_tmp1 <= dec_data_tmp1[15:12];dp <= 0;end
    ~8'b11101111:begin dec_tmp2 <= dec_data_tmp1[19:16] +
                        dec_data_tmp1[23:20] * 10; dp <= 1;end
    ~8'b11011111:begin dec_tmp2 <= dec_data_tmp2[3:0]; dp <= 0;end
          //(MEASURED_sequence > 1)?MEASURED_sequence - 1:1
    ~8'b10111111:begin dec_tmp2 <= dec_data_tmp2[7:4];dp <= 0;end
    ~8'b01111111:begin dec_tmp2 <= dec_data_tmp2[11:8];dp <= 0;end
    endcase
end
always@(posedge clk1hz, negedge sys_rst)
begin
  if(~sys_rst)  begin i = 17;Q = 0;end
  else  begin
    case(i)
      18:begin Q_tmp = Q; i = 17;end                //添加 i = 17,即可自动计算
```

```
17:begin  Q = 0; R = D[35:34] - (Q << 1) * (Q << 1);
   if(R[18] == 0&& R <(Q << 2) + 1)  Q = Q << 1;
   else Q = (Q << 1) + 1; led = Q[15:0]; i = 16; end
16:begin  R = D[35:32] - (Q << 1) * (Q << 1);
   if(R[18] == 0 && R <(Q << 2) + 1)  Q = Q << 1;
   else Q = (Q << 1) + 1; led = Q[15:0]; i = 15;  end
15:begin  R = D[35:30] - (Q << 1) * (Q << 1);
   if(R[18] == 0&& R <(Q << 2) + 1)  Q = Q << 1;
   else Q = (Q << 1) + 1; led = Q[15:0]; i = 14;  end
14:begin  R = D[35:28] - (Q << 1) * (Q << 1);
   if(R[18] == 0&& R <(Q << 2) + 1)  Q = Q << 1;
   else Q = (Q << 1) + 1; led = Q[15:0]; i = 13;  end
13:begin  R = D[35:26] - (Q << 1) * (Q << 1);
   if(R[18] == 0&& R <(Q << 2) + 1)  Q = Q << 1;
   else Q = (Q << 1) + 1; led = Q[15:0]; i = 12;  end
12:begin  R = D[35:24] - (Q << 1) * (Q << 1);
   if(R[18] == 0&& R <(Q << 2) + 1)  Q = Q << 1;
   else Q = (Q << 1) + 1;  led = Q[15:0]; i = 11;  end
11:begin  R = D[35:22] - (Q << 1) * (Q << 1);
   if(R[18] == 0&& R <(Q << 2) + 1)  Q = Q << 1;
   else Q = (Q << 1) + 1;  led = Q[15:0]; i = 10;  end
10:begin  R = D[35:20] - (Q << 1) * (Q << 1);
   if(R[18] == 0&& R <(Q << 2) + 1)  Q = Q << 1;
   else Q = (Q << 1) + 1;  led = Q[15:0]; i = 9;  end
9:begin  R = D[35:18] - (Q << 1) * (Q << 1);
   if(R[18] == 0&& R <(Q << 2) + 1)  Q = Q << 1;
   else Q = (Q << 1) + 1;  led = Q[15:0]; i = 8;  end
8:begin  R = D[35:16] - (Q << 1) * (Q << 1);
   if(R[18] == 0&& R <(Q << 2) + 1)  Q = Q << 1;
   else Q = (Q << 1) + 1;  led = Q[15:0]; i = 7;  end
7:begin  R = D[35:14] - (Q << 1) * (Q << 1);
   if(R[18] == 0&& R <(Q << 2) + 1)  Q = Q << 1;
   else Q = (Q << 1) + 1;  led = Q[15:0]; i = 6;  end
6:begin  R = D[35:12] - (Q << 1) * (Q << 1);
   if(R[18] == 0&& R <(Q << 2) + 1)  Q = Q << 1;
   else Q = (Q << 1) + 1;  led = Q[15:0]; i = 5;  end
5:begin  R = D[35:10] - (Q << 1) * (Q << 1);
   if(R[18] == 0&& R <(Q << 2) + 1)  Q = Q << 1;
   else Q = (Q << 1) + 1;  led = Q[15:0]; i = 4;  end
4:begin  R = D[35:8] - (Q << 1) * (Q << 1);
   if(R[18] == 0&& R <(Q << 2) + 1)  Q = Q << 1;
   else Q = (Q << 1) + 1; led = Q[15:0]; i = 3;  end
3:begin  R = D[35:6] - (Q << 1) * (Q << 1);
   if(R[18] == 0&& R <(Q << 2) + 1)  Q = Q << 1;
   else Q = (Q << 1) + 1; led = Q[15:0]; i = 2;  end
2:begin  R = D[35:4] - (Q << 1) * (Q << 1);
   if(R[18] == 0&& R <(Q << 2) + 1)  Q = Q << 1;
```

```
        else Q = (Q << 1) + 1; led = Q[15:0]; i = 1;  end
      1:begin  R = D[35:2] - (Q << 1) * (Q << 1);
        if(R[18] == 0&& R <(Q << 2) + 1)  Q = Q << 1;
        else Q = (Q << 1) + 1; led = Q[15:0]; i = 0;  end
      0:begin  R = D[35:0] - (Q << 1) * (Q << 1);
        if(R[18] == 0&& R <(Q << 2) + 1)  Q = Q << 1;
        else Q = (Q << 1) + 1; led = Q[15:0]; i = 18;  end
endcase
end  end

clk_self  #(10000)  u1(
      .clk(sys_clk),
      .clk_self(clkcsc)                //产生 5kHz 的数码管位选时钟
        );
clk_self  #(1_000_000) u2(            //产生 50Hz 的运算时钟
      .clk(sys_clk),
      .clk_self(clk1hz)
        );
bin2dec u3(                            //二进制结果转换为相应的十进制数
      .data_bin(Q_tmp),
      .data_dec(dec_data_tmp1)
        );
bin2dec u4(                            //二进制结果转换为相应的十进制数
      .data_bin(sw),
      .data_dec(dec_data_tmp2)
        );
seg7 u5(                               //数码管译码
     .hex(dec_tmp1),
     .a_to_g(seg1)
       );
seg7 u6(
     .hex(dec_tmp2),
     .a_to_g(seg2)
     );

endmodule
```

clk_self 子模块源代码见例 8.2；seg7 数码管译码子模块源代码见例 8.5；bin2dec 子模块源代码见例 10.3。在本例中，bin2dec 实现 18 位二进制数转换为相应十进制数的功能。

例 10.8 的引脚约束如下：

```
#///////////////////////////////系统时钟和复位///////////////////////////////////
set_property -dict {PACKAGE_PIN P17 IOSTANDARD LVCMOS33} [get_ports sys_clk]
set_property -dict {PACKAGE_PIN P15 IOSTANDARD LVCMOS33} [get_ports sys_rst]
```

```
#//////////////////////////////拨码开关 sw0~sw7////////////////////////////////
set_property -dict {PACKAGE_PIN P5 IOSTANDARD LVCMOS33} [get_ports {sw[7]}]
set_property -dict {PACKAGE_PIN P4 IOSTANDARD LVCMOS33} [get_ports {sw[6]}]
set_property -dict {PACKAGE_PIN P3 IOSTANDARD LVCMOS33} [get_ports {sw[5]}]
set_property -dict {PACKAGE_PIN P2 IOSTANDARD LVCMOS33} [get_ports {sw[4]}]
set_property -dict {PACKAGE_PIN R2 IOSTANDARD LVCMOS33} [get_ports {sw[3]}]
set_property -dict {PACKAGE_PIN M4 IOSTANDARD LVCMOS33} [get_ports {sw[2]}]
set_property -dict {PACKAGE_PIN N4 IOSTANDARD LVCMOS33} [get_ports {sw[1]}]
set_property -dict {PACKAGE_PIN R1 IOSTANDARD LVCMOS33} [get_ports {sw[0]}]
#//////////////////////////////LED0~LED15////////////////////////////////
set_property -dict {PACKAGE_PIN F6 IOSTANDARD LVCMOS33} [get_ports {led[15]}]
set_property -dict {PACKAGE_PIN G4 IOSTANDARD LVCMOS33} [get_ports {led[14]}]
set_property -dict {PACKAGE_PIN G3 IOSTANDARD LVCMOS33} [get_ports {led[13]}]
set_property -dict {PACKAGE_PIN J4 IOSTANDARD LVCMOS33} [get_ports {led[12]}]
set_property -dict {PACKAGE_PIN H4 IOSTANDARD LVCMOS33} [get_ports {led[11]}]
set_property -dict {PACKAGE_PIN J3 IOSTANDARD LVCMOS33} [get_ports {led[10]}]
set_property -dict {PACKAGE_PIN J2 IOSTANDARD LVCMOS33} [get_ports {led[9]}]
set_property -dict {PACKAGE_PIN K2 IOSTANDARD LVCMOS33} [get_ports {led[8]}]

set_property -dict {PACKAGE_PIN K1 IOSTANDARD LVCMOS33} [get_ports {led[7]}]
set_property -dict {PACKAGE_PIN H6 IOSTANDARD LVCMOS33} [get_ports {led[6]}]
set_property -dict {PACKAGE_PIN H5 IOSTANDARD LVCMOS33} [get_ports {led[5]}]
set_property -dict {PACKAGE_PIN J5 IOSTANDARD LVCMOS33} [get_ports {led[4]}]
set_property -dict {PACKAGE_PIN K6 IOSTANDARD LVCMOS33} [get_ports {led[3]}]
set_property -dict {PACKAGE_PIN L1 IOSTANDARD LVCMOS33} [get_ports {led[2]}]
set_property -dict {PACKAGE_PIN M1 IOSTANDARD LVCMOS33} [get_ports {led[1]}]
set_property -dict {PACKAGE_PIN K3 IOSTANDARD LVCMOS33} [get_ports {led[0]}]
#//////////////////////////////8个数码管位选信号////////////////////////////////
set_property -dict {PACKAGE_PIN G2 IOSTANDARD LVCMOS33} [get_ports {seg_cs[7]}]
set_property -dict {PACKAGE_PIN C2 IOSTANDARD LVCMOS33} [get_ports {seg_cs[6]}]
set_property -dict {PACKAGE_PIN C1 IOSTANDARD LVCMOS33} [get_ports {seg_cs[5]}]
set_property -dict {PACKAGE_PIN H1 IOSTANDARD LVCMOS33} [get_ports {seg_cs[4]}]
set_property -dict {PACKAGE_PIN G1 IOSTANDARD LVCMOS33} [get_ports {seg_cs[3]}]
set_property -dict {PACKAGE_PIN F1 IOSTANDARD LVCMOS33} [get_ports {seg_cs[2]}]
set_property -dict {PACKAGE_PIN E1 IOSTANDARD LVCMOS33} [get_ports {seg_cs[1]}]
set_property -dict {PACKAGE_PIN G6 IOSTANDARD LVCMOS33} [get_ports {seg_cs[0]}]
#//////////////////////////////数码管段选信号////////////////////////////////
set_property -dict {PACKAGE_PIN B4 IOSTANDARD LVCMOS33} [get_ports {seg2[6]}]
set_property -dict {PACKAGE_PIN A4 IOSTANDARD LVCMOS33} [get_ports {seg2[5]}]
set_property -dict {PACKAGE_PIN A3 IOSTANDARD LVCMOS33} [get_ports {seg2[4]}]
set_property -dict {PACKAGE_PIN B1 IOSTANDARD LVCMOS33} [get_ports {seg2[3]}]
set_property -dict {PACKAGE_PIN A1 IOSTANDARD LVCMOS33} [get_ports {seg2[2]}]
set_property -dict {PACKAGE_PIN B3 IOSTANDARD LVCMOS33} [get_ports {seg2[1]}]
set_property -dict {PACKAGE_PIN B2 IOSTANDARD LVCMOS33} [get_ports {seg2[0]}]
set_property -dict {PACKAGE_PIN D4 IOSTANDARD LVCMOS33} [get_ports {seg1[6]}]
set_property -dict {PACKAGE_PIN E3 IOSTANDARD LVCMOS33} [get_ports {seg1[5]}]
set_property -dict {PACKAGE_PIN D3 IOSTANDARD LVCMOS33} [get_ports {seg1[4]}]
```

```
set_property -dict {PACKAGE_PIN F4 IOSTANDARD LVCMOS33} [get_ports {seg1[3]}]
set_property -dict {PACKAGE_PIN F3 IOSTANDARD LVCMOS33} [get_ports {seg1[2]}]
set_property -dict {PACKAGE_PIN E2 IOSTANDARD LVCMOS33} [get_ports {seg1[1]}]
set_property -dict {PACKAGE_PIN D2 IOSTANDARD LVCMOS33} [get_ports {seg1[0]}]
set_property -dict {PACKAGE_PIN D5 IOSTANDARD LVCMOS33} [get_ports dp]
```

10.4 频率测量

本节采用边沿检测法实现对正弦波、三角波、方波等信号频率的测量。

等精度测量是通过测量固定的基准时间内的信号周期数，从而测量频率，对于频率范围跨度较大的信号而言，测量效率将大打折扣。本例采用的脉冲边沿检测方法通过不断检测信号的上升沿或者下降沿，并通过测量相邻两次边沿检测的时间达到频率测量的目的，故其效率较高。本节将给出用边沿检测法测频的方法，并提出兼顾测量精度和效率的改进方法，最终基于EGO1平台实现该方法。

1. 边沿检测实现频率测量原理

通过检测待测周期信号的电平，当低于电平阈值时，记录电平值为0，反之记为1。当信号电平由0变为1时开始计时，当信号电平再次由0变为1时停止计时，并记录期间的时钟个数为n，时钟频率为f_0，易得信号频率f为

$$f=f_0/n \tag{10-4}$$

边沿检测法最少只需一个信号周期就可测得信号频率，效率很高。

2. 边沿检测频率计的误差分析与改进

从边沿检测法的测量原理可知，测量误差主要来源于系统时钟频率f_0和测量个数n，下面分别对这两个量进行分析，并给出提高测量精度的方案。

(1) 系统时钟频率：对于任意给定信号频率f，在测量周期内，计数结果$n=f_0/f$。显然，当时钟频率越大，计数数值越大，越有利于频率测量。EGO1系统内默认系统时钟为100MHz，但可以通过时钟IP核产生最高800MHz的时钟。

(2) 测量个数n：对于任意信号频率f和系统时钟f_0，可以计算出理论的计数结果$n_0=f_0/f$。由于n_0在很多情况下不是整数，实际测量结果n为

$$n=[n_0] \tag{10-5}$$

或

$$n=[n_0]+1 \tag{10-6}$$

这样就带来了误差。在待测频率较小时，即n远大于1时，有

$$n\approx[n_0]\approx[n_0]+1 \tag{10-7}$$

此时并不会影响测量精度，但当信号频率较大时，频率误差将相当可观。表10.3给出了时钟频率为500MHz、不同信号频率下的频率测量值和误差，验证了以上结论。

表 10.3　不同信号频率下的频率测量结果和误差(系统时钟：500MHz)

序号	信号频率 f /Hz	计数理论值 n_0	实际计数值 1 ([n_0])	测量结果 1	误差 1 /Hz	实际计数值 2 ([n_0]+1)	测量结果 2	误差 2 /Hz
1	0.03	167E+10	16666666666	0.03	0	16666666667	0.03	0
2	3	167E+08	166666666	3000000012	0	166666667	3	0
3	300	167E+06	1666666	300.00012	0.00012	1666667	299.99994	0.00006
4	30k	167E+04	16666	30001.20005	1.20005	16667	29999.4	0.6
5	3M	167E+02	166	3012048.193	12048.193	167	2994012	5988
6	300M	167E+00	1	500000000	200000000	2	25000000000	25000000000

边沿检测法测量频率只需要一个信号周期就可以测得信号频率，效率高，但也导致高频测量时误差较大。可设置一个移位寄存器，测量时估计被测频率，若频率较高，则利用移位寄存器内的计数值平均，达到测量多个周期的目的，这样既提高了测量精度，也保证了测量效率。

3. 边沿检测频率计的实现

本例用 IP 核产生 500MHz 的主时钟，对被测频率划分为 1MHz 以上、1kHz～1MHz、1kHz 以下 3 个频段。程序中设置 16 个寄存器，对于 1MHz 以上频段，采用 16 次平均；对于 1kHz～1MHz 频段，采用 4 次平均；对于 1kHz 以下频段，直接测量。例 10.9 是频率计的顶层 Verilog 语言源代码，调用 clk_self 模块产生 5kHz 的数码管片选时钟；调用 bin2dec 和 seg7 两个模块用于将频率测量结果以十进制形式显示在数码管上。

【例 10.9】 频率计的顶层源代码。

```
`timescale 1ns / 1ps
module fre_meter(
      input sys_clk,                              //100MHz 时钟
      input sys_rst,
      input sig,
      output wire [6:0] seg1 ,                    //用于数码管显示
      output wire [6:0] seg2 ,                    //用于数码管显示
      output reg [1:0] dp ,                       //用于数码管显示
      output reg [7:0] seg_cs = ~8'b11011111
       );
reg sig_reg1,sig_reg2;
reg[41:0] count = 0,n,n1,n2,n3,n4,n5,n6,n7,n8,n9,n10,
           n11,n12,n13,n14,n15,n16;               //16 个寄存器,实现 16 次平均计数
wire clkcsc,clk1hz,clk500m;
wire [1:0] state;
reg [3:0] unit_tmp;
reg [3:0] dec_tmp1,dec_tmp2;
wire [27:0] dec_data_tmp1;
reg [53:0] mea_tmp1;
```

```
parameter REF = 500_000_000;                                      //参考频率

assign  state = {sig_reg2,sig_reg1};

always@(posedge clkcsc)
begin  seg_cs[7:0] = {seg_cs[6:0],seg_cs[7]};
  case (seg_cs)
  ~8'b11111110:begin dec_tmp1 <= dec_data_tmp1[3:0];dp <= 2'b00;end
  ~8'b11111101:begin dec_tmp1 <= dec_data_tmp1[7:4];dp <= 2'b00;end
  ~8'b11111011:begin dec_tmp1 <= dec_data_tmp1[11:8];dp <= 2'b00;end
  ~8'b11110111:begin dec_tmp1 <= dec_data_tmp1[15:12];dp <= 2'b01;end
  ~8'b11101111:begin dec_tmp2 <= dec_data_tmp1[19:16];dp <= 2'b00;end
  ~8'b11011111:begin dec_tmp2 <= dec_data_tmp1[23:20];dp <= 2'b00;end
  ~8'b10111111:begin dec_tmp2 <= unit_tmp;dp <= 2'b00; end
  ~8'b01111111:begin dec_tmp2 <= unit_tmp;dp <= 2'b00; end
  endcase
end
always@(posedge clk500m)
 if(~sys_rst) count <= 0;
 else begin
   sig_reg1 <=  sig;                                              //当前采样
   sig_reg2 <=  sig_reg1;                                         //前一个采样
   if(state == 1)
    begin  n1 <= count + 1;
     n2 <= n1;  n3 <= n2;  n4 <= n3;  n5 <= n4;  n6 <= n5;
     n7 <= n6;  n8 <= n7;  n9 <= n8;  n10 <= n9;  n11 <= n10;
     n12 <= n11;  n13 <= n12;  n14 <= n13;  n15 <= n14;  n16 <= n15;
     count <= 0; end
    else count <= count + 1;
    end

always@(posedge clk1hz)
begin
if(((n1 + n2 + n3 + n4)>> 2)<= REF/1000_000)
 begin n <= n1 + n2 + n3 + n4 + n5 + n6 + n7 + n8 + n9 + n10 + n11 + n12 + n13 + n14 + n15 + n16;
//右移 4 位恢复为准确值,再扩大 128 倍(左移 7 位)
   mea_tmp1 <= (REF << 4)/n/1000; unit_tmp <= 'hc;end     //单位为 MHz
  else if(((n1 + n2 + n3 + n4)>> 2)<= REF/1_000)
    begin  n <= n1 + n2 + n3 + n4 + n5 + n6 + n7 + n8;
         mea_tmp1 <= (REF << 3)/n;unit_tmp <= 'hb;end      //单位为 kHz
  else if(n1 <= REF)
    begin  n <= n1 + n2 + n3 + n4; mea_tmp1 <= (1000 * (REF << 2))/n;
            unit_tmp <= 'ha;end                           //单位为 Hz
  else begin  n <= n1;  mea_tmp1 <= (1000 * REF)/n;
            unit_tmp <= 'ha; end                          //单位为 Hz
end
clk_self  #(10000)  u1(                                   //产生 5kHz 数码管片选时钟
```

```
        .clk(sys_clk),
        .clk_self(clkcsc)
            );
clk_self  #(50_000_000)  u2(                    //产生 1Hz 时钟信号
        .clk(sys_clk),
        .clk_self(clk1hz)
            );
bin2dec u3(                                     //二进制数转换为相应的十进制数
      .data_bin(mea_tmp1),
      .data_dec(dec_data_tmp1)
            );
seg7 u4(                                        //数码管译码
      .hex(dec_tmp1),
      .a_to_g(seg1)
            );
seg7 u5(
      .hex(dec_tmp2),
      .a_to_g(seg2)
           );
clk_500m u6(                                    //调用 IP 核产生 500MHz 主时钟
      .clk_out1(clk500m),
      .clk_in1(sys_clk)
           );
endmodule
```

其中，seg7 子模块源代码见例 8.5；clk_self 子模块源代码见例 8.2；bin2dec 子模块源代码见例 10.3。

程序中的 500MHz 时钟(clk500m)采用 IP 核 Clocking Wizard 产生，其定制过程如下。

4. IP 核 Clocking Wizard 的定制

(1) 在 Vivado 主界面，单击 Flow Navigator 中的 IP Catalog，在 IP Catalog 标签页的 Search 处输入 clock，寻找并选中 Clocking Wizard 核。

(2) 双击 Clocking Wizard 核，弹出配置对话框。图 10.12 所示是配置对话框中的 Clocking Options 标签页，在该标签页中设置 Component Name(部件名)为 clk_500M，Primitive 项选择 PLL(用数字锁相环实现该时钟)；设置输入时钟的频率为 100.000MHz。

Jitter Optimization(抖动优化)选项选择 Balanced。

(3) 设置 Output Clocks 标签页：在该页面主要设置输出频率，如图 10.13 所示，Requested(需求频率)设置为 500.000MHz，Actual(实际输出频率)显示为 500.000MHz。Duty Cycle(占空比)为 50%。

不勾选 reset、locked 端口，模块只有一个输入频率端口(clk_in1)和一个输出频率端口(clk_out1)。

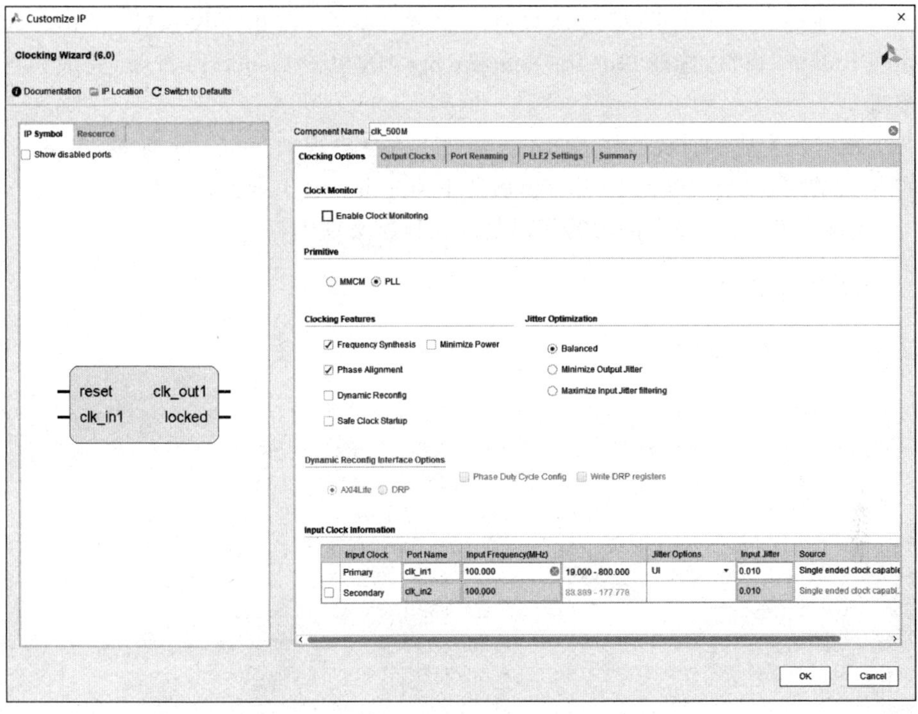

图 10.12 设置 Clocking Options 标签页

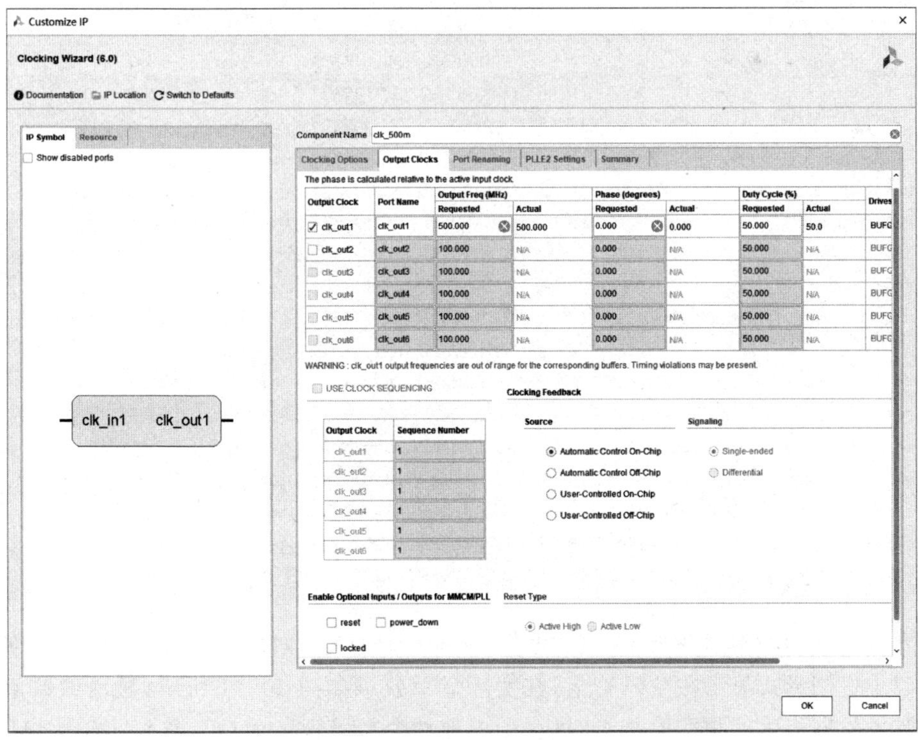

图 10.13 设置 Output Clocks 标签页

(4) 其他标签页各选项按默认设置。设置完成后,单击 OK 按钮,弹出 Generate Output Products 窗口,选择 Out for context per IP,单击 Generate 按钮,完成后再单击 OK 按钮。

(5) 在定制生成 IP 核后,在 Sources 窗口下方会出现 IP Sources 标签,单击该标签,找到刚生成的名为 clk_500M 的 IP 核,展开 Instantiation Template,找到 clk_500M. veo 文件,打开该文件,将有关实例化的代码复制到顶层文件中,调用该 IP 核。

5. 引脚约束与下载

本例的引脚约束如下。

```
#/////////////////////////////系统时钟和复位/////////////////////////////////////
set_property -dict {PACKAGE_PIN P17 IOSTANDARD LVCMOS33} [get_ports sys_clk ]
set_property -dict {PACKAGE_PIN P15 IOSTANDARD LVCMOS33} [get_ports sys_rst  ]
#/////////////////////////////////8个数码管位选信号//////////////////////////////////
set_property -dict {PACKAGE_PIN G2 IOSTANDARD LVCMOS33} [get_ports {seg_cs[7]}]
set_property -dict {PACKAGE_PIN C2 IOSTANDARD LVCMOS33} [get_ports {seg_cs[6]}]
set_property -dict {PACKAGE_PIN C1 IOSTANDARD LVCMOS33} [get_ports {seg_cs[5]}]
set_property -dict {PACKAGE_PIN H1 IOSTANDARD LVCMOS33} [get_ports {seg_cs[4]}]
set_property -dict {PACKAGE_PIN G1 IOSTANDARD LVCMOS33} [get_ports {seg_cs[3]}]
set_property -dict {PACKAGE_PIN F1 IOSTANDARD LVCMOS33} [get_ports {seg_cs[2]}]
set_property -dict {PACKAGE_PIN E1 IOSTANDARD LVCMOS33} [get_ports {seg_cs[1]}]
set_property -dict {PACKAGE_PIN G6 IOSTANDARD LVCMOS33} [get_ports {seg_cs[0]}]
#/////////////////////////////////数码管段选信号////////////////////////////////
set_property -dict {PACKAGE_PIN B4 IOSTANDARD LVCMOS33} [get_ports {seg2[6]}]
set_property -dict {PACKAGE_PIN A4 IOSTANDARD LVCMOS33} [get_ports {seg2[5]}]
set_property -dict {PACKAGE_PIN A3 IOSTANDARD LVCMOS33} [get_ports {seg2[4]}]
set_property -dict {PACKAGE_PIN B1 IOSTANDARD LVCMOS33} [get_ports {seg2[3]}]
set_property -dict {PACKAGE_PIN A1 IOSTANDARD LVCMOS33} [get_ports {seg2[2]}]
set_property -dict {PACKAGE_PIN B3 IOSTANDARD LVCMOS33} [get_ports {seg2[1]}]
set_property -dict {PACKAGE_PIN B2 IOSTANDARD LVCMOS33} [get_ports {seg2[0]}]
set_property -dict {PACKAGE_PIN D4 IOSTANDARD LVCMOS33} [get_ports {seg1[6]}]
set_property -dict {PACKAGE_PIN E3 IOSTANDARD LVCMOS33} [get_ports {seg1[5]}]
set_property -dict {PACKAGE_PIN D3 IOSTANDARD LVCMOS33} [get_ports {seg1[4]}]
set_property -dict {PACKAGE_PIN F4 IOSTANDARD LVCMOS33} [get_ports {seg1[3]}]
set_property -dict {PACKAGE_PIN F3 IOSTANDARD LVCMOS33} [get_ports {seg1[2]}]
set_property -dict {PACKAGE_PIN E2 IOSTANDARD LVCMOS33} [get_ports {seg1[1]}]
set_property -dict {PACKAGE_PIN D2 IOSTANDARD LVCMOS33} [get_ports {seg1[0]}]
set_property -dict {PACKAGE_PIN D5 IOSTANDARD LVCMOS33} [get_ports {dp[1]}]
set_property -dict {PACKAGE_PIN H2 IOSTANDARD LVCMOS33} [get_ports {dp[0]}]
set_property -dict {PACKAGE_PIN A18 IOSTANDARD LVCMOS33} [get_ports sig]
```

本例对被测频率划分为 1MHz 以上、1kHz～1MHz、1kHz 以下 3 个频段,频率测量结果以十进制形式显示在数码管上,其实际显示效果如图 10. 14 所示,显示的数值与标准函数发生器产生的频率值基本对应(图中前两个数码管显示 CC,表示当前为 1MHz 以上频段;显示 BB,表示当前为 1kHz～1MHz 频段;显示 AA,表示当前为 1kHz 以下频段)。

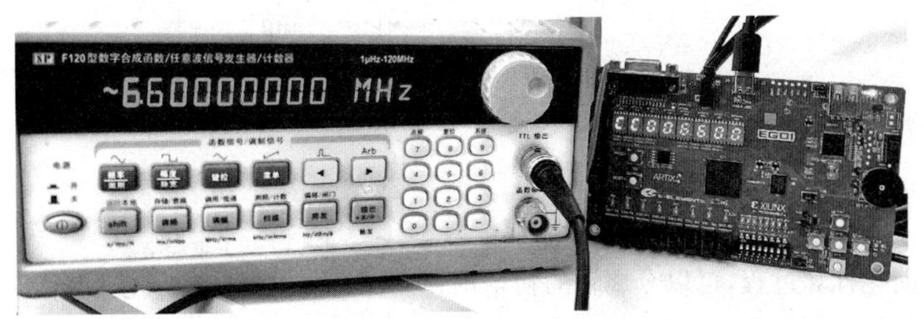

图 10.14　频率计的实际显示效果

10.5　Cordic 算法及其实现

对于三角函数的计算，在计算机普及之前，人们通常通过查找三角函数表来计算任意角度的三角函数值。计算机可以利用级数(如泰勒级数)展开来逼近三角函数，只要项数取得足够多就能以任意精度来逼近函数值。所有这些逼近方法本质上都是用多项式函数来近似计算三角函数，计算过程中必然涉及大量的浮点运算。在缺乏硬件乘法器的简单设备上(如没有浮点运算单元的单片机)，用这些方法来计算三角函数非常烦锁。为解决此问题，J. Volder 于 1959 年提出了一种快速算法，称为 Cordic(Coordinate Rotation Digital Computer)算法，即坐标旋转数字计算方法。该算法只利用移位和加、减运算，就能得出如 sin、cos、sinh、cosh 等常用三角函数值。

本节基于 FPGA 实现 Cordic 算法，将复杂的三角函数运算转化成 FPGA 擅长的加、减和乘法，而乘法运算可以用移位运算代替。

10.5.1　Cordic 算法原理

如图 10.15 所示，假设在直角坐标系中有一个点 $P_1(x_1, y_1)$，将点 P_1 绕原点旋转 θ 角后得到点 $P_2(x_2, y_2)$。

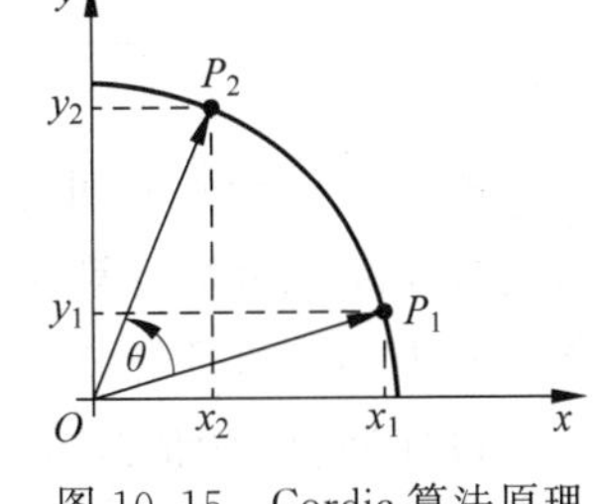

图 10.15　Cordic 算法原理

于是可以得到 P_1 和 P_2 的关系：

$$\begin{cases} x_2 = x_1\cos\theta - y_1\sin\theta = \cos\theta(x_1 - y_1\tan\theta) \\ y_2 = y_1\cos\theta - x_1\sin\theta = \cos\theta(y_1 - x_1\tan\theta) \end{cases} \tag{10-8}$$

转换为矩阵形式：

$$\begin{bmatrix} x_2 \\ y_2 \end{bmatrix} = \cos\theta \begin{bmatrix} 1 & -\tan\theta \\ \tan\theta & 1 \end{bmatrix} \begin{bmatrix} x_1 \\ y_1 \end{bmatrix} \tag{10-9}$$

当已知一个点 P_1 的坐标，并已知该点 P_1 旋转的角度 θ，则可以根据式(10-9)求得目标点 P_2 的坐标。为了兼顾顺时针旋转的情形，可以设置一个标志，记为 flag，其值为 1 时，表示逆时针旋转；其值为 −1 时，表示顺时针旋转。式(10-9)改写为

$$\begin{bmatrix} x_2 \\ y_2 \end{bmatrix} = \cos\theta \begin{bmatrix} 1 & -\text{flag} \cdot \tan\theta \\ \text{flag} \cdot \tan\theta & 1 \end{bmatrix} \begin{bmatrix} x_1 \\ y_1 \end{bmatrix} \tag{10-10}$$

容易归纳出以下通项公式：

$$\begin{bmatrix} x_{n+1} \\ y_{n+1} \end{bmatrix} = \cos\theta_n \begin{bmatrix} 1 & -\text{flag}_n \cdot \tan\theta_n \\ \text{flag}_n \cdot \tan\theta_n & 1 \end{bmatrix} \begin{bmatrix} x_n \\ y_n \end{bmatrix} \tag{10-11}$$

为了简化计算过程，可以令旋转的初始位置为0°，旋转半径为1，则 x_n 和 y_n 的值为旋转后余弦值和正弦值，并规定每次旋转的角度为特定值，即

$$\begin{cases} x_0 = 1 \\ y_0 = 0 \\ \tan\theta_n = \dfrac{1}{2^n} \end{cases} \tag{10-12}$$

通过迭代可以得出

$$\begin{aligned} \begin{bmatrix} x_{n+1} \\ y_{n+1} \end{bmatrix} &= \cos\theta_n \begin{bmatrix} 1 & -\text{flag}_n \cdot \tan\theta_n \\ \text{flag}_n \cdot \tan\theta_n & 1 \end{bmatrix} \begin{bmatrix} x_n \\ y_n \end{bmatrix} \\ &= \cos\theta_n \begin{bmatrix} 1 & -\text{flag}_n \cdot \tan\theta_n \\ \text{flag}_n \cdot \tan\theta_n & 1 \end{bmatrix} \cos\theta_{n-1} \\ &\quad \begin{bmatrix} 1 & -\text{flag}_{n-1} \cdot \tan\theta_{n-1} \\ \text{flag}_{n-1} \cdot \tan\theta_{n-1} & 1 \end{bmatrix} \begin{bmatrix} x_{n-1} \\ y_{n-1} \end{bmatrix} \\ &= \cos\theta_n \begin{bmatrix} 1 & -\text{flag}_n \cdot \tan\theta_n \\ \text{flag}_n \cdot \tan\theta_n & 1 \end{bmatrix} \cdot \cdots \cdot \begin{bmatrix} 1 \\ 0 \end{bmatrix} \\ &= \prod_{i=0}^{n} \cos\theta_i \prod_{i=0}^{n} \begin{bmatrix} 1 & -\text{flag}_i \cdot \tan\theta_i \\ \text{flag}_i \cdot \tan\theta_i & 1 \end{bmatrix} \begin{bmatrix} 1 \\ 0 \end{bmatrix} \\ &\xrightarrow{\text{令 } K = \prod_{i=0}^{n} \cos\theta_i} = \prod_{i=0}^{n} \begin{bmatrix} 1 & -\text{flag}_i / 2^i \\ \text{flag}_i / 2^i & 1 \end{bmatrix} \begin{bmatrix} K \\ 0 \end{bmatrix} \end{aligned} \tag{10-13}$$

分析以上推导过程可知，只要在FPGA中存储适当数量的角度值，就可以通过反复迭代完成正余弦函数计算。从公式中可以看出，计算结果的精度受 K 的值以及迭代次数的影响。下面分析计算精度与迭代次数之间的关系。

可以证明，K 的值随着 n 的变大逐渐收敛。图10.16为 K 值随迭代次数的收敛情况，从图中可以看出，迭代10次即有很好的收敛效果，K 值收敛于0.607252935。

使用MATLAB软件模拟使用Cordic算法完成的角度逼近情况如图10.17所示。从图中可以看出，当迭代次数超过15次时，该算法可以很好地逼近待求角度。

综上可知，当迭代次数超过15次时，计算的精度基本可以得到满足。

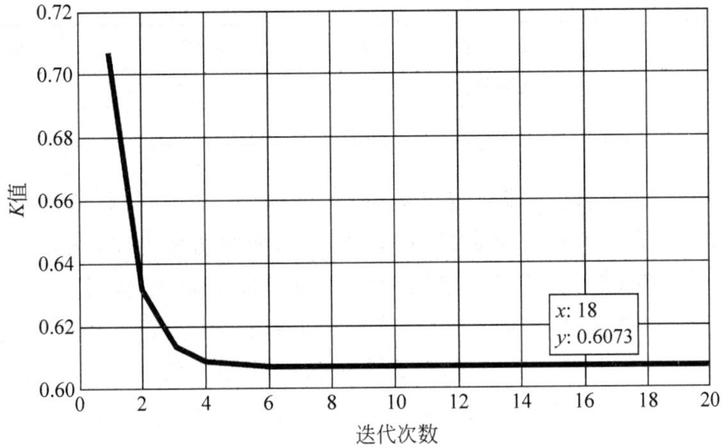

图 10.16 K 值随着迭代次数的变化曲线

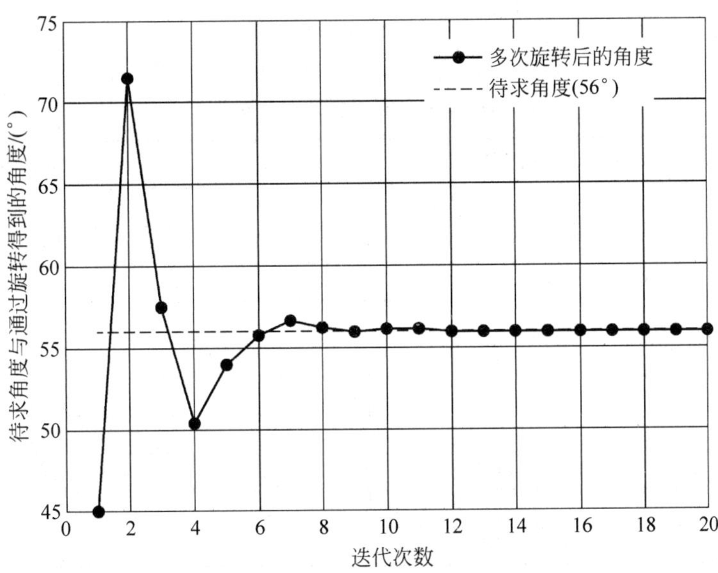

图 10.17 使用 Cordic 算法实现角度逼近

10.5.2 Cordic 算法的实现

在 Cordic 算法的 Verilog 实现过程中，着重解决如下问题。

(1) 输入角度象限的划分。三角函数值都可以转换到 0°～90°范围内计算，所以，考虑对输入的角度进行预处理，进行初步的范围划分，可分为 4 个象限，如表 10.4 所示，然后再将其转换到 0°～90°范围内进行计算。

表 10.4 角度范围划分

划分象限	象　　限	划分象限	象　　限
00	第一象限	10	第三象限
01	第二象限	11	第四象限

(2) 由于 FPGA 综合时只能对定点数进行计算，所以要进行数值的扩大，这会导致结果也扩大。因此，要进行后处理，乘以相应的因子，使数值变为原始的结果。

本例采用 8 位拨码开关作为角度值输入，则角度的输入范围为 0°～255°。使用 EGO1 上 8 位数码管作为输出显示，由于计算结果有正负，故用 1 位数码管作为正负标志，A 表示结果为正，F 表示结果为负，剩余 7 位数码管作为数值结果显示。为了使计算结果能精确到 0.00001 位，即只在数码管最后 1 位有误差，本文采用 20 次迭代。

首先根据以下计算公式，使用 MATLAB 软件计算出 20 个特定角度值并放大 2^{32} 倍，如表 10.5 所示。

$$\theta_n = \arctan \frac{1}{2^n} \tag{10-14}$$

表 10.5 20 个特定旋转角

n	角度值/(°)	n	角度值/(°)
0	45	10	0.055952892
1	26.56505118	11	0.027976453
2	14.03624347	12	0.013988227
3	7.125016349	13	0.006994114
4	3.576334375	14	0.003497057
5	1.789910608	15	0.001748528
6	0.89517371	16	0.000874264
7	0.447614171	17	0.000437132
8	0.2238105	18	0.000218566
9	0.111905677	19	0.000109283

(3) 实际编程时，当输入的角度转换到第一象限后较小(小于 5°)时或者较大(大于 85°)时计算结果都会溢出。通过 MATLAB 仿真，发现当待测角度较小时，旋转过程中会出现负角情况，即计算出的 y_n 值为负，如图 10.18 所示。

针对以上问题，通过在计算过程中加入特别判定语句，人为调整计算过程解决此问题，代码如下所示。同样，当角度较大时，x_n 也会出现类似情况，也需人为调整。

```
if((phase_tmp[DW - 1] == 0&&phase_tmp <= phase_reg)||phase_tmp[DW - 1] == 1)
  //小角度<5°,容易旋转至第四象限,即 y 为负数
  begin
  if(phase_tmp[DW - 1] == 1)  x <= x + ((~y + 1)>> i);  else  x <= x - (y>> i);
```

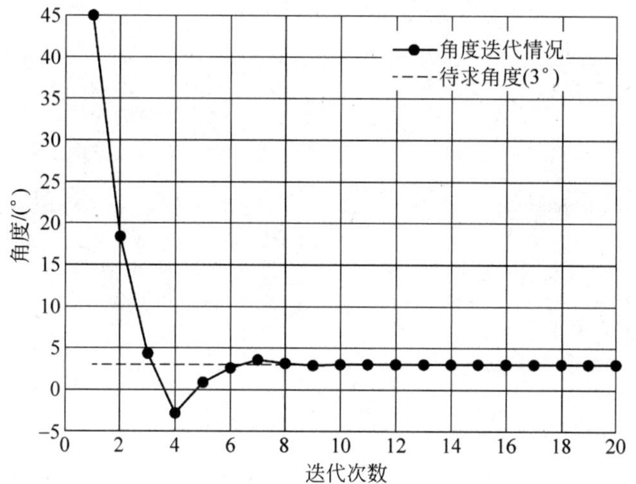

图 10.18 待测角为 3°时的角度迭代情况

(4) 图 10.19 为待测角为 0°时的角度旋转过程。放大最后的迭代结果细节发现，该迭代曲线以小于 0°的方式趋近 0°。也就是说，最终还是以负值作为近似 0°，从而导致计算结果出错。同样的问题也会出现在 90°、180°等位置。

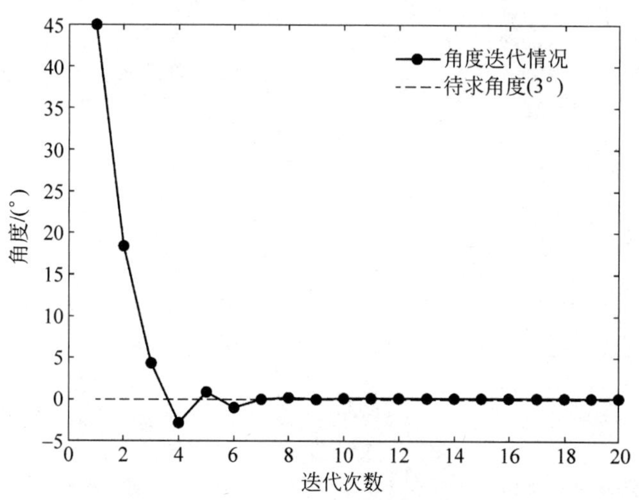

图 10.19 待测角为 0°时的角度迭代情况

由于计算 0°的三角函数值与其从正值趋近还是从负值趋近无关，故采用如下代码直接将负数变为正数解决上面的问题。

```
else if(i == 'd20) begin
if(y[DW - 1] == 1) y = ~y + 1;                    //计算完成时值依然为负数的，调整为正数
if(x[DW - 1] == 1) x = ~x + 1;
```

(5) 至此完成了 Cordic 算法编程实现，其 Verilog 源代码如例 10.10 所示。

【例 10.10】 实现 Cordic 算法的 Verilog 源代码。

```
`timescale 1ns / 1ps
module my_cordic(
        input clk,
        input reset,
        input [7:0] phase,                    //输入角度数
        input sinorcos,
        output [DW - 1 + 20:0]out_data,       //防止溢出, + 20 位
        output reg[1:0] symbol                //正负标记,0 表示正,1 表示负
              );
//----------------------------------------
parameter DW = 48;
parameter K = 40'h009B74EDA8;                 //K = 0.607253 * 2^32,40'h9B74EDA8,
integer i = 0;
reg [1:0]quadrant;
reg signed [DW - 1:0]x;
reg signed [DW - 1:0]y;
reg   [DW - 1:0]sin;
reg   [DW - 1:0]cos;
reg   [DW - 1:0] phase_reg;                   //0°~90°
wire [DW - 1:0] phase_regtmp;                 //待计算的角度
assign phase_regtmp = phase << 32;
reg signed [DW - 1:0] phase_tmp;              //存储当前的角度
reg   [39:0] rot[19:0];

always@(posedge clk, negedge reset)
begin
  if(reset) begin
    x <= K;  y <= 40'b0;  phase_tmp = 0;
    rot[0] = 40'h2D00000000;
    rot[1] = 40'h1A90A731A6;
    rot[2] = 40'h0E0947407D;
    rot[3] = 40'h072001124A ;
    rot[4] = 40'h03938AA64C;
    rot[5] = 40'h01CA3794E5;
    rot[6] = 40'h00E52A1AB2;
    rot[7] = 40'h007296D7A1;
    rot[8] = 40'h00394BA51C;
    rot[9] = 40'h001CA5D9B7 ;
    rot[10] = 40'h000E52EDC1;
    rot[11] = 40'h00072976FD;
    rot[12] = 40'h000394BB82 ;
    rot[13] = 40'h0001CA5DC2;
    rot[14] = 40'h0000E52EE1;
    rot[15] = 40'h0000729770;
    rot[16] = 40'h0000394BB8;
```

```
  rot[17] = 40'h00001CA5DC;
  rot[18] = 40'h00000E52EE;
  rot[19] = 40'h0000072977;
 if(phase_regtmp < 44'h05A00000000) begin          //< 90°
    phase_reg <= phase_regtmp;  quadrant <= 2'b00;  end
 else if(phase_regtmp < 44'h0B4_0000_0000) begin    //< 180°
    phase_reg <= phase_regtmp - 44'h05A00000000;
    quadrant <= 2'b01;  end
 else if(phase_regtmp < 44'h10E00000000)begin      //< 270°
    phase_reg <= phase_regtmp - 44'h0B400000000;
    quadrant <= 2'b10;  end
 else begin                                         //< 360°
    phase_reg <= phase_regtmp - 44'h10E00000000;
    quadrant <= 2'b11;  end
 end
 else begin
  if(i <'d20) begin
 if((phase_tmp[DW - 1] == 0&&phase_tmp <= phase_reg)||phase_tmp[DW - 1] == 1)
      //小角度< 5°,容易旋转至第四象限,即 y 为负数
  begin
  if(phase_tmp[DW - 1] == 1) x <= x + ((~y + 1)>> i);
  else x <= x - (y>> i);  y <= y + (x>> i);
     phase_tmp <= phase_tmp + rot[i];  i <= i + 1;  end
  else begin  x <= x + (y>> i);
  if(phase_tmp > 44'h05A00000000) y <= y + ((~x + 1)>> i);
     //大角度时(> 85°),容易旋转到第二象限,即 x 为负数
  else y <= y - (x>> i);  phase_tmp <= phase_tmp - rot[i];
     i <= i + 1;  end
 end
 else if(i == 'd20)begin
  if(y[DW - 1] == 1) y = ~y + 1;                    //计算完成时值依然为负数的,调整为整数
  if(x[DW - 1] == 1) x = ~x + 1;
 case(quadrant)
  2'b00:
  //角度值在第一象限,sin(x) = sin(A),cos(X) = cos(A)
       begin
        cos <= x;  sin <= y;
        symbol <= 2'b00;
       end
     2'b01:
 //角度值在第二象限,sin(x) = sin(A + 90) = cosA,cos(X) = cos(A + 90) = - sinA
       begin
          cos <= y;                                 // - sin
          sin <= x;                                 //cos
          symbol <= 2'b10;
        end
     2'b10:
```

```
//角度值在第三象限,sin(x) = sin(A + 180) = - sinA,cos(x) = cos(A + 180) = - cosA
        begin
          cos <= x;                    // - cos
          sin <= y;                    // - sin
          symbol <= 2'b11;
        end
      2'b11:
  //角度值在第四象限,sin(x) = sin(A + 270) = - cosA,cos(x) = cos(A + 270) = sinA
        begin
          cos <= y;                    //sin
          sin <= x;                    // - cos
          symbol <= 2'b01;
        end
    endcase
      i <= i + 1;
  end
else begin  phase_tmp <= 0; x <= K; y <= 40'b0; i <= 0; end
  end
end
assign out_data = ((sinorcos?sin:cos) * 15625)>> 26;
                                  //为防止溢出,提前做了部分运算 * 1000000 >> 32
endmodule
```

(6) 在实现 Cordic 算法的基础上,增加数码管显示等模块构成顶层设计,如例 10.11 所示。

【例 10.11】 Cordic 设计顶层源代码。

```
`timescale 1ns / 1ps
module cordic_top(
        input sys_clk,
        input sys_rst,
        input sinorcos,
        input wire [7:0] phase,
        output wire [6:0] seg1 ,                //用于数码管显示低位
        output wire [6:0] seg2 ,                //用于数码管显示高位
        output reg [1:0] dp ,                   //用于数码管显示
        output reg [7:0] seg_cs  =  ~8'b11011111
          );
wire clkcsc;
wire [1:0] symbol;
wire [39:0] data_tmp;
reg [3:0] dec_tmp1,dec_tmp2;
wire [31:0] dec_data_tmp1;

always@(posedge clkcsc)
begin
```

```
    seg_cs[7:0] = {seg_cs[6:0],seg_cs[7]};
    case(seg_cs)
    ~8'b11111110:begin dec_tmp1 <= dec_data_tmp1[3:0];dp <= 2'b00;end
    ~8'b11111101:begin dec_tmp1 <= dec_data_tmp1[7:4];dp <= 2'b00;end
    ~8'b11111011:begin dec_tmp1 <= dec_data_tmp1[11:8];dp <= 2'b00;end
    ~8'b11110111:begin dec_tmp1 <= dec_data_tmp1[15:12];dp <= 2'b00;end
    ~8'b11101111:begin dec_tmp2 <= dec_data_tmp1[19:16]; dp <= 2'b00;end
    ~8'b11011111:begin dec_tmp2 <= dec_data_tmp1[23:20];dp <= 2'b00;end
    ~8'b10111111:begin dec_tmp2 <= dec_data_tmp1[27:24];dp <= 2'b10;end
    ~8'b01111111:begin dp <= 2'b00;
    if(sinorcos) begin
      if(symbol[0]) dec_tmp2 <= 'hf;  else dec_tmp2 <= 'ha; end
      else begin
        if(symbol[1]) dec_tmp2 <= 'hf;  else dec_tmp2 <= 'ha;end
        end
    endcase
  end
  clk_self  #(10000)  u1(                    //产生 5kHz 数码管位选时钟
          .clk(sys_clk),
          .clk_self(clkcsc)
          );
  bin2dec u2(                                //二进制结果转换为相应的十进制数
          .data_bin(data_tmp),
          .data_dec(dec_data_tmp1)
          );
  seg7 u3(                                   //数码管译码
          .hex(dec_tmp1),
          .a_to_g(seg1)
          );
   seg7 u4(
          .hex(dec_tmp2),
          .a_to_g(seg2)
          );
   my_cordic u5(
          .clk(sys_clk),
          .reset(sys_rst),
          .phase(phase),
          .out_data(data_tmp),
          .sinorcos(sinorcos),
          .symbol(symbol)
          );
  endmodule
```

clk_self 子模块源代码见例 8.2；seg7 数码管译码子模块源代码见例 8.5；bin2dec 子模块源代码见例 10.3。

(7) 引脚约束,本例的引脚约束如下。

```
#////////////////////////////系统时钟和复位//////////////////////////////////
set_property -dict {PACKAGE_PIN P17 IOSTANDARD LVCMOS33} [get_ports sys_clk ]
set_property -dict {PACKAGE_PIN P15 IOSTANDARD LVCMOS33} [get_ports sys_rst ]
set_property -dict {PACKAGE_PIN R15 IOSTANDARD LVCMOS33} [get_ports sinorcos]
#////////////////////////////////拨码开关 sw0~sw7////////////////////////////////
set_property -dict {PACKAGE_PIN P5 IOSTANDARD LVCMOS33} [get_ports {phase[7]}]
set_property -dict {PACKAGE_PIN P4 IOSTANDARD LVCMOS33} [get_ports {phase[6]}]
set_property -dict {PACKAGE_PIN P3 IOSTANDARD LVCMOS33} [get_ports {phase[5]}]
set_property -dict {PACKAGE_PIN P2 IOSTANDARD LVCMOS33} [get_ports {phase[4]}]
set_property -dict {PACKAGE_PIN R2 IOSTANDARD LVCMOS33} [get_ports {phase[3]}]
set_property -dict {PACKAGE_PIN M4 IOSTANDARD LVCMOS33} [get_ports {phase[2]}]
set_property -dict {PACKAGE_PIN N4 IOSTANDARD LVCMOS33} [get_ports {phase[1]}]
set_property -dict {PACKAGE_PIN R1 IOSTANDARD LVCMOS33} [get_ports {phase[0]}]
#////////////////////////////////数码管段选信号////////////////////////////////
set_property -dict {PACKAGE_PIN B4 IOSTANDARD LVCMOS33} [get_ports {seg2[6]}]
set_property -dict {PACKAGE_PIN A4 IOSTANDARD LVCMOS33} [get_ports {seg2[5]}]
set_property -dict {PACKAGE_PIN A3 IOSTANDARD LVCMOS33} [get_ports {seg2[4]}]
set_property -dict {PACKAGE_PIN B1 IOSTANDARD LVCMOS33} [get_ports {seg2[3]}]
set_property -dict {PACKAGE_PIN A1 IOSTANDARD LVCMOS33} [get_ports {seg2[2]}]
set_property -dict {PACKAGE_PIN B3 IOSTANDARD LVCMOS33} [get_ports {seg2[1]}]
set_property -dict {PACKAGE_PIN B2 IOSTANDARD LVCMOS33} [get_ports {seg2[0]}]
set_property -dict {PACKAGE_PIN D5 IOSTANDARD LVCMOS33} [get_ports {dp[1]}]

set_property -dict {PACKAGE_PIN D4 IOSTANDARD LVCMOS33} [get_ports {seg1[6]}]
set_property -dict {PACKAGE_PIN E3 IOSTANDARD LVCMOS33} [get_ports {seg1[5]}]
set_property -dict {PACKAGE_PIN D3 IOSTANDARD LVCMOS33} [get_ports {seg1[4]}]
set_property -dict {PACKAGE_PIN F4 IOSTANDARD LVCMOS33} [get_ports {seg1[3]}]
set_property -dict {PACKAGE_PIN F3 IOSTANDARD LVCMOS33} [get_ports {seg1[2]}]
set_property -dict {PACKAGE_PIN E2 IOSTANDARD LVCMOS33} [get_ports {seg1[1]}]
set_property -dict {PACKAGE_PIN D2 IOSTANDARD LVCMOS33} [get_ports {seg1[0]}]
set_property -dict {PACKAGE_PIN H2 IOSTANDARD LVCMOS33} [get_ports {dp[0]}]
#///////////////////////////////8 个数码管位选信号//////////////////////////////
set_property -dict {PACKAGE_PIN G2 IOSTANDARD LVCMOS33} [get_ports {seg_cs[7]}]
set_property -dict {PACKAGE_PIN C2 IOSTANDARD LVCMOS33} [get_ports {seg_cs[6]}]
set_property -dict {PACKAGE_PIN C1 IOSTANDARD LVCMOS33} [get_ports {seg_cs[5]}]
set_property -dict {PACKAGE_PIN H1 IOSTANDARD LVCMOS33} [get_ports {seg_cs[4]}]
set_property -dict {PACKAGE_PIN G1 IOSTANDARD LVCMOS33} [get_ports {seg_cs[3]}]
set_property -dict {PACKAGE_PIN F1 IOSTANDARD LVCMOS33} [get_ports {seg_cs[2]}]
set_property -dict {PACKAGE_PIN E1 IOSTANDARD LVCMOS33} [get_ports {seg_cs[1]}]
set_property -dict {PACKAGE_PIN G6 IOSTANDARD LVCMOS33} [get_ports {seg_cs[0]}]
```

(8) 将本例综合并下载,观察实际效果。

Cordic 算法演示如图 10.20 所示,角度值由 8 个拨码开关输入,按下 RESET 按键显示其 cos 值,按下 S2 键可切换显示其 sin 值。用 8 个数码管显示结果,其中,第 1 个数码管显示正负(A 表示正,F 表示负),后 7 个数码管显示数值结果。

如图 10.20 所示，输入角度值为 111100，即 60°，其 cos 值显示为正的 0.500001，精度尚可，如需进一步提高精度，可修改迭代次数实现。

图 10.20 Cordic 算法演示

10.6 UART 异步串口通信

UART(Universal Asynchronous Receiver Transmitter，通用异步收发器)是一种异步通信协议，只需要两条信号线(发送信号 txd 和接收信号 rxd)即可实现全双工通信。实现 UART 通信的接口规范和总线标准包括 RS-232、RS-449、RS-423、RS-422 和 RS-485 等，这些接口标准规定了通信口的电气特性、传输速率、连接特性和接口的机械特性，可在物理层面实现异步串口通信。

1. UART 传输协议

UART 是异步通信方式，发送方和接收方分别有各自独立的时钟，传输的速率由双方约定，使用起止式异步协议。起止式异步协议的特点是一个字符一个字符地进行传输，字符之间没有固定的时间间隔要求，每个字符都以起始位开始，以停止位结束。其帧格式如图 10.21 所示，每个字符的前面都有一个起始位(低电平)，字符本身由 5～8 位数据位组成，接着是 1 位校验位(也可以没有校验位)，最后是 1 位(或 1.5 位、2 位)停止位，停止位后面是不定长度的空闲位。停止位和空闲位都规定为高电平，这样就保证了起始位开始处一定有一个下降沿。从图 10.21 可看出，这种格式是靠起始位和停止位来实现字符的界定或同步的，故称为起止式协议。

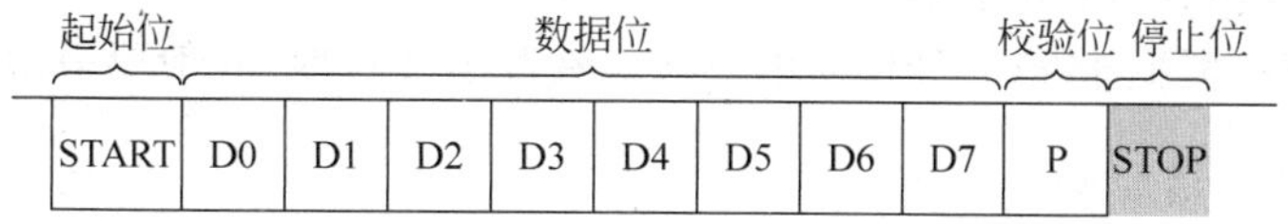

图 10.21 基本 UART 的帧格式

1）UART 数据发送

数据的发送实际上就是按照图 10.21 所示的格式将寄存器中的并行数据转换为串行数据，为其加上起始位和停止位，以一定的传输速率进行传输。传输速率可以有多种选择，如 9600b/s、14 400b/s、19 200b/s、38 400b/s 等，在本节的实例中，选择的传输速率为 9600b/s。

2）数据接收

接收的首要任务是能够正确检测到数据的起始位。起始位是一位 0，因为空闲位都为高电平，所以当接收信号突然变为低电平时，告诉接收端将有数据传送。一个字符接收完毕后，对数据进行校验（若数据包含奇偶校验位），最后检测停止位，以确认数据接收完毕。

数据传输开始后，接收端不断检测传输线，看是否有起始位到来。当收到一系列的 1 之后，检测到一个下降沿，说明起始位出现。但是，由于传输中有可能会产生毛刺，接收端极有可能将毛刺误认为起始位，所以要对检测到的下降沿进行判别。一般采用如下方法：取接收端的时钟频率是发送频率的 16 倍频，当检测到一个下降沿后，在接下来的 16 个周期内检测数据线上 0 的个数，若 0 的个数超过一定个数（比如 8 个或 10 个，根据实际情况设置），则认为起始位到来；否则，认为起始位没有到来，继续检测传输线，等待起始位。

在检测到起始位后，还要确定起始位的中间点位置，由于检测起始位采取 16 倍频，因此计数器计到 8 的时刻即是起始位的中间点位置，在随后的数据位接收中，应恰好在每一位的中间点采样，这样可提高接收的可靠性。接收数据位时可采取与发送数据相同的时钟频率，如果是 8 位数据位、1 位停止位，则需要采样 9 次。UART 接收示意图如图 10.22 所示。最后，接收端将停止位去掉，如果需要，还应进行串/并转换，完成一个字符的接收。

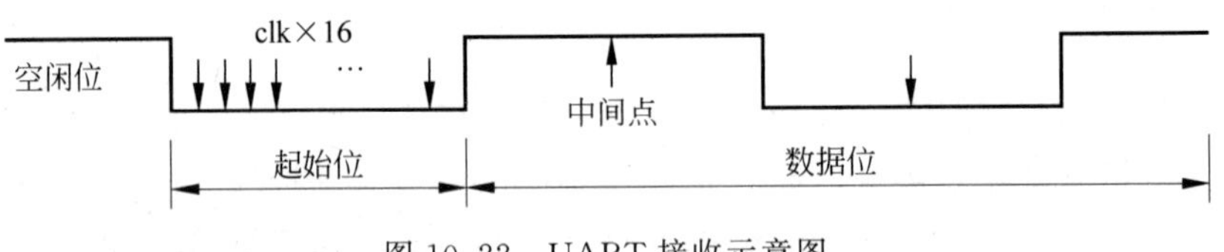

图 10.22　UART 接收示意图

由上述工作过程可看到，异步通信是按字符传输的，每传输一个字符，就用起始位来通知收方，以此来重新核对收发双方的同步。若接收设备和发送设备两者的时钟频率略有偏差，也不会因偏差的累积而导致错位，加之字符之间的空闲位也为这种偏差提供了一种缓冲，所以异步串行通信的可靠性较高。但由于要在每个字符的前后加上起始位和停止位这样一些附加位，使得传输效率变低，只有约 80%。因此，起止协议一般用在数据传输速率较低（一般低于 113.2kb/s）的场合。在高速传送时，一般要采用同步协议。

2. UART 传输实验

本节案例实现 UART 传输回环，分别编写顶层模块 uart_top（见例 10.12）、发送模块

uart_tx(例 10.13)、接收模块 uart_rx(例 10.14),以及时钟产生模块 clk_div(例 10.15); 接收模块 uart_rx 将收到的数据解析出 8 位的数据,再传送给 uart_tx 发出,形成回环。

本例中 UART 一帧数据中没有校验位,传输速率(波特率)采用 9600b/s。

【例 10.12】 UART 顶层模块。

```
`timescale 1ns / 1ps
module uart_top(
        input  clk,
        input  rxd,
        output txd);
wire clk_9600;
wire rx_ack;
wire[7:0] data;
uart_tx  i1(
     .clk(clk_9600),
     .txd(txd),
     .rst(1),
     .dat_out(data),
     .rx_ack(rx_ack));
uart_rx  i2(
     .clk(clk_9600),
     .rxd(rxd),
     .dat_in(data),
     .rx_ack(rx_ack));
clk_div  i3(
     .clk(clk),
     .clk_out(clk_9600));
endmodule
```

【例 10.13】 uart_tx 发送模块。

```
module uart_tx(
          input clk,rst,rx_ack,
          input [7:0] dat_out,
          output  reg txd);
localparam  IDLE = 0,
          SEND_START = 1,
          SEND_DATA = 2,
          SEND_END = 3;
reg[3:0] cs,ns;
reg[4:0] count;
reg[7:0] dat_tmp;
always @(posedge clk)
  begin  cs <= ns;  end
always @( * )
  begin  ns = cs;
```

```
    case(cs)
    IDLE:if(rx_ack)  ns = SEND_START;
    SEND_START:ns = SEND_DATA;
    SEND_DATA:if(count == 7)  ns =  SEND_END;
    SEND_END:if(rx_ack)  ns = SEND_START;
    default: ns =  IDLE;
    endcase
  end
always @(posedge clk)
  begin
    if(cs == SEND_DATA) count <= count + 1;
    else if(cs == IDLE|cs == SEND_END) count <= 0;
  end
always @(posedge clk)
  begin
    if(cs ==  SEND_START) dat_tmp <= dat_out;
    else if(cs == SEND_DATA) dat_tmp[6:0]<= dat_tmp[7:1];
  end
always @(posedge clk)
  begin
    if(cs ==  SEND_START) txd <= 0;
    else if(cs == SEND_DATA) txd <= dat_tmp[0];
    else if(cs == SEND_END) txd <= 1;
  end
endmodule
```

【例 10.14】 uart_rx 接收模块。

```
module uart_rx(
      input clk,rxd,
      output rx_ack,
      output  reg[7:0] dat_in);
localparam IDLE = 0,
          RECEIVE = 1,
          RECEIVE_END = 2;
reg[3:0] cs,ns;
reg[4:0] count;
always @(posedge clk)
begin  cs <= ns;  end
 always @( * )
  begin
   ns = cs;
   case(cs)
       IDLE:if(!rxd)  ns = RECEIVE;
       RECEIVE:if(count == 7)  ns = RECEIVE_END;
       RECEIVE_END:ns =  IDLE;
       default:ns =  IDLE;
```

```
    endcase
    end
  always @(posedge clk)
    begin
    if(cs == RECEIVE) count <= count + 1;
    else if(cs == IDLE|cs == RECEIVE_END) count <= 0;
    end
  always @(posedge clk)
    begin
    if(cs == RECEIVE)
      begin
      dat_in[6:0]<= dat_in[7:1];
      dat_in[7] <=  rxd;
      end
    end
  assign  rx_ack  = (cs == RECEIVE_END) ? 1:0;
  endmodule
```

例 10.15 是时钟分频模块，模块中参数 Baud_Rate 表示波特率，输入时钟频率为 100MHz，故时钟分频比为 100_000_000/Baud_Rate。

本例中波特率设置为 9600b/s，改变此参数即可改变串口波特率。

【例 10.15】 时钟分频模块。

```
module clk_div(
    input clk,
    output  reg clk_out);
localparam Baud_Rate = 9600;
localparam NUM = 100_000_000/Baud_Rate;
reg[15:0] count;
always @(posedge clk)
begin
    if(count == NUM) begin count <=  0;clk_out <=  1;end
    else begin count <= count + 1;clk_out <=  0;end
end
endmodule
```

本例的引脚约束如下：

```
set_property  - dict {PACKAGE_PIN P17 IOSTANDARD LVCMOS33} [get_ports clk]
#/////////////////////////////UART 串口//////////////////////////////////
set_property  - dict {PACKAGE_PIN N5 IOSTANDARD LVCMOS33} [get_ports rxd]
set_property  - dict {PACKAGE_PIN T4 IOSTANDARD LVCMOS33} [get_ports txd]
```

将本例综合并下载至 EGO1 开发板，观察实际效果。

在 PC 上运行串口调试软件，速率设置为 9600b/s，使用 COM6 串口，数据位为 8 位，停止位为 1 位，无校验位。在发送窗口中，发送 ASCII 字符，在 PC 上可以看到接收与发送的字符相同，说明串口接收成功，如图 10.23 所示。

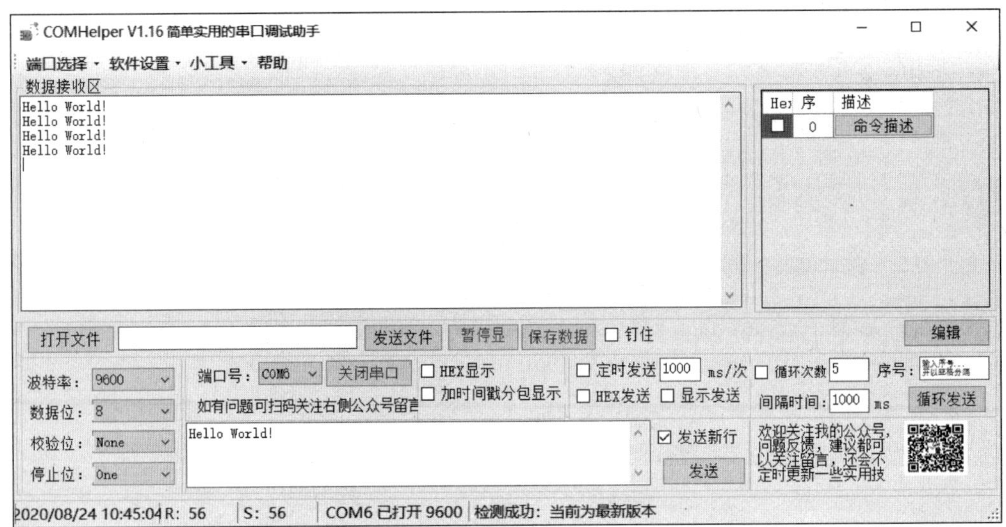

图 10.23 PC 与 EGO1 通过 UART 串口进行通信

10.7 蓝牙通信

蓝牙(Bluetooth)是使用范围最广泛的短距离无线通信标准之一。EGO1 实验板搭载的蓝牙模块是基于 TI 公司 CC2541 芯片的蓝牙 4.0 模块，具有 256Kb 配置空间，遵循 V4.0 BLE 蓝牙规范。

本例利用板卡上的蓝牙模块与外界支持蓝牙 4.0 标准的设备(如手机)进行交互，使支持蓝牙 4.0 的手机与板卡上的蓝牙模块建立连接，并且通过手机 App 发送命令，与板卡的蓝牙模块实现无线通信。该板卡蓝牙模块出厂默认配置为通过串口协议与 FPGA 进行通信，因此用户无须研究蓝牙相关协议与标准，只需要按照 UART 串口协议来处理发送与接收的数据即可。以下为本例的实现过程。

(1) 建立工程，名字不妨命名为 BT。

(2) 添加源文件：其中，UART 串口模块(uart_rx、uart_tx)、时钟分频模块(clk_div)都无须改动，沿用 10.6 节的模块代码；编写顶层 bt_top 模块，该模块提供了数据通路 rxd、txd 和蓝牙配置端口等，如例 10.16 所示。

【例 10.16】 蓝牙顶层模块。

```
`timescale 1ns / 1ps
module bt_top(
        input clk,rxd,
        output txd,
        output bt_master_slave,
```

```
        output bt_sw_hw,bt_sw,
        output bt_rst_n,
        input [5:0] sw_pin);
wire clk_9600,rx_ack;
wire[7:0] data;
uart_tx i1(
        .clk(clk_9600),
        .txd(txd),
        .rst(1),
        .dat_out(data),
        .rx_ack(rx_ack));
uart_rx i2(
        .clk(clk_9600),
        .rxd(rxd),
        .dat_in(data),
        .rx_ack(rx_ack));
clk_div i3(
        .clk(clk),
        .clk_out(clk_9600));
assign bt_master_slave = sw_pin[0];
assign bt_sw_hw = sw_pin[1];
assign bt_rst_n = sw_pin[2];
assign bt_sw = sw_pin[3];
assign bt_pw_on = sw_pin[4];
endmodule
```

其中，uart_tx 子模块源代码参见例 10.13；uart_rx 子模块源代码见例 10.14；clk_div 分频子模块源代码见例 10.15。

本例的引脚约束如下：

```
#///////////////////////////////系统时钟和复位////////////////////////////////////
set_property -dict {PACKAGE_PIN P17 IOSTANDARD LVCMOS33} [get_ports clk]
#/////////////////////////////////蓝牙//////////////////////////////////////////
set_property -dict {PACKAGE_PIN L3 IOSTANDARD LVCMOS33} [get_ports rxd]
set_property -dict {PACKAGE_PIN N2 IOSTANDARD LVCMOS33} [get_ports txd]
set_property -dict {PACKAGE_PIN D18 IOSTANDARD LVCMOS33} [get_ports bt_pw_on]
set_property -dict {PACKAGE_PIN M2  IOSTANDARD LVCMOS33} [get_ports bt_rst_n]
set_property -dict {PACKAGE_PIN H15 IOSTANDARD LVCMOS33} [get_ports bt_sw_hw]
set_property -dict {PACKAGE_PIN C16 IOSTANDARD LVCMOS33} [get_ports bt_master_slave]
set_property -dict {PACKAGE_PIN E18 IOSTANDARD LVCMOS33} [get_ports bt_sw]
#////////////////////////////////////拨码开关 sw0~sw4////////////////////////////
set_property -dict {PACKAGE_PIN R1 IOSTANDARD LVCMOS33} [get_ports {sw_pin[0]}]
set_property -dict {PACKAGE_PIN N4 IOSTANDARD LVCMOS33} [get_ports {sw_pin[1]}]
set_property -dict {PACKAGE_PIN M4 IOSTANDARD LVCMOS33} [get_ports {sw_pin[2]}]
set_property -dict {PACKAGE_PIN R2 IOSTANDARD LVCMOS33} [get_ports {sw_pin[3]}]
set_property -dict {PACKAGE_PIN P2 IOSTANDARD LVCMOS33} [get_ports {sw_pin[4]}]
```

(3) 对本例进行综合,并下载到 EGO1 中。

(4) 配置 EGO1 蓝牙模块为从模式,根据蓝牙配置,将拨码开关设置成 SW1 为低,SW0、SW2、SW3、SW4 为高,此时,D17 蓝色灯闪烁较慢,说明 EGO1 蓝牙已配置为从模式。

(5) 打开手机蓝牙 App,输入数字,验证试验结果: 在手机蓝牙 App 上输入数字,对应 ASCII 码对照表,若返回值一致,说明蓝牙接收成功。

10.8 用 XADC 实现模/数转换

Xilinx 的 7 系列 FPGA 芯片内部集成了两个 12 位位宽、采样率为 1MSPS 的 ADC,可采集最多 17 路的模拟输入,为用户的设计提供了通用的、高精度的 ADC,免于外挂 ADC 芯片。

10.8.1 7 系列 FPGA 片内集成 ADC 概述

1. XADC 的结构

XADC 包含两个通道的模拟差分输入,每个通道的采样率都为 1MSPS(Mega Sample Per Second),其结构框图如图 10.24 所示。

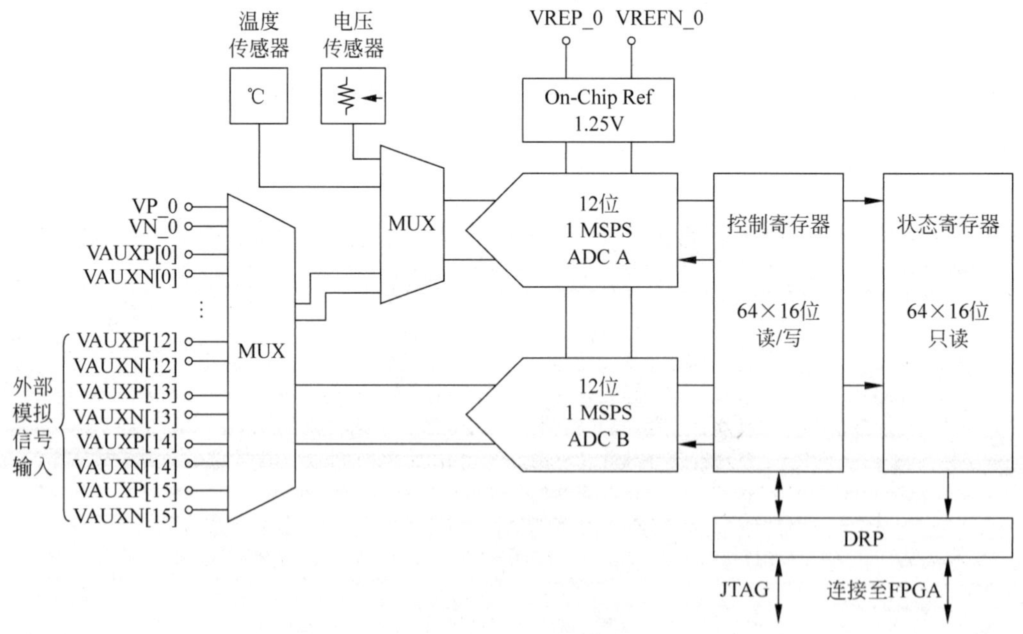

图 10.24 XADC 结构框图

从图 10.24 可看出,XADC 模块有一个专用的支持差分输入的模拟通道输入引脚(VP/VN),以及 16 路数字/模拟混合引脚 VAUXP/VAUXN[15:0]的模拟差分输入,因此 XADC 最多可采集 17 路外部模拟信号。

XADC 的输出通过 JTAG 口可直接被 FPGA 开发工具读取并实时监测，借助 Xilinx CORE Generator 还可以生成 XADC 的 IP 核，加载至 FPGA 逻辑代码中，随时供用户读取 FPGA 的温度、电压等信息。

XADC 模块也包括一定数量的片上传感器来测量片上的供电电压和芯片温度，这些测量转换数据存储在状态寄存器(Status Register)内，可由 FPGA 内部的动态配置端口(Dynamic Reconfiguration Port，DRP)的 16 位同步读写端口访问。ADC 转换数据也可由 JTAG TAP 访问，该端口是 FPGA 的 JTAG 结构的专用接口。

2. XADC 的引脚

图 10.25 所示为 XADC 的引脚，实际设计时可根据需要选择必要的输入输出引脚；表 10.6 为 XADC 各引脚功能。

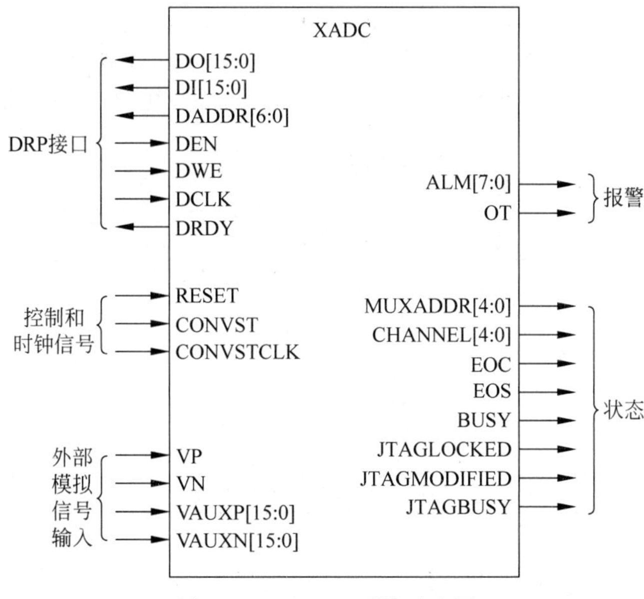

图 10.25　XADC 引脚示意图

表 10.6　XADC 引脚功能

序号	引　脚	输入/输出	功　能
1	DO[15:0]	输出	DRP 输出总线
2	DI[15:0]	输入	DRP 输入总线
3	DADDR[6:0]	输入	DRP 地址总线
4	DEN	输入	DRP 使能信号，高电平有效
5	DWE	输入	DRP 写使能信号，高电平有效
6	DCLK	输入	DRP 时钟
7	DRDY	输出	DRP 数据就绪信号，高电平有效
8	RESET	输入	XADC 控制逻辑的异步复位信号

续表

序号	引　　脚	输入/输出	功　　能
9	CONVST	输入	当采用事件驱动模式时转换开始信号,上升沿触发
10	CONVSTCLK	输入	事件驱动模式下的时钟信号
11	VP,VN	输入	一个专用的模拟输入对,提供差分模拟输入。当使用XADC特性而不是使用VP和VN专用的外部通道进行设计时,应该同时将VP和VN连接到模拟地面
12	VAUXP[15:0],VAUXN[15:0]	输入	16个辅助模拟输入对。除了专用的差分模拟输入,XADC还可以通过将数字I/O配置为模拟输入来访问16个差分模拟输入
13	ALM[7:0]	输出	全部为高电平有效。其中,0:温度传感器报警;1:VCCINT传感器报警;2:VCCAUX传感器报警;3:VCCBRAM传感器报警;4～6:未使用;7:标记任何报警的发生
14	OT	输出	高电平有效,超高温报警输出
15	MUXADDR[4:0]	输出	这些输出用于外部多路复用器模式。它们以要转换的序列指示下一个通道的地址,为外部多路复用器提供通道地址
16	CHANNEL[4:0]	输出	频道选择输出。当前ADC转换的ADC输入MUX通道选择在ADC转换结束时放在这些输出上
17	EOC	输出	转换结束信号,高电平有效
18	EOS	输出	序列结束信号。当自动通道序列中最后一个通道的测量数据写入状态寄存器时,该信号转换为高电平
19	BUSY	输出	ADC忙信号。这个信号在ADC转换过程中或传感器校准期间变为高电平
20	JTAGLOCKED	输出	JTAG端口锁定,高电平有效
21	JTAGMODIFIED	输出	标志JTAG正在写入DRP,高电平有效
22	JTAGBUSY		JTAG忙,高电平有效

3. XADC的转换公式

XADC的标称模拟输入范围是0～1V。在单极模式下,差分模拟输入(VP和VN)的输入范围为0～1.0V。在此模式下,VP上的电压(相对于VN测量)必须始终为正。例如,可将VN引脚接地,VP接入0～1V的模拟输入即可。在双极模式下,所有输入电压必须相对于模拟地端为正,差分模拟输入(VP－VN)的最大输入范围为±0.5V。在这种情况下,共模或参考电压不应超过0.5V。

XADC总是产生16位的转换结果。如果是12位数据,则对应16位状态寄存器中的高12位,未使用的4个低位可用于最小化量化效果,或通过平均和滤波提高分辨率。

下面将常用的A/D转换公式列举如下:

$$\text{Temp}(℃)=\frac{12\text{位 ADC 编码}\times 503.975}{4096}-273.15=\frac{16\text{位 ADC 编码}\times 503.975}{65536}-273.15$$

$$\text{VCCINT、VCCAUX 和 VCCBRAM(V)} = \frac{12\text{ 位 ADC 编码}}{4096} \times 3 = \frac{16\text{ 位 ADC 编码}}{65536} \times 3$$

$$\text{VAUXP[15:0]} - \text{VAUXN[15:0](V)} = \frac{12\text{ 位 ADC 编码}}{4096} = \frac{16\text{ 位 ADC 编码}}{65536}$$

10.8.2 XADC的使用

本例采集6路模拟信号，分别是片上温度传感器、片上电压传感器(VCCINT)和4路外部模拟电压输入，通过EGO1自带的电位器(W1)向FPGA提供4路外部模拟电压输入(也可将其接入其他0～1V的模拟输入信号)，输入的模拟电压随电位器的旋转在0～1V之间变化。6路信号通过3位拨码开关选择，并将采集结果实时用数码管显示出来。

本例需要用到IP核XADC Wizard，首先需定制该IP核。

1. IP核XADC Wizard的定制

(1) 启动Vivado软件，在IP Catalog中搜索并打开IP核XADC Wizard，如图10.26所示。

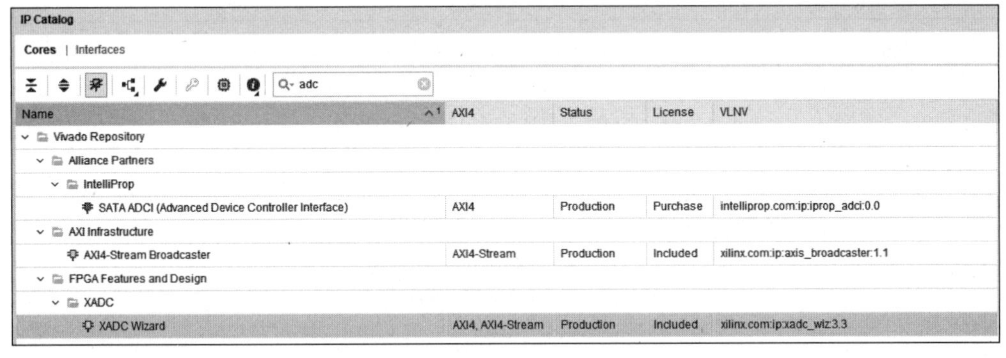

图10.26 搜索并打开XADC Wizard

(2) 进入IP核XADC Wizard的定制界面，首先是Basic设置界面，如图10.27所示。在该界面中设置Component Name(部件名)为xadc_0；选择Interface Options(接口类型)为DRP；选择Timing Mode(定时模式)为Continuous Mode(持续采样模式)；选择Startup Channel Selection Channel Sequencer。其他选项按默认设置。

(3) 在如图10.28所示的ADC Setup设置界面中，设置Sequencer Mode为Continuous，Channel Averaging(通道平均)为64；其他选项如ADC校准、电压传感器校准、外部多路复用器设置等按默认设置。

(4) 在如图10.29所示的Alarms设置界面中列举了各项报警指标，通常不需要更改，采取默认即可。

(5) Channel Sequencer设置界面如图10.30所示，在其中选择要采集的通道，勾选TEMPERATURE、VCCINT、vauxp0/vauxn0、vauxp1/vauxn1等通道。

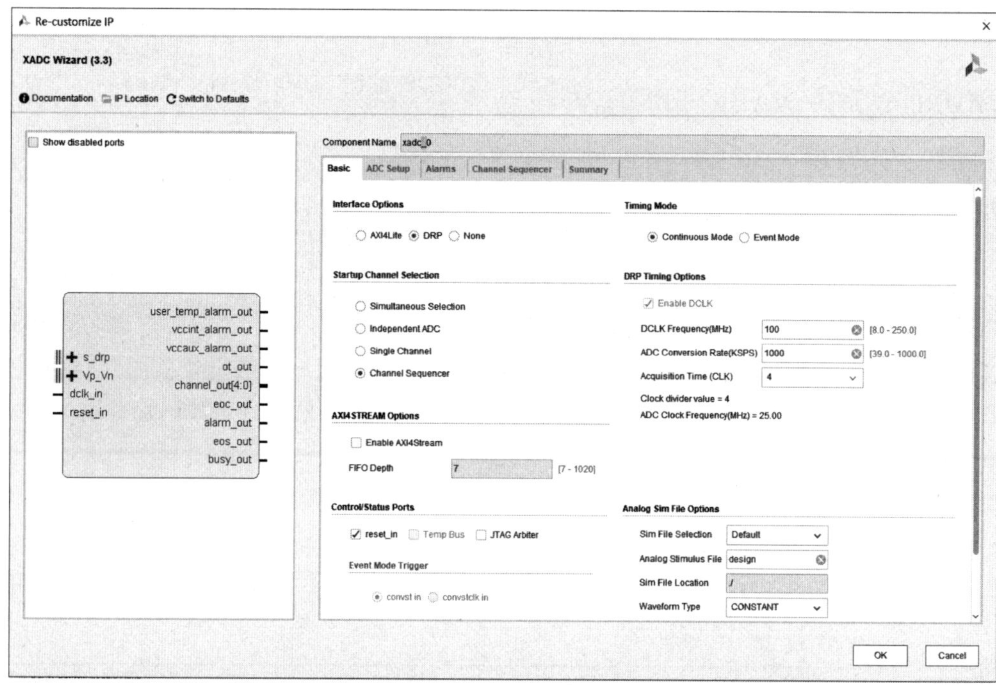

图 10.27　Basic 设置界面

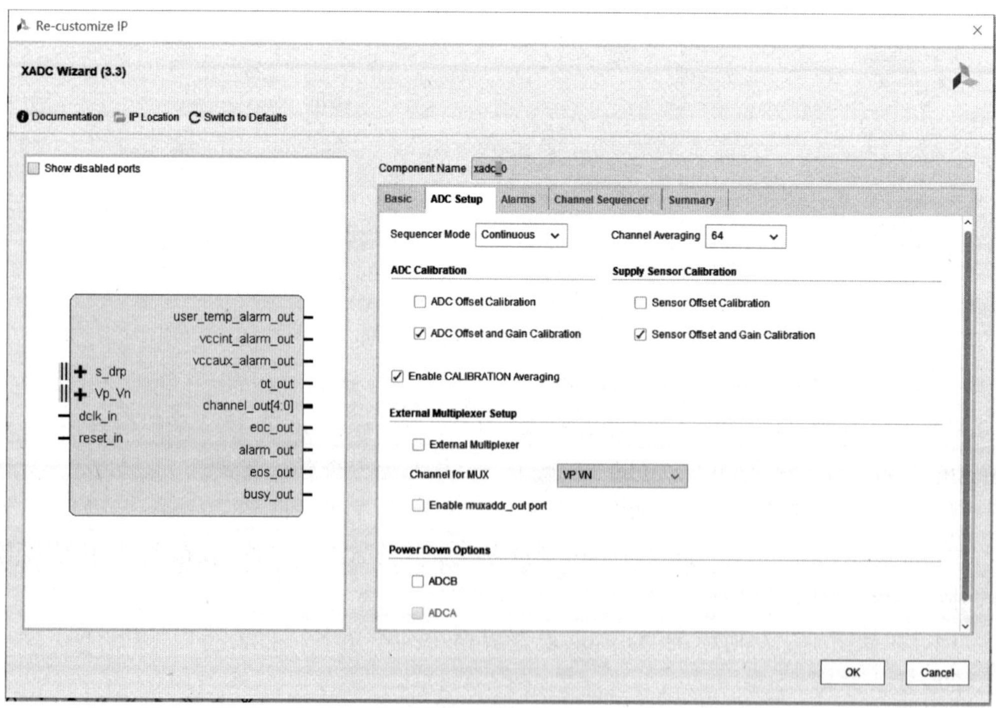

图 10.28　ADC Setup 设置界面

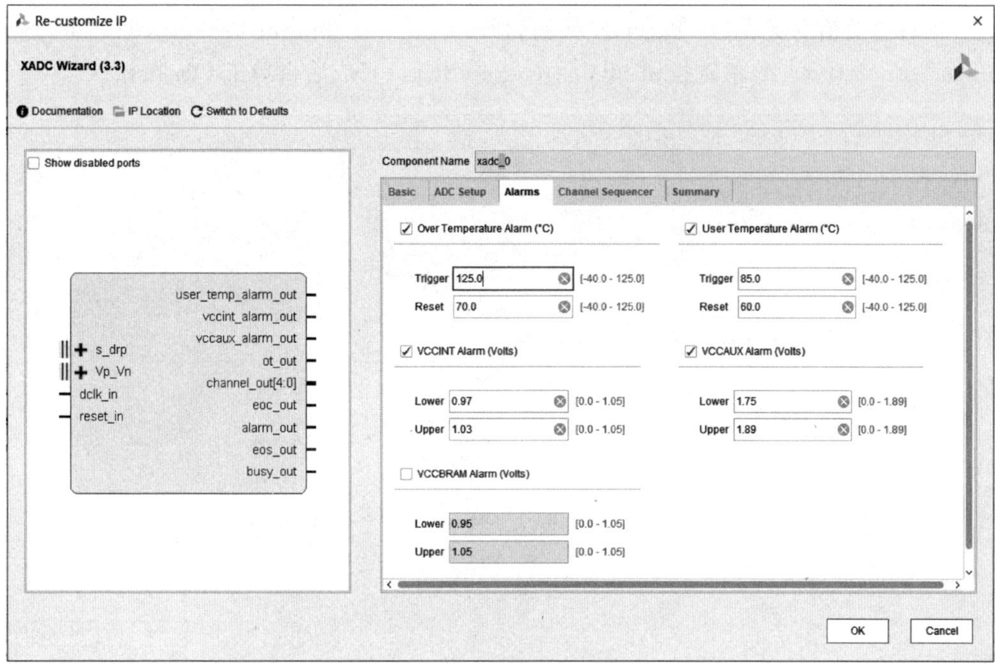

图 10.29 Alarms 设置界面

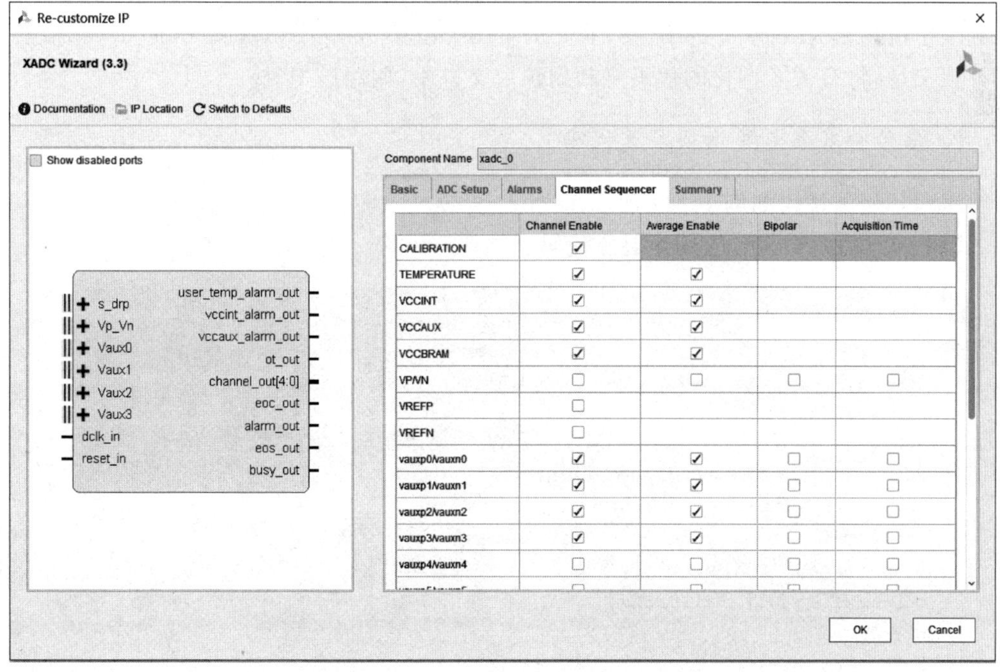

图 10.30 Channel Sequencer 设置界面

(6) 最后的 Summary 界面如图 10.31 所示,在此界面中对前面的主要设置选项做了汇总,核对有关信息无误后,单击 OK 按钮,弹出 Generate Output Products 对话框,选择 Out for context per IP 单选按钮,单击 Generate 按钮,完成后再单击 OK 按钮。

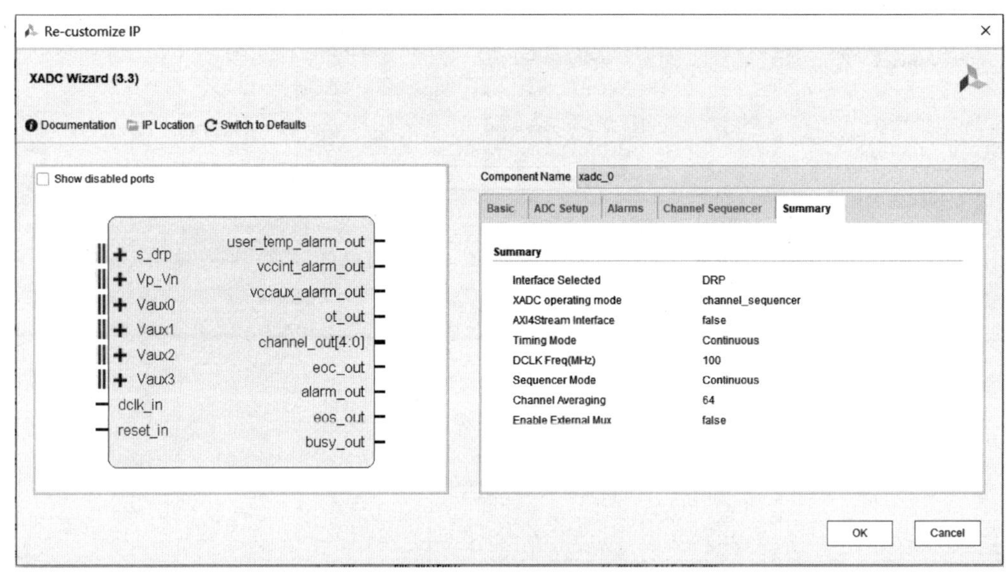

图 10.31 Summary 界面

(7) 在定制生成 IP 核后,在 Sources 对话框下方出现 IP Sources 标签,单击该标签,找到刚生成的名为 xadc_0 的 IP 核,展开 Instantiation Template,找到 xadc_0.veo 文件,打开该文件,将有关实例化的代码复制到顶层文件中,调用该 IP 核。

2. 信号的采集与显示顶层源代码

编写顶层源代码如例 10.17 所示。

【例 10.17】 XADC 应用顶层源代码。

```
`timescale 1ns / 1ps
module my_adc(
    input sys_clk,                          //DRP 输入时钟
    input sys_rst,
    input [2:0] sw,                         //通路选择开关
    input wire vauxp0,vauxn0,vauxp1,vauxn1,
    input wire vauxp2,vauxn2,vauxp3,vauxn3,
    input vp,vn,
    output wire [7:0] alm,                  //告警信号
    output wire [6:0] seg1,seg2,
    output reg [7:0] seg_cs,
    output reg [1:0] dp,
    output wire user_temp_alarm_out,        //通用 io
```

```
    output wire vccint_alarm_out,
    output wire vccaux_alarm_out,
    output wire [4:0] channel,                          //2 位数码管显示
    output wire ot,
    output wire xadc_eoc,
    output wire xadc_eos
        );
reg [15:0] mea_temp, mea_vccint;
reg [15:0] mea_vccaux, mea_vccbram;
reg [15:0] mea_aux0, mea_aux1;
reg [15:0] mea_aux2, mea_aux3;
reg [15:0] mea_tmp1,mea_tmp2;
reg [3:0] mea_seq;
wire clkcsc,clk1Hz;
reg [3:0] dec_tmp1,dec_tmp2;
wire [19:0] dec_data_tmp1,dec_data_tmp2;
   //用于存储 4 位十进制数,每 4 个二进制位表示 1 个十进制位

always@(posedge clk1Hz)
begin
   mea_seq = sw + 1;
   case(mea_seq)
   1:begin  mea_tmp1 <= mea_temp * 503980/65536 - 273150;end      //温度 01
   2:begin  mea_tmp1 <= mea_vccint * 3000/65536;end                 //片上电压 02
   3:begin  mea_tmp1 <= mea_aux0 * 1000/65535;end                   //电位器 03
   4:begin  mea_tmp1 <= mea_aux1 * 1000/65535;end                   //电位器 04
   5:begin  mea_tmp1 <= mea_aux2 * 1000/65535; end                  //电位器 05
   6:begin  mea_tmp1 <= mea_aux3 * 1000/65535; end                  //电位器 06
   default:begin  mea_tmp1 <= 'h56ce;  end
   endcase
end

always@(posedge clkcsc, negedge sys_rst)
begin
  if(~sys_rst)
  begin seg_cs <=  ~8'b11011111; dec_tmp2 <= 4'hf; end
  else
  begin
  seg_cs[7:0]  = {seg_cs[6:0],seg_cs[7]};
  case(seg_cs)
  ~8'b11111110:begin dec_tmp1 <= dec_data_tmp1[3:0];dp <= 2'b00;end
  ~8'b11111101:begin dec_tmp1 <= dec_data_tmp1[7:4]; dp <= 2'b00;end
  ~8'b11111011:begin dec_tmp1 <= dec_data_tmp1[11:8];dp <= 2'b00;end
  ~8'b11110111:begin dec_tmp1 <= dec_data_tmp1[15:12];dp <= 2'b01;end
  ~8'b11101111:begin dec_tmp2 <= dec_data_tmp1[19:16]; dp <= 2'b00;end
  ~8'b11011111:begin dec_tmp2 = 0;dp <= 2'b00;end
  ~8'b10111111:begin dec_tmp2 <= 4'h0;dp <= 2'b00;end
```

```
    ~8'b01111111:begin dec_tmp2 <=  mea_seq - 1;dp <= 2'b00;end
    endcase
    end
  end

  wire busy,eoc,eos;
  wire [5:0] channel;
  wire drdy;
  reg [6:0] daddr;
  reg [15:0] di_drp;
  wire [15:0] do_drp;
  reg [1:0] den_reg;
  reg [1:0] dwe_reg;
  reg [7:0] state;

  parameter INIT_READ = 8'h00,
       READ_READY = 8'h01,
       WRITE_READY = 8'h03,
       REDA_REG00 = 8'h04,
       REG00_READY = 8'h05,
       READ_REG01 = 8'h06,
       REG01_READY = 8'h07,
       READ_REG02 = 8'h08,
       REG02_READY = 8'h09,
       READ_REG06 = 8'h0a,
       REG06_READY = 8'h0b,
       READ_REG10 = 8'h0c,
       REG10_READY = 8'h0d,
       READ_REG11 = 8'h0e,
       REG11_READY = 8'h0f,
       READ_REG12 = 8'h10,
       REG12_READY = 8'h11,
       READ_REG13 = 8'h12,
       REG13_READY = 8'h13;

  always @(posedge sys_clk)
    if(~sys_rst) begin
       state <=  INIT_READ; den_reg <=  2'h0;
       dwe_reg <=  2'h0; di_drp <=  16'h0000; end
    else
  case(state)
  INIT_READ : begin
       daddr = 7'h40;                    //配置寄存器
       den_reg = 2'h2;
       if(busy == 0 ) state <=  READ_READY; end
  READ_READY:
       if(drdy ==1) begin
```

```
    di_drp = do_drp & 16'h03_FF;
    daddr = 7'h40;
    den_reg = 2'h2;
    dwe_reg = 2'h2;
    state = WRITE_READY; end
    else begin
    den_reg = {1'b0,den_reg[1]};
    dwe_reg = {1'b0,dwe_reg[1]};
state = state;
end
WRITE_READY:
    if(drdy == 1) begin state = REDA_REG00; end
    else begin
    den_reg = { 1'b0,den_reg[1]};
    dwe_reg = { 1'b0,dwe_reg[1]};
    state = state; end
REDA_REG00 : begin
    daddr = 7'h00;
    den_reg = 2'h2;
    if(eos == 1) state <= REG00_READY; end
REG00_READY:
    if(drdy == 1) begin
    mea_temp = do_drp;
    state <= READ_REG01; end
    else begin
    den_reg = {1'b0,den_reg[1]};
    dwe_reg = {1'b0,dwe_reg[1]};
    state = state;end
READ_REG01 : begin
    daddr = 7'h01;
    den_reg = 2'h2;
    state <= REG01_READY; end
REG01_READY :
    if(drdy == 1) begin
    mea_vccint = do_drp;
    state <= READ_REG02; end
    else begin
    den_reg = { 1'b0, den_reg[1]};
    dwe_reg = { 1'b0, dwe_reg[1]};
    state = state; end
READ_REG02 : begin
    daddr = 7'h02;
    den_reg = 2'h2;
    state <= REG02_READY; end
REG02_READY :
    if(drdy == 1) begin
    mea_vccaux = do_drp;
```

```
    state <= READ_REG06; end
    else begin
    den_reg = { 1'b0, den_reg[1]};
    dwe_reg = { 1'b0, dwe_reg[1]};
    state = state; end
READ_REG06 : begin
    daddr = 7'h06;
    den_reg = 2'h2;
    state <= REG06_READY; end
REG06_READY:
    if(drdy == 1) begin
    mea_vccbram = do_drp;
    state <= READ_REG10; end
    else begin
    den_reg = { 1'b0, den_reg[1]};
    dwe_reg = { 1'b0, dwe_reg[1]};
    state = state; end
READ_REG10 : begin
    daddr = 7'h10;
    den_reg = 2'h2;
    state <= REG10_READY; end
REG10_READY:
    if(drdy == 1) begin
    mea_aux0 = do_drp;
    state <= READ_REG11; end
    else begin
    den_reg = { 1'b0, den_reg[1]};
    dwe_reg = { 1'b0, dwe_reg[1]};
    state = state; end
READ_REG11 : begin
    daddr = 7'h11;
    den_reg = 2'h2;
    state <= REG11_READY; end
REG11_READY :
    if(drdy == 1) begin
    mea_aux1 = do_drp;
    state <= READ_REG12; end
    else begin
    den_reg = { 1'b0, den_reg[1]};
    dwe_reg = { 1'b0, dwe_reg[1]};
    state = state; end
READ_REG12 : begin
    daddr = 7'h12;
    den_reg = 2'h2;
    state <= REG12_READY; end
REG12_READY:
    if(drdy == 1) begin
```

```
        mea_aux2 = do_drp;
        state <= READ_REG13; end
        else begin
        den_reg = {1'b0,den_reg[1]};
        dwe_reg = {1'b0,dwe_reg[1]};
        state = state; end
    READ_REG13 : begin
        daddr = 7'h13;
        den_reg = 2'h2;
        state <= REG13_READY; end
    REG13_READY:
        if(drdy == 1) begin
        mea_aux3 = do_drp;
        state <= REDA_REG00;
        daddr = 7'h00; end
        else begin
        den_reg = {1'b0,den_reg[1]};
        dwe_reg = {1'b0,dwe_reg[1]};
        state = state; end
    endcase
    clk_self_clr  #(10000)  u1(                      //产生 5kHz 数码管位选时钟
            .clk(sys_clk),
            .clr(sys_rst),
            .clk_self(clkcsc)
            );
    clk_self_clr  #(10_000_000) u2(                  //产生 5Hz 时钟信号
            .clk(sys_clk),
            .clr(sys_rst),
            .clk_self(clk1Hz)
            );
    bin2dec u3(                                      //二进制结果转换为相应的十进制数
        .data_bin(mea_tmp1),
        .data_dec(dec_data_tmp1)
        );
    seg7 u4(                                         //数码管译码
        .hex(dec_tmp1),
        .a_to_g(seg1)
        );
    seg7 u5(
        .hex(dec_tmp2),
        .a_to_g(seg2)
        );
    xadc_0 u6(
        .di_in(di_drp),
        .daddr_in(daddr),
        .den_in(den_reg[0]),
        .dwe_in(dwe_reg[0]),
```

```
        .drdy_out(drdy),
        .do_out(do_drp),
        .dclk_in(sys_clk),
        .reset_in(~sys_rst),
        .vp_in(vp),
        .vn_in(vn),
        .vauxp0(vauxp0),
        .vauxn0(vauxn0),
        .vauxp1(vauxp1),
        .vauxn1(vauxn1),
        .vauxp2(vauxp2),
        .vauxn2(vauxn2),
        .vauxp3(vauxp3),
        .vauxn3(vauxn3),
        .user_temp_alarm_out(user_temp_alarm_out),
        .vccint_alarm_out(vccint_alarm_out),
        .vccaux_alarm_out(vccaux_alarm_out),
        .ot_out(ot),
        .channel_out(channel),
        .eoc_out(eoc),
        .alarm_out(alm),
        .eos_out(eos),
        .busy_out(busy)
           );
assign xadc_eoc = eoc;
assign xadc_eos = eos;
endmodule
```

seg7 数码管译码子模块源代码参见例 8.5；clk_self_clr 分频子模块源代码见例 8.7；bin2dec 子模块源代码见例 10.3。

3. 引脚约束与下载

本例的引脚约束文件内容如下：

```
#/////////////////////////////系统时钟和复位///////////////////////////////////////
set_property -dict {PACKAGE_PIN P17 IOSTANDARD LVCMOS33} [get_ports sys_clk ]
set_property -dict {PACKAGE_PIN P15 IOSTANDARD LVCMOS33} [get_ports sys_rst   ]
#////////////////////////////////LED0~LED15///////////////////////////////
set_property -dict {PACKAGE_PIN F6 IOSTANDARD LVCMOS33} [get_ports {alm[7]}]
set_property -dict {PACKAGE_PIN G4 IOSTANDARD LVCMOS33} [get_ports {alm[6]}]
set_property -dict {PACKAGE_PIN G3 IOSTANDARD LVCMOS33} [get_ports {alm[5]}]
set_property -dict {PACKAGE_PIN J4 IOSTANDARD LVCMOS33} [get_ports {alm[4]}]
set_property -dict {PACKAGE_PIN H4 IOSTANDARD LVCMOS33} [get_ports {alm[3]}]
set_property -dict {PACKAGE_PIN J3 IOSTANDARD LVCMOS33} [get_ports {alm[2]}]
set_property -dict {PACKAGE_PIN J2 IOSTANDARD LVCMOS33} [get_ports {alm[1]}]
set_property -dict {PACKAGE_PIN K2 IOSTANDARD LVCMOS33} [get_ports {alm[0]}]
```

```
set_property -dict {PACKAGE_PIN K1 IOSTANDARD LVCMOS33} [get_ports user_temp_alarm_out]
set_property -dict {PACKAGE_PIN H6 IOSTANDARD LVCMOS33} [get_ports vccaux_alarm_out]
set_property -dict {PACKAGE_PIN H5 IOSTANDARD LVCMOS33} [get_ports vccint_alarm_out]
set_property -dict {PACKAGE_PIN J5 IOSTANDARD LVCMOS33} [get_ports {channel[4]}]
set_property -dict {PACKAGE_PIN K6 IOSTANDARD LVCMOS33} [get_ports {channel[3]}]
set_property -dict {PACKAGE_PIN L1 IOSTANDARD LVCMOS33} [get_ports {channel[2]}]
set_property -dict {PACKAGE_PIN M1 IOSTANDARD LVCMOS33} [get_ports {channel[1]}]
set_property -dict {PACKAGE_PIN K3 IOSTANDARD LVCMOS33} [get_ports {channel[0]}]
set_property -dict {PACKAGE_PIN H17 IOSTANDARD LVCMOS33} [get_ports xadc_eoc]
set_property -dict {PACKAGE_PIN G17 IOSTANDARD LVCMOS33} [get_ports xadc_eos]
set_property -dict {PACKAGE_PIN J13 IOSTANDARD LVCMOS33} [get_ports ot]
#////////////////////////////数码管段选信号////////////////////////////////
set_property -dict {PACKAGE_PIN B4 IOSTANDARD LVCMOS33} [get_ports {seg2[6]}]
set_property -dict {PACKAGE_PIN A4 IOSTANDARD LVCMOS33} [get_ports {seg2[5]}]
set_property -dict {PACKAGE_PIN A3 IOSTANDARD LVCMOS33} [get_ports {seg2[4]}]
set_property -dict {PACKAGE_PIN B1 IOSTANDARD LVCMOS33} [get_ports {seg2[3]}]
set_property -dict {PACKAGE_PIN A1 IOSTANDARD LVCMOS33} [get_ports {seg2[2]}]
set_property -dict {PACKAGE_PIN B3 IOSTANDARD LVCMOS33} [get_ports {seg2[1]}]
set_property -dict {PACKAGE_PIN B2 IOSTANDARD LVCMOS33} [get_ports {seg2[0]}]
set_property -dict {PACKAGE_PIN D5 IOSTANDARD LVCMOS33} [get_ports {dp[1]}]

set_property -dict {PACKAGE_PIN D4 IOSTANDARD LVCMOS33} [get_ports {seg1[6]}]
set_property -dict {PACKAGE_PIN E3 IOSTANDARD LVCMOS33} [get_ports {seg1[5]}]
set_property -dict {PACKAGE_PIN D3 IOSTANDARD LVCMOS33} [get_ports {seg1[4]}]
set_property -dict {PACKAGE_PIN F4 IOSTANDARD LVCMOS33} [get_ports {seg1[3]}]
set_property -dict {PACKAGE_PIN F3 IOSTANDARD LVCMOS33} [get_ports {seg1[2]}]
set_property -dict {PACKAGE_PIN E2 IOSTANDARD LVCMOS33} [get_ports {seg1[1]}]
set_property -dict {PACKAGE_PIN D2 IOSTANDARD LVCMOS33} [get_ports {seg1[0]}]
set_property -dict {PACKAGE_PIN H2 IOSTANDARD LVCMOS33} [get_ports {dp[0]}]
#///////////////////////////8 个数码管位选信号//////////////////////////////
set_property -dict {PACKAGE_PIN G2 IOSTANDARD LVCMOS33} [get_ports {seg_cs[7]}]
set_property -dict {PACKAGE_PIN C2 IOSTANDARD LVCMOS33} [get_ports {seg_cs[6]}]
set_property -dict {PACKAGE_PIN C1 IOSTANDARD LVCMOS33} [get_ports {seg_cs[5]}]
set_property -dict {PACKAGE_PIN H1 IOSTANDARD LVCMOS33} [get_ports {seg_cs[4]}]
set_property -dict {PACKAGE_PIN G1 IOSTANDARD LVCMOS33} [get_ports {seg_cs[3]}]
set_property -dict {PACKAGE_PIN F1 IOSTANDARD LVCMOS33} [get_ports {seg_cs[2]}]
set_property -dict {PACKAGE_PIN E1 IOSTANDARD LVCMOS33} [get_ports {seg_cs[1]}]
set_property -dict {PACKAGE_PIN G6 IOSTANDARD LVCMOS33} [get_ports {seg_cs[0]}]
#//////////////////////////////拨码开关 sw0~sw2//////////////////////////////
set_property -dict {PACKAGE_PIN M4 IOSTANDARD LVCMOS33} [get_ports {sw[2]}]
set_property -dict {PACKAGE_PIN N4 IOSTANDARD LVCMOS33} [get_ports {sw[1]}]
set_property -dict {PACKAGE_PIN R1 IOSTANDARD LVCMOS33} [get_ports {sw[0]}]
set_property IOSTANDARD LVCMOS33 [get_ports vauxn0]
set_property IOSTANDARD LVCMOS33 [get_ports vauxp0]
set_property IOSTANDARD LVCMOS33 [get_ports vauxn1]
set_property IOSTANDARD LVCMOS33 [get_ports vauxp1]
set_property IOSTANDARD LVCMOS33 [get_ports vauxn2]
```

```
set_property IOSTANDARD LVCMOS33 [get_ports vauxp2]
set_property IOSTANDARD LVCMOS33 [get_ports vauxn3]
set_property IOSTANDARD LVCMOS33 [get_ports vauxp3]
```

对本例进行综合，搭建硬件电路并将比特流文件下载至 EGO1 板中。

本例采集片上温度传感器、片上电压传感器(VCCINT)和 4 路外部模拟电压输入，6 路信号通过 3 位拨码开关选择，并将采集的数据用数码管显示出来。数码管最左一位表示采集通道，第 0 道是片上温度传感器，右边 5 个数码管显示数据，如图 10.32 所示，显示当前片上温度为 33.116°。

图 10.32　采集并显示片上温度

第 1 通道是片上电压传感器数据，2～5 通道是外部模拟电压，旋转 EGO1 自带的电位器(W1)可看到采集的电压数据在 0～1V 之间变化。

习题 10

10.1　设计一个基于直接数字式频率合成器(DDS)结构的数字相移信号发生器。

10.2　用 Verilog 设计并实现一个 31 阶的 FIR 滤波器。

10.3　用 Verilog 设计并实现一个 64 点的 FFT 运算模块。

10.4　某通信接收机的同步信号为巴克码 1110010。设计一个检测器，其输入为串行码 x，当检测到巴克码时，输出检测结果 y=1。

10.5　用 FPGA 实现步进电动机的驱动和细分控制，首先实现用 FPGA 对步进电动机转角进行细分控制，然后实现对步进电动机的匀加速和匀减速控制。

10.6　用 FPGA 设计实现一个语音编码模块，对经 A/D 采样(采样频率为 8kHz，每个样点 8 位量化编码)得到的 64kb/s 数字语音信号进行压缩编码，将语音速率压缩至 16kb/s，编码算法采用 CVSD(Continuously Variable Slope Delta，连续可变斜率增量)调制算法，编写 Verilog 源代码，用 FPGA 实现该编码算法。

第11章 Verilog Test Bench仿真

仿真(Simulation)是对所设计电路进行功能和时序验证的一种手段。Verilog 不仅提供了设计与综合的能力,而且提供对激励、响应和设计验证的建模能力。Verilog 语言最初是一种用于电路仿真的语言,后来,Verilog 综合器的出现才使它具有了硬件设计和综合的能力。

进行电路仿真必须有仿真器的支持。按对设计语言的不同处理方式可将仿真器分为两类:编译型仿真器和解释型仿真器。编译型仿真器仿真速度快,但需要预处理,因此不能即时修改;解释型仿真器仿真速度相对慢一些,但可随时修改仿真环境和仿真条件。

按处理的硬件描述语言(HDL)类型,仿真器可分为 Verilog HDL 仿真器、VHDL 仿真器和混合仿真器。混合仿真器能够处理 Verilog HDL 和 VHDL 混合编程的仿真程序。常用的 Verilog HDL 仿真器有 ModelSim、Verilog-XL、NC-Verilog 和 VCS 等。ModelSim 能够提供很好的 Verilog HDL 和 VHDL 混合仿真;NC-Verilog 和 VCS 是基于编译技术的仿真软件,能够胜任行为级、RTL 级和门级等各层次的仿真,速度快;而 Verilog-XL 是基于解释的仿真工具,速度相对慢一些。仿真的速度、准确性、易用性是衡量仿真器性能的重要指标。

11.1 系统任务与系统函数

Verilog HDL 的系统任务和系统函数主要用于仿真。这些系统任务和系统函数可提供各类功能,比如实时显示当前仿真时间($time)、显示信号的值($display、$monitor)或者控制仿真的执行过程暂停仿真($stop)、结束仿真($finish)等。

系统任务和系统函数均以符号“$”开头,如 $monitor、$readmemh 等;一般在 initial 或 always 过程块中对其进行调用;用户也可以通过编程语言接口(PLI)将自己定义的系统任务和系统函数加到语言中,以进行仿真和调试。

下面介绍常用的系统任务和系统函数,这些任务和函数被多数仿真工具所支持,且基本能够满足一般的仿真测试的需要。需注意的是,这些系统任务和系统函数在不同的 Verilog HDL 仿真工具(如 VCS、Verilog-XL、ModelSim 等)中,在使用方法和功能上可能存在一定差异,具体应查阅相关仿真器的使用手册。

1. $display 与 $write

$display 和 $write 是两个系统任务,两者的功能相同,都用于显示模拟结果,其区别是 $display 在输出结束后能自动换行,而 $write 不能。

$display 和 $write 的使用格式为

```
$display("格式控制符",输出变量名列表);
$write("格式控制符",输出变量名列表);
```

例如:

```
$display($time,,,"a=%h b=%h c=%h",a,b,c);
```

上面的语句定义了信号显示的格式，即以十六进制格式显示信号 a、b、c 的值，两个相邻的逗号“,,”表示加入一个空格。

显示格式的控制符及其说明见表 11.1。

表 11.1 格式控制符

格式控制符	说　明	格式控制符	说　明
%h 或%H	以十六进制形式显示	%v 或%V	显示 net 型数据的驱动强度
%d 或%D	以十进制形式显示	%m 或%M	显示层次名
%o 或%O	以八进制形式显示	%s 或%S	以字符串形式输出
%b 或%B	以二进制形式显示	%t 或%T	以当前的时间格式显示
%c 或%C	以 ASCII 码字符形式显示		

也可用$display 显示字符串，例如：

```
$display("it's a example for display\n");
```

上面的语句表示直接输出引号中的字符串，其中“\n”是转义字符，表示换行。

Verilog 定义的转义字符见表 11.2。

表 11.2 转义字符

转义字符	说　明	转义字符	说　明
\n	换行	\"	符号"
\t	Tab 键	\ddd	八进制数 ddd 对应的 ASCII 码字符
\\	符号\	%%	符号%

转义字符也用于定义输出格式。例如：

```
module disp;
initial begin
$display("\\\t\\\n\"\123");
end
endmodule
```

上面代码执行后输出如下：

```
\    \
"S                               //八进制数 123 对应的 ASCII 码字符为 S(大写)
```

2. $monitor 与$strobe

$monitor、$strobe 与$display、$write 一样也属于输出控制类的系统任务，

$ monitor 与 $ strobe 都提供了监控和输出参数列表中字符或变量的值的功能,其使用格式为

```
$ monitor("格式控制符",输出变量名列表);
$ strobe("格式控制符",输出变量名列表);
```

这里的格式控制符、输出变量名列表与 $ display 和 $ write 中定义的完全相同。例如:

```
$ monitor( $ time,"a = %b b = %h",a,b);
```

每次 a 或 b 信号的值发生变化都会激活上面的语句,并显示当前仿真时间、二进制格式的 a 信号和十六进制格式的 b 信号。

可以将 $ monitor 想象为一个持续监控器,一旦被调用,就相当于启动了一个实时监控器,如果输出变量列表中的任何变量发生了变化,系统就将按照 $ monitor 语句中规定的格式将结果输出一次。而 $ strobe 相当于选通监控器, $ strobe 只有在模拟时间发生改变且所有事件都处理完毕后才将结果输出。 $ strobe 更多地用来显示用非阻塞方式赋值的变量的值。例如:

```
$ monitor( $ time,,,"a = %d b = %d c = %d",a,b,c);
//只要 a、b、c 三个变量的值发生任何变化,都会将 a、b、c 的值输出一次
```

3. $ time 与 $ realtime

$ time、$ realtime 是属于显示仿真时间标度类的系统函数。这两个函数被调用时,都返回当前时刻距离仿真开始时刻的时间量值。不同的是,$ time 函数以 64 位整数值的形式返回模拟时间,而 $ realtime 函数则以实数型数据返回模拟时间。

通过例 11.1 可清楚地看出 $ time 与 $ realtime 的区别。

【例 11.1】 $ time 与 $ realtime 的区别。

```
`timescale 10ns/1ns
module time_dif;
reg ts; parameter DELAY = 2.6;
initial  begin
        # DELAY ts = 1;
        # DELAY ts = 0;
        # DELAY ts = 1;
    # DELAY ts = 0;
        end
initial $ monitor( $ time,,,"ts = %b",ts);                    //使用函数 $ time
endmodule
```

上面的代码用仿真器仿真,其输出如下,每行中时间的显示采用整数形式。

```
0      ts = x
3      ts = 1
5      ts = 0
8      ts = 1
10     ts = 0
```

如将代码中的 $ time 改为 $ realtime，则仿真输出如下，时间的显示变为实数形式。

```
0        ts = x
2.6      ts = 1
5.2      ts = 0
7.8      ts = 1
11.4     ts = 0
```

从此例不难看出 $ time、$ realtime 两者的区别。

4. $ finish 与 $ stop

系统任务 $ finish 与 $ stop 用于对仿真过程进行控制，分别表示结束仿真和中断仿真。

$ finish 与 $ stop 的使用格式如下。

```
$ stop;
$ stop(n);
$ finish;
$ finish(n);
```

其中，n 是 $ finish 和 $ stop 的参数，n 可以是 0、1、2，分别表示如下含义。

- 0：不输出任何信息。
- 1：给出仿真时间和位置。
- 2：给出仿真时间和位置，以及其他一些运行统计数据。

如果不带参数，则默认的参数值是 1。

当仿真程序执行到 $ stop 语句时，将暂时停止仿真，此时设计者可以输入命令，对仿真器进行交互控制。而当仿真程序执行到 $ finish 语句时，则终止仿真，结束整个仿真过程，返回主操作系统。下面是使用 $ finish 与 $ stop 的例子。例如：

```
if(...)
    $ stop;                              //在一定的条件下，中断仿真
```

再如：

```
#STEP...
#STEP  $ finish;                         //在某一时刻，结束仿真
...
```

5. $ readmemh 与 $ readmemb

$ readmemh 与 $ readmemb 是属于文件读/写控制的系统任务，其作用都是从外部文件中读取数据并放入存储器中。两者的区别在于读取数据的格式不同：$ readmemh 为读取十六进制数据，而 $ readmemb 为读取二进制数据。$ readmemb 使用格式为

```
1) $ readmemb("数据文件名",存储器名);
2) $ readmemb("数据文件名",存储器名,起始地址);
3) $ readmemb("数据文件名",存储器名,起始地址,结束地址);
```

其中，起始地址和结束地址均可以默认。默认起始地址表示从存储器的首地址开始存储，默认结束地址表示一直存储到存储器的结束地址。

$ readmemh 的使用格式与 $ readmemb 相同。

例 11.2 是使用 $ readmemh 的例子。

【例 11.2】 $ readmemh 使用举例。

```
`timescale 10ns/1ns
module tp;
reg[15:0] my_mem[0:5];          /* 定义一个 16×6 的存储器 my_mem,存储器共有 6 个单元,
每个单元宽度为 16 位,可存储 16 位二进制数(4 位十六进制数) */
reg[4:0] n;
initial
begin
    $ readmemh("myfile.txt",my_mem);        /* 将 myfile.txt 中的数据装载到存储器
my_mem 中,默认起始地址从 0 开始,到存储器的结束地址结束 */
for(n = 0;n <= 5;n = n + 1)
    $ display(" % h",my_mem[n]);
end
endmodule
```

例 11.2 在用 ModelSim 仿真前，先在当前工程目录下准备一个名为 myfile.txt 的文件，不妨将其内容填写如下。

```
0123 4567 89AB CDEF
```

用 ModelSim 仿真后的输出如下所示，说明 myfile.txt 中的数据已装载到存储器中。

```
# 0123
# 4567
# 89ab
# cdef
# xxxx
# xxxx
```

6. $random

$random 是产生随机数的系统函数，每次调用该函数将返回一个32位的随机数，该随机数是一个带符号的整数。例11.3是一个产生随机数的程序。

【例11.3】 $random 函数的使用。

```
`timescale 10ns/1ns
module random_tp;
integer data,i; parameter DELAY = 10;
initial $monitor($time,,,"data = %b",data);
initial begin  for(i = 0;i <= 100;i = i + 1)
    #DELAY  data = $random;                    //每次产生一个随机数
    end
endmodule
```

7. 文件输出

与C语言类似，Verilog HDL 提供了很多文件输出类的系统任务，可将结果输出到文件中。这类任务有$fdisplay、$fwrite、$fmonitor、$fstrobe、$fopen 和 $fclose 等。

$fopen 用于打开某个文件并准备写操作，$fclose 用于关闭文件，而 $fdisplay、$fwrite、$fmonitor 等系统任务则用于把文本写入文件。例如：

```
fd = $fopen("filename");
$fclose(fd);        /* fd 必须是 32 位的变量,之前应该定义成 integer 或 reg 型,
如 reg[31:0] fd; 或 integer fd; 调用 $fopen,它返回一个 32 位的无符号整数或 0 值,
0 值表示文件不能打开 */
```

11.2 用户自定义元件

利用UDP(User Defined Primitives)，用户可以自己定义基本逻辑元件的功能，可以像调用基本门元件一样调用自己定义的元件。UDP元件一般不用于可综合的设计描述中，而只用于仿真程序。UDP模块与一般的模块类似，其关键词为 primitive 和 endprimitive。与一般的模块相比，UDP模块具有下面一些特点。

- UDP的输出端口只能有一个，且必须位于端口列表的第一项。只有输出端口能被定义为 reg 类型。
- UDP的输入端口可有多个，一般时序电路UDP的输入端口可多至9个，组合电路UDP的输入端口可多至10个。
- 所有的端口变量必须是1位标量。
- 在 table 表项中，只能出现0、1、x三种状态，不能出现z状态。

定义UDP的语法如下。

```
primitive 元件名(输出端口,输入端口 1,输入端口 2,…);
output 输出端口名;
input 输入端口 1,输入端口 2,…;
reg 输出端口名;
initial begin
    输出端口或内部寄存器赋初值(0,1 或 x);
    end
table
    //输入 1  输入 2… : 输出
    真值列表;
endtable
endprimitive
```

11.2.1 组合电路 UDP 元件

首先以一个 1 位全加器进位输出 UDP 元件为例介绍组合电路 UDP 元件的描述与定义,如例 11.4 所示。

【例 11.4】 1 位全加器进位输出 UDP 元件。

```
primitive carry_udp(cout,cin,a,b);
input cin,a,b; output cout;
table
//cin a b : cout                        //真值表
0   0   0  :  0;
0   1   0  :  0;
0   0   1  :  0;
0   1   1  :  1;
1   0   0  :  0;
1   0   1  :  1;
1   1   0  :  1;
1   1   1  :  1;
endtable
endprimitive
```

在上面的 UDP 描述中,没有考虑输入为 x 的情况,如果某一个输入端(cin, a, b)的值为 x,则因 table 表中没有对应的描述项,输出也将是不定态 x。考虑了输入为 x 的情况的 1 位全加器进位输出 UDP 元件如例 11.5 所示。

【例 11.5】 包含 x 态输入的 1 位全加器进位输出 UDP 元件。

```
primitive carry_udpx(cout,cin,a,b);
input cin,a,b; output cout;
table
//cin a b : cout                      //真值表
```

```
0  0  0  :  0;
0  1  0  :  0;
0  0  1  :  0;
0  1  1  :  1;
1  0  0  :  0;
1  0  1  :  1;
1  1  0  :  1;
1  1  1  :  1;
0  0  x  :  0;               //只要有两个输入为0,则进位输出肯定为0
0  x  0  :  0;
x  0  0  :  0;
1  1  x  :  1;               //只要有两个输入为1,则进位输出肯定为1
1  x  1  :  1;
x  1  1  :  1;
endtable
endprimitive
```

从例 11.4 中可以发现,只要有两个输入为 0,则不管第 3 个输入为何值,进位输出肯定为 0;同时,若有两个输入为 1,则不管第 3 个输入为何值,进位输出肯定为 1。在这种情况下,Verilog 语言提供了符号"?"进行简缩。符号"?"可用来表示 0、1、x 等几种取值。也就是说,该位的值不管是等于 0、1,还是等于 x,都不影响输出结果的取值时,即可用该符号来表示该位,这样使程序的表达更简洁。如果例 11.4 采用简缩符"?"来表述,则如例 11.6 所示。

【例 11.6】 用简缩符"?"表述的 1 位全加器进位输出 UDP 元件。

```
primitive carry_udpz(cout,cin,a,b);
input cin,a,b; output cout;
table
//cin a b : cout             //真值表
?  0  0  :  0;               //只要有两个输入为0,则进位输出肯定为0
0  ?  0  :  0;
0  0  ?  :  0;
?  1  1  :  1;               //只要有两个输入为1,则进位输出肯定为1
1  ?  1  :  1;
1  1  ?  :  1;
endtable
endprimitive
```

显然,简缩符"?"使表达式的书写更简洁,增强了程序的可读性。

11.2.2 时序逻辑 UDP 元件

UDP 元件也可以用来描述电平敏感或边沿敏感的时序逻辑元件。时序逻辑元件的输出除了与当前输入有关,还与它当前所处的状态有关,因此对应的 UDP 元件描述中应增加对内部状态的考虑。例 11.7 定义了一个电平敏感的 1 位数据锁存器 UDP 元件。

【例 11.7】 电平敏感的 1 位数据锁存器 UDP 元件。

```
primitive latch_udp(q,clk,reset,d);
input clk,reset,d; output q; reg q;
initial q = 1'b1;                    //初始化
table
//clk reset d:state:q
?  1  ?  : ? : 0;                    //reset = 1,则不管其他端口为何值,输出都为 0
0  0  0  : ? : 0;                    //clk = 0,锁存器把 d 端的输入值输出
0  0  1  : ? : 1;
1  0  ?  : ? : -;                    //clk = 1,锁存器的输出保持原值,用符号"-"表示
endtable
endprimitive
```

数据锁存器 UDP 与前面的组合电路元件相比,多了一列对元件内部状态(state)的描述,内部状态两边用冒号与输入/输出隔开。同时,增加了新的符号"—",表示保持原值。

例 11.8 是上升沿触发的 D 触发器的 UDP 元件的例子。

【例 11.8】 上升沿触发的 D 触发器的 UDP 元件。

```
primitive dff_udp(q,d,clk);
input d,clk; output q; reg q;
table
//clk d : state : q
(01)  0   : ? :  0;                  //上升沿到来,输出 q = d
(01)  1   : ? :  1;
(0x)  1   : 1 :  1;
(0x)  0   : 0 :  0;
(?0)  ?   : ? :  -;                  //没有上升沿到来,输出 q 保持原值
?   (??)  : ? :  -;                  //时钟不变,输出也不变
endtable
endprimitive
```

在例 11.8 中,括号内的两个数字表示状态间的转换,也就是不同的边沿,(01)表示上升沿;(10)表示下降沿;(? 0)表示从任何状态(0、1、x)到 0 的跳变,即排除了上升沿的可能性。table 列表第 3、4 行的意思是:当时钟从 0 状态转换到不确定状态(x)时,若输入数据与当前状态(state)一致,则输出也是定态。table 列表中最后一行的意思是:如果时钟处于某一确定状态(这里"?"表示是 0 或者是 1,不包括 x),则不管输入数据有什么变化("(??)"表示任何可能的变化),D 触发器的输出都将保持原值不变(用符号"—"表示)。

为便于描述、增强可读性,Verilog HDL 在 UDP 元件的定义中引入很多缩记符,前面已经介绍了一些,在表 11.3 中进一步对这些缩记符进行总结。

表 11.3 UDP 中的缩记符

缩 记 符	含 义	说 明
x	不定态	
?	0、1 或 x	只能表示输入
b	0 或 1	只能表示输入
—	保持不变	只用于时序元件的输出
(vy)	代表(01)、(10)、(0x)、(1x)、(x1)、(x0)、(? 1)等	从逻辑 v 到逻辑 y 的转换
*	同(??)	表示输入端有任何变化
R 或 r	同(01)	表示上升沿
F 或 f	同(10)	表示下降沿
P 或 p	(01)、(0x)或(x1)	包含 x 态的上升沿跳变
N 或 n	(10)、(1x)或(x0)	包含 x 态的下降沿跳变

例 11.9 是采用上述缩记符表示的一个带异步置 1 和异步清零的 D 触发器的例子。

【例 11.9】 带异步置 1 和异步清零、上升沿触发的 D 触发器的 UDP 元件。

```
primitive dff_udpx(q,d,clk,clr,set);
input d,clk,clr,set; output q; reg q;
table
//clk  d  clr   set   : state :  q
(01)   1  0     0     :   ?   :  0;
(01)   1  0     x     :   ?   :  0;
?      ?  0     x     :   0   :  0;
(01)   0  0     0     :   ?   :  1;
(01)   0  x     0     :   ?   :  1;
?      ?  x     0     :   1   :  1;
(x1)   1  0     0     :   0   :  0;
(x1)   0  0     0     :   1   :  1;
(0x)   1  0     0     :   0   :  0;
(0x)   0  0     0     :   1   :  1;
?      ?  1     ?     :   ?   :  1;            //异步复位
?      ?  0     1     :   ?   :  0;            //异步置 1
n      ?  0     0     :   ?   :  -;
?      *  ?     ?     :   ?   :  -;
?      ?  (?0)  ?     :   ?   :  -;
?      ?  ?     (?0)  :   ?   :  -;
endtable
endprimitive
```

11.3 延时模型的表示

在仿真中还涉及延时表示的问题。延时包括门延时、assign 赋值延时和连线延时等。门延时是从门输入端发生变化到输出端发生变化的延迟时间；assign 赋值延时指等号右端某个值发生变化到等号左端发生相应变化的延迟时间；连线延时则体现了信号在连线上的传输延时。如果没有定义延时值，那么默认延时为0。本节首先介绍模拟时间定标语句`timescale的使用方法。

11.3.1 时间标尺定义`timescale

`timescale语句用于定义模块的时间单位和时间精度，其使用格式如下。

```
`timescale <time_unit>/<time_precision>
`timescale <时间单位>/<时间精度>
```

其中，用来表示时间度量的符号有s、ms、μs、ns、ps和fs，分别表示秒、10^{-3}s、10^{-6}s、10^{-9}s、10^{-12}s和10^{-15}s。例如：

```
`timescale 1ns/100ps
```

上面的语句表示延时单位为1ns，延时精度为100ps（即精确到0.1ns）。`timescale编译器指令在模块说明外部出现，并且影响后面所有的延时值，如例11.10所示。

【例11.10】 `timescale使用举例1。

```
`timescale 1ns/100ps
module andgate(out,a,b);
input a,b; output out;
and  #(4.34,5.86)  a1(out,a,b);          //#(4.34,5.86)规定了上升及下降延时值
endmodule
```

在例11.10中，`timescale指令定义延时以1ns为单位，并且延时精度为100ps（精确到0.1ns），因此，延时值4.34对应4.3ns，延时5.86对应5.9ns。如果将`timescale指令定义为

```
`timescale 10ns/1ns
```

那么，4.34对应43ns，5.86对应59ns。再来看例11.11。

【例11.11】 `timescale使用举例2。

```
`timescale 10ns/1ns
…
reg sel;
initial  begin
#10   sel = 0;            //在100ns(10ns×10)时,sel被赋值为0
#10   sel = 1;            //在200ns(10ns×10 + 10ns×10)时,sel被赋值为1
end
…
```

在例 11.11 中,用`timescale 语句定义了本模块的时间单位为 10ns,时间精确度为 1ns。以 10ns 为计量单位,在不同的时刻,寄存器型变量 sel 被赋予不同的值。

11.3.2 延时的表示与延时说明块

1. 延时的表示方法

延时的表示方法有下面几种。

```
# delaytime
# (d1,d2)
# (d1,d2,d3)
```

其中,# delaytime 表示延迟时间为 delaytime;d1 表示上升延时;d2 表示下降延时;d3 则表示转换到高阻态 z 的延时。这些延时的具体值由时间定义语句`timescale 确定。

延时定义了右边表达式操作数变化与赋值给左边表达式之间的持续时间。如果没有定义延时值,则默认延时为 0。

例如:

```
not #4 gate1(out,in);                //延时为 4 的非门
and #(5,7) gate2(out,a,b);           //与门的上升延时为 5,下降延时为 7
or #5 gate3(out,a,b);                //或门的上升延时和下降延时都为 5
bufif0 #(3,4,6) gate4(out,in,enable);
      //bufif0 门的上升延时为 3,下降延时为 4,高阻延时为 6
```

2. 延时定义块(specify 块)

Verilog 语言可对模块中某一指定的路径进行延时定义,这一路径连接模块的输入端口(或 inout 端口)与输出端口(或 inout 端口),利用延时定义块在一个独立的块结构中定义模块的延时。在延时定义块中要描述模块中的不同路径,并给这些路径赋值。

延时定义块的内容应放在关键字 specify 与 endspecify 之间,且必须放在一个模块中,还可以使用 specparam 关键字定义参数,举例说明如下。假设信号模型如图 11.1 所示,进行路径延时定义如例 11.12 所示。

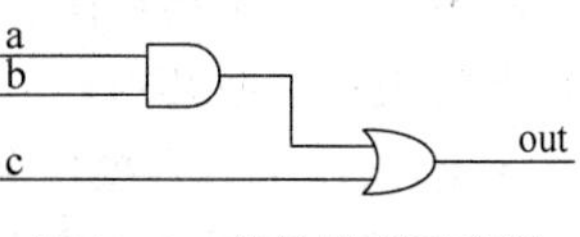

图 11.1 信号模型示意图

【例 11.12】 延时定义块举例。

```
module delay(out,a,b,c);
input a,b,c; output out;
and a1(n1,a,b); or o1(out,c,n1);
     specify
```

```
        (a => out) = 2;                //定义从 a 到 out 的延时为 2
        (b => out) = 3;                //定义从 b 到 out 的延时为 3
        (c => out) = 1;                //定义从 c 到 out 的延时为 1
        endspecify
endmodule
```

11.4 测试平台

测试平台(Test Bench 或 Test Fixture)为测试或仿真 Verilog 模块构建了一个平台，给被测模块施加激励信号，通过观察被测模块的输出响应，可以判断其逻辑功能和时序关系正确与否。

图 11.2 所示是测试平台的示意图，测试模块类似一个向量发生器(Test Vector Generator)，向被测模块施加激励信号，监测器监测输出响应，将被测模块在激励向量作用下产生的输出信息按规定的格式以文本或图形的方式显示出来，供用户检验。激励信号必须定义成 reg 类型，以保持信号值；被测模块在激励信号的作用下产生输出，输出信号必须定义为 wire 类型。

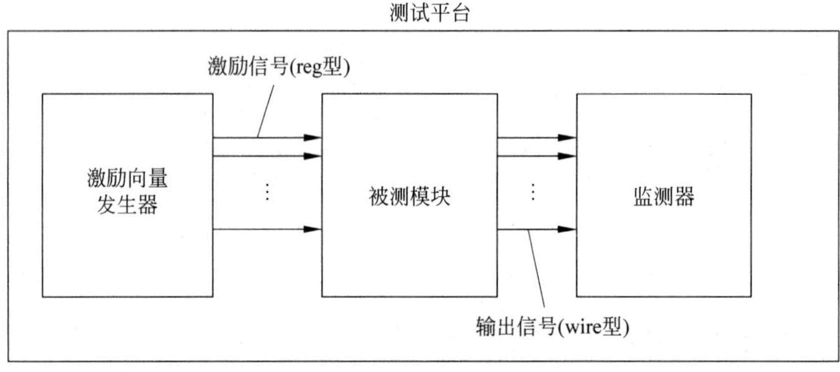

图 11.2　测试平台示意图

测试模块的结构如图 11.3 所示。测试模块与一般的 Verilog 模块没有根本的区别，其特点表现在下面几点。

- 测试模块只有模块名字，没有端口列表；输入信号(激励信号)必须定义为 reg 型，以保持信号值；输出信号(显示信号)必须定义为 wire 型。
- 在测试模块中调用被测试模块，在调用时，应注意端口排列的顺序与模块定义时一致。
- 一般用 initial、always 过程块定义激励信号波形；使用系统任务和系统函数定义输出显示格式；在激励信号的定义中，可使用一些控制语句，如 if-else、for、forever、case、while、repeat、wait、disable、force、release、begin-end 和 fork-join 等，这些控制语句一般只用在 always、initial、function 和 task 等过程块中。

首先介绍用 initial 语句产生激励信号的方法。比如,要产生如图 11.4 所示的激励波形,可编写脚本如例 11.13。

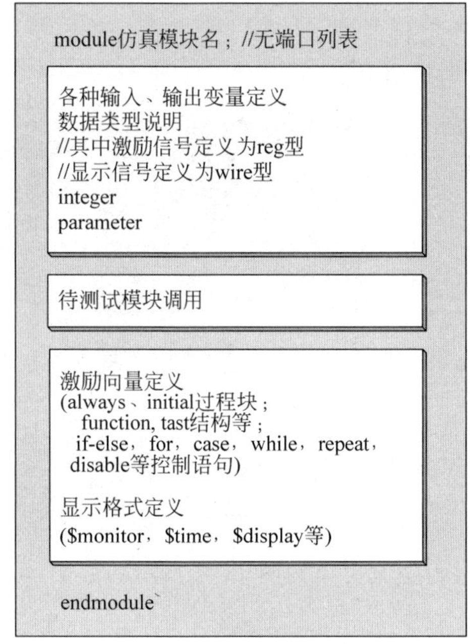

module仿真模块名；//无端口列表
各种输入、输出变量定义
数据类型说明
//其中激励信号定义为reg型
//显示信号定义为wire型
integer
parameter
待测试模块调用
激励向量定义
(always、initial过程块；
function, tast结构等；
if-else，for，case，while，repeat，
disable等控制语句)
显示格式定义
($monitor，$time，$display等)
endmodule

图 11.3 测试模块的结构

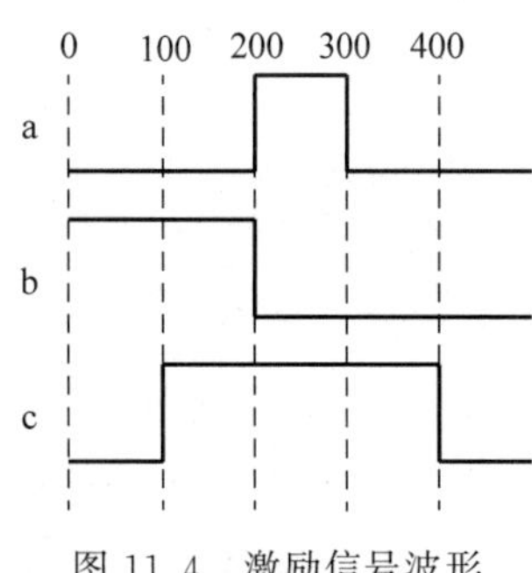

图 11.4 激励信号波形

【例 11.13】 激励信号波形的描述。

```
`timescale 1ns/1ns
module test1;
reg a,b,c;
initial
begin    a = 0;b = 1;c = 0;                                    //激励波形描述
    #100 c = 1;
    #100 a = 1;b = 0;
    #100 a = 0;
    #100 c = 0;
#100 $ stop;
end
initial $ monitor( $ time,,,"a = %d b = %d c = %d",a,b,c);    //显示
endmodule
```

例 11.13 的运行结果如下,此结果与图 11.4 所示的波形相吻合。

```
#    0     a = 0 b = 1 c = 0
#    100   a = 0 b = 1 c = 1
#    200   a = 1 b = 0 c = 1
```

```
#    300   a = 0 b = 0 c = 1
#    400   a = 0 b = 0 c = 0
```

在例 11.14 中，用 always 过程块产生两个时钟信号。

【例 11.14】 用 always 过程块产生两个时钟信号。

```
`timescale 1ns/1ns
module test2;
reg clk1,clk2; parameter CYCLE = 100;
always
  begin          {clk1,clk2} = 2'b10;
     #(CYCLE/4) {clk1,clk2} = 2'b01;
     #(CYCLE/4) {clk1,clk2} = 2'b11;
     #(CYCLE/4) {clk1,clk2} = 2'b00;
     #(CYCLE/4) {clk1,clk2} = 2'b10;
  end
initial $monitor($time,,,"clk1 = %b clk2 = %b",clk1,clk2);
endmodule
```

本例在 ModelSim 中用 run 200ns 命令进行仿真可得到图 11.5 所示的波形，可看出 clk1 的周期为 50ns，clk2 的周期为 100ns。

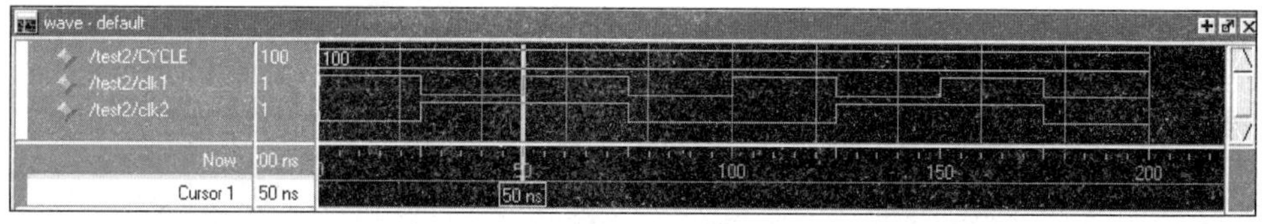

图 11.5 仿真输出波形

仿真时，如果测试向量很多，可先将测试向量写入一个文件，然后在仿真程序中用 readmemb 或 readmemh 将测试向量读入。在例 11.15 中，首先定义了一个存储器 mem，然后用 $readmemh 函数将 rom.hex 文件中的数据读入该存储器。

【例 11.15】 存储器在仿真程序中的应用。

```
`timescale 1ns/1ns
module rmem(addr,data,oe);
input[14:0] addr;                      //地址信号
input oe;                              //读使能信号,低电平有效
output[7:0] data;                      //数据信号
reg[7:0] mem[0:255];                   //定义一个 8×256 的存储器 mem
parameter DELAY = 100;
assign #DELAY data = (oe == 0)?mem[addr]:8'hzz;
initial $readmemh("rom.hex",mem);      //从文件中读入数据
endmodule
```

11.5　组合和时序电路的仿真

首先是一个 8 位乘法器的仿真举例。

1. 8 位乘法器的仿真

【例 11.16】 8 位乘法器的测试平台仿真。

```
`timescale 1ns/1ps
module mult8_vlg_tst();
reg [8:1] a;
reg [8:1] b;
wire [16:1]  out;
integer i,j;
mult8 i1(                                //例化被测试模块
    .a(a),
    .b(b),
    .out(out)
      );
initial                                  //激励波形设定
begin    a = 0;b = 0;
for(i = 1;i < 255;i = i + 1)  #20 a = i;
end
initial begin
for(j = 1;j < 255;j = j + 1)  #20 b = j;
end
endmodule

module mult8 #(parameter SIZE = 8)          //8 位乘法器源代码
           ( input[SIZE:1] a,b,             //两个操作数
            output[2 * SIZE:1] out);        //结果
assign out = a * b;
endmodule
```

例 11.16 的仿真波形如图 11.6 所示。

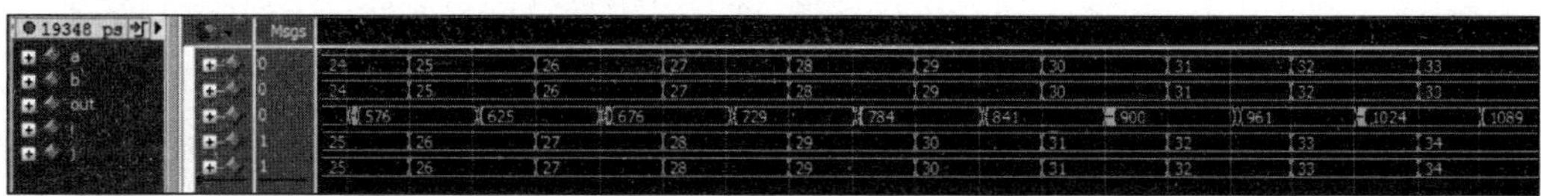

图 11.6　8 位乘法器的仿真波形图

2. 2选1 MUX的仿真

【例11.17】 2选1 MUX的测试平台脚本。

```
`timescale 1ns/1ns
module mux21_tp;
reg a,b,sel; wire out;
mux2_1 m1(out,a,b,sel);                          //调用待测试模块
initial begin  a = 1'b0;b = 1'b0;sel = 1'b0;
     #5   sel = 1'b1;
     #5   a = 1'b1;sel = 1'b0;
     #5   sel = 1'b1;
     #5   a = 1'b0;b = 1'b1;sel = 1'b0;
     #5   sel = 1'b1;
     #5   a = 1'b1;b = 1'b1;sel = 1'b0;
     #5   sel = 1'b1;
end
initial $monitor($time,,,"a = %b b = %b sel = %b out = %b",a,b,sel,out);
endmodule
```

2选1 MUX的源代码如例11.18所示，调用门级原语实现，图11.7是其门级原理图。

【例11.18】 2选1 MUX。

```
module mux2_1(out,a,b,sel);                      //待测的2选1 MUX模块
input a,b,sel; output out;
not #(0.4,0.3) (sel_,sel);                       //#(0.4,0.3)为门延时
and #(0.7,0.6) (a1,a,sel_);
and #(0.7,0.6) (a2,b,sel);
or #(0.7,0.6) (out,a1,a2);
endmodule
```

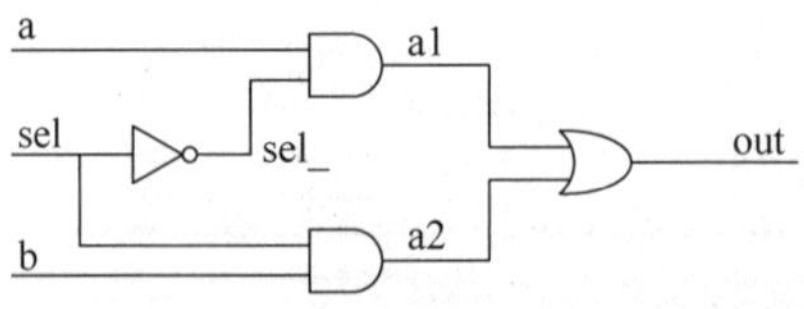

图11.7　2选1 MUX门级原理图

例11.8的仿真波形如图11.8所示。

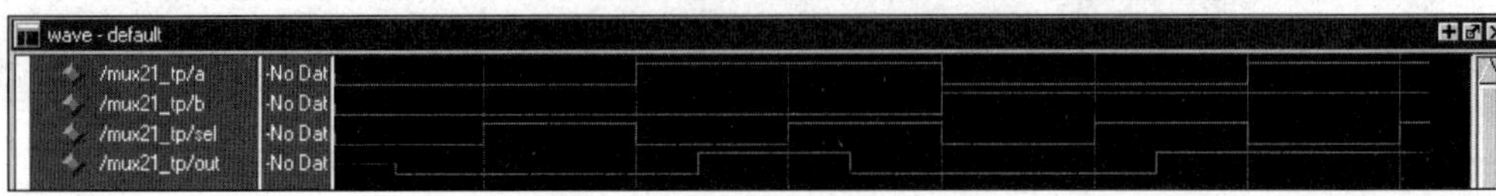

图11.8　2选1 MUX的仿真波形

从图 11.8 可看出，由于在 2 选 1 MUX 模块中定义了门元件的延时，故输入 a、b、sel 的值变了，out 并没有立即改变，而是经过相应的门延时后才改变。这从命令行窗口的文本输出中也可看到，如下所示。

```
#     0  a = 0 b = 0 sel = 0 out = x
#     2  a = 0 b = 0 sel = 0 out = 0
#     5  a = 0 b = 0 sel = 1 out = 0
#    10  a = 1 b = 0 sel = 0 out = 0
#    12  a = 1 b = 0 sel = 0 out = 1
#    15  a = 1 b = 0 sel = 1 out = 1
#    17  a = 1 b = 0 sel = 1 out = 0
#    20  a = 0 b = 1 sel = 0 out = 0
#    25  a = 0 b = 1 sel = 1 out = 0
#    27  a = 0 b = 1 sel = 1 out = 1
#    30  a = 1 b = 1 sel = 0 out = 1
#    35  a = 1 b = 1 sel = 1 out = 1
```

3. 8 位计数器的仿真(见例 11.19)

【例 11.19】 8 位计数器的测试平台仿真。

```
`timescale 1ns/1ps
module count8_vlg_tst();
reg clk,reset;
wire [7:0]  qout;
count8 i1(                                  //例化被测试模块
        .clk(clk),
        .qout(qout),
        .reset(reset));
parameter PERIOD = 40;                      //定义时钟周期为 40ns
initial  begin
          reset  =  1;clk  = 0;
  #PERIOD;  reset  =  0;
  #(PERIOD * 300)  $stop;
end
always begin
  #(PERIOD/2) clk  =  ~clk;
end
endmodule

module count8                               //待测的 8 位计数器模块
          ( input clk,reset,
           output reg[7:0] qout);
always @(posedge clk)
begin  if(reset) qout <= 0; else qout <= qout + 1; end
endmodule
```

例 11.19 的仿真波形如图 11.9 所示。

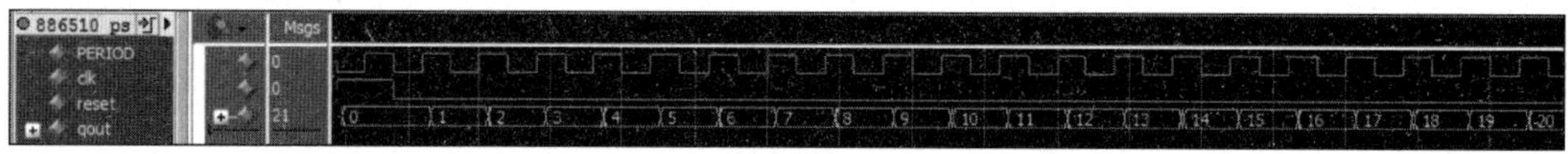

图 11.9　计数器的仿真波形

11.6　ModelSim SE 仿真实例

本节用 ModelSim SE 对 8 位二进制加法器进行仿真以说明 ModelSim SE 的使用方法。

ModelSim 是 Mentor 的子公司 Model Technology 的一个 Verilog/VHDL 混合仿真器，属于编译型仿真器(进行仿真前须对 HDL 代码进行编译)，仿真速度快、功能强。

ModelSim 分 SE、PE 和 OEM 几种不同的版本，其中，集成在 Xilinx、Altera、Actel、Atmel 以及 Lattice 等 FPGA 厂商设计工具中的均是其 OEM 版本。例如，为 Xilinx 提供的 OEM 版本为 ModelSim XE，为 Altera 提供的 OEM 版本是 ModelSim-Altera。ModelSim SE 版本在功能、性能和仿真速度等方面比 OEM 版本强一些，还支持 UNIX、Linux 等平台。

用 ModelSim SE 进行仿真的步骤如表 11.4 所示，包括每个步骤对应的仿真命令、图形界面菜单和工具栏按钮。

表 11.4　ModelSim SE 仿真的步骤与对应的命令和菜单

步　　骤	主要的仿真命令	图形界面菜单	工具栏按钮
步骤 1： 建立仿真工程项目，添加仿真文件	vlib < library_name > vmap work < library_name >	① File→New→Project ② 输入库名称 ③ 添加设计文件到工程	无
步骤 2： 编译	vlog file1. v file2. v … (Verilog) vcom file1. vhd file2. vhd … (VHDL)	Compile→Compile All	编译按钮
步骤 3： 加载设计到仿真器	vsim < top >或 vsim < opt_name >	① Simulate→Start Simulation ② 单击选择设计顶层模块 ③ 单击 OK 按钮	仿真按钮
步骤 4： 开始仿真	run step	Simulate→Run	Run，Run continue，Run -all

续表

步　　骤	主要的仿真命令	图形界面菜单	工具栏按钮
步骤 5： 调试	常用的调试命令： bp describe drivers examine force log show	无	无

本节仿真的例子如例 11.20 所示，其测试平台激励脚本见例 11.21。

【例 11.20】 8 位二进制加法器源代码。

```
module add8                          //待测的 8 位加法器源代码
           ( input[7:0] a,b, input cin,
            output[7:0] sum, output cout);
assign {cout,sum} = a + b + cin;
endmodule
```

【例 11.21】 8 位二进制加法器的测试平台脚本。

```
`timescale 1ns/1ns
module add8_tp;                                //仿真模块无端口列表
reg[7:0] a,b;                                  //输入激励信号定义为 reg 型
reg cin;
wire[7:0] sum;                                 //输出信号定义为 wire 型
wire cout;
parameter DELY = 100;
add8 u1(.a(a),.b(b),.cin(cin),.sum(sum),.cout(cout));
                                               //测试对象
initial begin                                  //激励波形设定
          a = 8'd0;b = 8'd0;cin = 1'b0;
#DELY     a = 8'd100;b = 8'd200;cin = 1'b1;
#DELY     a = 8'd200;b = 8'd88;
#DELY     a = 8'd210;b = 8'd18;cin = 1'b0;
#DELY     a = 8'd12;b = 8'd12;
#DELY     a = 8'd100;b = 8'd154;
#DELY     a = 8'd255;b = 8'd255;cin = 1'b1;
#DELY     $stop;
end
initial $monitor($time,,,"%d + %d + %b = {%b, %d}",a,b,cin,cout,sum);
                                               //输出格式定义
endmodule
```

11.6.1 图形界面进行功能仿真

采用 ModelSim SE 的图形界面仿真，用户无须记忆命令语句，所有流程都可通过鼠标单击窗口用交互的方式完成。

启动 ModelSim SE 软件，进入如图 11.10 所示的工作界面。

(a) 启动界面

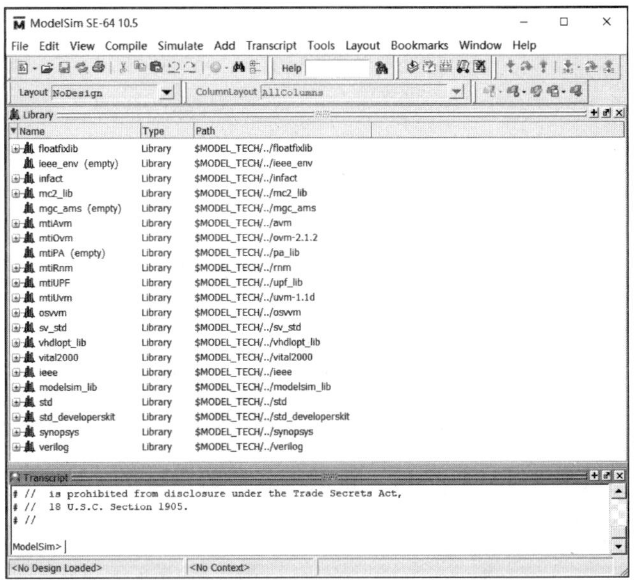

(b) 工作界面

图 11.10 ModelSim SE 的启动界面和工作界面

选择菜单 File 中的 Change Directory 命令，在弹出的 Choose directory 对话框中转换工作目录路径，本例设为 C:/Verilog/addtp，单击 OK 按钮完成工作目录的转换。

(1) 新建仿真工程项目，添加仿真文件。新建一个工程文件(Project File)，选择菜单 File→New→Project 命令，弹出如图 11.11 所示的对话框。在对话框中输入新建工程文件的名称(本例为 addtp)及所在的文件夹，单击 OK 按钮完成新工程项目的创建。此时弹出如图 11.12 所示的对话框，提示添加文件到当前项目。如果仿真文件已存在，则选择 Add Existing File 选项，将已存在的文件加入当前工程，如图 11.13 所示；如果仿真文件不存在，则选择 Create New File 选项，新建一个仿真文件，如图 11.14 所示，在对话框中填写文件名为 add8_tp，选择文件的类型(Add file as type)为 Verilog，单击 OK 按钮。此时，Project 页面中会出现 add8_tp.v 的图标，双击图标，在右边的空白处填写文件的内容，输入例 11.23 的代码，如图 11.15 所示。

(2) 编译仿真文件和设计文件到 work 工作库中。ModelSim SE 是编译型仿真器，所以在仿真前必须对 HDL 源代码和库文件进行编译，并加载到 work 工作库中。

Create Project
Project Name
addtp
Project Location
C:/Verilog/addtp
Browse...
Default Library Name
work
Copy Settings From
ltech64_10.4/modelsim.ini
Browse...
Copy Library Mappings Reference Library Mappings
OK Cancel

图 11.11 新建工程项目

图 11.12 添加仿真文件

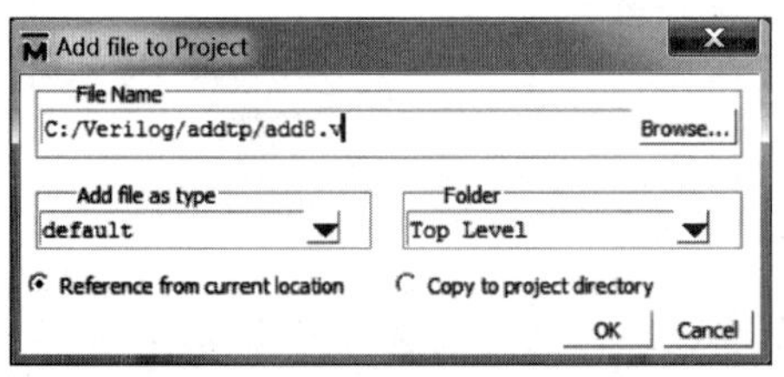

图 11.13 将已存在的文件添加至工程中

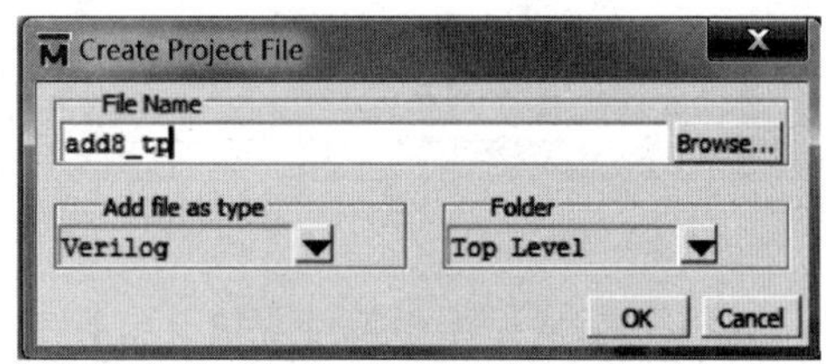

图 11.14 新建仿真文件

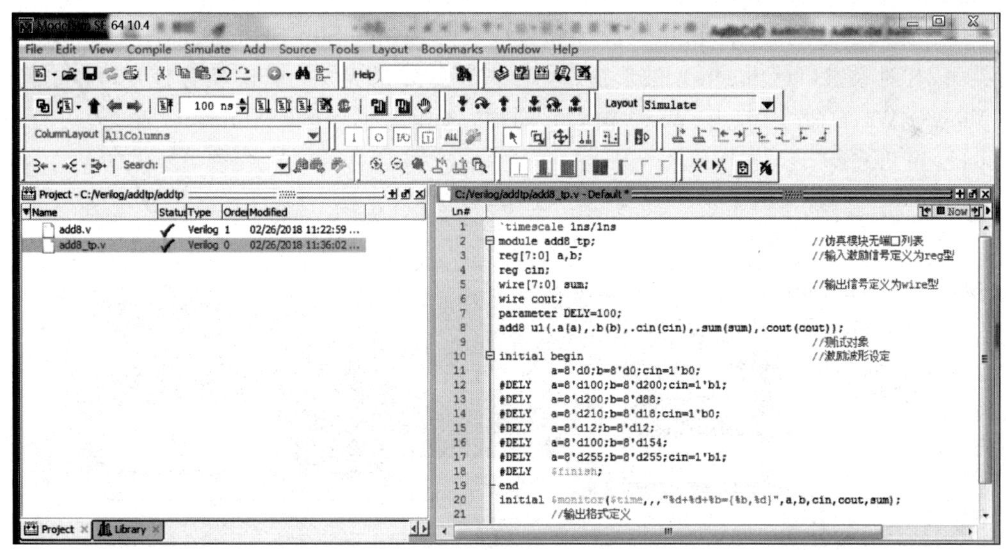

图 11.15 编译激励代码

在图 11.16 的 Project 界面中选中 add8_tp.v 图标，右击，在出现的菜单中选择 Compile 中的 Compile All 命令，ModelSim SE 软件会对 add8_tp.v 和 add8.v 文件进行编译，同时在命令窗口中报告编译信息。如果编译通过，则在 add8_tp.v 图标旁显示√，否则显示×，并在命令行中出现错误信息提示，双击错误信息可自动定位到 HDL 源代码中的错误出处，对其修改，重新编译，直到通过为止。

(3) 加载设计。编译完成后，选择 Library 标签页，如图 11.16 所示，会发现在 work

工作库中出现了 add8 和 add8_tp 的图标，这是刚才编译的结果。

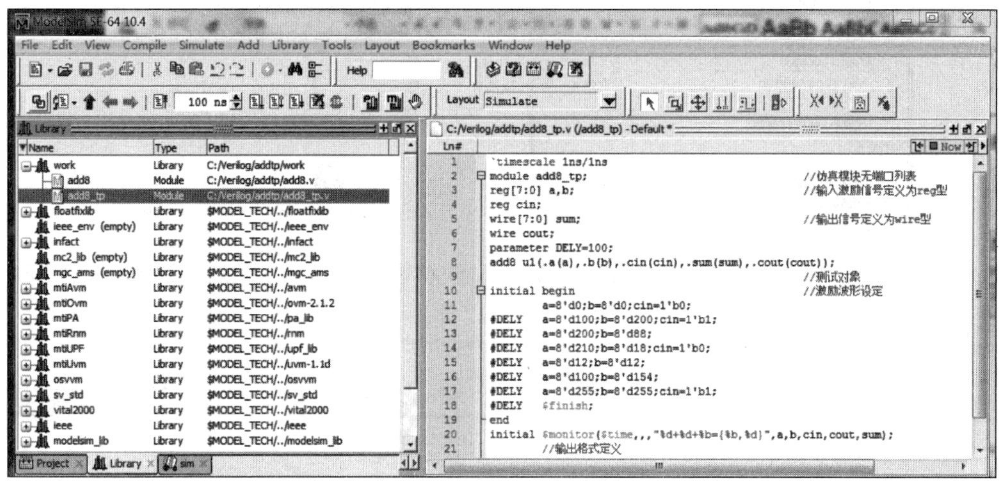

图 11.16　编译文件到 work 工作库中

在 work 工作库中选中 add8_tp 图标，双击，完成装载；也可以选择菜单 simulate→start simulation 命令，或者选中 add8_tp 图标，右击，在出现的菜单中选择 Simulate 命令，完成激励模块的装载，当工作区中出现 Sim 界面时，说明装载成功。

(4) 加载信号到 Wave 窗口。设计加载成功后，ModelSim SE 进入如图 11.17 所示的界面，有对象窗口(Objects)、波形窗口(Wave)等(如果 Wave 窗口没有打开，可选择菜单 View→Wave 命令，打开 Wave 窗口；同样，选择菜单 View→Objects 命令，可打开 Objects 窗口)。

图 11.17　将 Objects 窗口中的信号加载到 Wave 窗口中

将 Objects 窗口中出现的信号用鼠标左键拖曳到 Wave 窗口中(不想观察的信号则不需要拖曳)；如果要观察全部信号，可以在 Sim 页中选中 count_tp 图标，右击，在出现的菜单中选择 Add Wave 命令，可将 Objects 窗口中的信号全部加载到 Wave 窗口中。

对拖曳进来的信号的属性可做必要的设置，比如将信号 a、b、sum 选为 Unsigned（无符号十进制数），以方便观察。

(5) 查看波形图和文本输出。在图 11.18 中选择菜单 Simulate→Run→Run All 命令，或者单击调试工具栏中的按钮，启动仿真。如果要单步执行，则单击按钮（或者选择菜单 Simulate→Run→Next 命令）。仿真后的输出波形如图 11.18 所示（图中的 a、b、sum 均为无符号十进制数显示），命令行窗口（Transcript）中也会显示文本方式的结果，从结果可以分析得出，8 位二进制加法器的设计功能是正确的，同时可看出刚才的仿真为功能仿真。

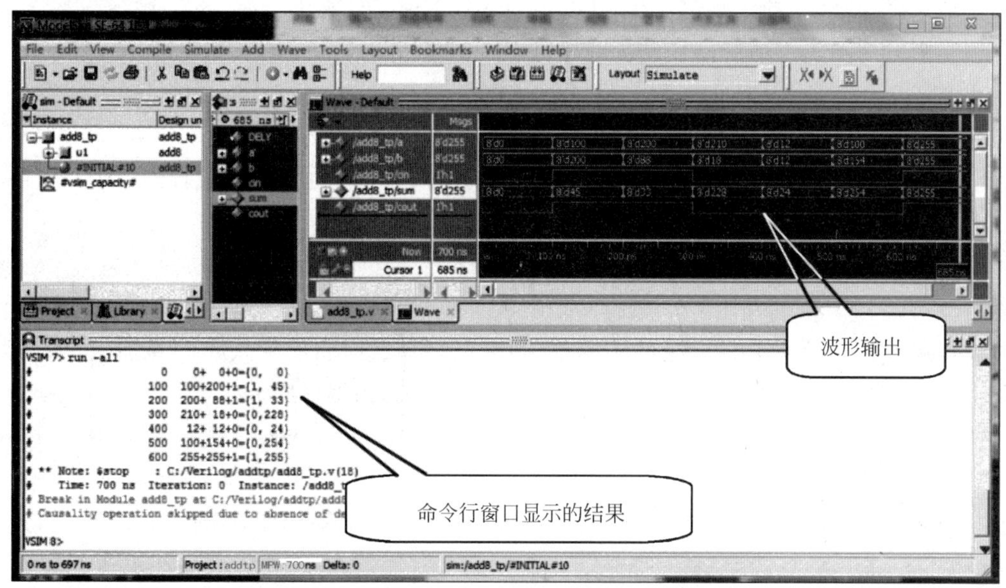

图 11.18 查看功能仿真波形图和文本输出（ModelSim SE）

仿真调试完成后若想退出仿真，只需在主窗口中选择菜单 Simulate→End Simulation 命令即可。

11.6.2 命令行方式进行功能仿真

ModelSim SE 还可以通过命令行的方式进行仿真。命令行方式为仿真提供了更多、更灵活的控制，其中所有的仿真命令都是 TCL 命令，把这些命令写入 *.do 文件形成一个宏脚本，在 ModelSim SE 中执行此脚本，就可按照批处理的方式执行一次仿真，大大提高仿真的效率。若设计者操作比较熟练，建议采用此种仿真方式。

用 ModelSim SE 命令行方式进行功能仿真操作的步骤与方法如下。

(1) 转换工作目录。启动 ModelSim SE，在其命令行窗口中输入下面的命令并按回车键，将 ModelSim 的工作目录转换到设计文件所在的目录，cd 是转换目录的命令。

```
cd  C:/Verilog/addtp
```

(2) 采取与前面同样的步骤,建立仿真工程项目(Project File),建立并添加激励文件(add8_tp.v)和设计文件(add8.v)。

(3) 编译激励文件和设计文件到工作库中。输入下面的命令并按回车键,把测试文件(add8_tp.v)和设计文件(add8.v)编译到 work 库中,vlog 是对 Verilog 源文件进行编译的命令。

```
vlog  -work work add8_tp.v add8.v
```

如果把 add8.v 的代码包含在 add8_tp.v 中(当前文件夹下只有 add8_tp.v 一个文件存在),则只需输入下面的命令并按回车键即可。

```
vlog  -work work add8_tp.v
```

加载设计需要执行下面的命令并按回车键,其中,vsim 是加载仿真设计的命令;"-t ps"表示仿真的时间分辨率;work.add8_tp 是仿真对象。

```
vsim  -t ps work.add8_tp
```

如果设计中使用了 Altera 的宏模块,则可以在加载时将宏模块库一并加入,如下面的命令,其中 altera_mf 和 lpm 是 Altera 的两个常用的预编译库。

```
vsim  -t ps  -L altera_mf  -L lpm work.add8_tp
```

(4) 开始仿真。可执行下面的命令,add wave 是将要观察的信号添加到仿真波形中。

```
add wave a
add wave b
```

如果添加所有的信号到波形图中观察,可输入如下命令:

```
add wave *
```

启动仿真用 run 命令,后面的 1000ns 是仿真的时间长度:

```
run 1000ns
```

用批处理方式仿真,还可以把上面用到的命令集合到.do 文件中,文件的生成可采用在 ModelSim SE 中用菜单 File→New→Source→Do 命令,也可以用其他文本编辑器编辑生成。本例中生成的.do 文件命名为 addtp_com.do,存盘放置在设计文件所在的目录下,然后在 ModelSim SE 命令行中输入

```
do C:/verilog/addtp/addtp_com.do
```

就可以用批处理的方式完成一次仿真，其执行的结果如图 11.19 所示，同时会在波形窗口中显示输出波形，与采用图形界面的仿真方式并无区别。

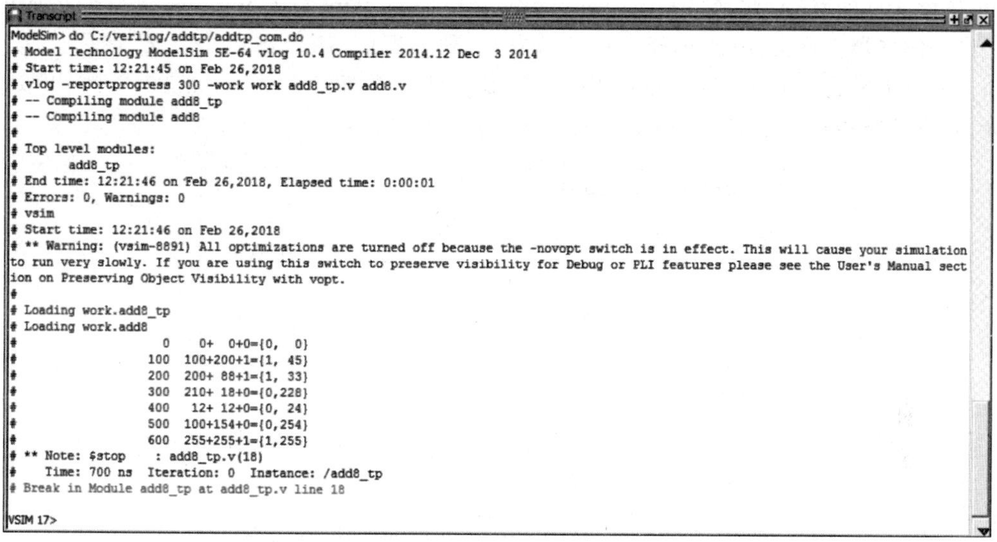

```
Transcript
ModelSim> do C:/verilog/addtp/addtp_com.do
# Model Technology ModelSim SE-64 vlog 10.4 Compiler 2014.12 Dec  3 2014
# Start time: 12:21:45 on Feb 26,2018
# vlog -reportprogress 300 -work work add8_tp.v add8.v
# -- Compiling module add8_tp
# -- Compiling module add8
#
# Top level modules:
#       add8_tp
# End time: 12:21:46 on Feb 26,2018, Elapsed time: 0:00:01
# Errors: 0, Warnings: 0
# vsim
# Start time: 12:21:46 on Feb 26,2018
# ** Warning: (vsim-8891) All optimizations are turned off because the -novopt switch is in effect. This will cause your simulation
to run very slowly. If you are using this switch to preserve visibility for Debug or PLI features please see the User's Manual sect
ion on Preserving Object Visibility with vopt.
#
# Loading work.add8_tp
# Loading work.add8
#                    0    0+  0+0={0,  0}
#                  100  100+200+1={1, 45}
#                  200  200+ 88+1={1, 33}
#                  300  210+ 18+0={0,228}
#                  400   12+ 12+0={0, 24}
#                  500  100+154+0={0,254}
#                  600  255+255+1={1,255}
# ** Note: $stop    : add8_tp.v(18)
#    Time: 700 ns  Iteration: 0  Instance: /add8_tp
# Break in Module add8_tp at add8_tp.v line 18

VSIM 17>
```

图 11.19 用批处理的方式完成一次仿真

本例中 addtp_com.do 文件的内容如下所示。

```
cd  C:/Verilog/addtp
vlog  - work work add8_tp.v add8.v
vsim  - t ps work.add8_tp
add wave *
run 1000ns
```

11.6.3 时序仿真

前面进行的是功能仿真，如果要进行时序仿真，必须先对设计指定芯片并编译生成网表文件和时延文件，再调用 ModelSim SE 进行时序仿真。以下是 Vivado 与 ModelSim SE 配合完成时序仿真的过程。

(1) 启动 Vivado 2018.2，单击 Create Project，启动工程向导，创建一个新工程，将其命名为 add8_tb，保存于 D:/exam/add8_tb 文件夹中。

(2) 利用 Add source 添加源设计文件，输入例 11.22 的加法器源代码，并保存为 add8.v 文件。

(3) 添加仿真激励文件，输入例 11.23 的加法器激励代码，并保存为 add8_tb.v 文件。

(4) 指定 ModelSim SE 安装路径和器件编译库。在 Vivado 主界面执行 Tools→Compile Simulation Libraries...命令，在弹出的如图 11.20 所示的对话框中设置器件库编译参数，Simulator（仿真工具）选为 ModelSim Simulator，Language（语言）、Library（库）、Family（器件家族）都为默认设置 All；Simulator executable path 栏设置 ModelSim SE 执行文件的路径，此处填写 C:/modeltech64_10.5/win64；Compiled library location 栏设置编译器件库的路径（编译库存放位置，一般放置到 ModelSim 安装目录下，需自己新建文件夹并命名），本例在 ModelSim SE 安装目录下新建一个 vivado2018.2_lib 文件夹，并将其路径指定给 Compiled library location 栏，如图 11.21 所示。

Compile Simulation Libraries
Specify the options for compile_simlib command.
Simulator: ModelSim Simulator
Language: All
Library: All
Family: All
Advanced
Compiled library location: C:/modeltech64_10.5/vivado18.2_lib
Simulator executable path: C:/modeltech64_10.5/win64
Miscellaneous options:
Compile Xilinx IP
Overwrite the current pre-compiled libraries
Compile 32-bit libraries
Verbose
Command: -family all -language all -library all -dir {C:/modeltech64_10.5/vivado18.2_lib}
Compile
Cancel

图 11.20　设置编译仿真库对话框

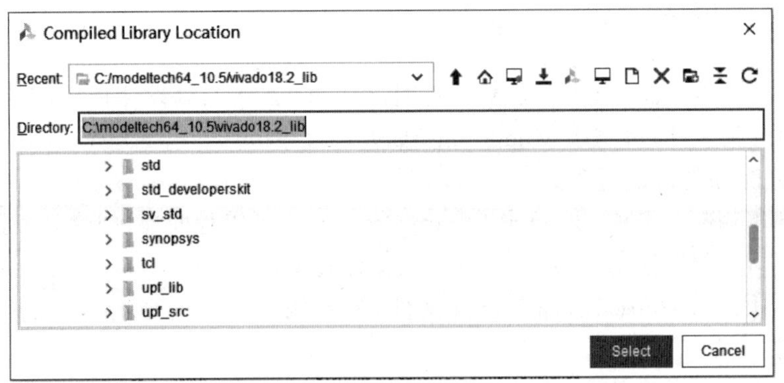

图 11.21　在 ModelSim 安装路径下新建 vivado2018.2_lib 文件夹

（5）单击图 11.20 中的 Compile 按钮，完成对器件库的编译（由于前面 Family 设置为 All，故编译时间会比较长）。

(6) 上面关联了 Vivado 和 ModelSim SE，还需要在当前工程中针对仿真做一些设置。选择菜单 Tools→Settings 命令，在弹出的 Settings 对话框中，选择 Project Settings 中的 Simulation 界面(如图 11.22 所示)，在界面中设置 Target simulator(目标仿真器)为 ModelSim Simulator、Simulator language(仿真语言)为 Mixed(或者选 Verilog 或 VHDL)；在 Compiled library location 栏设置编译器件库的路径为 C:/modeltech64_10.5/vivado2018.2_lib，其他选项按默认设置，如图 11.22 所示。

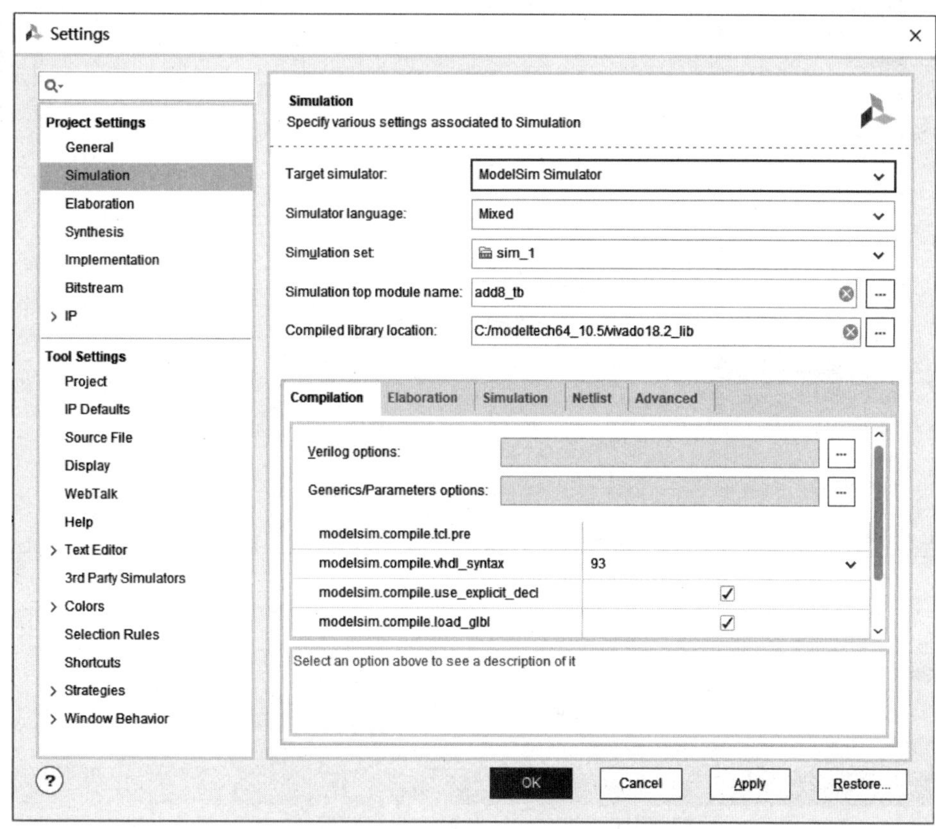

图 11.22　设置 Simulation 界面

设置完成后，单击 Apply 按钮和 OK 按钮退出。

(7) 在图 11.22 中单击 3rd Party Simulators，出现如图 11.23 所示的界面，在此界面中设置 ModelSim SE 安装路径为 C:/modeltech64_10.5/win64；设置默认编译器件库的路径为 C:/modeltech64_10.5/vivado2018.2_lib，单击 Apply 按钮和 OK 按钮退出。

(8) 以上已设置好各项参数，可以启动仿真。进行时序仿真，需首先对设计文件进行编译，在 Flow Navigator 中选择 Run Implementation 选项，工程自动完成综合、实现过程。完成后，右击 Run Simulation，在弹出的菜单中选择相应的仿真类型，如图 11.24 所示，本例中选择 Reset Post_Implementation Timing Simulation 选项，启动实现时序仿真，Vivado 自动打开 ModelSim SE 软件对当前工程进行时序仿真。本例的时序仿真波形如图 11.25 所示。

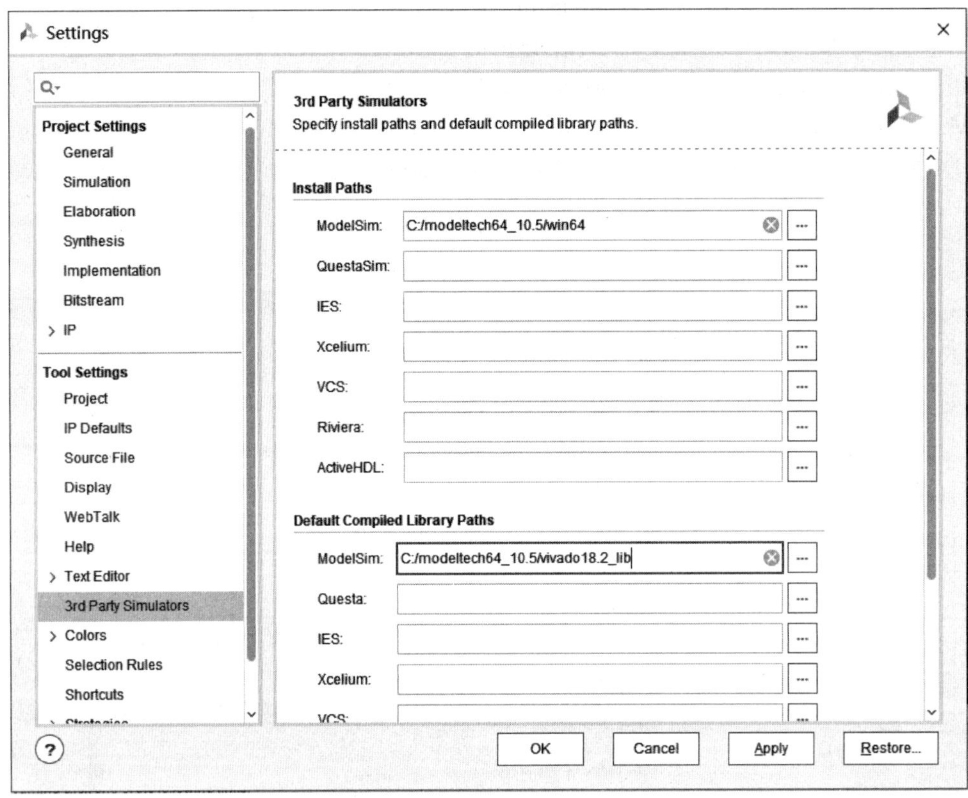

图 11.23　设置 3rd Party Simulators 界面

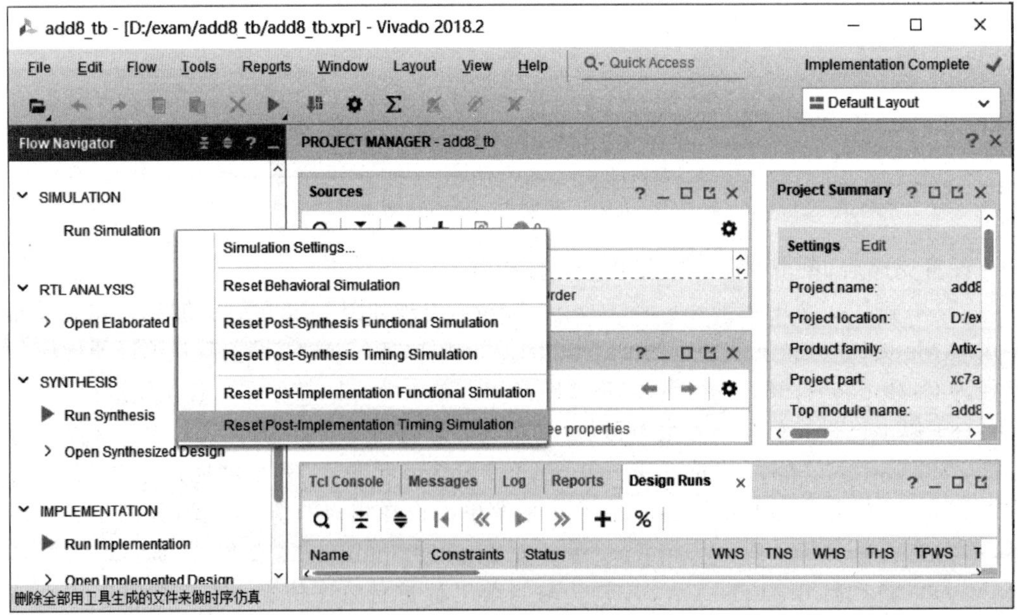

图 11.24　选择仿真类型

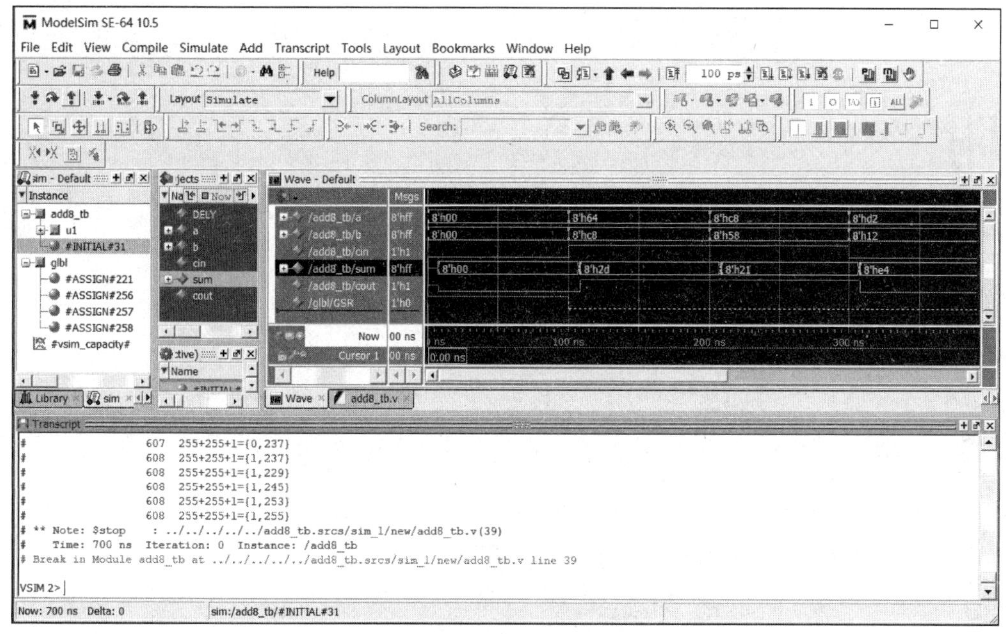

图 11.25 时序仿真波形图(ModelSim SE)

习题 11

11.1 什么是仿真？常用的 Verilog HDL 仿真器有哪些？

11.2 写出 1 位全加器本位和(SUM)的 UDP 描述。

11.3 写出 4 选 1 多路选择器的 UDP 描述。

11.4 `timescale 指令的作用是什么？举例说明。

11.5 编写一个 4 位比较器，并对其进行测试。

11.6 编写一个时钟波形产生器，产生正脉冲宽度为 15ns、负脉冲宽度为 10ns 的时钟波形。

11.7 编写一个测试程序，对 D 触发器的逻辑功能进行测试。

附录A Verilog HDL(IEEE Std 1364)关键字

以下是 IEEE Std 1364—2005 标准(Std 1364—2005 标准是对 Std 1364—2001 标准的修订)中规定的 Verilog HDL 的关键字(保留字),一共 124 个关键字,其中关键字 unsigned 尚未定义,是为将来的应用而保留的;关键字全部采用小写字母构成,用户程序中的变量、节点等不可与其同名。

always	fork	posedge	tri
and	function	primitive	tri0
assign	generate	pull0	tri1
automatic	genvar	pull1	triand
begin	highz0	pulldown	trior
buf	highz1	pullup	trireg
bufif0	if	pulsestyle_onevent	unsigned
bufif1	ifnone	pulsestyle_ondetect	use
case	incdir	rcmos	uwire
casex	include	real	vectored
casez	initial	realtime	wait
cell	inout	reg	wand
cmos	input	release	weak0
config	instance	repeat	weak1
deassign	integer	rnmos	while
default	join	rpmos	wire
defparam	large	rtran	wor
design	liblist	rtranif0	xnor
disable	library	rtranif1	xor
edge	localparam	scalared	
else	macromodule	showcancelled	
end	medium	signed	
endcase	module	small	
endconfig	nand	specify	
endfunction	negedge	specparam	
endgenerate	nmos	strong0	
endmodule	nor	strong1	
endprimitive	noshowcancelled	supply0	
endspecify	not	supply1	
endtable	notif0	table	
endtask	notif1	task	
event	or	time	
for	output	tran	
force	parameter	tranif0	
forever	pmos	tranif1	

附录B EGO1开发板

EGO1是依元素科技公司基于Xilinx Artix-7 FPGA研发的便携式数模混合开发板。EGO1配备的FPGA(XC7A35TCSG324-1C)具有大容量、高性能的特点,能实现较复杂的数字逻辑设计;在FPGA内可以构建MicroBlaze处理器系统,可进行SoC设计。该平台拥有丰富的外设,灵活的通用扩展接口。本书例程可基于EGO1平台进行下载验证,也可移植到其他实验板或"口袋"板下载,市面上多数实验板及"口袋"板的资源均能满足这些案例下载的需要。

如图B.1所示,EGO1开发板提供了如下的设计资源。

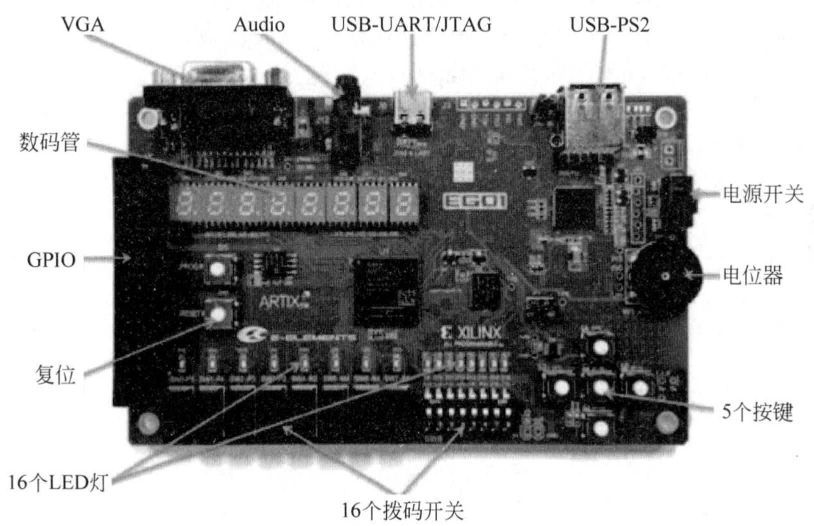

图B.1 EGO1板卡图示

- 100MHz晶振时钟源。
- Xilinx Artix-7 FPGA器件XC7A35TCSG324-1C,内含33 280个逻辑单元(LC),1800 Kb存储器位和90个DSP Slices硬核。
- VGA接口,音频(Audio)接口。
- 1个模拟电压输入,1个DAC输出接口。
- SPI Flash存储器(N25Q64),SRAM存储器(IS61WV12816BLL,8Mb)。
- 2个4位数码管,16个LED灯(D1_0~D1_7;D2_0~D2_7)。
- 5个按键(S0~S4),8个拨码开关(SW0~SW7);1个8位DIP开关。
- USB转PS2接口;蓝牙模块(BLE-CC41-A)。
- 1个GPIO通用扩展接口,提供32个双向I/O,每个I/O支持过流过压保护。
- USB-UART/JTAG接口(Type-C),用于供电、下载。

参 考 文 献

[1] IEEE Computer Society. IEEE Standard Verilog Hardware Description Language. IEEE Std 1364-2001, The Institute of Electrical and Electronics Engineers, Inc. 2001.

[2] IEEE Computer Society. 1364. 1 IEEE Standard for Verilog Register Transfer Level Synthesis. IEEE Std 1364[1]. Institute of Electrical and Electronics Engineers, Inc. 2002.

[3] Actel Corporation. Actel HDL Coding Style Guide.

[4] Stuart Sutherland. The IEEE Verilog 1364-2001 Standard, What's New, and Why You Need It. Sutherland HDL, Inc. 2001.

[5] 王金明. 数字系统设计与 Verilog HDL[M]. 7 版. 北京：电子工业出版社，2019.

[6] 潘松，黄继业. EDA 技术实用教程[M]. 3 版. 北京：科学出版社，2006.

[7] 汤勇明，张圣清，陆佳华. 搭建你的数字积木——数字电路与逻辑设计（Verilog HDL & Vivado 版）[M]. 北京：清华大学出版社，2017.

[8] 王庆春，何晓燕，崔智军. 基于 FPGA 的多功能 LCD 显示控制器设计[J]. 电子设计工程，2012，20(23).

图书资源支持

感谢您一直以来对清华大学出版社图书的支持和爱护。为了配合本书的使用，本书提供配套的资源，有需求的读者请扫描下方的“书圈”微信公众号二维码，在图书专区下载，也可以拨打电话或发送电子邮件咨询。

如果您在使用本书的过程中遇到了什么问题，或者有相关图书出版计划，也请您发邮件告诉我们，以便我们更好地为您服务。

我们的联系方式：

地　　址：北京市海淀区双清路学研大厦 A 座 701

邮　　编：100084

电　　话：010-83470236　010-83470237

资源下载：http://www.tup.com.cn

客服邮箱：tupjsj@vip.163.com

QQ：2301891038（请写明您的单位和姓名）

教学资源 · 教学样书 · 新书信息

人工智能科学与技术
人工智能|电子通信|自动控制

资料下载 · 样书申请

书圈

用微信扫一扫右边的二维码，即可关注清华大学出版社公众号。